21 世纪应用型本科计算机科学与技术专业规划教材

数据库系统及应用

王知强　　主　编

王雪梅　秦秀媛　王凤领　副主编

周洪玉　主　审

清华大学出版社

北　京

内 容 简 介

本书根据数据库系统的最新发展,结合数据库系统及应用的教学需要,以两个典型的数据库应用系统项目的设计过程为主线,结合大量的应用实例,系统地介绍数据库系统的基本原理、方法及应用技术。本书内容包括数据库管理系统、数据库系统、数据模型与结构、关系数据库、SQL Server 数据库基础、关系数据库标准语言、数据库设计,还包括数据库系统的安全、完整、并发控制管理和保护等。

本书强调在 IT 知识经济环境下数据库系统所表现的新特点,注重项目驱动式教学、强调理论与实践相互渗透、技术与应用有机结合。全书结构新颖,内容翔实,项目驱动,实例丰富,条理清晰,实用性强。

本书既可作为高等院校计算机科学与技术、信息管理与信息系统、软件工程、网络工程及相关专业的教材,也可作为企事业单位等相关人员的参考书。

图书在版编目(CIP)数据

数据库系统及应用/王知强主编. —北京:清华大学出版社,2011.2
(21 世纪应用型本科计算机科学与技术专业规划教材)
ISBN 978-7-302-24282-6

Ⅰ. ①数…   Ⅱ. ①王…   Ⅲ. ①数据库系统-高等学校-教材   Ⅳ. ①TP311.13

中国版本图书馆 CIP 数据核字(2010)第 251380 号

责任编辑:索 梅 赵晓宁
责任校对:梁 毅
责任印制:王秀菊

出版发行:清华大学出版社   地   址:北京清华大学学研大厦 A 座
         http://www.tup.com.cn   邮   编:100084
         社 总 机:010-62770175   邮   购:010-62786544
         投稿与读者服务:010-62795954,jsjjc@tup.tsinghua.edu.cn
         质 量 反 馈:010-62772015,zhiliang@tup.tsinghua.edu.cn
印 装 者:清华大学印刷厂
经   销:全国新华书店
开   本:185×260 印 张:23.75 字 数:589 千字
版   次:2011 年 2 月第 1 版   印   次:2011 年 2 月第 1 次印刷
印   数:1~4000
定   价:33.00 元

产品编号:037592-01

序

21世纪是信息产业大发展的时代,计算机技术成为信息社会的重要支柱。信息化社会对人才的培养提出了更高的要求和标准。掌握计算机技术并具有应用计算机的能力是适应信息化社会的基础。

这套计算机系列教材适用于培养应用型人才,突出实验教学,突出实用,培养学生动手能力,掌握最新技术,适应社会需求。

本套教材在编写模式上和思路上有了较大变化,采取面向任务,面向目标,先提出问题,然后指出解决问题的方法和所需要的知识的项目驱动式教材编写指导思想。针对目标,明确任务,做什么项目,用什么知识;用什么,学什么,学什么,会什么;急用先学,学以致用;突出重点,突出有用;然后由此及彼,由表及里,由浅入深,先感性,后理性,先实践,后理论,先认识,后提高;先掌握基本应用,然后做理论讲解、扩展与延伸,最后落实到具体操作,指导学生动手设计,用实践检验对知识的掌握程度。

本套教材特点是:内容丰富,知识全面,项目驱动,图文并茂,案例教学,贯彻始终。结构严谨,层次分明,条理清晰,通俗易懂,由浅入深,深入浅出,循序渐进。减少交叉,避免重复,编排合理,精心设计,突出重点,化解难点。学习理论,上机实验,举一反三,学用结合,配备习题,提供试题,联系实际,提高能力。

我们从计算机技术的发展趋势和信息社会对人才培养的需求出发,实现知识传授与能力培养的有效结合,通过对教学内容的基础性、科学性和应用性的研究,体现以有效知识为主体,构建支持学生终身学习的计算机知识基础和能力基础,提高学生计算机的应用能力。本系列教材强调理论与实践相结合,既注重基本原理、基本概念的介绍,又注重基本操作、基本能力的培养,根据计算机技术的发展和应用,加重了项目实训的内容。提高学生的动手能力。本套教材由三个部分组成,一是教材本身;二是实践实验教程,三是配套电子课件和素材(可到清华大学出版社网站 www.tup.com.cn 上下载)。

教育是科学,其价值在于求真。教育是艺术,其生命在于创新。大学教育真正要教会学生的应该是学习精神、学习能力、应用和创新能力。学习应该是超越课本知识的一个过程。本系列教材内容广泛新颖、取材丰富实用、阐述深入浅出、结构合理清晰。本系列教材的出版,不仅是编者们努力的结果,同时也凝结了编委会许多人的心血,清华大学出版社的编辑们为系列教材的出版任劳任怨、一丝不苟。因此,本系列教材的出版是集体智慧的结晶,是各院校优势互补、突出学校特色、进行计算机应用型人才培养的一次有益尝试。在此,编委会向所有为本系列教材的出版付出辛勤劳动的教师们及清华大学出版社的同仁们表示崇高的敬意和衷心的感谢!本系列教材在编写过程中也得到黑龙江省教育厅的悉心指导以及许多高校的大力支持,特别是哈尔滨师范大学恒星学院院长邓中兴教授给予了热情帮助和大力支持,也得到了许多计算机公司的帮助,编委会在此向他们表示衷心感谢!

　　本系列教材既可作为高等学校计算机专业的教材,也可作为信息技术的培训教材或参考书。

　　由于时间仓促,书中粗浅疏漏或叙述欠严密之处在所难免,恳请读者批评指正,热切期待着授课教师在教学实践中对系列教材提出宝贵意见和建议。我们将每年对系列教材进行一次认真的修订。

郝忠孝

2010 年 1 月

前言

FOREWORD

21世纪信息技术已经成为社会生产的重要组成部分,作为信息管理的重要工具,数据库技术得到了飞速的发展,数据库的应用遍布企业资源计划(ERP)、地理信息系统(GIS)、客户关系管理(CRM)、联机分析与处理系统(OLAP)等,并已深入到信息、工业、商业、金融等各个领域。数据库技术是计算机软件的一个重要分支,数据库课程是计算机和信息管理领域一门重要的专业课程。

本教材根据数据库系统的最新发展,结合数据库系统及应用的教学需要,以两个典型的数据库应用系统项目的设计过程为主线,结合大量的应用实例,系统地介绍数据库系统的基本原理、方法及应用技术。教材强调在 IT 知识经济环境下数据库系统所表现出的新特点,注重项目驱动式教学,强调理论与实践相互渗透、技术与应用有机结合。

本教材采取面向任务,针对目标,选准学生能接触到或容易理解的项目作为课题,用功能模块的形式说明任务,进而将任务细化到具体模块,引起学生的兴趣,树立信心,激发学习的积极性,从而达到学以致用、突出重点、实用的目的。在编写时,由此及彼,由表及里,由浅入深,先掌握基本应用,然后做理论讲解和知识扩展延伸,扩大知识面,加深学生对知识的理解深度,拓宽其解决问题的思路。这样既有利于教材的完整性和知识运用的系统性,也有利于学生循序渐进和受到较为逼真的系统训练,使学生将来工作时心中有恃无恐。最后落实到具体操作,教材结合一些切合实际的题目,指导学生动手设计,用实践检验对知识的掌握程度,达到融会贯通、举一反三和触类旁通的目的。

本套教材由 3 部分组成:一是教材本身,二是实验、开发案例与习题解答;三是配套电子课件和素材。

本套教材特色如下:

(1) 在主教材中,引入"网上书店系统"和"高校管理系统"开发项目,从建库、建表到数据库需求分析、设计、实现等贯穿教材始终。

(2) 针对相关章节内容,在章尾适当加入案例,以期对本章重点内容进行升华。

(3) 在主教材配套的实验案例与习题解答中,引入完整的"高校实验室数据库管理系统"开发项目,以期读者对数据库设计过程有一个完整具体的领会。

(4) 在引入数据库开发项目的同时,结合相关章节具体内容适当引入数据库应用实例,从而使教学内容达到理论与实践的协调统一。

(5) 在主教材配套的素材中附"网上书店系统"和"高校实验室数据库管理系统"全部源代码。使读者在学完本书以后,得到一次完整具体的数据库应用系统开发设计的训练,进而可以参照本系统开发其他的应用系统。

本书以 SQL Server 2005 为平台,结合应用型普通高校数据库课程的具体要求,深入浅出地介绍数据库系统的有关知识、方法和具体的应用。全书共 8 章:第 1 章介绍数据库管理系统、数据库系统、数据模型与数据库体系结构等基本概念;第 2 章介绍关系数据库的运算方法;第 3 章介绍 SQL Server 数据库应用基础;第 4 章介绍关系数据库标准语言 SQL;第 5 章介绍关系数据库设计理论;第 6 章介绍数据库设计的方法、原则与技术;第 7 章介绍数据库恢复、并发控制、安全性、完整性等数据库管理与保护内容;第 8 章介绍 ODBC、JDBC 等数据库访问技术。各章后均附有本章小结、习题等内容。本书的配套教材《数据库系统及应用实验案例与习题解答》,提供了教材各章的习题参考答案、实验指导、相关章节习题集、数据库应用系统开发案例、课程设计大纲等内容。本教材配套的教学素材中附有全部源代码和教学课件等内容。

本教材是黑龙江省新世纪高等教育教学改革工程项目"民办高校面向区域信息化建设的信息管理专业教学改革研究"(项目编号 095277)、黑龙江省教育厅人文社科研究项目"民办高校基于区域信息化建设的信息主体素质研究"(项目编号 11554071)研究成果之一。

本书集中了哈尔滨德强商务学院、黑龙江科技学院利民分校、哈尔滨师范大学恒星学院、哈尔滨理工大学软件学院、远东学院和中信网络科技股份有限公司等有关教师和科研人员编写。本书由王知强主编,王雪梅、秦秀媛、王凤领为副主编,参加编写的人员有徐铁鑫、刘芳、文雪巍、刘胜达、盖杉、郭红、吴雷、郑立平、陈静、马勇。其中,第 1 和第 3 章由王知强、吴雷、郑立平编写;第 2 和第 8 章由王雪梅、陈静、刘胜达编写;第 4 和第 6 章由秦秀媛、郭红、马勇编写;第 5 章由王凤领、徐铁鑫、盖杉编写;第 7 章由文雪巍、刘芳编写。全书由周洪玉教授主审。

在本书编写过程中,哈尔滨德强商务学院副院长于长福副教授、教务处长韩毓洁教授、计算机与信息工程系主任陈本士副教授和哈尔滨理工大学计算机科学与技术学院副院长王培东教授等给予了大力支持与帮助,在此一并表示感谢。

由于作者水平有限,时间仓促,书中不妥之处,敬请读者和专家批评指正。

编　者

2010 年 11 月

目　录

CONTENTS

第1章

数据库系统概述

本章主要内容

本章主要介绍数据库的基本概念、数据管理的发展过程、数据库系统组成、数据模型、数据库系统结构以及数据库新技术等内容。通过本章的学习使读者从中领悟到为什么要应用数据库以及使用数据库技术所带来的重要意义,本章是后续章节的准备和基础。

本章学习目标

- 理解数据库相关概念及数据库的作用;
- 了解数据管理技术的发展阶段及各阶段的特点;
- 掌握数据库系统的组成、各部分的功能及其相互之间的关系;
- 理解并掌握数据库体系的三级模式结构、两级映像、数据独立性概念及其作用;
- 掌握数据模型的概念及其组成,重点掌握概念模型;
- 了解数据库系统发展的特点及主流数据库技术的发展趋势。

信息资源已成为社会各行各业的重要资源和财富,作为实施有效信息管理的信息系统已成为一个企业或组织生存和发展的重要基础条件。由于数据库技术是信息系统的核心和基础,因而得到快速的发展和越来越广泛的应用。数据库技术主要研究如何科学地组织和存储数据、高效地获取和处理数据,是数据管理的最新技术,是计算机科学与技术的重要分支。数据库技术可以为各种用户提供及时的、准确的、相关的信息,满足用户各种不同的需要。

对于一个国家来说,数据库建设的规模、数据库信息量的大小和使用频度已成为衡量这个国家信息化程度的标志。数据库技术的出现极大地促进计算机在各行各业的应用。所以,数据库课程不仅是计算机科学与技术专业、信息管理与信息系统专业的重要课程,也是许多非计算机专业的选修课程。

1.1 数据库基本概念

在系统介绍数据库以及数据库的作用之前,首先了解与数据库相关的术语和基本概念,主要有数据与信息、数据管理与数据库、数据库管理系统、信息系统以及数据库系统等。

1.1.1 数据库

1. 数据

数据是记录信息的物理符号，是表达和传递信息的工具。尽管信息有多种表现形式，可以通过手势、眼神、声音或图形等方式表达，但数据是信息的最佳表现形式。由于数据能够读写，因而它能够被记录、存储和处理，从中挖掘出更深层的信息。

在现代计算机系统中，凡是能为计算机所接受和处理的各种字符、数字、图形、图像及声音等都可称为数据。因此，数据泛指一切可被计算机接受和处理的符号。数据可分为数值型数据（如工资、成绩等）和非数值型数据（如姓名、日期、声音、图形、图像等）。数据可以被收集、存储、处理（加工、分类、计算等）、传播和使用。

数据有"型"和"值"之分。数据的型指数据的结构，而数据的值指数据的具体取值。数据的结构指数据的内部构成和对外联系。

数据受数据类型和取值范围的约束。数据类型是针对不同的应用场合设计的。数据类型不同，数据的表示形式、存储方式及数据能进行的操作和运算各不相同。在使用计算机处理数据时，应当特别重视数据类型，为数据选择合适的类型。数据的取值范围也称数据的值域，为数据设置值域是保证数据的有效性及避免数据输入或修改时出现错误的重要措施。

数据有定性表示和定量表示之分。例如。在表示职工的年龄时，可以用"老"、"中"、"青"定性表示，也可以用具体岁数定量表示。由于数据的定性表示是带有模糊因素的粗略表示方式，而数据的定量表示是描述事物的精确表示方式，所以在计算机软件设计中，应尽可能地采用数据的定量表示方式。

数据应具有载体和多种表现形式。数据是对客观物体或概念的属性的记录，必须有一定的物理载体。当数据记录在纸上时，纸张是数据的载体；当数据记录在计算机的外存上时，硬盘、软盘或磁带就是数据的载体。数据具有多种表现形式，可以用报表、图形、语音及不同的语言符号表示。

数据的表现形式还不能完全表达其内容，需要经过解释，数据和关于数据的解释是密不可分的。例如，15 是一个数据，可以是一个人的年龄，可以是幼儿的体重，也可以是日期，还可以是学校的专业数。数据的解释是指对数据含义的说明，数据的含义称为数据的语义，数据与其语义是密不可分的。

日常生活中，人们通常用自然语言描述数据。例如，可以这样来描述某高校计算机系的一位学生的信息：邢波同学，男，1980 年 2 月生，黑龙江省哈尔滨市人，1997 年入学。在计算机中通常这样描述：

（邢波，男，198002，黑龙江省哈尔滨市，计算机系，1997）

把学生的姓名、性别、出生年月、出生地、所在系、入学年份等组织在一起，组成一条记录。这里的学生记录就是描述学生的数据，这样的数据是有结构的，记录是计算机中表示和存储数据的一种格式。

2. 信息

信息泛指通过各种方式传播的，可被感受的，用数字、文字、图像和声音等符号所表征的某一事物新的消息、情报和知识。它是观念性的东西,是人们头脑对现实事物的抽象反映,与载体无关。必须指出的是,在许多不严格的情况下,对数据和信息两个概念不进行区分而是混为一谈。

信息的内容是关于客观事物或思想方面的知识,即信息的内容能反映已存在的客观事实,能预测未发生事物的状态和能用于指挥、控制事物发展的决策。信息是有用的,是人们活动的必须知识,利用信息能够克服工作中的盲目性,增加主动性和科学性,可以把事情办得更好。信息能够在空间和时间上被传递,在空间上传递信息称为信息通信,在时间上传递信息称为信息存储。信息需要一定的形式表示,信息与其表示符号是不可分离的。

信息对于人类社会的发展有着重要的意义,它可以提高人们对事物的认识,减少人们活动的盲目性;信息是社会机体进行活动的纽带,社会的各个组织通过信息网相互了解并协同工作,使整个社会协调发展;社会越发展,信息的作用就越突出;信息又是管理活动的核心,要想把事务管理好,就需要掌握更多的信息,并利用信息进行工作。

总之,信息和数据是有区别的。数据是一种符号,数据本身是没有意义的,而信息是有意义的知识,但数据经过加工处理后就能成为有意义的信息,也就是说数据处理把数据和信息联系在一起,下式可以简单明确地表明三者之间的关系:

$$信息＝数据＋数据处理$$

3. 数据处理

围绕着数据所做的工作均称为数据处理。数据处理指对数据的收集、组织、整理、加工、存储和传播等工作。

数据处理包含数据管理、数据加工和数据传播。数据管理主要任务是收集信息,将信息用数据表示并按类别组织、保存,其目的是在需要的时候,为各种应用和数据处理提供数据。数据加工主要任务是对数据进行变换、抽取和运算,通过数据加工会得到更有用的数据,以指导或控制人的行为或事物的变化趋势。数据传播指在空间或时间上以各种形式传播信息,而不改变数据的结构、性质和内容,数据传播会使更多的人得到并理解信息,从而使信息的作用充分发挥出来。

4. 数据管理

在数据处理中,最基本的工作是数据管理工作。数据管理是其他数据处理的核心和基础。

在实际工作中数据管理的地位很重要。工作中有许多人从事各种行政管理工作,实际上这些管人、管财、管物或管事的工作就是数据管理工作。而人、财、物和事又可统称为事务。在事务管理中,事务以数据的形式被记录和保存。例如,在财务管理中,财务科通过对各种账目的记账、对账或查账等实现对财务数据的管理。传统的数据管理方法是人工管理方式,即通过手工记账、算账和保管账的方法实现对各种事务的管理。计算机的发展为科学地进行数据管理提供了先进的技术和手段,目前许多数据管理工作都利用计算机进行,而数据管理也成了计算机应用的一个重要分支。

数据管理工作应包括以下3项内容:

(1) 组织和保存数据,即将收集到的数据合理地分类组织,将其存储在物理载体上,使数据能够长期地保存。

（2）数据维护，即根据需要随时进行插入新数据、修改原数据和删除失效数据的操作。

（3）提供数据查询和数据统计功能，以便快速地得到需要的正确数据，满足各种使用要求。

5. 数据库

数据库（DataBase，DB）是一个长期存储在计算机内的、有组织的、可共享的、统一管理的大量数据的集合。数据库中的数据按一定的数据模型组织、描述和存储，具有较小的冗余度、较高的数据独立性和易扩展性，并可为用户共享。数据库的概念实际上包括两层含义：其一为数据库是一个实体，是能够合理保管数据的"库"，用户在该"库"中存放要管理的事务的数据及事务间联系，"数据"和"库"两个概念结合成为"数据库"；其二为数据库是数据管理的新方法和技术，能够更合理地组织数据、更方便地维护数据、更严密地控制数据和更有效地利用数据。

概括地讲，数据库中数据的性质具有永久存储、数据整体性和数据共享性三个特点。

数据整体性指数据库是一个单位或一个应用领域的通用数据处理系统，它存储的是属于企业和事业部门、团体和个人的有关数据的集合。数据库中的数据是从全局观点出发建立的，按一定的数据模型进行组织、描述和存储，其结构基于数据间的自然联系，从而可提供一切必要的存取路径，且数据不再针对某一应用，而是面向全组织，具有整体的结构化特征。

数据共享性指数据库中的数据是为众多用户所共享其信息而建立的，已经摆脱了具体程序的限制和制约。不同的用户可以按各自的用法使用数据库中的数据；多个用户可以同时共享数据库中的数据资源，即不同的用户可以同时存取数据库中的同一个数据。数据共享性不仅满足了各用户对信息内容的要求，同时也满足了各用户之间信息通信的要求。

1.1.2　数据库管理系统

数据库管理系统（DataBase Management System，DBMS）是提供数据库管理的计算机系统软件，信息系统是实现某种具体功能的应用软件。数据库管理系统为信息系统的设计提供方法、手段和工具，利用数据库管理系统可以更快、更好地设计和实施信息系统。

1. DBMS 简介

数据库管理系统是负责数据库的定义、建立、操纵、管理和维护的一种计算机软件，是数据库系统的核心部分。数据库管理系统是位于用户与操作系统之间的一层数据管理软件，提供对数据库资源进行统一管理和控制的功能，使数据结构和数据存储具有一定的规范性，提高了数据库应用的简明性和方便性。DBMS 是一种系统软件，也就是数据库语言本身，常用的有 SQL Server、Oracle 等数据库语言。DBMS 为用户管理数据提供了一整套命令，利用这些命令可以实现对数据库的各种操作，如数据结构的定义，数据的输入、输出、编辑、删除、更新、统计和浏览等。

DBMS 的工作模式如图 1-1 所示，详细说明如下：

图 1-1　DBMS 的工作模式

（1）接受应用程序的数据请求和处理请求。

（2）将用户的数据请求（高级指令）转换成复杂的机器代码（底层指令）。

（3）实现对数据库的操作。

（4）从数据库的操作中接受查询结果。

（5）对查询结果进行处理（格式转换）。

（6）将处理结果返回给用户。

2. 信息系统

信息系统（Information System，IS）是由人、硬件、软件和数据资源组成的复合系统，目的是及时、正确地收集、加工、存储、传递和提供信息，实现组织中各项活动的管理与控制。

在组织内部存在着各种各样的信息流。基于计算机和各类通信技术，集组织内部各类信息流为一个系统，并用于对组织内部的各项业务活动进行管理、调节和控制的信息处理网络中，称为一个组织的信息系统。其可以是企业的产、供、销、库存、计划、管理、预测和控制的综合系统，也可以是机关的事务处理、战略规划、管理决策和信息服务等的综合系统。

信息系统的数据存放在数据库中，数据库技术为信息系统提供了数据管理的手段，DBMS为信息系统提供了系统设计的方法、工具和环境。学习数据库及DBMS的基本理论和设计方法，目的就是要掌握数据库系统的设计、管理和应用，以便能够胜任信息系统的设计、开发与应用工作。

1.1.3 数据库系统

数据库系统（DataBase System，DBS）指在计算机系统中引入数据库后的系统。一般由数据库、数据库管理系统（及其开发工具）、应用系统和数据库管理员构成。应当指出的是，数据库的建立、使用和维护等工作只靠一个DBMS是远远不够的，还要有专门的人员来完成，这类人员被称为数据库管理员（DataBase Administrator，DBA）。

在不引起混淆的情况下，常常把数据库系统简称为数据库。数据库系统如图1-2所示。

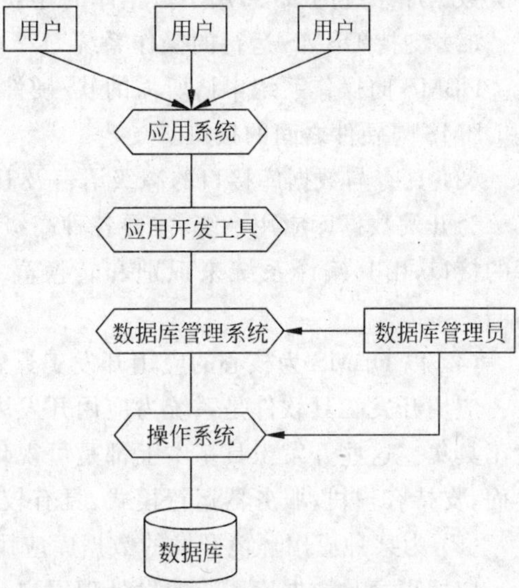

图1-2 数据库系统

1.1.4 数据库系统组成

数据库系统的组成如图1-3所示，一般是由数据库、硬件支撑环境、软件系统和人员组成。

1. 硬件支撑环境

硬件是存储数据库和运行DBMS的物质基础。数据库系统对硬件的要求是有足够大的内存以存放操作系统、DBMS例行程序、应用程序、数据库表等；有大容量的直接存取的

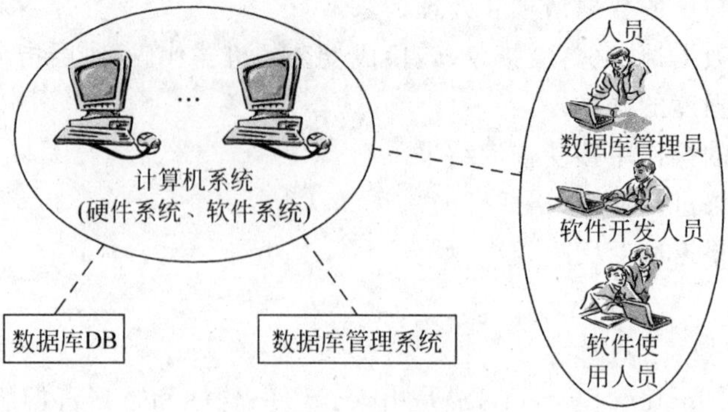

图 1-3 数据库系统(DBS)

外存储器,供存放数据和系统副本;有较强的数据通道能力以提高数据处理速度。有些数据库系统还要求提供网络环境。

2. 软件系统

软件系统主要包括:

(1) DBMS

数据库系统的核心,用于数据库的建立、使用和维护。

(2) 支持 DBMS 运行的操作系统

DBMS 向操作系统申请所需的软/硬件资源,并接受操作系统的控制和调度,操作系统是 DBMS 与硬件之间的接口。

(3) 具有与数据库接口的高级语言及其编译系统

为开发数据库应用系统,需要各种高级语言及其编译系统。高级语言必须具有与数据库的接口,由其编译系统来识别和转换高级语言中存取数据的语句,以实现对数据库的访问。

(4) 以 DBMS 为核心的应用开发工具软件

应用开发工具软件是系统为应用开发人员和最终用户提供的功能强、效率高的一组开发工具集。这些开发工具基本上都是可视化的第四代语言开发工具,具有友好的图形用户界面,支持客户机/服务器运行模式,具有较高的应用系统开发效率。

(5) 为某种应用环境开发的数据库应用程序软件

应用程序是数据库系统的批处理用户和终端用户借助应用程序、终端命令,通过 DBMS 访问数据库的应用软件。

3. 数据库

数据库是一个单位或组织需要管理的全部相关数据的集合,是长期存储在计算机内、有组织的、可共享的统一管理数据集合。它是数据库系统的基本成分,通常包括的内容如下:

① 物理数据库:其中存放按一定的数据实际存储的所有应用需要的工作数据。

② 数据字典:数据字典(Data Dictionary,DD)中存放关于数据库中各级模式的描述信息,包括所有数据的结构名、意义、描述定义、存储格式、完整性约束、使用权限等信息。由于

数据字典包含数据库系统中的大量描述信息而不是用户数据,因此也称其为"描述信息库"。

③ 在结构上数据字典也是一个数据库,为了区分物理数据库中的数据和数据字典中的数据,通常称数据字典中的数据为元数据,组成数据字典文件的属性称为元属性。数据字典是 DBMS 存取和管理数据的基本依据,主要由系统管理和使用。

在关系数据库系统中,数据字典通常主要包括表示数据库文件的文件,用来表示数据库中属性的文件、视图定义文件、授权关系文件、索引关系文件等。

4. 人员

数据库系统的人员由软件开发人员、软件使用人员及数据库管理员组成。他们既有不同的数据抽象级别,又具有不同的数据视图,因而其职责也有所区别。

(1) 软件开发人员

软件开发人员包括系统分析员、系统设计员及程序设计员,主要负责数据库系统的开发设计、程序编制、系统高度和安装工作。

(2) 软件使用人员

软件使用人员即数据库最终用户,用户接口使用数据库。对于简单用户,主要工作是对数据库进行查询和修改,而高级用户能够直接使用数据库查询语言访问数据库。

(3) 数据库管理员

在数据库系统环境下,有两类共享资源。一类是数据库,一类是数据库管理系统软件。因此需要专门的管理机构来监督和管理数据库系统。DBA 则是这个机构的一个(组)人员,负责全面管理和控制数据库系统。具体职责包括:

① 决定数据库中的信息内容和结构。

数据库中要存放哪些信息,DBA 要参与决策。因此 DBA 必须参加数据库设计的全过程,并与用户、应用程序员、系统分析员密切合作共同协商,搞好数据库设计。

② 决定数据库的存储结构和存取策略。

DBA 要综合各用户的应用要求,和数据库设计人员共同决定数据的存储结构和存取策略,以求获得较高的存取效率和存储空间利用率。

③ 定义数据的安全性要求和完整性约束条件。

DBA 的重要职责是保证数据库的安全性和完整性。因此 DBA 负责确定各个用户对数据库的存取权限、数据的保密级别和完整性约束条件。

④ 监控数据库的使用和运行。

DBA 还有一个重要职责就是监视数据库系统的运行情况,及时处理运行过程中出现的问题。比如系统发生各种故障时,数据库会因此遭到不同程度的破坏,DBA 必须在最短的时间内将数据库恢复到正确状态,并尽可能不影响或少影响计算机系统其他部分的正常运行。为此,DBA 要定义和实施适当的后备和恢复策略。如周期性的转储数据、维护日志文件等。

⑤ 数据库的改进和重组重构。

DBA 还负责在系统运行期间监视系统的空间利用率、处理效率等性能指标,对运行情况进行记录、统计分析,依靠工作实践并根据实际应用环境,不断改进数据库设计。不少数据库产品都提供对数据库运行状况进行监视和分析的工具,DBA 可以使用这些软件完成这项工作。

另外,在数据库运行过程中,大量数据不断删除、插入、更新,时间一长,会影响系统的性能。因此,DBA 要定期对数据库进行重组织,以提高系统性能。

当用户的需求增加和改变时,DBA 还要对数据库进行较大的改变,包括修改部分设计,及数据库的重构造。

（4）用户

用户是指最终用户(End User)。最终用户通过应用系统的用户接口使用数据库。常用的接口方式有浏览器、菜单驱动、表格操作、图形显示、报表书写等。

最终用户可以分为三类:偶然用户、简单用户、复杂用户。

① 偶然用户,不经常访问数据库,但每次访问数据库时往往需要不同的数据库信息;企业或组织机构的中高级管理人员。

② 简单用户,主要工作是查询和更新数据库,如银行的职员、机票预订人员、旅馆总台服务员。

③ 复杂用户,包括工程师、科学家、经济学家、科技工作者等;直接使用数据库语言访问数据库,甚至能够基于数据库管理系统的 API 编制自己的应用程序。

5. 数据库管理系统

DBMS 是数据库系统中对数据进行管理的软件系统,是数据库系统的核心组成部分。对数据库的一切操作,包括定义、查询、更新及各种控制,都是通过 DBMS 进行的。

（1）DBMS 的工作流程

DBMS 接受应用程序的数据请求和处理请求,然后将用户的数据请求(高级指令)转换成复杂的机器代码(低层指令)实现对数据库的操作,并接受对数据库操作而得到的查询结果,同时对查询结果进行处理(格式转换),最后将处理结果返回给用户。

DBMS 总是基于某种数据模型的,因此可以把 DBMS 看成是某种数据模型在计算机系统上的具体实现。根据数据模型的不同,DBMS 可以分为层次型、网状型、关系型、面向对象型等。

在不同的计算机系统中,由于缺乏统一的标准,即使相同种类数据模型的 DBMS,在用户接口、系统功能等方面也经常是不相同的。

用户对数据库进行操作,是由 DBMS 操作从应用程序带到外模式、模式,再导向内模式,进而通过操作系统操纵存储器中的数据。同时,DBMS 为应用程序在内存开辟一个数据库的系统缓冲区,用于数据的传输和格式转换。而三级模式结构的定义存放在数据字典中。图 1-4 是用户访问数据库的一个示意图,从中可以看出 DBMS 所起的核心作用。

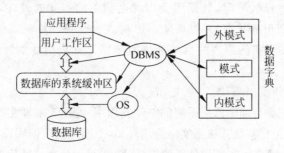

图 1-4　用户访问数据库的过程

（2）DBMS 的主要功能

DBMS 的主要目标是使数据作为一种可管理的资源，其主要功能如下：

① 数据定义：DBMS 提供数据定义语言（Data Definition Language，DDL），供用户定义数据库的三级模式结构、两级映像以及完整性约束和保密限制等约束。

② 数据操纵：DBMS 提供数据操纵语言（Data Manipulation Language，DML），供用户实现对数据的操作。

③ 数据库的运行管理：数据库的运行管理功能是 DBMS 的运行控制、管理功能，包括多用户环境下的并发控制、安全性检查和存取权限控制、完整性检查和执行、运行日志的组织管理、事务的管理和自动恢复，即保证事务的原子性。这些功能保证了数据库系统的正常运行。

④ 数据组织、存储与管理：DBMS 要分类组织、存储和管理各种数据，包括数据字典、用户数据、存取路径等，需确定以何种文件结构和存取方式在存储级上组织这些数据，如何实现数据之间的联系。数据组织和存储的基本目标是提高存储空间利用率，选择合适的存取方法提高存取（如随机查询、顺序查询、增加、删除、修改）效率。

⑤ 数据库的保护：数据库中的数据是信息社会的战备资源，对数据的保护至关重要。DBMS 对数据库的保护通过 4 个方面实现：数据库的恢复、数据库的并发控制、数据完整性控制、数据安全性控制。DBMS 的其他保护功能还有系统缓冲区的管理以及数据存储的某些自适应调节机制等。

⑥ 数据库的维护：这一部分包括数据库的数据载入、转换、转储、数据库的重组与重构以及性能监控等功能，这些功能分别由各个实用程序完成。

⑦ 通信：DBMS 具有与操作系统的联机处理、分时系统及远程作业输入的相应接口，负责处理数据的传送。对网络环境下的数据库系统，还包括 DBMS 与网络中其他软件系统的通信功能以及数据库之间的互操作功能。

（3）DBMS 的组成

DBMS 由数据和元数据、存储管理器、查询处理器、事务管理器、模式更新、查询和更新等部分组成，如图 1-5 所示。

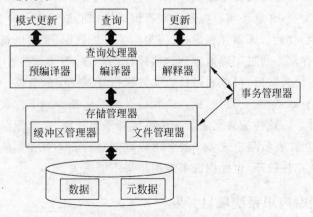

图 1-5 DBMS 的主要组成部分

① 数据和元数据：数据是 DBMS 管理的对象；元数据是有关数据结构的信息，简单地说是描述数据的数据即数据字典。在关系数据库管理系统（Relational DataBase Management System，RDBMS）中，数据是用户添加到基本表中的数据，元数据是描述有关基本表名、列名、数据类型等数据库对象的数据。

② 输入：对 DBMS 的输入操作包括查询、更新和模式更新。

- 查询是针对数据的操作，有两种方式：一种方式是通过 DBMS 的查询界面；另一种方式是通过应用程序界面。

- 更新是针对数据的更新，像查询一样，更新也可通过两种方式执行。一种方式是通过 DBMS 的更新界面；另一种方式是通过应用程序界面。

- 模式更新是对元数据的更新，对这些操作有严格的限制，只有经过授权的人才能执行模式更新。这些授权的人一般是 DBA。

③ 查询处理器：既负责处理查询又负责处理更新和模式更新请求。查询处理器包括编译器、解释器和预编译器。编译器负责对查询和更新语句进行优化并且转换成可执行的低层命令。解释器负责编译或解释模式更新，并且将其记在元数据中。预编译器完成嵌入在宿主语言中的查询语句。

④ 存储管理器：存储管理器是根据获得的请求信息，从数据存储器中获得信息或修改数据存储器中的信息。在一个简单的数据库系统中，存储管理器实际上就是操作系统的文件系统。但有时为了提高效率，DBMS 通常直接控制存储在磁盘上的数据。

存储管理器由文件管理器和缓冲区管理器组成。文件管理器负责跟踪磁盘上文件的位置或根据内存管理器中的请求获得数据块，数据块中含有缓冲区管理器所要求的文件。磁盘通常划分成一个个连续存储的数据块，每个数据块大小从 4～16KB 不等。缓冲区管理负责内存的管理，通过文件管理器从磁盘上猎取数据块，并且在内存中选择用于存储这些数据库的内存位置。缓冲区管理器可以把磁盘上的数据块保存一段时间，当内存紧张时，可以释放这些数据块，然后利用释放出来的空间保存新的数据块。

⑤ 事务管理器：事务管理器负责系统的完整性工作，必须确保同时运行的查询语句不互相影响，即使是系统由于种种原因突然失败，系统也不会丢失任何数据。

事务管理器与查询处理器互相影响，因为事务管理器必须知道当前查询所操作的数据以避免操作之间的冲突，并且还可以拖延某些查询或操作的执行使得冲突不会发生。

事务管理器还与存储管理器互相影响，因为为了保护数据，模式更新经常涉及存储数据变化的日志文件的存储。通过正确地排列这些操作的顺序，日志文件中将会包含这些被改变的记录，以便当系统失败后，可以通过日志文件来恢复系统中的数据。

事务管理器具有原子性、一致性、独立性和持久性的属性。原子性表示整个事务要么都执行，要么都不执行。一致性的含义表示无论系统处于何种状态，都能保证数据库中的数据处于一致状态；独立性表示两个或多个事务可以同时运行而不互相影响；持久性表示事务一经完成，即使系统出现故障，也要保证事务的结果不能丢失。

1.1.5　数据库应用系统项目开发

设计一个管理系统可称之为开发一个项目，本书以"网上书店系统"、"高校管理系统"为例介绍如何开发一个项目以及数据库系统开发应用。

1. 网上书店系统

网上书店系统采用结构化设计思想,首先将整个系统划分为两大子系统,即用户使用的前台购书子系统和管理员使用的后台管理子系统,然后再将这两个子系统划分为若干个模块,如用户注册、图书查询、在线购书、图书管理、订单管理和用户管理等。网上书店系统基本功能模块如图 1-6 所示。

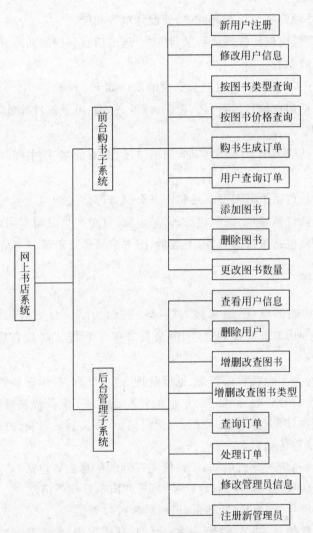

图 1-6　网上书店系统基本功能模块

1)前台购书子系统
前台购书子系统主要包括如下功能模块:
(1)用户信息管理功能包括新用户注册、用户登录和修改用户信息。
(2)购物车功能包括向购物车添加图书、删除图书和更改图书数量等。

（3）图书查询功能包括按图书价格查询和按图书类型查询等。

（4）订单管理功能包括购书生成订单和用户查询订单等。

2）后台管理子系统

后台管理子系统主要包括如下功能模块：

（1）用户管理模块包括查看用户信息、删除用户等功能。

（2）图书管理模块包括对图书的查询、增加、删除、修改等功能；对图书类型的查询、输入、删除、更新等功能。

（3）后台订单管理模块包括查询订单、处理订单等功能。

（4）管理员管理模块包括管理员登录、修改管理员信息和注册新管理员等功能。

3）对应的设计数据表

依据前台购书子系统的需求，对应数据表的设计如下：

（1）用户表，包括用户编号、用户名、密码、地址、邮编、电子邮件地址、家庭电话、个人电话和办公电话等信息。

（2）图书表，包括图书编号、图书名称、图书描述、图书价格、图书图片路径、作者和图书类型编码等信息。

（3）图书类型表，包括图书类型编号和图书类型名称信息。

（4）订单表，包括订单编号、订单状态、订单金额、订单产生时间和用户编号信息。

（5）订单条目表，包括条目编号、图书数量、图书编号和订单编号等信息。

2. 高校管理系统

确定一个系统功能的过程，通常称为“系统功能设计”。对于高校管理系统，主要包括教学管理、学生管理、工资及福利管理、办公管理等子系统。高校管理系统基本功能模块如图 1-7 所示。

教学管理子系统主要包括排课管理、选课管理、成绩管理、教学计划管理等内容，涉及的主要管理对象有学生、班级、教师、课程、专业和系等信息。工资及福利管理子系统主要负责管理教师的工资、岗位津贴、养老金、公积金、课时奖金、住房贷款以及医疗费报销等，涉及的对象有教师、职称、课程等信息。

经过对高校管理系统的分析可知，该系统需存储的信息主要包括：

（1）学生，包括学号、姓名、性别、专业号、班号和出生日期等信息。

（2）班级，包括班号、专业号，所在系，班级名和人数等信息。

（3）教师，包括教师号、姓名、性别、工龄、职称、基本工资、养老金、公积金、E-mail、电话号码和家庭地址等信息。

（4）课程，包括课程号、课程名、学分、周学时、课程类型、专业号、总课时等信息。

（5）专业，包括专业号、专业名、选修门数等信息。

（6）系，包括系号、系名等信息。

（7）职称，包括职称号、职称名、岗位津贴和住房贷款额等信息。

（8）选课，包括学号、课程号和成绩等信息。

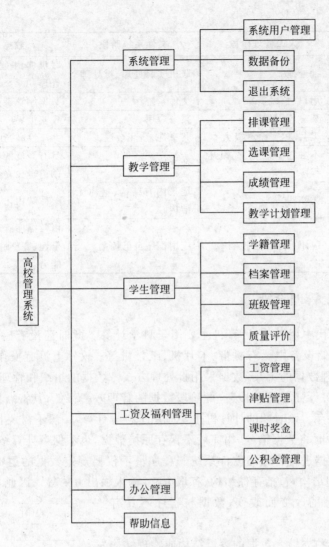

图 1-7 高校管理系统基本功能模块

1.2 数据管理的发展

数据管理是数据库的核心任务,内容包括对数据的分类、组织、编码、存储、检索和维护。数据管理技术的发展,是随着计算机硬件和软件技术的发展而不断发展的。到目前为止,数据管理技术已经历了人工管理、文件系统及数据库系统三个发展阶段,这三个阶段的比较如表 1-1 所示。

表 1-1 数据管理三个阶段的比较

比较项目	人工管理阶段	文件系统阶段	数据库系统阶段
应用背景	科学计算	科学计算、管理	大规模管理
硬件背景	无直接存取存储设备	磁盘、磁鼓	大容量磁盘
软件背景	没有操作系统	有文件系统	有数据库管理系统

续表

比较项目	人工管理阶段	文件系统阶段	数据库系统阶段
处理方式	批处理	联机实时处理、批处理	联机实时处理、分布处理、批处理
数据的管理者	用户(程序员)	文件系统	数据库管理系统
数据面向的对象	某一应用程序	某一应用	现实世界
数据的共享程度	无共享,冗余度极大	共享性差,冗余度大	共享性高,冗余度小
数据的独立性	不独立,完全依赖于程序	独立性差	具有高度的物理独立性和一定的逻辑独立性
数据的结构化	无结构	记录内有结构、整体无结构	整体结构化,用数据模型描述
数据控制能力	应用程序自己控制	应用程序自己控制	由数据库管理系统提供数据安全性、完整性、并发控制和恢复能力

1.2.1　人工管理阶段

20 世纪 50 年代中期以前,计算机主要用于科学计算。此时还没有磁盘等直接存取的存储设备,硬件存储设备主要有磁带、卡片机、纸带机等;软件上没有操作系统(Operating System,OS)和管理数据的工具,数据采用批处理方式。数据的组织和管理完全靠程序员手工完成。因此称为"手工管理阶段"。此阶段数据的管理效率很低,其特点如下:

(1) 数据不保存。该时期的计算机主要应用于科学计算,一般不需要长期保存数据,只是在计算某一课题时将数据输入,用完后不保存原始数据,也不保存计算结果。

(2) 没有对数据进行管理的软件系统。程序员不仅要规定数据的逻辑结构,而且还要在程序中设计物理结构,包括存储结构、存取方法、输入输出方式等。因此,程序中存取数据的子程序随着存储的改变而改变,数据与程序不具有一致性。

(3) 数据不具独立性。数据的逻辑结构或物理结构发生变化时,必须对应用程序做相应的修改,这就加重了程序员的负担。

(4) 数据不共享。一组数据对应于一个程序,数据是面向应用的各自组织,数据无法共享,无法相互利用和相互参照,从而导致程序和程序之间有大量重复的数据。

在人工管理阶段,程序与数据之间的一一对应关系,如图 1-8 所示。

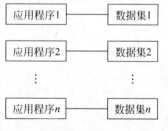

图 1-8　人工管理阶段应用程序与数据之间的对应关系

1.2.2　文件系统阶段

从 20 世纪 50 年代后期到 20 世纪 60 年代中期,计算机应用领域拓宽,不仅用于科学计算,还大量用于数据管理。这一阶段的数据管理水平进入到文件系统阶段。在文件系统阶段,计算机外存储器有了磁盘、磁鼓等直接存取的存储设备;计算机软件的操作系统中已经有了专门的管理数据的软件,即所谓的文件系统,数据的增、删、改等操作都变得比较轻松,更重要的是数据的复制变得相当容易,使数据可以反复使用。程序员在免除了数据管理工作以后,不仅可以专心从事其他更有意义的工作,而且减少了错误。

文件管理方式本质上是把数据组织成文件形式存储在磁盘上。文件是操作系统管理数据的基本单位。文件可以命名,通过文件名以记录为单位存取数据,不必关心数据的存储位置。由于文件是根据数据所代表的意义进行组织的,所以文件能反映现实世界的事物。

显然,数据组织成文件后,逻辑关系非常明确,使数据处理真正体现为信息处理,按名存取数据,既形象,又方便。由于有了直接存取存储设备,所以文件可以组织成多种形式,如顺序文件、索引文件等,从而对文件中的记录可以顺序访问,也可以随机访问。

以文件方式管理数据是数据管理的一大进步,即使是数据库方式也是在文件系统基础上发展起来的。这一阶段数据管理的特点如下:

(1) 数据需要长期留在外存上供反复使用。由于计算机大量用于数据处理,经常对文件进行查询、修改、插入和删除等操作,所以数据需要长期保留,以便反复操作。

(2) 文件的形式已经多样化。由于已经有了直接存取的存储设备,文件也就不再局限于顺序文件,出现了索引文件、链表文件等。因此,对文件的访问可以是顺序访问,也可以是直接访问。

(3) 程序和数据之间有了一定的独立性。操作系统提供了文件管理功能和访问文件的存取方法,程序和数据之间有了数据存取的接口,程序可以通过文件名直接存取数据,不必再寻找数据的物理存放位置。至此,数据有了物理结构和逻辑结构的区别,但此时程序和数据之间的独立性还不够充分。

(4) 数据的存取基本以记录为单位。文件系统是以文件、记录和数据项的结构组织数据的。文件系统的基本数据存取单位是记录,即文件系统按记录进行读写操作。在文件系统中,只有通过对整条记录的读取操作,才能获得其中数据项的信息,而不能直接对记录中的数据项进行数据存取操作。

文件系统阶段程序和数据之间的关系,如图1-9所示。

可以看出,文件系统中的数据和程序虽然具有一定的独立性,但还很不充分,每个文件仍然对应于一个应用程序,数据还是面向应用的。要想对现有的数据再增加一些新的应用非常困难,且系统不易扩充,一旦数据的逻辑结构发生改变,必须修改应用程序,并且各个文件之间是孤立的,不能反映现实世界事物之间的内在联系,各个不同应用程序之间也不能共享相同的数据,从而造成数据冗余度大,且容易产生相同数据的不一致性。

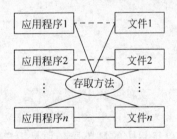

图1-9 文件系统阶段应用程序与数据之间的对应关系

1.2.3 数据库系统阶段

20世纪60年代后期,计算机被越来越多地应用于管理领域,而且规模也越来越大,因此数据量也急剧增长。同时,人们对数据共享的要求也越来越强烈。

这时已有大容量磁盘,硬件价格下降;软件则价格上升,为编制和维护系统软件及应用程序所需的成本相对增加;处理方式上,联机实时处理要求更多,并开始提出和考虑分布处理。在这种背景下,以文件系统作为数据管理手段已经不能满足应用的需求,于是为解决多用户、多应用共享数据的问题,使数据为尽可能多地应用程序服务,数据库技术便应运而生,出现了管理数据的专门软件系统——数据库管理系统。

数据库管理系统比文件系统具有明显的优点,从文件系统到数据库系统是数据管理技术发展的里程碑。下面详细讨论数据库系统的特点及其带来的优点。

1. 数据结构化

在文件系统阶段,只考虑了同一文件记录内部数据项之间的联系,而不同文件的记录之间是没有联系的,即从整体上看数据是无结构的。在数据库中,实现整体数据的结构化,把文件系统中简单的记录结构变成了记录和记录之间的联系所构成的结构化数据。在描述数据时,不仅要描述数据本身,还要描述数据之间的联系。数据之间的存取路径实现,把相关的数据有机地组织在一起。

数据库系统实现整体数据的结构化,这是数据库的主要特征之一,也是数据库系统与文件系统的本质区别。

所谓"整体"结构化指在数据库中的数据不再针对某一个应用,而是面向全组织;不仅数据内部是结构化的,而且整体是结构化的,数据之间是相互联系的。

在文件系统中每个文件内部是有结构的,即文件由记录构成,每个记录由若干属性组成。例如,在网上书店系统中,用户文件、图书文件、订单条目文件的结构如图 1-10 所示。

用户文件的记录结构

用户编号	用户名	密码	地址	邮编	电子邮箱	家庭电话	个人电话	办公电话

图书文件的记录结构

图书号	图书名	描述	单价	图片	作者	类型号

订单条目文件的记录结构

条目号	图书数量	图书号	订单号

图 1-10　用户、图书、订单文件结构

文件系统中,尽管其记录内部已有某些结构,单记录之间没有联系。例如,用户文件、图书文件和订单条目文件是独立的 3 个文件,但实际上这 3 个文件的记录之间是有联系的,订单条目中的订单号必须是用户文件中某个用户的 id,订单条目中的图书号必须是图书文件中某个图书的 id。

关系数据库中,关系表的记录之间这种联系是可以用参照完整性表述的。如果向订单条目中增加一个用户的订购信息,但这个用户没有出现在用户关系中,关系数据库管理系统将拒绝执行这样的插入操作,从而保证数据的正确性。而文件系统中要做到这一点,必须由程序员编写代码在应用程序中实现。

在数据库系统中实现了整体数据的结构化,也就是说,不仅要考虑某个应用程序的数据结构化,还要考虑整个组织的数据结构。不仅数据是整体结构化的,而且存取数据的方式也很灵活,可以存取数据库中的某一个数据项、一组数据项、一个记录或一组记录。而在文件系统中,数据的存取单位是记录,粒度不能细到数据项。

2．具有较高的数据独立性

数据独立性(Data Independence)是数据库领域中一个常用的术语和重要概念,包括数据的物理独立性和数据的逻辑独立性。

数据的物理独立性指用户的应用程序与存储在磁盘上的数据库中的数据是相互独立的。也就是说,数据在磁盘上的数据库中怎样存储是由 DBMS 管理的,用户程序不需要了解,应用程序要处理的只是数据的逻辑结构,这样当数据的物理存储改变时,用户程序不用改变。

数据的逻辑独立性指用户的应用程序与数据库的逻辑结构是相互独立的,数据的逻辑结构改变了,用户程序也可以不变。

3．减少数据冗余

在数据库方式下,用户不是自建文件,而是取自数据库中的某个子集,它并非独立存在,而是靠 DBMS 从数据库中映射出来,所以叫做逻辑文件。用户使用的是逻辑文件,因此尽管一个数据可能出现在不同的逻辑文件中,但实际上的物理存储只可能出现一次,从而减少了数据冗余。

4．数据共享

数据库中的数据是考虑所有用户的数据需求、面向整个系统组织的,而不是面向某个具体应用的。因此,数据库中包含所有用户的数据成分,但每个用户通常只用到其中一部分数据。不同用户使用的数据可以重叠,同一部分数据也可为多个用户所共享。

5．统一的数据管理与控制功能

数据库中的数据不仅要由 DBMS 进行统一管理,同时还要进行统一的控制。主要的控制功能如下:

(1) 数据的完整性:数据的完整性在数据库的应用中非常重要,为了保证数据库的正确性,要使用数据库系统提供的存取方法设计一些完整性规则,对数据值之间的联系进行校验。

(2) 数据的安全性:在实际应用中,并非每个应用都应该存取数据库中的全部数据。它可能仅仅是对数据库中的一部分数据进行操作,因此需要保护数据库以防止不合法的使用,避免数据丢失、被窃取,因此保证数据的安全性十分重要。

(3) 并发控制:当多个用户同时存取、修改数据库中的数据时,可能会发生相互干扰,使数据库中数据的完整性受到破坏,从而导致数据的不一致性。数据库的并发控制防止了这种现象的发生,提高了数据库的利用率。

(4) 数据库的恢复:有时会出现软硬件的故障,此时数据库系统应具有恢复能力,能把数据库恢复到最近某个时刻的正确状态。

6．方便的用户接口

用户不仅可以通过数据库系统提供的查询语言、交互式程序操纵数据库,也可以通过编程操纵数据库,这样就拓宽了数据库的应用面。

数据库系统阶段应用程序与数据之间的对应关系，如图 1-11 所示。

数据库系统的出现是信息系统从以加工数据的程序为中心转向以围绕共享的数据库为中心的新阶段。这样既便于数据的集中管理，又有利于应用程序的研制和维护，提高数据的利用率和相容性，提高决策的可靠性。

目前，数据库已经成为现代信息系统的重要组成部分，普遍存在于科学技术、工业、农业、商业、服务业和政府部门的信息系统中。

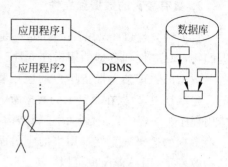

图 1-11　数据库系统阶段应用程序与数据之间的对应关系

数据库技术是计算机领域中发展最快的技术之一，数据库技术的发展是沿着数据模型的主线展开的，下面将讨论数据模型。

1.3　数据模型

模型，人们并不陌生，一张地图、一组建筑设计沙盘、一架精致的汽车模型都是具体的模型。一眼看去，就会使人联想到真实生活中的事物。模型是对现实世界中某个对象特征的模拟和抽象。例如，汽车模型是对现实生活中汽车的抽象和模拟，它可以模拟汽车的启动、加速、刹车，它抽象了汽车的基本特征——车头、车身、车尾、驾驶室。

数据模型（Data Model）也是一种模型，它是对现实世界数据特征的抽象。也就是说，数据模型是用来描述数据、组织数据和对数据进行操作的。由于计算机不可能直接处理现实世界中的事物，所以人们必须先把事物转换成计算机能够处理的数据，即首先要数字化，把现实世界中的具体的人、活动、概念、物用数据模型这个工具来抽象、表示和处理。

在数据库中用数据模型这个工具来抽象、表示和处理现实世界中的数据和信息。通俗地讲，数据模型就是现实世界的模拟。现有的数据库系统的核心是数据库。由于数据库是根据数据模型建立的，因此数据模型是数据库系统的基础。

1.3.1　数据模型的分类与组成

数据库是一个单位或组织需要管理的全部相关的数据的集合，这个集合被长期存储在计算机内，并且是有组织的、可共享和被统一管理的，在数据库中不仅要反映出数据本身的内容，还要反映数据之间的联系。由于计算机不可能直接处理现实世界中的具体事物，所以必须使用相应工具，先将具体事物转换成计算机能够处理的数据，然后再由计算机进行处理。这个工具就是数据模型，它是数据库系统中用于提供信息表示和操作手段的形式构架。

1. 数据模型的分类

模型是对现实世界的抽象。在数据库技术中，用模型的概念描述数据库的结构与语义，对现实世界进行抽象，即数据模型是现实世界数据特征的抽象，是用来描述数据的一组概念和定义。换言之，数据模型是能表示实体类型及实体间联系的模型。

数据模型应满足三方面要求：一是能比较真实地模拟现实世界；二是容易为人所理

解；三是便于在计算机上实现。一种数据模型要很好地全面地满足这三方面的要求在目前很困难。所以,在数据库系统中针对不同的阶段需要不同的图纸一样,在开发实施数据库应用系统中也需要使用不同的数据模型。按照不同的应用层次可将其划分为概念数据模型和逻辑数据模型,如图 1-12 所示。

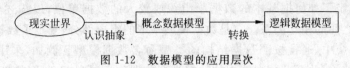

图 1-12　数据模型的应用层次

（1）概念数据模型

　　概念数据模型简称为概念模型,也称为信息模型,它是一种独立于计算机系统的数据模型,完全不涉及信息在计算机中的表示,只是用来描述某个特定组织所关心的信息结构,是对现实世界的第一层抽象。概念模型是按用户的观点对数据进行建模,强调其语义表达能力,概念应该简单、清晰、易于用户理解,是用户和数据库设计人员之间进行交流的语言和工具。这一类模型中最著名的是"实体-联系模型"。

（2）逻辑数据模型

　　逻辑数据模型也称为结构数据模型,简称为数据模型。它直接面向数据库的逻辑结构,是对现实世界的第二层抽象。此类数据模型直接与 DBMS 有关,有严格的形式化定义,便于在计算机系统中实现。此类模型通常有一组严格定义的无二义性语法和语义的数据库语言,人们可以用这种语言来定义、操纵数据库中的数据。这一类数据模型有层次模型、网状模型和关系模型等。

　　对于数据模型而言,应该较真实地模拟现实世界,容易被人们所理解,并且便于在计算机上实现。但是,一种数据模型要能够很好地满足上述要求在目前来看还比较困难。因此,在数据库系统中,针对不同的使用对象和应用目的,应该采用不同的数据模型。

　　数据模型是数据库系统的核心和基础。各种计算机上实现的 DBMS 软件都是基于某种数据模型或者说是支持某种数据模型的。

　　为了实现现实世界中的具体事物抽象、组织为某一种 DBMS 支持的数据模型,人们的做法常常是先将现实世界抽象为信息世界,然后再将信息世界转换为机器世界。也就是说,首先将现实世界中的客观对象抽象为某一种信息结构,这种信息结构不依赖于具体的计算机系统,不是某一个 DBMS 支持的数据模型,而是概念级的模型;然后再把概念模型转换为计算机上某一种 DBMS 支持的数据模型。

　　从现实世界到概念模型的转换是由数据库设计人员完成的,从概念模型到逻辑模型的转换可以由数据库设计人员完成,也可以用数据库设计工具协助设计人员完成,从逻辑模型到物理模型的转换一般由 DBMS 完成。

　　下面介绍数据模型的共性即数据模型的组成要素,然后分别介绍两类数据模型——概念模型和逻辑模型。

2. **数据模型的组成**

　　数据模型是现实世界中的事物及其之间联系的一种抽象表示,是一种形式化地描述数据、数据间联系以及有语义约束规则的方法。

数据库专家 E. F. Codd(美国 IBM 公司 San Jose 研究室的研究员)认为：一个基本数据模型是一组向用户提供的规则，这些规则规定数据结构如何组织以及允许进行何种操作。通常，一个数据库的数据模型由数据结构、数据操作和数据的约束条件三部分组成。

(1) 数据结构

数据结构规定了如何把基本的数据项组织成较大的数据单位，以描述数据的类型、内容、性质和数据之间的相互关系。它是数据模型基本的组成部分，规定了数据模型的静态特性。在数据库系统中，通常按照数据结构的类型命名数据模型。例如，采用层次型数据结构、网状型数据结构、关系型数据结构的数据模型分别称为层次模型、网状模型和关系模型。数据结构是刻画一个数据模型性质最重要的方面。

(2) 数据操作

数据操作指一组用于指定数据结构的任何有效的操作或推导规则。数据库中主要的操作有查询和更新两大类。数据模型要给出这些操作确切的含义、操作规则和实现操作的语言。因此，数据操作规定了数据模型的动态特性。

(3) 数据的约束条件

数据的约束条件是一组完整性规则的集合，它定义了给定数据模型中数据及其联系所具有的制约和依存规则，用以限定相容的数据库状态集合和可允许的状态改变，以保证数据库中数据的正确性、有效性和相容性。

完整性约束的定义对数据模型的动态特性做了进一步的描述与限定。因为在某些情况下，若只限定使用的数据结构及可在该结构上执行的操作，仍然不能确保数据的正确性、有效性和相容性。为此，每种数据模型都规定了通用和特殊的完整性约束条件：

(1) 通用的完整性约束条件：通常把具有普遍性的问题归纳成一组通用的约束规则，只有在满足给定约束规则的条件下才允许对数据库进行更新操作。例如，关系模型中通用的约束规则是实体完整性和参照完整性。

(2) 特殊的完整性约束条件：把能够反映某一应用所涉及的数据所必须遵守的特定的语义约束条件定义成特殊的完整性约束条件。例如，关系模型中特殊的约束规则是用户定义的完整性。又如，在实行学分制的条件下，一个学籍管理数据库中学生的修业年限限定在6 年之内。

数据结构、数据操作和数据的约束条件又称为数据模型的三要素。

1.3.2　概念数据模型

概念模型用于信息世界的建模，是对现实世界的第一层抽象，是数据库设计人员进行数据库设计的有力工具，也是数据库设计人员与用户之间交流的语言，所以概念模型一方面要有较强的语义表达能力，能够方便直接地表达应用中的各种语义知识，另一方面它还应该具有简单、清晰、易于用户理解的优点。下面介绍与概念模型有关的概念。

1. 信息世界中的基本概念

(1) 实体

实体(Entity)指客观存在并可相互区分的事物。实体可以是具体的对象，如一种产品、一个教室、一座房子、一名学生、一门课程等；实体也可以是抽象的事件，如一场音乐会、一场球赛、一次选课等。

（2）实体集

实体集（Entity Set）是具有相同类型的相同性质的实体的集合。例如，某公司的所有产品、某公司的所有仓库、某学校的所有学生等。一个实体集的范围可大可小，主要取决于要解决的应用问题所涉及的环境的大小。例如，某校全体教师组成的集合就是一个教师实体集，但如果应用问题与某一城市如哈尔滨市所有的中学有关，那么中学生实体集包含的就是哈尔滨市的所有中学生。在不引起混淆的情况下通常称实体集为实体。

（3）实体型和实体值

实体有型和值之分，用于描述和抽象同一实体集共同特性的实体名及其属性名的集合称为实体型（Entity Type），如 user1（id，name，password，address，postcode，email，homephone，cellphone，officephone）就是一个实体型。相应地，实体集中的某个实体的值即为实体值（Entity Value），如（001，李平，123456，哈尔滨西大直街 92 号，150001，liping@163.com，045155579543，15550087965，045155552243）就是一个实体值，该实体值是用户实体的一个具体实例。

属于同一实体集中实体的实体型是相同的，但实体值是不同的。例如，在如表 1-2 所示的用户实体集中共有 6 个实体值，它们分别代表了 6 个不同的用户，但其实体型是相同的。

表 1-2 user1 实体集

id	name	password	address	postcode	email	homephone	cellphone	officephone
001	李平	123456	哈尔滨西大直街 92 号	150001	liping@163.com	0451 55579543	15550087965	0451 55552243
002	张明	231453	北京大学 89#	100086	zming@sina.com	010 55563524	15559876574	010 55524657
003	刘歌	546783	北京复兴路 98 号	100086	liuge01@126.com	010 55554986	15558976570	010 55589654
004	刘丽	436587	伊春黑大分校	153000	liuli@yahoo.com.cn	0455 5554398	15554587765	0455 5555438
005	贾鑫	136905	双鸭山技校	155600	jiaxin@126.com	0469 5553907	15559210675	0469 5555496
006	李亮	678956	长春西安大路 102 号	130041	liliang@163.com	0431 55574321	15554317865	0431 55506478

（4）属性

实体所具有的某一特性称为属性。例如，学生实体中的每个实体都具有学号、姓名、年龄、性别和班级等特性，这些特性就是学生实体的属性。

（5）域

属性的取值范围称为属性的域。常见的域的例子有长度为 10 的字符串、1～100 的整数等。

（6）键

能唯一标识实体中每个实体的属性或属性组称为实体的键（Key）。

（7）联系

联系（Relationship）是实体之间的一个关联。每个联系都有一个名字，每个联系都可以具有描述性的属性。

2．两个实体之间的联系

两个实体之间的联系可以分为三种：一对一（记为 1∶1）、一对多（记为 1∶n）、多对多（记为 $m∶n$），下面分别介绍这几种联系。

（1）一对一联系

如果对于实体 $E1$ 中的每个实体，在实体 $E2$ 中至多只有一个实体与之相对应，反之亦然，则称实体 $E1$ 与 $E2$ 之间的联系是一对一联系，如图 1-13（a）所示。例如，电影院中观众和座位之间就具有一对一的联系，因为在一个座位上最多坐一位观众，而一位观众也只能坐在一个座位上。

（2）一对多联系

如果对于实体 $E1$ 中的每个实体，在实体 $E2$ 中有任意个（零个或多个）实体与之相对应，而对于 $E2$ 中的每个实体却至多和 $E1$ 中的一个实体相对应，则称实体 $E1$ 与 $E2$ 之间的联系是一对多的联系，如图 1-13（b）所示。例如，公司的部门与其职工之间、班级与学生之间、球队与球员之间都具有一对多联系。

（3）多对多联系

如果对于实体 $E1$ 中的每个实体，在实体 $E2$ 中有任意个（零个或多个）实体与之相对应，反之亦然，则称实体 $E1$ 与 $E2$ 之间的联系是多对多的联系，如图 1-13（c）所示。例如，学校的教师与课程之间就具有多对多的联系，因为一个教师可以讲授多门课，一门课程也可被多个教师讲授。公司的产品与其客户之间也具有多对多的联系，因为一个产品可以被多个客户订购，一个客户也可以订购多个产品。

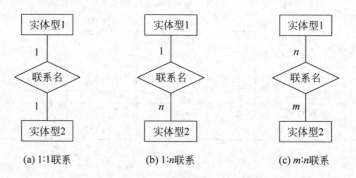

图 1-13　两个实体型间的三类联系

3．两个以上的实体型之间的联系

一般地，两个以上的实体型之间也存在着一对一、一对多、多对多联系。

若实体型 $E1,E2,\cdots,En$ 之间存在联系，对于实体型 $Ej(j=1,2,\cdots,i-1,i+1,\cdots,n)$ 中的给定实体，最多只和 Ei 中的一个实体相联系，则说 Ei 与 $E1,E2,\cdots,Ei-1,Ei+1,\cdots,$

E_n 之间的联系是一对多的。请读者给出多实体型之间一对一,多对多联系的定义。

例如,在高校管理系统中,对于课程、教师与参考书 3 个实体型,如果一门课程可以有若干个教师讲授,使用若干本参考书,而每一个教师只讲授一门课程,每一本参考书只供一门课程使用,则课程与教师、参考书之间的联系是一对多的,如图 1-14(a)所示。

又如,有 3 个实体型:供应商、项目、零件。一个供应商可以供给多个项目多种零件,而每个项目可以使用多个供应商供应的零件,每种零件可以由不同供应商供给,由此看出供应商、项目、零件三者之间是多对多的联系,如图 1-14(b)所示。

注意:三个实体型之间多对多的联系和三个实体型两两之间的(3 个)多对多联系的语义是不同的。

4. 单个实体型内的联系

同一个实体集内部的各实体之间也可以存在一对一、一对多、多对多的联系。例如,在高校管理系统中,教师实体型内部具有领导与被领导的联系,即某一教师(干部)领导若干名教师,而一个教师仅被另外一个教师直接领导,因此这是一对多的联系,如图 1-15 所示。

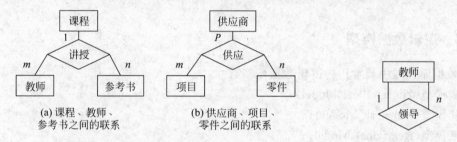

（a）课程、教师、　　　　　　　（b）供应商、项目、
参考书之间的联系　　　　　　　零件之间的联系

图 1-14　两个以上实体型间的联系　　　　　图 1-15　实体型内部一对多联系

5. 概念模型的一种表示方法:实体-联系方法(E-R 方法)

概念模型是对信息世界建模,所以概念模型应该能够方便、准确地表示出上述信息世界中的常用概念。概念模型的表示方法很多,其中最为著名最为常用的是 P. P. S. Chen 于 1976 年提出的实体-联系方法(Entity-Relationship Approach)。该方法用 E-R 图(E-R Diagram)描述现实世界的概念模型,E-R 方法也称为 E-R 模型。

E-R 图提供了表示实体、属性和联系的方法:

① 实体:用矩形表示,矩形框内写明实体名。

② 属性:用椭圆形表示,并用无向边将其与相应的实体连接起来。

③ 联系:用菱形表示,菱形框内写明联系名,并用无向边分别与有关实体连接起来,同时在无向边旁标上联系的类型($1:1$、$1:n$ 或 $m:n$)。

注意:如果一个联系具有属性,则这些属性也要用无向边与该联系连接起来。

6. 一个实例

用 E-R 图表示针对网上书店系统创建概念模型。网上书店涉及的实体有:

- 用户表:用户编号,用户名,密码,地址,邮编,电子邮件地址,家庭电话,个人电话,办公电话。

- 图书表：图书号,图书名,描述,单价,图片,作者,类型号。
- 图书类型表：类型号,类型名。
- 订单表：订单号,状态,总金额,产生时间,用户编号。
- 订单条目表：条目号,图书数量,图书号,订单号。

上述实体存在如下联系：

(1) 一个用户可以有多个订单,一个订单对应一个用户。

(2) 一个订单可以有多个订单条目,一个订单条目只对应一个订单。

(3) 一个图书只属于一种图书类型,一种图书类型可以有多个图书。

(4) 一个订单条目只有一种图书,一种图书可以有多个订单条目。

上面给出的是此网上书店系统的 E-R 图,图 1-16 所示为实体属性图,把实体的属性单独画出是为了更清晰地表示实体之间的联系,图 1-17 和图 1-18 所示为实体属性联系图,图 1-19 所示为实体联系图。

实体-联系方法是抽象和描述现实世界的有力工具。用 E-R 图表示概念模型独立于具体的 DBMS 所支持的数据模型,是各种数据模型的共同基础,比数据模型、更抽象、更接近现实世界。

1.3.3　逻辑数据模型

目前,数据库领域中最常用的逻辑数据模型有：

- 层次模型(Hierarchical Model)；
- 网状模型(Network Model)；
- 关系模型(Relational Model)；
- 面向对象模型(Object Oriented Model)；
- 对象关系模型(Object Relational Model)。

其中层次模型和网状模型统称为格式化模型。

格式化模型是 20 世纪 70 年代至 20 世纪 80 年代非常流行的数据库模型,在数据库系统产品中占据了主导地位,现在已逐渐被关系模型的数据库系统取代,但在美国、欧洲等一些国家中,由于早期开发的应用系统都是基于格式化模型的数据库系统,所以目前仍有不少层次数据库或网状数据库被继续使用。

20 世纪 80 年代以来,面向对象的方法和技术在计算机各个领域,包括程序设计语言、软件工程、信息系统设计、计算机硬件设计等方面都产生了深远的影响,也促进数据库中面向对象数据模型的研究和发展。许多关系数据库厂商为了支持面向对象模型,对关系模型做了扩展,进而产生了对象关系模型。

数据结构、数据操作和完整性约束条件这三方面的内容完整地描述了一个数据模型,其中数据结构是刻画模型性质的最基本方面。为了使读者对数据模型有一个基本认识,下面介绍四种逻辑模型的数据结构。在格式化模型中,实体用记录表示,实体的属性对应记录数据项。实体之间的联系在格式化模型中转换成记录之间的两两联系。

1.3.4　层次模型

层次模型是数据库系统中最早出现的数据模型。层次数据库系统的典型代表是

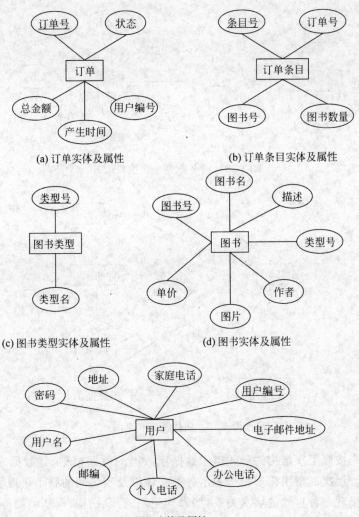

图 1-16 实体及其属性图

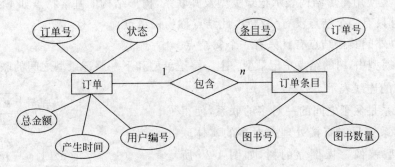

图 1-17 订单与订单条目 E-R 图

IBM 公司的 IMS(Information Management System)数据库管理系统,曾经得到广泛的应用。

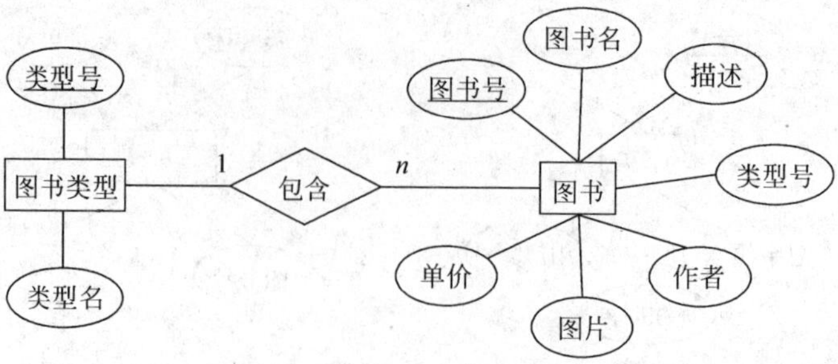

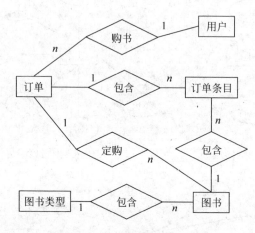

图 1-18　图书类型与图书 E-R 图

图 1-19　实体及其联系图

层次模型是按照层次结构的形式组织数据库数据的数据模型,是数据库中使用较早的一种数据模型。层次模型用树形结构表示各类实体以及实体间的联系。现实世界中许多实体间的联系就呈现一种自然的层次关系,如家族关系、行政机构、军队编制等。

1. 数据结构

层次模型使用树形结构表示记录类型及其联系,树形结构的基本特点如下:

① 有且只有一个结点没有父结点,此结点称为根结点。

② 根以外的其他结点有且只有一个父结点。

在层次模型中,树的结点是记录型。上一层记录型和下一层记录型之间的联系是 $1:N$,用结点之间的连线表示。

这种联系是父子之间的一对多的联系,使得层次数据库系统只能直接处理一对多的实体联系,层次模型就像一棵倒立的树,如图 1-20 所示。在层次模型数据库中查找记录,必须指定存取路径,所谓存取路径指从根结点开始沿途所经过的路径。在层次模型中,同一父结点的子结点称为兄弟结点,没有子结点的结点称为

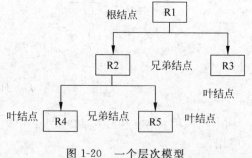

图 1-20　一个层次模型

叶结点。

层次模型中结点的父是唯一的,只能直接处理一对多的实体联系,且每个记录类型可以定义一个排序字段,称为码字段。任何记录值只有按其路径查看时,才能显出它的全部意义,没有一个子记录值能够脱离父记录值而独立存在。

2. 数据操作

层次模型的数据操作主要包括数据查询与更新两大类。

(1) 查询操作

在层次模型中,若要查找一个记录需从根结点开始,按照给定的条件沿一个层次路径查找所需要的记录。

(2) 更新操作

① 插入:插入数据可先将插入数据写入系统缓冲区,然后指定一个由根记录开始的插入层次路径,完成数据的插入操作。

② 删除:先用查询命令定位要删除的记录上,使待删除的记录变为当前记录,再用删除命令完成删除任务。需要说明的是,当删除一条记录时,这条记录所从属的所有子记录都将被删除。

③ 修改:先用查询语句将要修改的记录定位为当前记录,并将该记录读到系统缓冲区,在缓冲区中对数据进行修改,然后用相应修改后的记录值写回到数据库中。

3. 完整性约束

层次模型的数据约束主要是由层次结构的约束造成的。

① 层次结构规定除根结点外,任何其他结点都不能离开其父结点而孤立存在。

该约束表示进行插入操作时,如果没有相应的父结点值就不能插入子结点值。例如,在图 1-21 所示的层次数据库中,若新调入一名教师,但尚未分配到某个教研室,这时就不能将其插入到数据库中。进行删除操作时,如果删除父结点值,则相应的子结点值也被同时删除。例如,在图 1-21 的层次数据库中,若删除计算机软件教研室,则该教研室所有老师的数据也将全部丢失。

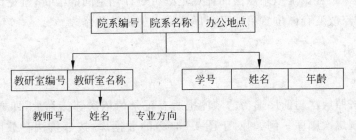

图 1-21 教学单位层次模型

② 层次模型所体现的记录之间的联系只限于二元 $1:N$ 或 $1:1$ 的联系,这一约束限制了用层次模型描述现实世界的能力。

③ 由于层次结构中的全部记录都是以有序树的形式组织起来的,因此当对某些层次结构进行修改时,不允许改变原数据库中记录类型之间的父子联系,从而使得数据库的适应能

力受到限制。

4. 多对多联系在层次模型中的表示

前面已说过,层次模型只能直接表示一对多(包括一对一)的联系,那么另一种常见联系——多对多联系能否在层次模型中表示吗? 答案是肯定的,否则层次模型就无法真正反映现实世界了。但使用层次模型表示多对多联系,必须首先将多对多联系分解成一对多联系,分解方法有两种:冗余结点法和虚拟结点法。下面用高校管理系统中的一个实例说明这两种分解方法。

图 1-22(a)是一个简单的多对多联系:一个学生可以选修多门课程,一门课程可以被多个学生选修。

图 1-22(b)采用冗余结点法,即通过增设两个冗余结点将多对多联系转换成两个一对多联系,图 1-22(c)采用虚拟结点的分解方法,即将冗余结点法中的冗余结点换成虚拟结点。所谓虚拟结点就是一个指针(Pointer),指向所替代的结点。

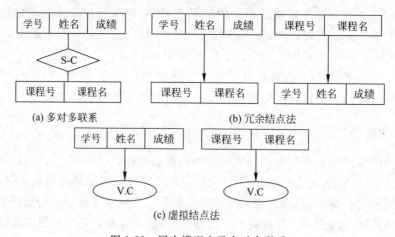

图 1-22 层次模型表示多对多联系

冗余结点法的优点是结构清晰,允许结点改变存储位置,缺点是需要额外占用存储空间,有潜在的不一致性。虚拟结点法的优点是减少对存储空间的浪费,避免产生潜在的不一致性,缺点是结点改变存储位置可能引起虚拟结点中指针的修改。

5. 存储结构

(1) 邻接法

邻接法即按照层次树前序遍历的顺序把所有记录值依次邻接存放,即通过物理空间的位置相邻来实现层次顺序。例如,对于图 1-23(a)的数据库,按邻接法存放图 1-23(b)中以根记录 A1 为首的层次记录实例集,则应如图 1-24 所示存放(为简单起见,仅用记录值的第一个字段来表示该记录值)。

(2) 链接法

链接法即用指引来反映数据之间的层次联系,包含子女-兄弟链接法、层次序列链接法两种。

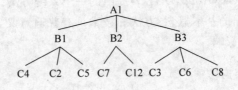

(a) 层次数据库　　　　　　　　(b) 层次记录实例集

图 1-23　层次数据库及其实例

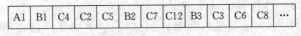

图 1-24　邻接法

① 子女-兄弟链接法。

每个记录设两类指针,分别指向最左边的子女(每个记录型对应一个)和最近的兄弟。

② 层次序列链接法。

按树的前序穿越顺序链接各记录值。

6. 层次模型的优缺点

(1) 优点

① 层次模型结构简单,层次分明,便于计算机内实现。

② 在层次数据结构中,从根结点到树中任一结点均存在一条唯一的层次路径,为有效地进行数据操纵提供了条件。

③ 由于层次结构规定除根结点以外所有结点有且仅有一个父结点,故实体之间的联系可用父结点唯一地表示,并且层次模型中总是从父记录指向子记录,因此记录型之间的联系名可省略。由于实体集间的联系固定,因此层次模型 DBMS 对层次结构的数据有较高的处理效率。

④ 层次数据模型提供了良好的完整性支持。

(2) 缺点

① 层次数据模型缺乏直接表达现实世界中非层次关系实体集间的复杂联系,如多对多($M : N$)的联系只能通过引入冗余数据或引入虚拟记录的方法解决。

② 对插入和删除操作有较多的限制。

③ 查询子结点必须通过父结点。

④ 由于结构严密,层次命令趋于程序化。

1.3.5　网状模型

在现实世界中事物之间的联系更多是非层次关系,用层次模型表示非树形结构很不直接,网状模型则可以克服这一缺点。

网状模型的典型代表是 DBTG 系统,亦称 CODASYL 系统,这是 20 世纪 70 年代数据系统语言研究会(Conference On Data System Language,CODASYL)下属的数据库任务组

(Data Base Task Group,DBTG)提出的一个系统方案。DBTG 系统虽然不是实际的软件系统,但是它提出的基本概念、方法和技术具有普遍意义,对于网状数据库系统的研制和发展产生了重大的影响。

1. 数据结构

网状模型结点之间的联系不受层次的限制,可以任意发生联系,因此它的结构是结点的连通图。网状模型结构的特点如下:

① 有一个以上的结点没有父结点。

② 至少有一个结点具有多于一个的父结点。

网状模型是一种比层次模型更具普遍性的结构,它去掉了层次模型的两个限制,允许多个结点没有父结点,允许结点有多个父结点。此外,它还允许两个结点之间有多种联系(称为复合联系)。因此,网状模型可以更直接地描述复杂的现实世界。但是网状模型在具体的实现上,只直接支持 $1:N$ 联系,对于记录间的 $M:N$ 联系,可以将其转换为 $1:N$ 联系。

在网状模型中,每个结点表示一个实体集,称为记录型,记录型之间的联系是通过"系"(Set)实现的,系用有向线段表示,箭头指向 $1:N$ 联系的 N 方。1方的记录称为首记录,N 方的记录称为属记录。

层次模型实际上是网状模型的一个特例。

2. 数据操作

网状模型的数据操作主要包括查询与更新两大类。

(1) 查询操作

查询操作是通过查询语句(FIND)和取数语句(GET)配合使用实现的。查询语句用于寻找(定位)数据库中的记录,使查询的当前值定位于该记录。取数语句则是将当前所指向的记录(或记录中某些数据项)取出供应用程序使用。

查询语句执行的查询操作是网状数据库中最基本的操作,对数据库的任何操作之前,必须首先找到要操作的记录。查询语句提供了丰富的查询手段,主要有利用关键字、导航式和当前值查询 3 种不同的查询方式。

(2) 更新操作

网状数据模型的更新操作分为对记录的更新和对系的更新两类。

① 对记录的更新。

插入:存储一个记录到数据库中,并按插入系籍的约束加入到有关的系值中。具体方法是先把要存入的数据送到用户工作区,然后用相应的存储语句(STORE)完成数据的插入。

删除:先用查询语句定位到要删除的记录,然后用相应的删除语句(ERASE)删除。网状数据模型的删除操作允许用户选择是否同时删除其全部属记录,这比层次数据模型的删除操作更加灵活。

修改:先用查询语句定位到要修改的记录,然后用相应的修改(MODIFY)语句完成修改。

② 对系的更新。

用语句 CONNECT 把属记录加入到相应的系值中。

用语句 RECONNECT 把属记录从原系值转移到另一个指定的系值中。

用语句 DISCONNECT 把属记录从其所在的系值中撤离,但该记录仍保留在数据库中。

3. 完整性约束

网状模型一般没有层次模型那样严格的完整性约束条件,但具体的网状数据库系统(如 DBTG)数据操纵都加了一些限制,提供了一定的完整性约束。

支持记录键的概念,键即唯一标识记录的数据项的集合,因此数据库的记录中不允许出现相同的键。

保证一个联系中父记录和子记录之间是一对多的联系。

可以支持父记录和子记录之间的某些约束条件。

4. 存储结构

网状模型存储结构中的关键是如何实现记录之间的联系。常用的方法是链接法,包括单向链接、双向链接、环状链接、向首链接等,此外还有其他实现方法,如指引元阵列法、二进制阵列、索引法等,依具体系统不同而不同。

5. 网状模型的优缺点

(1) 优点

① 能够更加直接地描述现实世界。

② 具有存取效率高等良好的性能。

(2) 缺点

① 数据结构比较复杂,而且随着应用环境的扩大,数据库结构变得更加复杂,不便于终端用户掌握。

② 其 DDL、DML 比较复杂,用户掌握起来较为困难。

③ 由于记录之间的联系是通过存取路径实现的,应用程序在访问数据时必须选择适当的存取路径,因此,用户必须了解系统结构的细节,加重了编写应用程序的负担。

总之,网状模型允许多个结点没有父结点;网状模型允许结点有多个父结点;网状模型允许两个结点之间有多种联系(复合联系);网状模型可以更直接地去描述现实世界;层次模型实际上是网状模型的一个特例。

1.3.6 关系模型

关系模型是目前最重要的、应用最广泛的一种数据模型。目前,主流的数据库系统大部分都是基于关系模型的关系数据库系统(Relational DataBase System,RDBS)。关系数据库系统采用关系模型作为数据的组织方式。关系模型是由 E. F. Codd 于 1970 年首次提出的,20 世纪 80 年代以来,计算机厂商新推出的 DBMS 几乎都支持关系模型,非关系模型的 DBMS 产品大部分也都添加了关系接口,数据库领域当前的研究工作也都是以关系方法为基础。所以本书的重点也将放在关系数据库上。

1. 数据结构

关系模型与以往的模型不同,它是建立在严格的数学概念的基础上。严格的定义将在第 2 章给出。这里只简单勾画一下关系模型。从用户的观点看,关系模型由一组关系组成。每个关系的数据结构是一张规范化的二维表。现在以网上书店系统中的图书表为例,介绍关系模型中的一些术语。

关系(Relation):一个关系对应通常说的一张表,如表 1-3 所示的这张图书表。

元组(Tuple):表中的一行即为一个元组,也称为记录。

属性(Attribute):表中的一列即为一个属性,给每一个属性起一个名称即属性名,如表 1-3 的 7 列,对应 7 个属性(id,name,description,price,img,zuozhe,sortkind_id)。

表 1-3　图书表

id	name	description	price	img	zuozhe	sortk-ind_id
9787040123104	数据库系统教程	面向 21 世纪课程教材	29.50	http://www.hep.edu.cn/	施伯乐	01
9787040243789	数据库系统概论学习指导与习题解析	"十五"国家级规划教材配套丛书	21.00	http://www.hep.edu.cn/	王珊	01
7-302-13609-2	SQL Server 数据库管理与开发	高等学校教材信息管理与信息系统	36.00	http://www.tup.tsinghua.edu.cn/	肖慎勇	02
9787805130699	离散数学	计算机科学核心课程	16.00	http://www.sstlp.com/	左孝凌	03
9787040084894	行政组织理论	行政管理学(独立本科段)	16.00	http://www.hep.edu.cn/	傅明贤	04
9787504946249	公共基础知识	中国银行业从业人员资格认证	37.00	www.chinafph.com	中国银行业从业人员资格认证办公室	05

码(Key):表中的某个属性组,它可以唯一确定一个元组。

域(Domain):属性的取值范围。

分量:元组中的一个属性值。

关系模式:对关系的描述,一般表示为:关系名(属性 1,属性 2,…,属性 n)。

例如,下面的关系可以描述为 Product(id, name, description, price, img, zuozhe, sortkind_id)。

在关系模型中,实体以及实体间的联系用关系表示。

关系模型要求关系必须是规范化的,即要求关系必须满足一定的规范条件,这些规范条件中最基本的一条就是,关系的每一个分量必须是一个不可再分的数据项,也就是说,不允许表中还有表。如表 1-4 所示的工资和扣除是可分的数据项,不符合关系模型要求。

表 1-4 表中有表的实例

职工号	姓名	职称	工资			扣除		实发
			基本	津贴	职务	房租	水电	
86051	陈平	讲师	1305	1200	50	160	112	2283
...	...	...	...	...	...	...	...	...

可以把关系和现实生活中的表格所使用的术语做一个粗略的对比,如表 1-5 所示。

表 1-5 术语对比

关系术语	一般表格的术语	关系术语	一般表格的术语
关系模式	表头(表格的描述)	属性名	列名
关系	(一张)二维表	属性值	列值
关系名	表名	分量	一条记录中的一个列值
元组	记录或行	非规范关系	表中有表(大表中嵌有小表)
属性	列		

2．数据操作

关系模型中常用的数据操作包括查询操作和更新操作两大部分。查询操作有选择、投影、连接、除、并、交和差等,更新操作有插入、删除和修改。查询操作是关系模型中数据操作的主要部分。

关系模型中数据操作的特点是集合操作方式,即操作的对象和结果都是集合,这种操作方式也称为一次一集合的方式。相应的,非关系数据模型的数据操作方式则为一次一记录的方式。

3．完整性约束

关系模型允许定义三类完整性约束:实体完整性、参照完整性和用户定义完整性。其中,实体完整性和参照完整性是关系模型必须满足的完整性约束条件,应该由关系系统自动支持。用户定义完整性是应用领域需要遵循的约束条件,体现了具体领域中的语义约束。

4．关系模型与非关系模型的比较

关系模型与非关系模型相比具有以下特点:

(1)关系模型建立在严格的数学概念基础上。关系及其系统的设计和优化有数学理论指导,容易实现且性能较好。

(2)关系模型的概念单一,容易理解。在关系数据库中,无论是实体还是联系,无论是操作的原始数据、中间数据还是结果数据,都用关系表示。这种概念单一的数据结构,使数据操作方法统一,也使用户易懂、易用。

(3)关系模型的存取路径对用户隐蔽。用户根据数据的概念模式和外模式进行数据操作,而不必关心数据的内模式情况,无论是计算机专业人员还是非计算机专业人员使用都很方便,数据的独立性和安全保密性都比较好。

(4)关系模型中的数据联系是靠数据冗余实现的,关系数据库中不可能完全消除数据冗余。由于数据冗余,使得关系的空间效率和时间效率都比较低。

基于关系模型的优点,关系模型自诞生以后发展迅速,深受用户的喜爱。随着计算机硬件的飞速发展,更大容量、更高速的计算机会对关系模型的缺点给予一定的补偿。因此,关系数据库始终保持其主流数据库的地位。

1.3.7 面向对象模型

面向对象(Object Oriented,OO)模型是面向对象程序设计方法与数据库技术相结合的产物,用以支持非传统应用领域对数据模型提出的新需求。它的基本目标是以更接近人类思维的方式描述客观世界的事物及其联系,且使描述问题的问题空间和解决问题的方法空间在结构上尽可能一致,以便对客观实体进行结构模拟和行为模拟。

在面向对象数据模型中,基本结构是对象而不是记录,一切事物、概念都可以看作对象。一个对象不仅包括描述它的数据,而且还包括对其进行操作的方法的定义。另外,面向对象数据模型是一种可扩充的数据模型,用户可根据应用需要定义新的数据类型及相应的约束和操作,而且比传统数据模型有更丰富的语义。因此,面向对象数据模型自 20 世纪 80 年代以后,受到人们的广泛关注。

早期的面向对象模型缺乏统一的标准,推出的基于面向对象模型的面向对象数据库系统(Object Oriented DataBase System,OODBS)其实现方法和功能也各有不同,从而使面向对象模型的广泛应用受到一定的限制。因此,进入 20 世纪 80 年代末期,人们对面向对象模型的通用性和标准化的研究工作给予了足够的重视,使其逐步完善、日趋成熟。1989 年 1月,美国 ANSI 所属的 ASC/X3/SPARC/DBSSG(数据库系统研究组),成立了面向对象数据库任务组(Object Oriented DataBase Task Group,OODBTG),开展了有关面向对象数据库(Object Oriented DataBase,OODB)标准化调查研究工作,定义了用于对象数据管理的参照数据模型。1991 年 8 月,完成了 OODBTG 的最终报告,它对 OODBMS 的发展有重要影响。

一个面向对象模型是用面向对象观点描述现实世界实体(对象)的逻辑组织、对象间限制、联系等的模型。它能完整地描述现实世界的数据结构,具有丰富的表达能力,但模型相对比较复杂,涉及的知识比较多。因此,面向对象数据库尚未达到关系数据库的普及程度。

下面根据数据模型的三要素:数据结构、数据操作和数据约束条件,将面向对象模型与关系模型做一下简单比较。

(1) 在关系模型中基本数据结构是表,相当于面向对象模型中的类(类中还包括方法),而关系中的数据元组相当于面向对象模型中的实例(也应包括方法)。

(2) 在关系模型中,对数据库的操作都归结为对关系的运算,而在面向对象模型中对类层次结构的操作分为两部分:一部分是封装在类内的操作,即方法;另一部分是类间相互沟通的操作,即消息。

(3) 在关系模型中有域、实体和参照完整性约束,完整性约束条件可以用逻辑公式表示,称为完整性的约束方法。在面向对象数据模型中,这些用于约束的公式可以用方法或消息表示,称为完整性约束消息。

面向对象模型具有封装性、信息隐匿性、持久性、数据模型的可扩充性、继承性、代码共享和软件重用性等特性,并且有丰富的语义便于自然地描述现实世界。因此,面向对象模型的研究受到人们的广泛关注,有着十分广阔的应用前景。

1.4 数据库体系结构

数据库体系结构是数据库的一个总的框架。虽然目前市场上流行的数据库系统软件产品品种多样,支持不同的数据模型,使用不同的数据库语言和应用系统开发工具,建立在不同的操作系统之上,但绝大多数数据库系统在总的体系结构上都具有三级结构的特征,即外部级(External,最接近用户,是单个用户所能看到的数据特性)、概念级(Conceptual,涉及所有用户的数据定义)和内部级(Internal,最接近于物理存储设备,涉及物理数据存储的结构)。这个三级结构称为数据库的体系结构,有时也称为"三级模式结构"或"数据抽象的3个级别"。

1.4.1 数据库三级模式结构

模式是对数据库中全体数据的逻辑结构和特征的描述,数据模式是数据库的框架,反映的是数据库中数据的结构及其相互关系。数据库的三级模式由外模式、模式和内模式三级模式构成,其结构如图 1-25 所示。

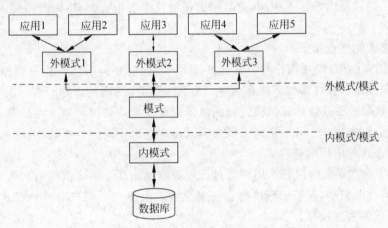

图 1-25 数据库的三级模式结构

1. 概念模式

概念模式(Conceptual Schema)简称模式,又称数据库模式、逻辑模式。它是数据库中全部数据的整体逻辑结构和特征的描述,由若干个概念记录类型组成,还包含记录间的联系、数据的完整性和安全性等要求。概念模式以某一种数据模型为基础,综合考虑了所有用户的需求,并将这些需求有机地集成为一个逻辑整体。概念模式可以被看作现实世界中一个组织或部门中的实体及其联系的抽象模型在具体数据库系统中的实现。

数据按外模式的描述提供给用户,按内模式的描述存储在磁盘中,而概念模式提供连接这两级的中间层,并使得两级中任何一级的改变都不受另一级的牵制。一个数据库只有一个概念模式,既不涉及数据的物理存储细节和硬件环境,也与具体的应用程序及程序设计语言无关。概念模式由 DBMS 提供的 DDL 定义和描述。定义概念模式时不仅要定义数据的逻辑结构,如数据记录由哪些字段构成,字段的名称、类型、取值范围等,而且还要定义数据之间的不同及与数据有关的安全性、完整性要求等内容。因此,概念模式是数据库中全体数据的逻辑描述,而不是数据库本身,它是装配数据的一个结构框架。

描述概念模式的数据定义语言称为"模式 DDL"(Schema Data Definition Language)。在大多数情况下,概念模式简称为"模式"。

2. 外模式

外模式(External Schema)又称子模式、用户模式,是数据库用户(包括应用程序员和最终用户)能够看见和使用的局部数据的逻辑结构和特征的描述,是数据库用户的数据视图,是用户与数据库系统之间的接口。

一个数据库可以有多个外模式,外模式表示了用户所理解的实体、实体属性和实体间的联系。在一个外模式中包含了相应用户的数据记录型、字段型、数据集的描述等。数据库中某个用户一般只会用概念模式中的一部分记录型,有时甚至只需要某一记录型中的若干个字段而非整个记录型。因此,有了外模式后,程序员不必关心概念模式,只与外模式发生联系,按照外模式的结构存储和操作。外模式是概念模式的一个逻辑子集。

外模式由 DBMS 提供的 DDL 定义和描述。由于不同用户需求相差很大,看待数据的方式与所使用的数据内容各不相同,对数据的保密性要求也有差异,因此不同用户的外模式也不相同。

设置外模式的优点如下:

① 方便用户使用,简化用户接口。用户无须了解数据的存储结构,只需按照外模式的规定编写应用程序或在终端输入操作命令,便可实现用户所需的操作。

② 保证数据的独立性。通过模式间的映像保证数据库数据的独立性。

③ 有利于数据共享。由于从同一概念模式可产生出不同的外模式,因而减少了数据的冗余度,有利于多种应用服务。

④ 有利于数据安全的保密。用户通过程序只能操作其外模式范围内的数据,从而使程序错误传播的范围缩小,保证了其他数据的安全性。由于一个用户对其外模式之外的数据是透明的,因此保密性较好。

3. 内模式

内模式(Internal Schema)也称存储模式,是对数据库中数据物理结构和存储方式的描述,是数据在数据库内部的表示形式。一个数据库只有一个内模式,在内模式中规定了数据项、记录、键、索引和存取路径等所有数据的物理组织以及优化性能、响应时间和存储空间需求等信息,还规定了记录的位置、块的大小和溢出区等。此外,数据是否加密,是否压缩存储等内容也可以在内模式中加以说明,内部记录并不涉及物理设备的约束,比内模式更接近物理存储。

因此,内模式是 DBMS 管理的最低层,是物理存储设备上存储数据时的物理抽象。内模式由 DBMS 提供的 DDL 定义和描述。

综上所述,分层抽象的数据库结构可归纳为以下几点:

① 对一个数据库的整体逻辑结构和特征的描述(即数据库的概念结构)是独立于数据库其他层次结构(即内模式的描述)的。当定义数据库的层次结构时,应首先定义全局逻辑结

构,而全局逻辑结构是根据整体数据规划时得到的概念结构,是结合选用的数据模型定义的。

② 一个数据库的内模式依赖于概念模式,具体地将概念模式中所定义的数据结构及其联系进行适当的组织,并给出具体的存储策略,以最优的方式提高时空效率。内模式独立于外模式,也独立于具体的存储设备。

③ 用户逻辑结构即外模式是在全局逻辑结构描述的基础上定义的,它独立于内模式和存储设备。

④ 特定的应用程序是在外模式描述的逻辑结构上编写的,依赖于特定的外模式。原则上每个应用程序都使用一个外模式,但不同的应用程序也可以共用一个外模式。由于应用程序只依赖于外模式,因此也独立于内模式和存储设备,并且概念模式的改变不会导致相对应的外模式发生变化,应用程序也独立于概念模式。

1.4.2 数据库二级映像功能

1. 两级映像

数据库系统的三级模式是对数据进行的三个级别的抽象,使用户能逻辑地、抽象地处理数据,而不必关心数据在机器中的具体表示方式和存储方式。而三级结构之间往往差别很大,为了实现这三个抽象级别的联系和转换,DBMS 在三级结构之间提供了两个层次的映像(Mapping):外模式/概念模式映像、概念模式/内模式映像。所谓映像是一种对应规则,指出了映像双方是如何进行转换的。

(1) 外模式/概念模式映像

外模式/概念模式映像定义各个外模式与概念模式间的映像关系。对应于同一个概念模式可以有多个外模式,对于每一个外模式,数据库系统都有一个外模式/概念模式映像,它定义该外模式与概念模式之间的对应关系。外模式/概念模式映像定义通常在各自的外模式中加以描述。

当模式改变时,数据库管理员修改有关的外模式/模式映像,使外模式保持不变。应用程序是依据数据的外模式编写的,从而应用程序不必修改,保证数据与程序的逻辑独立性,简称数据的逻辑独立性。

(2) 概念模式/内模式映像

概念模式/内模式映像定义了数据库全局逻辑结构与存储结构之间的对应关系。由于这两级的数据结构可能不一致,即记录类型、字段类型的命名和组成可能不一样,因此需要这个映像说明概念记录和内部记录之间的对应性。概念模式/内模式映像一般是在内模式中加以描述的。当数据库的存储结构改变了(如选用了另一种存储结构),数据库管理员修改模式/内模式映像,使模式保持不变,应用程序不受影响,保证了数据与程序的物理独立性,简称数据的物理独立性。

在数据库的三级模式结构中,数据库模式即全局逻辑结构是数据库的中心与关键,独立于数据库的其他层次。因此,设计数据库模式结构时应首先确定数据库的逻辑模式。

数据库的内模式依赖于它的全局逻辑结构,独立于数据库的用户视图,即外模式,也独立于具体的存储设备。它是将全局逻辑结构中所定义的数据结构及其联系按照一定的物理存储策略进行组织,以达到较好的时间与空间效率。

数据库的外模式面向具体的应用程序,它定义在逻辑模式之上,但独立于存储模式和存储设备。当应用需求发生较大变化、相应外模式不能满足其视图要求时,该外模式就得做相应改动,所以设计外模式时应充分考虑到应用的扩充性。

特定的应用程序是在外模式描述的数据结构上编制的,依赖于特定的外模式,与数据库的模式和存储结构独立。不同的应用程序有时可以共用同一个外模式。数据库的二级映像保证了数据库外模式的稳定性,从底层保证了应用程序的稳定性,除非应用需求本身发生变化,否则应用程序一般不需要修改。

数据与程序之间的独立性,使得数据的定义和描述可以从应用程序中分离出去。另外数据的存取由 DBMS 管理,用户不必考虑存取路径等细节,简化了应用程序的编制,大大减少了应用程序的维护和修改。

2. 两级数据独立性

由于数据库系统采用三级模式结构,因此具有数据独立性等特点。数据独立性分成物理数据独立性和逻辑数据独立性两个级别。

(1) 物理数据独立性

如果数据库的内模式要修改,即数据库的物理结构有所变化,那么只要对概念模式/内模式映像做相应的修改即可。可以使概念模式尽可能保持不变,即对内模式的修改尽量不影响概念模式,当然对于外模式和应用程序的影响更小。这样,就称数据库达到了物理数据独立性(简称物理独立性)。

概念模式/内模式映像提供数据的物理独立性,即当数据的物理结构发生变化时,如存储设备的改变、数据存储位置或存储组织方式的改变等,不影响数据的逻辑结构。例如,为了提高应用程序的存取效率,数据库管理员和设计人员依据各应用程序对数据的存取要求,可以对数据的物理组织进行一定形式或程序的优化,而不需要重新定义概念模式与外模式,也不需要修改应用程序。

(2) 逻辑数据独立性

如果数据库的概念模式要修改,如增加记录类型或增加数据项,那么只要对外模式/概念模式映像做相应的修改,就可以使外模式和应用程序尽可能保持不变。这样,就称数据库达到了逻辑数据独立性(简称逻辑独立性)。

外模式/概念模式的映像提供数据的逻辑独立性,即当数据的整体逻辑结构发生变化时,如为原有记录增加新的数据项、在概念模式中增加新的数据类型、在原有记录类型中增加的联系等,不影响外模式。例如,在教务管理数据库系统中,随着需求的变化,需要增加双学位选修课程和授予学位的信息,增加学生毕业就业去向信息等。当根据新的功能要求对原模式进行修改或扩充新结构时,这种修改不必重新编写应用程序,也不需要重新生成外模式,而仅需对概念模式做部分修改或扩充,对外模式的定义作某些调整。当然,如果要实现新的处理功能,就需编写新的应用程序,或对原有的应用程序进行修改。

总之,数据库三级模式体系结构是数据管理的结构框架,依照这些数据框架组织的数据才是数据库的内容。在设计数据库时,主要是定义数据库的各级模式,而在用户使用数据库时,关心的才是数据库的内容。数据库的模式常常是相对稳定的,而数据库的数据则是经常变化的,特别是一些工业过程的实时数据库,其数据的变化是连续不断的。

3. 数据库的抽象层次

数据库系统的三级模式结构定义了数据库的 3 个抽象层次: 物理数据库、概念数据库和逻辑数据库。数据库的 3 种不同模式只是提供处理数据的框架,而填入这些框架中的数据才是数据库的内容。根据三级模式结构引出的数据库抽象层次,可从不同角度观察数据库的视图。

(1) 物理数据库

以内模式为框架的数据库称为物理数据库,是最里面的一个层次,是物理存储设备上实际存储的数据集合,这些数据称为用户处理的对象。从系统程序员的角度来看,这些数据是他们用文件方式组织的一个个物理文件(存储文件)。系统程序员编制专门的存储程序,实现对文件中数据的存取。因此,物理数据库也称为系统程序员视图或数据的存储结构。

(2) 概念数据库

以概念模式为框架的数据库称为概念数据库,是数据库结构中的一个中间层次,是数据库的整体逻辑表示,描述了每一个数据的逻辑定义及数据间的逻辑联系。为了减少数据冗余,可把所有用户的数据进行综合,构成一个统一的有机逻辑整体。概念数据库描述数据库系统所有对象的逻辑关系,是实际存在的物理数据库的一种逻辑描述,是 DBA 概念下的数据库,或称为 DBA 的视图。

(3) 逻辑数据库

以外模式为框架的数据库称为逻辑数据库,是数据库结构的最外一层,是用户所看到和使用的数据库,因而也称为用户数据库或用户视图。逻辑数据库是某个或某些用户使用的数据集合,即用户看到和使用的那部分数据的逻辑结构(称为局部逻辑结构)。用户根据系统提供的外模式用查询语言或应用程序对数据库的数据进行所需的操作。

总之,对一个数据库系统而言,实际上存在的只是物理数据库,它是数据访问的基础。概念数据库是物理数据库的抽象表示,用户数据库是概念数据库的部分抽取,是用户与数据库的接口。用户根据外模式进行操作,通过外模式/概念模式映像与概念数据库联系起来,再通过概念模式/内模式映像与物理数据库联系起来。DBMS 的中心工作之一就是完成 3 个层次数据库之间的转换,把用户对数据库的操作转化成对物理数据库的操作。DBMS 实现映像的能力,将直接影响该数据库系统达到数据独立性的程度。

4. 数据库的数据模式与数据模型的关系

数据模式与数据模型有着密切的联系,一方面,一般概念模式和子模式是建立在一定的逻辑数据模型之上的,如层次模型、网状模型、关系模型等;另一方面,数据模式与数据模型在概念上是有区别的,数据模式是一个数据库的基于特定数据模式的结构定义,它是数据模型中有关数据结构及其相互关系的描述,因此仅是数据模型的一部分。

1.4.3 数据库应用系统体系结构

1. 3 个层次

在一个数据库应用系统中,通常包括数据存储层、业务处理层与界面表示层 3 个层次。

（1）数据存储层

数据存储层主要完成对数据库中数据的各种维护操作，这一层的功能一般由数据库系统来承担。

（2）业务处理层

业务处理层也可称为应用层，即数据库应用将要处理的与用户紧密相关的各种业务操作，这一层次上的工作通常使用有关的程序设计语言的编程完成。

（3）界面表示层

界面表示层也可称为用户界面层，是用户向数据库系统提出请求和接收回答的地方，主要用于数据库系统与用户之间的交互，是数据库应用系统提供给用户的可视化的图形操作界面。

数据库应用系统体系结构指数据库系统中的数据存储层、业务处理层、界面表示层以及网络通信之间的布局与分布关系。

2. 结构类型

根据目前数据库系统的应用与发展，可以将数据库应用系统的体系结构分为单用户结构、集中式结构、客户机/服务器结构、浏览器/服务器结构等类型。

（1）单用户结构

随着 PC 的速度与存储容量等性能指标的不断提高，出现了适合 PC 的单用户数据库系统。这种可以运行的 PC 上的数据库系统称为桌面 DBMS（Desktop DataBase Management System）。这些桌面 DBMS 虽然在数据的完整性、安全性、并发性等方面存在许多缺陷，但是已经基本上实现 DBMS 所应具备的功能。目前，比较流行的桌面 DBMS 有 Microsoft Access、Visual FoxPro 等。

在这种桌面 DBMS 中，数据存储层、业务处理层和界面表示层的所有功能都存在于单台 PC 上。这种结构非常适合未联网用户、个人用户及移动用户等使用。

（2）集中式结构

集中式数据库应用系统体系结构是一种采用大型主机和多个终端相结合的系统。这种结构将操作系统、应用程序、数据库系统等数据和资源均放在作为核心的主机上，而连接在主机上的许多终端，只是作为主机的一种输入输出设备。在这种系统结构中，数据存储层和业务处理层都放在主机上，而界面表示层放在与主机相连接的各个终端上。

在集中式结构中，由于所有的处理均由主机完成，因而对主机的性能要求很高，这是数据库系统初期最流行的结构。随着计算机网络的兴起和 PC 性能的大幅度提高且价格又大幅度下跌，这种传统的集中式数据库应用系统结构已经被客户机/服务器数据库应用系统结构所代替。

（3）客户机/服务器结构

客户机/服务器（Client/Server，C/S）结构是当前非常流行的数据库应用系统结构。在这种体系结构中，客户机提出请求，服务器对客户机的服务请求做出回应。C/S 结构最早起源于计算机局域网中对打印机等外部设备资源的共享服务要求，即把文件打印和存取作为一种通用的服务功能，让局域网中的某些特定结点完成，而其他结点在需要这些服务时，可以通过网络向特定结点发出服务请求，以得到相应的服务。这种外设共享处理的结构在服务功能上的自然拓展就形成了目前的 C/S 数据库应用系统结构。C/S 结构的本质在于通过对服务功能的分布,实现分工服务。每一台服务器为整个局域网系统提供自己最擅长的服务,让所有客户机分享;客户机的应用程序借助于服务器的服务功能实现复杂的应用功能。在 C/S 结构中,数据存储层处于服务器上,业务处理层和界面表示层处于客户机上。

在 C/S 结构中,客户机负责管理用户界面,接收用户数据,处理应用逻辑,生成数据库服务请求,并将服务请求发送给数据库服务器,同时接收数据库服务器返回的结果,最后再将返回的结果按照一定的格式或方式显示给用户。数据库服务器的请求,对服务请求进行处理,并返回处理结构给客户机。

C/S 结构使应用程序的处理更加接近用户,其优势在于整个系统具有较好的性能。此外,C/S 结构的通信成本也比较低,其主要原因是因为 C/S 结构降低了数据传输量,数据库服务器返回给客户机的仅是执行数据操作后的结果数据;另外,由于许多应用逻辑的处理由客户机来完成,因而减少了许多不必要的与服务器通信开销。

(4)浏览器/服务器结构

浏览器/服务器(Browser/Server,B/S)结构是随着计算机网络技术,特别是 Internet 技术的迅速发展与应用而产生的一种数据库应用系统结构。B/S 结构是针对 C/S 结构的不足而提出的。

如前所述,基于 C/S 结构的数据库应用系统把许多应用逻辑处理功能分散在客户机上完成,这样对客户机提出了较高的要求。客户机必须拥有足够的能力运行客户端应用程序与用户界面软件,必须针对每种要连接的数据库安装客户端软件造成客户机臃肿的局面。另一方面,由于应用程序运行在客户机端,当客户机上的应用程序修改之后,就必须在所有安装该应用程序的客户机上重新安装此应用程序,维护非常困难。

在 B/S 结构的数据库应用系统中,在客户机端仅安装通用的浏览器软件实现同用户输入输出,而应用程序在服务器安装和运行。在服务器端,除了要有数据库服务器保存数据并运行基本的数据库操作外,还要有另外的称为应用服务器的服务器处理客户端提交的处理请求。即 B/S 结构中客户端运行的程序转移到了应用服务器中。应用服务器充当了客户机与数据库服务器的中介,架起了用户界面同数据库之间的桥梁,因此也称为三层结构。

B/S 结构有效地克服了 C/S 结构的缺陷,客户机只要能够运行浏览器即可,能够有效地节省投资,同时客户机的配置和维护也变得异常轻松。

B/S 结构的典型应用是在 Internet 中,这样就可以利用数据库为网络用户提供功能强大的信息服务。此外,由三层结构还扩展出了多层结构,通过增加中间的服务器的层数来增强系统功能,优化系统配置,简化系统管理。

1.5 数据库技术的发展

1.5.1 数据库系统发展的 3 个阶段

1. 第一代数据库系统

20 世纪 70 年代,广为流行的数据库系统都是网状型和层次型的。其中,层次型数据库系统的典型代表是 1968 年 IBM 公司研制的 IMS,而网状模型的典型代表是 DBTG 系统,也称 CODASYL 系统,它是 1969 年 CODASYL 下属的数据库任务组提出的一个方案系统。

在第一代的数据库系统中,无论是层次型的还是网状型的系统都支持数据库系统的三级模式结构和两级映像功能,可以保证数据与程序间的逻辑独立性和物理独立性;它们都使用记录型及记录型之间的联系描述现实世界中的事物及其联系,并用存取路径表示和实现记录型之间的联系;同时,它们都用导航式的 DML 进行数据的管理。

这一时期,由于硬件价格相对较高,各 DBMS 的实现方案都关注于能够提供对信息的联机访问,着眼于处理效率的提高,以减少高价格硬件的使用。

2. 第二代数据库系统

20 世纪 70 年代末,对关系数据库系统的研究也取得了很大的成果,关系数据库系统实验系统 System R 在 IBM 公司的 San Jose 实验室研制成功,并于 1981 年推出具有 System R 所有特性的数据库软件产品 SQL/DS。与此同时,美国加州大学伯克利分校也研究出了 INGRES 这一关系数据库系统的实验系统,被 INGRES 公司采用并发展成了 INGRES 数据库产品。此后,关系数据库系统如雨后春笋,出现了许多商用的关系数据库产品,取代了层次和网状数据库系统的地位。

关系数据库系统采用了关系模型,这种数据模型建立在严格的数学基础上,概念简单清晰,使用关系(二维表)描述现实世界中的事物及其联系,并用非过程化的 DML 对数据进行管理,易于用户理解和使用。凭借这种简洁的数据模型、完备的理论基础、结构化的查询语言和方便的操作方法,关系数据库系统深受广大用户的欢迎。20 世纪 80 年代,几乎所有新开发的数据库系统都是关系型的。

目前,关系数据库系统在全球信息系统中得到了极为广泛的应用,基本上满足了企业对数据管理的需求,世界上大部分企业的数据都是由这种关系数据库系统来管理的。

但是,随着数据库新的应用领域特别是 Internet 的出现,传统的关系数据库系统受到了很大的冲击。其自身所具有的局限性也愈加明显,很难适应建立以网络为中心的企业级快速事务交易处理应用的需求。因为关系数据库是用二维表格存放数据的,不能有效地处理大多数事务处理应用中包含的多维数据,结果往往是建立了大量的表,用复杂的方式处理,却仍然很难模仿数据的真实关系。同时,由于 RDBMS 是为静态应用(如报表生成)而设计的,因此在具有图形用户界面和 Web 事务处理的环境中,其性能往往不能令人满意,除非使用价格昂贵的硬件。

3. 新一代数据库系统

第二代数据库系统的数据模型虽然描述了现实结构和一些重要的相互联系,但是仍不能捕捉和表达数据对象所具有的丰富而重要的语义,因此还只能属于语法模型。第三代的数据库系统将以更丰富的更强大的数据管理功能为特征,从而可以满足更加广泛、复杂的新应用要求。

新一代数据库技术的研究和发展导致了众多不同于第一、二代数据库的系统诞生,构成了当今数据库系统的大家庭。这些新的数据库系统无论是基于扩展关系数据模型的(对象关系数据库),还是面向对象模型的;还是分布式、C/S 混合式体系结构的;还是在并行机上运行的并行数据库系统;还是用于某一领域的工程数据库、统计数据库、空间数据库,都可以广泛地称为新一代数据库系统。

1990 年,高级 DBMS 功能委员会发表了题为《第三代数据库系统宣言》的文章,提出了第三代 DBMS 应具有以下 3 个基本特征:

(1) 支持数据管理、对象管理和知识管理

第三代数据库系统不像第二代关系数据库那样有一个统一的关系模型。但是,有一点应该是统一的,即无论该数据库系统支持何种复杂的、非传统的数据模型,都有面向对象模型的基本特征。数据模型是划分数据库发展阶段的基本依据,因此第三代数据库系统应该是以支持面向对象数据模型为主要特征的数据库系统。但是,只支持面向对象模型的系统不能称为第三代数据库系统。第三代数据库系统除了提供传统的数据管理服务外,将支持更加丰富的对象结构和规则,应该集数据管理、对象管理和知识管理为一体。

(2) 必须保持或继承第二代数据库系统的技术

第三代数据库系统必须保持第二代数据库系统的非过程化数据存取方式和数据独立性,应继承第二代数据库系统已有的技术。这不仅能很好地支持对象管理和规则管理,而且能更好地支持原有的数据管理,支持多数用户需要的即时查询等功能。

(3) 必须对其他系统开放

数据库系统的开放性表现在:支持数据库语言标准;在网络上支持标准网络协议;系统具有良好的可移植性、可连接性、可扩展性和可互操作性等。

1.5.2 现代应用对数据库系统的新要求

1. 数据模型的新特征

(1) 数据的不同特性

现代应用中的数据,本身表现出了与一般传统应用数据的不同特征:

① 多维性:每个数据对象除了用值表示外,每个值还有与其相联系的时间属性,即数据是二维的;更进一步,如果联系到空间,其值就是三维的;如果考虑到时间的两维性(有效时间和事务时间)以及空间的三维性,数据的维就会更加复杂。

② 易变性:数据对象频繁地发生变化,其变化不仅表现在数据的值上,而且表现在它的定义上,即数据的定义可以动态改变。

③ 多态性:数据对象不仅是传统意义下的值,还可以是过程、规则、方法和模型,甚至是声音、影像和图形等。

(2) 数据结构

① 数据类型:不仅要求能表达传统的基本数据类型,如整型、实型和字符型等,还要求能表达更复杂的数据类型,如集合、向量、矩阵、时间类型和抽象数据类型等。

② 数据之间的联系:数据之间有了各种复杂的联系,如 n-元联系;多种类型之间的联系,如时间、空间、模态联系;非显式的联系,如对象之间隐含的关系。

③ 数据的表示:除了表示结构化、格式化的数据,还要表示非结构化、半结构化的数据以及非格式、超格式的数据。

（3）数据的操作

① 数据操作的类型：数据操作的类型不仅包含通常意义上的插入、删除、修改和查询，还要进行各种其他类型的特殊操作，如执行、领域搜索、浏览和时态查询等；另外，还要能够进行用户自己定义的操作。

② 数据的互操作性：要求数据对象可以在不同模式下进行交互操作，数据可以在不同模式的视图下进行交互作用。

③ 数据操作的主动性：传统数据库中的数据操作都是被动的、单向的，即只能由应用程序控制数据操作，其作用方向只能是应用程序到数据。而现代应用要求数据使用的主动性和双向作用，即数据的状态和状态变迁可主动地驱动操作，除了应用作用于数据外，数据也可以作用于应用。

2. 对数据库系统的要求

（1）提供强有力的数据建模能力

数据模型是一个概念集合，用来帮助人们研究设计和表示应用的静态、动态特性和约束条件，这是任何数据库系统的基础。而现代应用要求数据库有更强的数据建模能力，要求数据库系统提供建模技术和工具支持。

一方面，系统要提供丰富的基础数据类型，除了整型、实型、字符型和布尔型的原子数据类型外，还要提供如记录、表、集合的基本构造数据类型及抽象数据类型（Abstract Data Type，ADT）。

另一方面，系统要提供复杂信息建模和数据的新型操作，有多种数据抽象技术，如聚集、概括、特化、分类和组合等，并提供复杂的数据操作、时间操作、多介质操作等新型操作。

（2）提供新的查询机制

由于数据类型的多样化，要求系统提供特制查询语言功能，如特制的图形浏览器、使用语义的查询设施和实时查询技术等。而且，系统要求能够进行查询方面的优化措施，如语言查询优化、整体查询优化和时间查询优化等。

（3）提供强有力的数据存储与共享能力

要求数据库系统要有更强的数据处理能力，一方面，要求可以存储各种类型的"数据"，不仅包含传统意义上的数据，还可以是图形、过程、规则和事件等；不仅包含传统的结构化数据，还可以是非结构化数据和超结构化数据；不仅是单一介质数据，还可以是多介质数据。另一方面，人们能够存取和修改这些数据，而不管它们的存储形式及物理储存地址。

（4）提供复杂的事务管理机制

现代应用要求数据库系统支持复杂的事务模型和灵活的事务框架，要求数据库系统有新的实现技术。例如，基于优先级的高度策略，多隔离度或无锁的并发控制协议和机制等。

（5）提供先进的图形设施

要求数据库系统提供用户接口、数据库构造、数据模式、应用处理的高级图形设施的统一集成。

（6）提供时态处理机制

要求数据库系统有处理数据库时间的能力，这种时间可以是现实世界的"有效时间"或者数据库的"事务时间"，但是不能仅仅是"用户自己定义的时间"。

（7）提供触发器或主动能力

要求数据库系统有主动能力或触发器的能力，即数据库系统中的"行为"不仅受到应用或者程序的约束，还有可能受到系统中条件成立的约束。例如，出现符合某种条件的数据，系统就发生某种对应的"活动"。

1.6　数据库新技术

1.6.1　数据库新技术的主要研究领域

1. 数据库技术面临的挑战

20 世纪 90 年代，信息技术迅猛发展，人类已经进入到信息社会。尤其是进入 21 世纪，人们对于数据库信息的实时需求越来越强烈。在许多新的数据库技术应用领域，传统的数据库技术显得力不从心，新的应用提出了新的要求，人们开始发现关系数据库的许多限制和不足。例如，在有些情况下把真实世界抽象为规范数据比较困难，无法表示图像、声音、动态视频等多媒体信息等。这一切对传统的数据库技术的研究工作提出了挑战。主要表现在以下几个方面：

① 环境的变化：数据库系统的应用环境由可控制的环境变成多变的异构信息集成环境和 Internet 环境。

② 数据类型的变化：数据库中的数据类型由结构化扩大至半结构化、非结构化和多媒体数据类型。

③ 数据来源的变化：大量数据将来源于实时和动态的传感器或监测设备，需要处理的数据量成倍增加。

④ 数据管理要求的变化：许多新型应用需要支持协同设计和工作流管理。

2. 数据库系统发展的特点

（1）数据模型的发展

随着数据库应用领域的扩展和数据对象的多样化，传统的关系数据模型开始暴露出许多弱点，如对复杂对象的表示能力较差，语义表达能力较弱，缺乏灵活丰富的建模能力，对文本、时间、空间、声音、图像和视频等数据类型的处理能力差等。为此，人们提出并发展了许多新的数据模型，如复杂数据模型、语义数据模型、面向对象数据模型以及 XML 数据模型等。

（2）数据库技术与其他相关技术相结合

数据库技术与其他学科的内容相结合，是数据库技术的一个显著特征，随之也涌现出以下各种新型的数据库系统。

① 数据库技术与分布处理技术相结合，出现了分布式数据库系统。

② 数据库技术与多媒体结合，出现了多媒体数据库系统。

③ 数据库技术与移动通信技术相结合，出现了移动数据库系统。

④ 数据库技术与 Web 技术相结合，出现了网络数据库。

⑤ 数据库技术与并行处理技术相结合，出现了并行数据库系统。

⑥ 数据库技术与模糊技术相结合,出现了模糊数据库系统。

⑦ 数据库技术与人工智能技术相结合,出现了知识库系统和主动数据库系统。

⑧ 数据库技术与 XML 技术相结合,出现了 XML 数据库。

计算机科学中的技术发展日新月异,这些新的技术对数据库的发展产生重大影响,给数据库技术带来了新的生机。数据库与这些技术不是简单的集成和组合,而是有机结合、互相渗透,数据库中的某些概念、技术内容、应用领域甚至某些原理都有了重大的变化。

（3）面向应用领域的设计

数据库应用的需求是数据库技术发展的源泉和动力,为了适应数据库应用多元化的要求,结合各个应用领域的特点,一系列适合各个应用领域的数据库新技术层出不穷,如数据仓库、工程数据库、统计数据库、科学数据库、空间数据库和地理数据库等。数据库技术被应用到特定的领域中,使得数据库领域的应用范围不断扩大。

3. 主流数据库技术发展趋势

（1）DBMS 的自适应管理

随着 RDBMS 复杂性的增强以及新功能的增加,对于 DBA 的技术需求和熟练 DBA 的薪水支出都在大幅度增长,从而导致企业人力成本的迅速增加。随着关系数据库规模和复杂性的增加,系统调整和管理的复杂性相应增加。基于上述原因,数据库系统自调优和自管理工具的需求增加,对数据库自调优和自管理的研究也成为关注的热点。

目前的 DBMS 有大量的"调节按钮",允许专家从可操作的系统上获得最佳的性能。通常,生产商要花费巨大的代价完成这些调优。事实上,大多数的系统工程师在做这样的调整时,并不非常了解这些调整的意义,只是无背无侧前看过很多系统的配置和工作情况,将那些使系统达到最优的调整参数记录在一张表格中。当处于新的环境时,他们在表格中找到最接近当前配置的参数,并使用相关的设置,这就是所谓的数据库调优技术。它其实给数据库系统的用户带来极大的负担和成本开销,而且 DBMS 的调优工作并不是仅依靠用户的能力就能完成的。通常,把基于规则的系统和可调控的数据库联系起来是可以实现数据库自动调优的。目前,广大用户已经在数据库调优方面积累了大量的经验,如动态资源分配、物理结构选择以及某种程度上的视图实例化等。

数据库系统的最终目标是"没有可调部分",即所有的调整均由 DBMS 自动完成。它可以依据默认的规则,对响应时间和吞吐率的相对重要性做出选择,也可以依据用户的需要制定规则。因此,建立能够清楚描述用户行为和工作负载更完善的模型,是这一领域取得进展的先决条件。除了不需要手工调整,DBMS 还需要能够发现系统组件内部及组件之间的故障,辨别数据冲突,侦查应用失败,并且做出相应的处理。这就要求 DBMS 具有更强的适应性和故障处理能力。

（2）移动数据管理

研究移动计算环境中的数据管理技术,已成为目前一个新的方向,即嵌入式移动数据库技术。移动计算环境指的是具有无线通信能力的移动其运行的相关软件所共同构成的计算环境。移动计算环境使人们可以随时随地访问任意所需的信息。移动计算环境具有其鲜明的特点,主要包括移动性和位置相关性、频繁的通信断接性、带宽多样性、网络通信的非对称性、移动设备的资源有限性等。

移动数据管理的研究主要集中在数据同步与发布的管理和移动对象管理技术这两个方面。在嵌入式移动数据库系统中需要考虑与传统计算环境下不同的问题,如对断接操作的支持、对跨区长事务的支持、对位置相关查询的支持、对查询优化的特殊考虑以及提高有限资源的利用率的考虑等。嵌入式移动数据库的关键技术主要包括数据复制/缓存技术、移动数据处理技术、移动查询处理、服务器数据源的数据广播、移动用户管理、数据的安全性等。

(3) 传感器数据库技术

随着微电子技术的发展,传感器的应用越来越广泛。例如,可以使小鸟携带传感器,根据传感器在一定的范围内发回的数据定位小鸟的位置,从而进行其他的研究;还可以在汽车等运输工具中安装传感器,从而掌握其位置信息;甚至于微型的无人间谍飞机上也开始携带传感器,以便在一定的范围内收集有用的信息,并将其发回到指挥中心。

当有多个传感器在一定的范围内工作时,就组成了传感器网络。传感器网络由携带者所捆绑的传感器及接收和处理传感器发回数据的服务器所组成。传感器网络中的通信方式可以是无线通信,也可以是有线通信。

传感器网络由大量的低成本设备组成,用来测量诸如目标位置、环境温度等数据。每个设备都是一个数据源,将会提供重要的数据,这就产生了新的数据管理需求。

在传感器网络中,传感器数据就是由传感器中的信号处理函数产生的数据。信号处理函数要对传感器探测到的数据进行度量和分类,并且将分类后的数据标记时间戳,然后发送到服务器,再由服务器对其进行处理。传感器数据可以通过无线或光纤网存取。无线通信网络采用的是多级拓扑结构,最前端的传感器结点收集数据,然后通过多级传感器结点到达与服务器相连接的网关结点,最后通过网关结点,将数据发送到服务器。光纤网络采用的是星形结构,各个传感器直接通过光纤与服务器相连接。

传感器结点上数据的存储和处理方法有两种:第一种方法是将传感器数据存储在一个结点的传感器堆栈中,这样的结点必须具有很强的处理能力和较大的缓冲空间;第二种方法适用于一个芯片上的传感器网络,传感器结点的处理能力和缓冲空间是受限制的,在产生数据项的同时就对其进行处理以节省空间,在传感器结点上没有复杂的处理过程,传感器结点不存储历史数据;对于处理能力介于第一种和第二种传感器网络之间的网络来说,则采用折中的方案,将传感器数据分层地放在各层的传感器堆栈中进行处理。

传感器网络越来越多地应用于对很多新应用的监测和监控。在这些新的应用中,用户可以查询已经存储的数据或传感器数据,但是这些应用大部分建立在集中的系统上收集传感器数据。因为在这样的系统中数据是以预定义的方式抽取的,因此缺乏一定的灵活性。

由于大量传感器设备具有移动性、分散性、动态性和传感器资源的有限性等特点,因此传感器数据库系统需要解决许多新的问题。例如,传感器数据的表示和传感器查询的表示和执行,在整个传感器网络中查找信息时,可能将计算分布到各个结点上以提高性能。传感器资源的有限性需要研究传感器结点上的查询处理新技术。在传感器网络上,查询执行要适应随时迅速变化的情况。例如,传感器从网络上分离或消失,查询计划也需要随之变化,这在当前的数据库系统中是没有的。此外,传感器还提出了处理更复杂信息的需求,一个常见的情况是,传感器没有完全校准,某个传感器的准确值要依据其他传感器的信号求证。更复杂的情况是,传感器数据处理的目标可能要从多个低级别的信号演绎出一个高级别的信息。例如,需要综合温度、声音、振动等多种传感器信号定位附近的一个人。

（4）信息集成

信息系统集成技术已经历了 20 多年的发展过程，研究者已提出了很多信息集成的体系结构和实现方案，但是这些方法所研究的主要集成对象是传统的异构数据库系统。随着 Internet 的飞速发展，网络迅速成为一种重要的信息传播和交换手段，尤其是在 Web 上，有着极其丰富的数据来源。如何获取 Web 上的有用数据并加以综合利用，即构建 Web 信息集成系统，已成为一个引起广泛关注的研究领域。Web 数据源具有不同的数据类型（数据异构）、不同的模式结构（模式异构）、不同的语义内涵（语义异构），并具有分布分散、动态变化、规模巨大等特点。这些都使得 Web 信息集成成为与传统的异构数据库集成非常不同的难题。

信息集成的方法可以分为数据仓库方法和 Wrapper/Mediator 方法。在数据仓库方法中，各数据源的数据按照需要的全局模式从各数据源抽取并转换，存储在数据仓库中。用户的查询就是对数据仓库中的数据进行查询，对于数据源数目不是很多的单个企业来说，该方法十分有效。但对目前出现的跨企业应用、数据源的数据抽取和转化要复杂得多，数据仓库的方法存在诸多不便。

目前，比较流行的建立信息集成系统的方法是 Wrapper/Mediator 方法。该方法并不将各数据源的数据集中存放，而是通过 Wrapper/Mediator 结构满足上层集成应用的需求。这种方法的核心是中介模式（Mediated Schema）。信息集成系统通过中介模式将各数据源的数据集成起来，而数据仍存储在局部数据源中，通过各数据源的包装器（Wrapper）对数据进行转换使其符合中介模式。用户的查询基于中介模式，不必知道每个数据源的特点，中介器（Mediator）将基于中介模式的查询转换为基于各局部数据源的模式查询，它的查询执行引擎再通过数据源的包装器将结果抽取出来，最后由中介器将结果集成并返回给用户。Wrapper/Mediator 方法解决了数据的更新问题，从而弥补了数据仓库方法的不足。但是，由于各个数据源的包装器是要分别建立的，因此 Web 数据源的包装器建立问题又给人们提出了新的挑战。近年来，如何快速、高效地为 Web 数据源建立包装器成为人们研究的热点。

自 20 世纪 90 年代以来，数据库界在 Web 数据集成方面虽然开展了大量研究，但是问题远没有得到解决。

（5）网格数据管理

简单地说，网格是把整个网络整合成一个虚拟的、巨大的超级计算环境，实现计算资源、存储资源、数据资源、信息资源、知识资源、专家资源的全面共享。其目的是解决多机构虚拟组织中的资源共享和协同工作问题。在网络环境中，用户工作在"客户端"上，系统均能根据用户的实际需求，利用开发工具和高度服务机制，向用户提供优化整合后的协同计算资源，并按用户的个性提供及时的服务。按照应用层次的不同，可以把网格分成 3 种：计算网格，提供高性能计算机系统的共享存取；数据网格，提供数据库和文件系统的共享存取；信息服务网格，支持应用软件和信息资源的共享存取。

高性能计算的应用需求使计算能力不可能在单一的计算机上获得，因此必须通过构建"网络虚拟超级计算机"或"元计算机"获得超强的计算能力，这种计算方式称为网格计算。它通过网络连接地理上分布的各类计算机（包括机群）、数据库、各类设备和存储设备等，形成对用户相对透明的、虚拟的高性能计算环境，应用包括分布式计算、高吞吐量计算机、协同工程和数据查询等诸多功能。网格计算被定义为一个广域范围的"无缝的集成和协同计算机环境"。网格计算模式已经发展为连接和统一各类不同远程资源的一种基础结构。网格计算有两个优势,一个是数据处理能力超强;另一个是能充分利用网上的闲置处理能力。为实现网格计算的目标,必须重点解决 3 个问题:

① 异构性:由于网格由分布在广域网上不同管理域的各种计算资源组成,怎样实现异构资源间的协作和转换是首要问题。

② 可扩展性:网格资源规模和应用规模可以动态扩展,并不降低性能。

③ 动态自适应性:在网格计算中,某一资源出现故障或失败的可能性较高,资源管理必须能够动态监视和管理网络资源,从可利用的资源中选取最佳资源服务。

网格环境下的数据管理目标是保证用户在存取数据时无须知道数据的存储类型(如数据库、文档、XML)和位置,涉及的问题包括如何联合不同的物理数据源,抽取元数据构成逻辑数据源集合;如何制定统一的异构数据访问的接口标准;如何虚拟化分布的数据源等。

目前,数据网格研究的问题之一是如何在网格环境下存取数据库,提供数据库层次的服务,因为数据库应该是网格中十分宝贵且巨大的数据资源。数据库网格服务不同于通常的数据库查询,也不同于传统的信息检索,需要将数据库提升为网格服务,把数据库查询技术和信息检索技术有机地结合起来,提供统一的基于内容的数据库检索机制和软件。

信息网格是利用现有的网络基础设施、协议规范、Web 和数据库技术,为用户提供一体化的智能信息平台,其目标是创建一种架构在操作系统和 Web 之上的基于 Internet 的新一代信息平台和软件基础设施。在这个平台上,信息的处理是分布式、协作和智能化的,用户可以通过单一入口访问所有信息。

信息网格追求的最终目标是能够做到按需服务(Service On Demand)和一步到位的服务(One Click Is Enough)。信息网格的体系结构、信息表示和元信息、信息连通和一致性、安全技术等是目前信息网格研究的重点。目前,信息网格研究中未解决的问题包括个性化服务、信息安全性和语义 Web。

数据库技术和网格技术相结合,就产生了网格数据库。网格数据库当前的主要研究内容包括 3 个方面:网格数据库管理系统、网格数据库集成和支持新的网格应用。

1.6.2　分布式数据库系统

分布式数据库系统有两种:一种是物理上分布的,但逻辑上却是集中的,这种分布式数据库只适宜用途比较单一的、不大的单位或部门。另一种分布式数据库系统在物理上和逻辑上都是分布的,也就是所谓联邦式分布数据库系统。由于组成联邦的各个子数据库系统是相对"自治"的,这种系统可以容纳多种不同用途的、差异较大的数据库,比较适宜于大范围内数据库的集成。

分布式数据库系统包含分布式数据库管理系统和分布式数据库。在分布式数据库系统中,一个应用程序可以对数据库进行透明操作,数据库中的数据分别在不同的局部数据库中存储,由不同的 DBMS 进行管理,在不同的计算机上运行,由不同的操作系统支持,被不同的通信网络连接在一起。

一个分布式数据库在逻辑上是一个统一的整体,在物理上则是分别存储在不同的物理结点上。一个应用程序通过网络的连接可以访问分布在不同地理位置的数据库,它的分布性表现在数据库中的数据不是存储在同一场地,更确切地讲,不存储在同一台计算机的存储设备上,这就是与集中式数据库的区别。从用户的角度看,一个分布式数据库系统在逻辑上和集中式数据库系统一样,用户可以在任何一个场地执行全局应用,就好像那些数据是存储在同一台计算机上,有单个数据库管理系统管理一样,用户并没有什么感觉不一样。

分布式数据库系统是在集中式数据库系统的基础上发展起来的,是计算机技术和网络技术结合的产物。分布式数据库系统适合于单位分散的部门,允许各个部门将其常用的数据存储在本地,实施就地存放本地使用,从而提高响应速度,降低通信费用。分布式数据库系统与集中式数据库系统相比具有可扩展性,通过增加适当的数据冗余,提高系统的可靠性。在集中式数据库中,尽量减少冗余度是系统目标之一,其原因是,冗余数据浪费存储空间,而且容易造成各副本之间的不一致性,而为了保证数据的一致性,系统要付出一定的维护代价,减少冗余度的目标是用数据共享来达到的。而在分布式数据库中却希望增加冗余数据,在不同的场地存储同一数据的多个副本,其原因是:提高系统的可靠性、可用性。当某一场地出现故障时,系统可以对另一场地上的相同副本进行操作,不会因一处故障而造成整个系统的瘫痪。提高系统性能可以根据距离选择离用户最近的数据副本进行操作,减少通信代价,改善整个系统的性能。

1. 分布式数据库的特点

分布式数据库具有以下几个特点:

(1) 数据独立性与位置透明性

数据独立性是数据库方法追求的主要目标之一,分布透明性指用户不必关心数据的逻辑分区,不必关心数据物理位置分布的细节,也不必关心重复副本(冗余数据)的一致性问题,同时也不必关心局部场地上数据库支持哪种数据模型,分布透明性的优点是很明显的。有了分布透明性,用户的应用程序书写起来就如同数据没有分布一样。当数据从一个场地移到另一个场地时不必改写应用程序,当增加某些数据的重复副本时也不必改写应用程序。数据分布的信息由系统存储在数据字典中,用户对非本地数据的访问请求由系统根据数据字典予以解释、转换、传送。

(2) 集中和结点自治相结合

数据库是用户共享的资源,在集中式数据库中,为了保证数据库的安全性和完整性,对共享数据库的控制是集中的,并设有 DBA 负责监督和维护系统的正常运行。在分布式数据库中,数据的共享有两个层次:一是局部共享,即在局部数据库中存储局部场地上各用户的共享数据,这些数据是本场地用户常用的;二是全局共享,即在分布式数据库的各个场地也存储可供网中其他场地的用户共享的数据,支持系统中的全局应用。因此,相应的控制结构也具有两个层次:集中和自治。分布式数据库系统常常采用集中和自治相结合的控制结构,各局部的 DBMS 可以独立地管理局部数据库,具有自治的功能。同时,系统又设有集中控制机制,协调各局部 DBMS 的工作,执行全局应用。当然,不同的系统集中和自治的程度不尽相同,有些系统高度自治,连全局应用事务的协调也由局部 DBMS、局部 DBA 共同承担而不要集中控制,不设全局 DBA,有些系统则集中控制程度较高,场地自治功能较弱。

(3) 支持全局数据库的一致性和可恢复性

分布式数据库中各局部数据库应满足集中式数据库的一致性、可串行性和可恢复性。除此以外,还应保证数据库的全局一致性、并行操作的可串行性和系统的全局可恢复性,因为全局应用要涉及两个以上结点的数据,因此在分布式数据库系统中一个业务可能由不同场地上的多个操作组成。例如,银行转账业务包括两个结点上的更新操作,这样,当其中某一个结点出现故障操作失败后如何使全局业务滚回呢？如何使另一个结点撤销已执行的操作(若操作已完成或完成一部分),或不必再执行业务的其他操作(若操作尚没执行)？这些技术要比集中式数据库复杂和困难得多,分布式数据库系统必须解决这些问题。

（4）复制透明性

用户不用关心数据库在网络中各个结点的复制情况,被复制的数据的更新都由系统自动完成。在分布式数据库系统中,可以把一个场地的数据复制到其他场地存放,应用程序可以使用复制到本地的数据在本地完成分布式操作,避免通过网络传输数据,提高了系统的运行和查询效率。但是对于复制数据的更新操作,就要涉及对所有复制数据的更新。

（5）易于扩展性

在大多数网络环境中,单个数据库服务器最终会不满足使用。如果服务器软件支持透明的水平扩展,那么就可以增加多个服务器进一步分布数据和分担处理任务。

2. 分布式数据库系统的目标

分布式数据库系统的目标,也就是研制分布式数据库系统的目的、动机,主要包括技术和组织两方面的目标。

（1）适应部门分布的组织结构,降低费用

使用数据库的单位在组织上常常是分布的(如分为部门、科室、车间等),在地理上也是分布的。分布式数据库系统的结构符合部门分布的组织结构,允许各个部门对自己常用的数据存储在本地,在本地录入、查询、维护,实行局部控制。由于计算机资源靠近用户,因而可以降低通信代价,提高响应速度,使这些部门使用数据库更方便、更经济。

（2）提高系统的可靠性和可用性

改善系统的可靠性和可用性是分布式数据库的主要目标。将数据分布于多个场地,并增加适当的冗余度可以提供更好的可靠性,对一些可靠性要求较高的系统,这一点尤其重要。一个场地出了故障不会引起整个系统崩溃,故障场地的用户可以通过其他场地进入系统。而其他场地的用户可以由系统自动选择存取路径,避开故障场地,利用其他数据副本执行操作,不影响业务的正常运行。

（3）充分利用数据库资源,提高现有集中式数据库的利用率

当在一个大企业或大部门中已建成了若干个数据库之后,为了利用相互的资源、开发全局应用,就要研制分布式数据库系统,这种情况可称为自底向上的建立分布式系统。这种方法虽然也要对各现存的局部数据库系统做某些改动、重构,但比起把这些数据库集中起来重建一个集中式数据库,无论从经济上还是从组织上考虑,分布式数据库均是较好的选择。

（4）逐步扩展处理能力和系统规模

当一个单位规模扩大要增加新的部门(如银行系统增加新的分行,工厂增加新的科室、车间)时,分布式数据库系统的结构为扩展系统的处理能力提供了较好的途径:在分布式数据库系统中增加一个新的结点,这样做比在集中式系统中扩大系统规模要方便、灵活、经济得多。

在集中式系统中为了扩大规模常用的方法有两种:一种是在开始设计时留有较大的余地,容易造成浪费,而且由于预测困难,设计结果仍可能不适应情况的变化;另一种方法是

系统升级,这会影响现有应用的正常运行,并且当升级涉及不兼容的硬件或系统软件有了重大修改而要相应地修改已开发的应用软件时,升级的代价就十分昂贵而导致升级的方法不可行。分布式数据库系统能方便地把一个新的结点纳入系统,不影响现有系统的结构和系统的正常运行,提供了逐渐扩展系统能力的较好途径,有时甚至是唯一的途径。

1.6.3 多媒体数据库系统

随着计算机辅助设计、计算机辅助制造等计算机应用技术的不断发展,许多复杂的应用对象中涉及大量的图形、图像、声音、动画等多媒体数据类型。起初,应用程序开发者直接采用文件系统方式存放数据,在程序中直接对数据文件进行操作,数据的物理存储方式对开发者是不透明的。但是当数据需求量不断增加,数据量越来越大,随之而来的是对数据操作的困难不断增加。尤其当人们试图在分布式环境下进行多媒体数据的处理时,采用文件系统的方式已完全不能适应了。因此,当人们在寻找一种更加完善的解决办法时,多媒体数据库技术作为一种强大的多媒体数据处理技术成为了首选方案。

1. 多媒体数据库与常规关系数据库的区别

(1) 数据模型的区别

与传统数据类型相比,多媒体数据不仅包含整型、实型、布尔型和字符型等传统数据类型,而且还应包括图形、图像、声音、文字、动画等复杂数据类型。从数据量上看,常规数据与多媒体数据的大小差别可以达到几千、几万甚至几十万倍。100MB 的空间能存放一个中等大小的数据库,而同样的容量仅能存放 10 分钟的影像;从数据长度上看,常规数据项一般采用定长记录处理,存储结构清晰,而多媒体数据长度可变;从数据传送方面看,多媒体数据不论是视频媒体还是音频媒体,都要求连续播放,否则将导致严重失真,这就要求 CPU、I/O、RAM、网络带宽及软件算法比常规数据快一个档次。因此,多媒体数据项对应一个复杂对象,而并不是一个不可再分的原子数据,它的数据模型通常具有复杂的层次结构,而不同于简单关系模型。

(2) 数据定义与操作不同

由于数据模型不同,因而多媒体数据库在数据定义与操作上与传统的关系数据库不同。如上所述,关系数据库采用关系数据模型,数据可以构造成一张张二维表,每张表即一个关系,每行是一个元组,一列是一属性,因而对这些规范的关系可方便地定义并实施各种标准操作,如投影、选择、连接和各种集合运算,从而可为用户提供简明的数据视图及 SQL语言。而多媒体数据库由于具有独特的存储结构、数据模型以及操作需求,必须采用专用方法。

(3) 查询方案及优化算法不同

同样,由于数据定义与操作的不同,多媒体数据库要采用独特的查询优化算法。多媒体数据库的用户往往需要在时间和空间两个方面同时对数据进行操作,如选取一段音频数据中的一部分,两段影像连接起来等。多媒体数据库需要提供更高层次的优化方案满足用户的查询需要。

多媒体数据库系统是多媒体技术与数据库技术的结合,是当前最有吸引力的一种技术,其主要特征为:

① 多媒体数据库系统必须能表示和处理多种媒体数据。多媒体数据在计算机内的表示方法决定各种媒体数据所固有的特性和关联。对常规的格式化数据使用常规的数据项表示。对非格式化数据,如图形、图像、声音等,就要根据该媒体的特点决定表示方法。可见在多媒体数据库中,数据在计算机内的表示方法比传统数据库的表示形式复杂,对非格式化的媒体数据往往要用不同的形式表示。所以,多媒体数据库系统要提供管理这些异构表示形式的技术和处理方法。

② 多媒体数据库系统必须能反映和管理各种媒体数据的特性,或各种媒体数据之间的空间或时间的关联。在客观世界里,各种媒体信息有其本身的特性或各种媒体信息之间存在一定的自然关联。例如,关于乐器的多媒体数据包括乐器特性的描述、乐器的照片、利用该乐器演奏某段音乐的声音等。这些不同媒体数据之间存在自然的关联,包括时序关系(如多媒体对象在表达时必须保证时间上的同步特性)和空间结构(如必须把相关媒体的信息集成在一个合理布局的表达空间内)。

③ 多媒体数据库系统应提供比传统数据库管理系统更强的适合非格式化数据查询的搜索功能,允许对 Image 等非格式化数据做整体和部分搜索,允许通过范围、知识和其他描述符的确定值和模糊值搜索各种媒体数据,允许同时搜索多个数据库中的数据,允许通过对非格式化数据的分析建立图示等索引来搜索数据,允许通过举例查询(Query By Example)和通过主题描述查询使复杂查询简单化。

④ 多媒体数据库系统还应提供事务处理与版本管理功能。

2. 多媒体数据库的关键技术

(1) 面向对象的数据模型

为了方便灵活地处理图形、图像、声音、动画等具有层次结构的多媒体数据对象,目前大多数多媒体数据库采用面向对象的多媒体数据模型。它是一个有向无环图,图中有一个根,是这棵树上其他类的超类。它有自己的属性、方法和约束,并有指针指向其所有直系子类。每一个子类都有其属性、方法和约束,并继承其父类的所有性质。

(2) 多媒体数据库语言

ANSI 对多媒体数据库的语言标准进行了研究,并于 1991 年 8 月完成最终报告,该报告以 SQL 标准为基础,扩展查询语言数据类型以及程序设计方面等许多面向对象的概念,提出对象数据管理参考模型标准化建议,并提出 SQL3 规范。1992 年又提出 SQLMM 标准,它对多媒体数据库的数据类型进行了扩充。

(3) 多媒体数据库存储技术

多媒体数据库数据量大、变长且无法预估,因而不能采用定长、字段、记录块三级存储单元组织存储,这在存储结构上大大增加了复杂度,为了维持 SQL3 的操作,字段、记录块必须以定长格式组织。为此,将存储结构分为两部分,一部分记录常规数据及多媒体数据的指针;另一部分是多媒体数据,仍以定长组织,但通过链指针实现动态可变长度。

(4) 多媒体数据库检索技术

对常规数据库的检索,最有效的是 B+树,可是 B+树是一维线性检索,而多媒体数据库面对的是二维以上的 N 维空间检索,因此 B+树就失效了,这里不存在一个能用于不同媒体检索的索引机制,而需针对不同媒体采用不同索引机制。

（5）多媒体数据库传送技术

多媒体数据库传送的主要问题是数据量太大，从而网络时延大大增加。这对于静态的文字、图片等数据来说问题不大，而对于连续的视频或音频，则会影响效果。这个问题主要靠增大网络带宽以及改善传送路径解决。

3. 多媒体数据库的研究动态

目前对多媒体数据库的研究分为两大方向。

（1）面向对象数据库的研究

早期的面向对象数据库研究主要集中在建造复杂对象的模型方面，在扩展关系代数理论、嵌套关系、复杂对象演算等方面的研究也取得了相应研究成果。这些为构造复杂对象模型建立了模式化的理论框架，为面向对象数据库的设计打下了基础。

目前主要采取三种方法实现面向对象数据库。

① 扩充关系数据模型。将成熟的关系数据库与面向对象数据库方法相结合，可减轻工作量，缩短研制周期，但由于保留了关系数据库的存储结构而牺牲了面向对象数据库的一些优点，其性能、效率难有实质性提高。

② 在面向对象程序设计语言中嵌入数据库功能而形成面向对象数据库。该方法的关键是如何在面向对象程序设计语言中增加持久性对象的存储管理。由于受到程序设计语言本身的限制，很难获得真正意义上的功能完备的数据库。

③ 开发全新数据模型，从底层实现面向对象数据库系统。该方法首先建立一个包含面向对象数据库核心概念的数据模型，设计相应的语言及面向对象数据库管理系统核心，从而得到清晰、高效的系统。由于一方面缺乏统一的数据模型及形式化理论，另一方面在查询优化、视图及数据库工具方面还存在空白，此方法的实现难度很大。

到目前为止，已有许多面向对象数据库系统商品化并推向市场，在功能和性能上显示了强大的生命力。然而，由于传统关系数据库造成的习惯势力以及面向对象数据库本身存在缺乏统一数据模型、缺乏理论基础、缺乏友好界面及工具环境等缺点，面向对象数据库还未被广泛接受。

（2）对关系数据库进行扩充

对关系数据库进行简单扩充，使之具有最简单的多媒体功能。Oracle，Sybase 等都增加了长字段类型，长度可达到 2GB，用以存放各种多媒体数据，如声音、文字、图形、图像等。Informix 引入了 BLOBS（Binary Large Objects）数据类型，用户可将 2GB 的数据存放在BLOBS 域内。Oracle7.0 采用文本和视频两个服务器及一个源程序编辑工具集 Media Object。文本服务器是严格可伸缩的文本数据库，采取关系数据库的索引，扩展了文本功能。视频服务器可存取数字化的压缩视频、音频数据，提供 API，可与多媒体创作工具进行互操作。Media Object 用于创建和执行多媒体应用，是一个客户机/服务器（Client/Server，C/S）方式下运行的创作工具集。

这种扩充关系数据库的方法能够满足用户的简单多媒体应用，同时也保留了关系数据库的优点，最重要的是它利于实现，可以很快投入使用。但是，这只是从关系数据库向面向对象数据库的一个过渡，是一种折中手段，对多媒体数据的操作还停留在一个很低的层次上。

1.6.4 并行数据库系统

近十年来,并行计算系统的发展十分迅速。但是,并行计算机软件系统的发展却远远落后于硬件的发展,其研究与开发已经成为亟待解决的问题。由于在各种应用领域中数据库系统占有重要的地位,并行数据库系统的研究引起了学术界和工业界的特别关注。随着计算机应用领域的不断扩大,数据库的规模越来越大,数据库查询也越来越复杂,传统的数据库系统已经难以适应迅速增长的应用需求。并行数据库系统必将成为未来的高性能数据库系统。并行数据库系统的研究可以追溯到数据库机器的研究。由于磁盘和处理机之间速度差别的迅速增长和数据库机器硬件设计的高开销,数据库机器的研究失败了。随着通用并行计算系统的出现,并行数据库系统的研究取得了很大进展。几个成功的并行数据库系统原型都建立在通用并行计算系统上,并行数据库系统已成为并行计算系统的主要应用之一。最近几年,以通用并行计算系统为基础的并行数据库系统研究出现了高潮。很多研究者认为,在具有数百个甚至上千个处理机的并行计算机上建立并行数据库系统是可行的。

1.6.5 主动数据库系统

所谓主动数据库系统就是除了完成一切传统数据库的服务外,还具有各种主动服务功能的数据库系统。主动数据库是相对传统数据库的被动性而言的。在传统数据库中,当用户要对数据库中的数据进行存取时,只能通过执行相应的数据库命令或应用程序实现。数据库本身不会根据数据库的状态主动做些什么,因而是被动的。

然而在许多实际应用领域中,如计算机集成制造系统、管理信息系统、办公自动化中,常常希望数据库系统在紧急情况下能够根据数据库的当前状态,主动、适时地做出反应,执行某些操作,向用户提供某些信息。这类应用的特点是事件驱动数据库操作以及要求数据库系统支持涉及事件方面的约束条件。为此,人们在传统数据库的基础上,结合人工智能技术研制和开发了主动数据库。

1.6.6 模糊数据库系统

模糊性是客观世界的一个重要属性,传统的数据库系统描述和处理的是精确的或确定的客观事物,但不能描述和处理模糊性与不完全性等概念,这是一个很大的不足。为此,开展模糊数据库理论和实现技术的研究,其目标是能够存储以各种形式表示的模糊数据,数据结构和数据联系、数据上的运算和操作、对数据的约束(包括完整性和安全性)、用户使用的数据库窗口用户视图、数据的一致性和无冗余性的定义等都是模糊的,精确数据可以看成是模糊数据的特例。模糊数据库系统是模糊技术与数据库技术的结合,由于理论和实现技术上的困难,模糊数据库技术近年来发展不是很理想,但它已在模式识别、过程控制、案情侦破、医疗诊断、工程设计、营养咨询、公共服务以及专家系统等领域得到较好的应用,显示了广阔的应用前景。

当前数据库技术的发展呈现出与多种学科知识相结合的趋势,凡是有数据(广义的)产生的领域就可能需要数据库技术的支持,它们相结合后即刻就会出现一种新的数据库成员而壮大数据库家族,如数据仓库是信息领域近年来迅速发展起来的数据库技术。数据仓库的建立能充分利用已有的资源，把数据转换为信息，从中挖掘出知识，提炼出智慧，最终创造出效益。工程数据库系统的功能是用于存储、管理和使用面向工程设计所需要的工程数据。统计数据是来自于国民经济、军事、科学等各种应用领域的一类重要的信息资源，由于对统计数据操作的特殊要求，从而产生了统计学和数据库技术相结合的统计数据库系统等。数据库技术在特定领域的应用，为数据库技术的发展提供了源源不断的动力。

1.6.7　数据库建设中应注意的几个问题

数据库技术的延伸与发展为各种不同类型数据库建设提供了有力的支持，在近期及远景建设中对下述技术的利用和吸收是有益的：

（1）大型信息系统应该是基于一个分布式的多媒体数据库系统，应基于远程 C/S 结构并支持多媒体数据的存储、管理和查询。

（2）系统应该是一个具有丰富数据资源并提供先进的对数据资源再开发工具，如提供辅助设计、统计分析、专家咨询、多媒体显示等软、硬件的支持。

（3）系统开发可应用新的技术和方法论为指导，面向对象技术、多媒体技术应该是下一代数据库及其信息系统开发可采用的技术。

（4）在数据库建设中充分采用科学的分析和设计方法，在数据的组织和管理上形成规范，充分发挥现代数据库技术对工程的支持。

（5）在开发过程中选用的数据库技术紧跟国际发展潮流，开发出能够支持国家宏观经济决策，支持企业全面管理，支持 Internet 共享的数据库，真正让数据库流通起来，提高数据库利用率。

1.7　本 章 小 结

本章概述数据库的基本概念，通过对数据管理进展的介绍，阐述数据库技术的产生和发展的背景同时说明了数据库系统的优点。数据模型是数据库系统的核心和基础，本章介绍组成数据模型的三要素、概念数据模型和几种主要的逻辑数据模型。概念模型也称为信息模型，用于信息世界的建模，E-R 模型是这类模型的典型代表，E-R 模型简单、清晰，应用广泛。数据模型的发展经历了格式化数据模型、关系模型、面向对象模型和对象关系模型等非传统数据模型阶段。数据库系统三级模式和两级映像的系统结构保证了数据库系统中能够具有较高的逻辑独立性和物理独立性。本章最后介绍数据库技术的发展历程及数据库新技术。

学习本章应把注意力放在掌握基本概念和基本知识方面，为进一步学习下面章节打好基础。本章新概念较多，如果是刚开始学习数据库，可在后续章节的学习中继续理解和掌握这些概念。

习　题　1

1. 简述数据、数据库、数据库系统、数据库管理系统的概念。
2. 简述计算机数据管理技术发展的三个阶段。

3. 使用数据库系统有什么好处？

4. 简述文件系统与数据库系统的区别和联系。

5. 举出适合用文件系统而不是数据库系统的例子；再举出适合用数据库系统的应用例子。

6. 简述数据库系统的特点。

7. 数据库系统通常由哪几部分组成？

8. 数据库管理系统的主要功能有哪些？

9. 简述数据模型的概念、数据模型的作用和数据模型的三要素。

10. 常用的三种数据模型的数据结构各有什么特点？

案 例 1

某医院病房计算机管理中心需要如下信息：

- 科室：科室号，科室名，科室地址，科室电话，医生姓名。
- 病房：病房号，床位号，所属科室名。
- 医生：工作证号，姓名，职称，所属科室名，年龄。
- 病人：病历号，姓名，性别，诊断，主治医生，病房号。

其中，一个科室有多个病房，多个医生，一个病房只属于一个科室，一个医生只属于一个科室，但可负责多个病人的诊治，一个病人的主治医生只有一个。

案例分析题：

1. 该医院病房应该用文件系统还是数据库系统来进行管理？简述其原因。

2. 如果用数据库系统进行医院病房的管理，应选择具有何种数据模型的 DBMS？为什么？

3. 若采用关系数据库模型，请完成如下设计：

(1) 设计该计算机管理系统的 E-R 图。

(2) 将该 E-R 图转换为关系模式结构。

(3) 指出转换结果中每个关系模式的候选码。

第2章

关系数据库

本章主要内容

关系运算是设计关系数据库操作语言的理论基础,实现数据间的联系可以用关系运算完成。本章讲解关系数据库的重要概念,包括关系、关系模型和关系的三类完整性约束;介绍关系代数、关系演算、查询优化规则及查询树优化。其中,关系完整性约束将在后继章节进行讨论。

本章学习目标

- 了解关系数据模型的组成部分;
- 理解关系、关系模型的概念并掌握关系模型的完整性约束;
- 熟练掌握关系代数各种运算;
- 理解关系演算语言;
- 了解查询优化规则及查询树优化。

2.1　关系数据库概述

数据库模型依赖于数据的存储模式,以关系模型作为数据的组织存储方式的数据库称为关系数据库。关系数据库是在层次数据库和网状数据库之后发展起来,是近四十年来发展最为迅速的一种主流应用数据库系统。与层次数据库和网状数据库相比,关系数据库以集合论中关系的概念为基础,运用数学方法研究数据库中的结构和定义对数据的操作。1970 年 IBM 公司的 E. F. Codd 提出了关系数据模型的概念,相继发表了一系列关系模型的论文,奠定了关系数据库的理论基础。

1975—1979 年,关系方法的理论和软件系统的研制取得了很大的成功,IBM 公司的 San Jose 实验室在 IBM370 系列机上研制成功了一个实现 SQL 语言的关系数据库实验系统原型 System R。与 System R 同期,美国加州大学伯克利分校也研制了 INGRES 关系数据库实验系统,并由 Ingres 公司发展成为 Ingre 数据库产品。1981 年 IBM 公司又宣布具有 System R 全部特征的新的数据库软件产品 SQL/DS 问世。之后,IBM 公司又将 SQL 语言引入到 DB2(IBM DataBase 2)中,配置在 MVS 上运行,并于 1983 年推出了 DB2 产品。

几十年来,关系数据库系统从实验室走向社会,其研究和开发取得了辉煌的成就,成为最重要、应用最广泛的数据库系统,大大促进了数据库应用领域的扩大和深入。因此,关系数据模型的原理、技术和应用十分重要,是本书的重点内容之一。

2.2 关系数据模型

关系模型由关系数据结构、关系操作集合和关系完整性约束三部分组成。

1. 关系数据结构

关系模型的数据结构单一,在关系模型中,现实世界的实体及实体间的各种联系均用关系来表示。在用户看来,关系模型中数据的逻辑结构是一张二维表。

2. 关系操作集合

关系操作的特点是集合操作方式,即操作的对象和结果都是集合。这种操作方式也称为一次一个集合的方式,而非关系数据模型的数据操作方式则为一次一个记录的方式。

关系模型中常用的关系操作包括查询(Query)操作和数据更新操作两大部分。

查询操作是关系操作中的最主要部分,又可以分为选择(Select)、投影(Project)、连接(Join)、除(Devide)、并(Union)、差(Except)、交(Intersection)和笛卡儿积(Cartesian Product)等操作。其中选择、投影、并、差和笛卡儿积是5种基本操作,其他操作都可由此定义导出。

数据更新操作包括插入(Insert)、删除(Delete)和修改(Update)。

关系操作能力可用两种方式表示:代数方式和逻辑方式,称为关系代数和关系演算。关系代数用对关系的运算表达查询要求,关系演算是用谓词表达查询要求。关系代数又可按谓词变元的基本对象是元组变量还是域变量分为元组关系演算和域关系演算。关系代数、元组关系演算和域关系演算三种语言在表达能力上是完全等价的。

关系代数、元组关系演算和域关系演算语言均是抽象的查询语言,这些语言与在具体DBMS中实现的实际语言并不完全相同,但它们可以用作评估实际系统中查询语言能力的标准或基础。实际的查询语言除提供关系代数或关系演算的功能外,还提供如函数、关系赋值和算术运算等许多附加功能。

另外,还有一种介于关系代数和关系演算之间的语言 SQL(Structured Query Language)。SQL 集数据定义语言 DDL、数据操纵语言 DML 和数据控制语言 DCL 于一体,充分体现了关系数据库语言的特点和优点,是一个综合的、通用的、功能极强又简单易学的关系数据库语言。

关系数据语言分为三类,如图 2-1 所示。

```
                   ┌ 关系代数语言                      如 ISBL
                   │                  ┌ 元组关系演算语言   如 APLHA
关系数据语言 ┤ 关系演算语言 ┤
                   │                  └ 域关系演算语言     如 QBE
                   └ 具有关系代数和关系演算双重特点的语言   如 SQL
```

图 2-1 关系数据语言的分类

这些关系数据语言的共同特点是：语言本身具有完备的表达能力，非过程化的集合操作语言，功能强，能嵌入到高级语言中使用。

3. 关系完整性约束

为了维护数据库中数据与现实世界的一致性，关系模式中的所有关系必须满足一定的完整性约束条件。完整性约束是语义上的概念，是现实世界对数据的限定。

关系模型中有三类完整性约束：实体完整性、参照完整性和用户定义的完整性。其中，实体完整性和参照完整性是关系模型必须满足的完整性约束条件，被称为关系的两个不变性，由关系数据库系统自动支持。用户定义的完整性是应用领域需要遵循的约束条件，体现了具体领域中的语义约束，一般由用户定义约束条件，DBMS 提供定义和检查的机制。

2.2.1 关系

1. 域

定义 2-1 域(Domain)是一组具有相同数据类型的值的集合。在关系模型中域实际上是每个属性的取值范围。

例如，{2010018001,2010018002,2010018003,…,2010018200}是一个域，它是某学校学生的学号，由 10 位整数组成的集合；{男,女}是一个域，它是由人类两种性别男和女组成的集合；{北京,上海,广州,天津,…,哈尔滨}是一个域，它是中国城市的名称组成的集合。一般在关系数据模型中，对域还加了一个限制，所有的域都应是原子数据。

一个域中所含值(元素)的个数称为该域的基数，如域{男,女}的基数为 2。

例 2-1 针对网上书店系统项目的数据表中有《数据库系统教程》、《计算机操作系统》和《数据结构》三本图书，其中《计算机操作系统》和《数据结构》的图书类型为计算机，《数据库系统教程》的图书类型为信息管理；《数据库系统教程》和《数据结构》的出版社为高等教育出版社，《计算机操作系统》的出版社为清华大学出版社。试写出图书的图书名称、图书类型和出版社域。

解：

图书实体中涉及的属性为图书名称、图书类型和出版社，设图书的图书名称、图书类型和出版社域分别使用 bookName、bookType 和 pressName 表示，其域的取值及表示方法为 bookName = {数据库系统教程,计算机操作系统,数据结构}；bookType = {计算机,信息管理}；pressName = {高等教育出版社,清华大学出版社}。

2. 笛卡儿积

笛卡儿积(Cartesian Product)是域上面的一种集合运算。

定义 2-2 给定一组域 $D_1,D_2,\cdots,D_n$，这些域中可以存在相同的域。$D_1,D_2,\cdots,D_n$ 的笛卡儿积为：

$$D_1 \times D_2 \times \cdots \times D_n = \{(d_1,d_2,\cdots,d_n) \mid d_i \in D_i, i=1,2,\cdots,n\}$$

其中，每一个元素 $(d_1,d_2,\cdots,d_n)$ 叫做一个 n 元组(属性的个数)或简称元组，元组中的每一个值 d_i 叫做一个分量。

若 $D_i(i=1,2,\cdots,n)$ 为有限集,其基数(元组的个数)为 $m_i(i=1,2,\cdots,n)$,则 $D_1 \times D_2 \times \cdots \times D_n$ 的基数 M 为:

$$M \prod_{i=1}^{n} m_i$$

笛卡儿积可表示为一个二维表,表中的每行对应一个元组,表中的每列对应于一个域。

例 2-2 根据例 2-1 所给 bookName、bookType 和 pressName 三个域,求它们的笛卡儿积 bookName×bookType×pressName。

解:

根据定义,笛卡儿积中的每一个元素应该是一个三元组,每个分量来自不同的域,因此 bookName×bookType×pressName = {(数据库系统教程,计算机,高等教育出版社),(数据库系统教程,计算机,清华大学出版社),(数据库系统教程,信息管理,高等教育出版社),(数据库系统教程,信息管理,清华大学出版社),(计算机操作系统,计算机,高等教育出版社),(计算机操作系统,计算机,清华大学出版社),(计算机操作系统,信息管理,高等教育出版社),(计算机操作系统,信息管理,清华大学出版社),(数据结构,计算机,高等教育出版社),(数据结构,计算机,清华大学出版社),(数据结构,信息管理,高等教育出版社),(数据结构,信息管理,清华大学出版社)}。

bookName、bookType 和 pressName 的基数分别为 3、2、2,该笛卡儿积对应的基数,即 bookName×bookType×pressName 的元组个数为 3×2×2=12,这 12 个元组可列成一张二维表,如表 2-1 所示。

表 2-1　bookName、bookType、pressName 的笛卡儿积

bookName	bookType	pressName
数据库系统教程	计算机	高等教育出版社
数据库系统教程	计算机	清华大学出版社
数据库系统教程	信息管理	高等教育出版社
数据库系统教程	信息管理	清华大学出版社
计算机操作系统	计算机	高等教育出版社
计算机操作系统	计算机	清华大学出版社
计算机操作系统	信息管理	高等教育出版社
计算机操作系统	信息管理	清华大学出版社
数据结构	计算机	高等教育出版社
数据结构	计算机	清华大学出版社
数据结构	信息管理	高等教育出版社
数据结构	信息管理	清华大学出版社

其中,(数据库系统教程,信息管理,高等教育出版社)、(数据结构,计算机,高等教育出版社)等都是元组。数据库系统教程、数据结构、计算机、清华大学出版社等都是分量。

3. 关系

通常,$D_1,D_2,\cdots,D_n$ 的笛卡儿积是没有实际意义的。只有它的某个子集才有实际

意义。

定义 2-3 $D_1 \times D_2 \times \cdots \times D_n$ 的子集叫做在域 $D_1, D_2, \cdots, D_n$ 上的关系,表示为

$$R(D_1, D_2, \cdots, D_n)$$

其中,R 表示关系(Relation)的名字,n 是关系的目或度(Degree),关系中的每个元素是关系中的元组,通常用 t 表示,$t \in R$ 表示 t 是关系 R 的一个元组。

当 $n=1$ 时,称该关系为单元关系(Unary relation)或一元关系。

当 $n=2$ 时,称该关系为二元关系(Binary relation)。

由于关系是笛卡儿积的子集,所以关系也是一个二维表。由于域可以相同,为了加以区分,必须对每列起一个名字,称为属性(Attribute),n 目关系必有 n 个属性。

下面给出与关系相关的几个概念。

(1) 若关系中的某一属性组的值能唯一地标识一个元组,则称该属性组为候选码。在最简单的情况下,候选码只包含一个属性。最极端的情况下,关系模式的所有属性是这个关系模式的候选码,称为全码。

(2) 若一个关系有多个候选码,则选定其中一个作为主码(Primary key)。

(3) 候选码的诸属性称为主属性。不包含在任何候选码中的属性称为非主属性。

例 2-3 根据例 2-1 所给域,试定义图书关系。

解:

若用 Book 表示图书关系名,包含 bookName、bookType 和 pressName 属性,则图书关系可以记为 Book(bookName,bookType,pressName)。对应的二维表如表 2-2 所示。

表 2-2 Book 关系的二维表

bookName	bookType	pressName
数据库系统教程	信息管理	高等教育出版社
计算机操作系统	计算机	清华大学出版社
数据结构	计算机	高等教育出版社

表 2-1 笛卡儿积中许多元组是没有意义的。在 bookName×bookType×pressName 笛卡儿积中取出有意义的一个子集构成了表 2-2 的 Book 关系。

对于 Book 关系来说,假设 bookName 不会重名(此处只是为了举例方便,在实际中不合适),则 bookName 属性的每一个值可以唯一地标识一个元组,bookName 属性为候选码。由于这个关系中,候选码仅有一个属性 bookName,所以 bookName 为该关系的主码。

(4) 关系有三种类型:基本关系(基本表或基表)、查询表和视图表。

① 基本表是实际存在的表,是实际存储数据的逻辑表示,一个关系对应一个基本表。

② 查询表是查询结果对应的表。

③ 视图表是由基本表或其他视图表导出的表,是虚表,不对应实际存储的数据。

(5) 基本关系具有以下 6 条性质:

① 列是同质的(Homogeneous),即每一列中的分量是同一类型的数据,来自同一个域。

② 不同的列可出自同一个域,称其中的每一列为一个属性,不同的属性要给予不同的属性名。

③ 列的次序可以任意交换。区分哪一列依据的是属性名而不是列的顺序。

④ 候选码唯一标识一个元组,所以任意两个元组的候选码不能相同。

⑤ 行的次序可以任意交换。区分哪一行依据主码的取值而不是行的顺序。

⑥ 分量必须取原子值,即每一个分量都必须是不可分的数据项。这是规范条件中最基本的一条。

2.2.2 关系模式

在关系数据库中有型和值的区分,关系模式是型,关系是值。关系是关系模式在某一时刻的状态或内容。

定义 2-4 关系模式(Relation Schema)是一个关系的具体结构,通常被形式化定义为

$$R(U, D, DOM, F)$$

其中,R 为关系名;U 为组成该关系的属性名集合;D 为属性组 U 中属性所来自的域;DOM 为属性向域的映像集合,它给出属性和域之间的对应关系,即哪个属性属于哪个域;F 为该关系中各属性间数据的依赖关系集合。

例如,在高校管理系统中,设有一个学生关系模式,它的属性名集合 U 为{学号,姓名,性别,年龄,专业},则所有属性对应的域的集合 D 可以定义为{10 位数字字符串,8 位字节字符串,Sex{男,女},14~35,Spec{计算机,自动化,生物}},属性向域映射的集合 DOM 为{学号属于 10 位数字字符串域,姓名属于 8 位字节字符串域,性别属于 Sex 域,年龄属于 14~35 内的整数域,专业属于 Spec 域}。

上面例子中的关系模式只给出了关系名、属性名、域名和属性向域的映像四部分,属性依赖将在第 5 章讨论。

在数据库系统中定义一个关系模式时,主要是给出关系名和所有的属性名,所以一个关系模式通常可以简记为

$$R(A_1, A_2, \cdots, A_n)$$

其中,R 为关系名,$A_1, A_2, \cdots, A_n$ 为属性名,对于主码的属性通常被放在前面并用下画线作标记以区分其他一般属性。例如,在关系 Book(isbn, bookName, Author, pressName, price)中,图书编号 isbn 为主码。

关系模式一经定义,一般很少被修改。而关系是具体的数据,它随时都可能被更新。所以说关系模式是静态的、相对稳定的。关系是动态的、随时间不断变化的。实际工作中,人们常常把关系模式和关系都笼统地称为关系,读者应从上下文理解其含义。

关系数据库本身也有型和值之分。关系数据库的型也称为关系数据库模式即关系模式的集合,是对数据库中所有数据逻辑结构的描述。关系数据库模式中的每个关系模式上对应的关系的集合称为关系数据库,也就是关系数据库的值。

2.3 关系模型的完整性

关系模型提供的完整性规则是对关系的某种约束,用来保证当授权用户对数据库作修改时不会破坏数据的一致性。关系的完整性共分为实体完整性、参照完整性和用户定义的完整性三类。

2.3.1　实体完整性（Entity Integrity）

规则 2-1　实体完整性规则　若属性 A 是关系 R 的主属性，则属性 A 不能取空值。

例如：基于网上书店系统项目中有图书和图书订单的关系模式。图书的关系模式为图书（图书编号，图书名称，作者，出版社，价格，图书类型编号），其中主码为"图书编号"，即"图书编号"为图书关系的主属性，则"图书编号"不能取空值。

图书订单的关系模式为图书订单（图书编号，订单编号，图书数量），其中主码为"图书编号"+"订单编号"，即"图书编号"和"订单编号"均为图书订单关系的主属性，则"图书编号"和"订单编号"两个属性都不能取空值。

实体完整性规则的说明：

（1）实体完整性能够保证实体的唯一性。一个基本表通常对应现实世界的一个实体集，实体在现实世界中是可以区分的，它在关系中是以主码为标识，所以主码能保证实体的唯一性，主属性不能取空值。

（2）实体完整性能够保证实体的可区分性。规则要求实体的主属性不能取空值，说明关系中没有不可标识的实体，即实体的主属性不为空值就一定能保证实体是可区分的。

2.3.2　参照完整性（Referential Integrity）

现实世界中的实体之间往往存在某种联系，在关系模型中实体及实体间的联系都是用关系来描述的，因此可能存在着关系与关系间的引用。

例如，基于网上书店系统项目中有图书和图书类型的关系模式表示如下：

图书（图书编号，图书名称，作者，出版社，价格，图书类型编号）

图书类型（图书类型编号，图书类型名称）

这两个关系之间存在着属性的引用，即图书关系引用了图书类型关系的主码"图书类型编号"。显然，图书关系中的"图书类型编号"值必须是确实存在的图书类型关系的图书类型编号。也就是说，图书关系中的某个属性的取值需要参照图书类型关系的属性取值。此时称"图书类型编号"为图书关系的外码，用双下画线表示。

定义 2-5　设 F 是基本关系 R 的一个或一组属性，但不是关系 R 的码。Ks 是基本关系 S 的主码。如果 F 与 Ks 相对应，则称 F 是 R 的外码（Foreign Key），并称基本关系 R 为参照关系（Referencing Relation），基本关系 S 为被参照关系（Referenced Relation）或目标关系（Target Relation）。关系 R 和 S 不一定是不同的关系。

例 2-4　在高校管理系统中，存在 5 个关系模式，具体如下，试找出各个关系模式中的外码。

学生（学号，姓名，性别，出生日期，专业号，班号）

课程（课程号，课程名，教材，出版社，ISBN，专业号，课时）

班级（班号，专业号，所在系，人数，所在教室）

选课（学号，课程号，成绩）

专业（专业号，专业名）

解：

在学生关系中，"学号"是主码，"专业号"属性的取值需要参照专业关系的"专业号"的属性值；"班号"属性的取值需要参照班级关系的"班号"取值。因此"专业号"和"班号"是学生关系的外码。

在课程关系中，"课程号"是主码，"专业号"属性的取值需要参照专业关系的"专业号"的属性值。因此"专业号"是课程关系的外码。

同样，在班级关系中，"班号"是主码，"专业号"是班级关系的外码。

在选课关系中，"学号"＋"课程号"是主码，单独的"学号"或"课程号"不是该关系的主码，而是主属性，所以"学号"属性的取值需要参照学生关系中"学号"的属性值；"课程号"属性的取值需要参照课程关系中"课程号"的属性值。因此"学号"和"课程号"是选课关系的外码。

规则 2-2 参照完整性规则 若属性(或属性组)F是基本关系R的外码，它与基本关系S的主码K_s相对应(基本关系R和S不一定是不同的关系)，则对于R中每个元组在F上的值必须为：

(1) 或取空值(F的每个属性值均为空值)。

(2) 或等于S中某个元组的主码值。

例如，对于例2-4，按照参照完整性规则，学生关系中每个元组的"专业号"属性只取两类值：

(1) 空值，表示尚未给该学生分配专业。

(2) 非空值，这时该值必须是专业关系中某个元组的"专业号"值，表示该学生不可能分配在一个不存在的专业中。即被参照关系专业中一定存在一个元组，它的主码值等于该参照关系"学生"中的外码值。

2.3.3 用户定义的完整性(User-defined Integrity)

实体完整性约束和参照完整性约束是关系模型中最基本的约束。此外，关系数据库系统根据现实世界中其应用环境的不同，还需要一些其他的约束条件。用户定义的完整性就是针对某一具体关系数据库的约束条件，反映某一具体应用涉及的数据必须满足的语义要求。例如，身份证号码为18位，除最后一位校验码可为字母X或0～9之间的整数，其余17位都是由0～9之间的整数组成。

用户定义的完整性通常是定义对关系中除主码与外码属性之外的其他属性取值的约束，包括数据类型、精度、取值范围、是否允许空值等。关系模型应提供定义和检验这类完整性的机制，以便用统一、系统的方法处理。

为了维护数据库中数据的完整性，在对关系数据库执行插入、删除和修改操作时，就要检查上述三类完整性规则。

2.4 关系代数

关系是元组的集合，关系代数是以集合代数为基础发展起来的，是以关系为运算对象的一组运算的集合。关系代数运算可分为两类：传统的集合运算和专门的关系运算。

关系代数用到的运算符包括4类：集合运算符、专门的关系运算符、比较运算符和逻辑运算符，如表2-3所示。

表 2-3　关系代数运算符

运　算　符		含　义	运　算　符		含　义
集合 运算符	∪ － ∩ ×	并 差 交 笛卡儿积	比较 运算符	$>$ $\geqslant$ $<$ $\leqslant$ $=$ $<>$	大于 大于等于 小于 小于等于 等于 不等于
专门的 关系 运算符	σ Π $\bowtie$ $\div$	选择 投影 连接 除	逻辑 运算符	$\neg$ $\wedge$ $\vee$	非 与 或

2.4.1　传统集合运算

传统的集合运算是两个关系间的运算,包括并、差、交和笛卡儿积 4 种运算,运算结果生成一个新关系。其中,并($\cup$)、差($-$)和交($\cap$)运算要求参加运算的两个关系 R 和 S 具有相同的目,且对应的属性取自同一个域,称 R 和 S 为同类型的关系,或为相容关系。

1. 并

关系 R 和 S 的并(Union)由属于 R 或属于 S 的元组组成,记作 $R \cup S$。其形式定义如下:

$$R \cup S = \{t \mid t \in R \vee t \in S\}$$

2. 差

关系 R 和 S 的差(Difference)由属于 R 但不属于 S 的元组组成,记作 $R-S$。其形式定义如下:

$$R-S = \{t \mid t \in R \wedge t \notin S\}$$

3. 交

关系 R 和 S 的交(Intersection)由既属于 R 又属于 S 的元组组成,记作 $R \cap S$。其形式定义如下:

$$R \cap S = \{t \mid t \in R \wedge t \in S\}$$

交运算不是必须的,可以用差运算来表示,即 $R \cap S = R-(R-S)$。

4. 笛卡儿积

因为这里笛卡儿积(Cartesian Product)的元素为元组,所以又称之为广义笛卡儿积。

关系 R 和 S 的广义笛卡儿积为 R 中所有元组和 S 中所有元组的横向连接。若关系 R 和 S 分别为 n 目和 m 目,则 R 和 S 的笛卡儿积是一个 $(n+m)$ 列元组的集合。元组的前 n 列是关系 R 的一个元组,后 m 列是关系 S 的一个元组,记作 $R \times S$,其形式定义如下:

$$R \times S = \{\mid \widehat{t_r t_s} \mid t_r \in R \wedge t_s \in S\}$$

如果 R 和 S 中有相同的属性名,则在 $R \times S$ 结果中的相同属性名前加所属关系名作为限定,以示区别。若 R 中有 k_1 个元组,S 中有 k_2 个元组,则 R 和 S 的笛卡儿积有 $k_1 \times k_2$ 个元组。

例 2-5 在网上书店系统中有两个关系 R 和 S,如表 2-4 和表 2-5 所示,求两个关系的并、交、差和笛卡儿积。

表 2-4 关系 R

bookName	author	price
概率论与数理统计	盛骤	19.30
数据结构	严蔚敏	26.00
高速数字设计	约翰逊	33.00

表 2-5 关系 S

bookName	author	price
概率论与数理统计	盛骤	19.30
西方经济学	高鸿业	28.00
数据结构	严蔚敏	26.00

解:

表 2-6～表 2-9 分别为关系 R 和 S 的并、交、差和笛卡儿积。

表 2-6 关系 $R \cup S$

bookName	author	price
概率论与数理统计	盛骤	19.30
数据结构	严蔚敏	26.00
高速数字设计	约翰逊	33.00
西方经济学	高鸿业	28.00

表 2-7 关系 $R \cap S$

bookName	author	price
概率论与数理统计	盛骤	19.30
数据结构	严蔚敏	26.00

表 2-8 关系 $R-S$

bookName	author	price
高速数字设计	约翰逊	33.00

表 2-9 关系 $R \times S$

$R.$ bookName	$R.$ author	$R.$ price	$S.$ bookName	$S.$ author	$S.$ price
概率论与数理统计	盛骤	19.30	概率论与数理统计	盛骤	19.30
概率论与数理统计	盛骤	19.30	数据结构	严蔚敏	26.00
概率论与数理统计	盛骤	19.30	西方经济学	高鸿业	28.00
数据结构	严蔚敏	26.00	概率论与数理统计	盛骤	19.30
数据结构	严蔚敏	26.00	数据结构	严蔚敏	26.00
数据结构	严蔚敏	26.00	西方经济学	高鸿业	28.00
高速数字设计	约翰逊	33.00	概率论与数理统计	盛骤	19.30
高速数字设计	约翰逊	33.00	数据结构	严蔚敏	26.00
高速数字设计	约翰逊	33.00	西方经济学	高鸿业	28.00

2.4.2 专门的关系运算

专门的关系运算包括选择、投影、连接和除等运算。为了叙述方便,先引入几个记号。

- 分量:设关系模式为 $R(A_1, A_2, \cdots, A_n)$。它的一个关系设为 R。$t \in R$ 表示 t 是 R 的一个元组。$t[A_i]$ 则表示元组 t 中在属性 A_i 上的一个分量。
- 属性列或属性组:若 $A = \{A_{i1}, A_{i2}, \cdots, A_{ik}\}$,其中 $A_{i1}, A_{i2}, \cdots, A_{ik}$ 是 $A_1, A_2, \cdots, A_n$ 中的一部分,则 A 称为属性列或属性组。$t[A] = (t[A_{i1}], t[A_{i2}], \cdots, t[A_{ik}])$ 表示元组 t 在属性列 A 上诸分量的集合。$\overline{A}$ 则表示 $\{A_1, A_2, \cdots, A_n\}$ 中去掉 $\{A_{i1}, A_{i2}, \cdots, A_{ik}\}$ 后剩余的属性组。

- 元组的连接：R 为 n 目关系，S 为 m 目关系。$t_r \in R, t_s \in S, \widehat{t_r t_s}$ 称为元组的连接。是一个 $n+m$ 列的元组，前 n 个分量为 R 中的一个 n 元组，后 m 个分量为 S 中的一个 m 元组。
- 象集（Images Set）：给定一个关系 $R(X, Z)$，X 和 Z 为属性组。当 $t[X] = x$ 时，x 在 R 中的象集定义为：$Z_x = \{t[Z] | t \in R, t[X] = x\}$，它表示 R 中属性组 X 上值为 x 的诸元组在 Z 上分量的集合。

例如，在图 2-2 中，x_1 在 R 中的象集 $Z_{x_1} = \{Z_1, Z_2, Z_3\}$，$x_2$ 在 R 中的象集 $Z_{x_2} = \{Z_2, Z_3\}$，x_3 在 R 中的象集 $Z_{x_3} = \{Z_1, Z_3\}$。

下面给出这些专门的关系运算的定义：

1. 选择

选择（Selection）运算是从关系的行方向进行的运算，记作

$$\sigma_F(R) = \{t \mid t \in R \wedge F(t) = \text{True}\}$$

上式表示从关系 R 中选择满足给定条件 F 的元组，其中选择条件 F 由两部分组成：运算对象和运算符。运算对象是属性名（或列的序号）或常量、简单函数。运算符包括比较运算符（$>$、$\geqslant$、$<$、$\leqslant$、$=$、$<>$）和逻辑运算符（$\neg$、$\wedge$、$\vee$）。

设有关系 Book 如表 2-10 所示。

x_1	Z_1
x_1	Z_2
x_1	Z_3
x_2	Z_2
x_2	Z_3
x_3	Z_1
x_3	Z_3

图 2-2　关系 R

表 2-10　关系 Book

图书编号 isbn	图书名称 bookName	作者 author	图书类型 bookType	出版社 pressName	价格 price
9787040101553	概率论与数理统计	盛骤	数学	高等教育出版社	19.30
9787302147510	数据结构	严蔚敏	计算机	清华大学出版社	26.00
9787302146360	市场营销原理	科特勒	管理	清华大学出版社	69.00
9787111185260	软件测试	佩腾	计算机	机械工业出版社	30.00
9787040206418	法理学	张文显	法律	高等教育出版社	41.00

例 2-6　查询图书类型为计算机的所有图书。

$$\sigma_{\text{bookType} = \text{'计算机'}}(\text{Book}) \quad 或 \quad \sigma_{4 = \text{'计算机'}}(\text{Book})$$

其中，下角标 4 为 Book 的第 4 个属性，结果如表 2-11 所示。

表 2-11　选择

isbn	bookName	author	bookType	pressName	price
9787302147510	数据结构	严蔚敏	计算机	清华大学出版社	26.00
9787111185260	软件测试	佩腾	计算机	机械工业出版社	30.00

例 2-7　查询价格低于 30.00 且出版社为高等教育出版社的图书。

$$\sigma_{\text{price} < 30.00 \wedge \text{pressName} = \text{'高等教育出版社'}}(\text{Book})$$

结果如表 2-12 所示。

表 2-12　选择

isbn	bookName	author	bookType	pressName	price
9787040101553	概率论与数理统计	盛骤	数学	高等教育出版社	19.30

2．投影

投影（Projection）运算是从关系的列方向进行的运算，记作

$$\prod\nolimits_{A}(R) = \{t[A] \mid t \in R\}$$

上式表示从关系 R 中选择出若干属性列组成新的关系，其中 A 为 R 中的属性列。投影操作取消了原关系中的某些列，而且还可能去掉了因取消某些列而出现的重复行。

例 2-8　查询 Book 关系中图书的名称和作者。

$$\prod\nolimits_{\text{bookName,author}}(\text{Book}) \quad \text{或} \quad \prod\nolimits_{2,3}(\text{Book})$$

结果如表 2-13 所示。

例 2-9　查询 Book 关系中所有的出版社。

$$\prod\nolimits_{\text{pressName}}(\text{Book})$$

结果如表 2-14 所示，Book 关系中原来有 5 个元组，而投影结果取消了重复的高等教育出版社和清华大学出版社元组，因此只有 3 个元组。

表 2-13　投影

bookName	author
概率论与数理统计	盛骤
数据结构	严蔚敏
市场营销原理	科特勒
软件测试	佩腾
法理学	张文显

表 2-14　投影

pressName
高等教育出版社
清华大学出版社
机械工业出版社

3．连接

连接（Join）运算是把两个关系中的元组按条件连接起来，形成一个新的关系。比较常用的有：条件连接、等值连接、自然连接和外连接。

（1）条件连接

条件连接也称为 θ 连接，是从两个关系的笛卡儿积中选取属性间满足一定条件的元组，记作

$$R\underset{X\theta Y}{\bowtie}S = \{\widehat{t_r t_s} \mid t_r \in R \wedge t_s \in S \wedge t_r[A]\theta t_s[B]\}$$

其中，$X\theta Y$ 为连接的条件，θ 是比较运算符，X 和 Y 分别为 R 和 S 上属性。连接运算也可以表示为 $R\underset{X\theta Y}{\bowtie}S=\sigma X\theta Y(R\times S)$。

（2）等值连接

当 θ 为"$=$"时，连接运算称为等值连接，从两个关系的笛卡儿积中选取属性值相等的元组，记作

$$R \underset{X=Y}{\bowtie} S = \{\widehat{t_r t_s} \mid t_r \in R \land t_s \in S \land t_r[A] = t_s[B]\}$$

（3）自然连接

自然连接是一种特殊的等值连接，要求两个关系中进行比较的分量必须是相同的属性组，并且在结果中把重复的属性列去掉。

$$R \bowtie S = \{\widehat{t_r t_s} \mid t_r \in R \land t_s \in S \land t_r[A] = t_s[B]\}$$

一般的连接操作是从行的角度进行运算，而自然连接还需要取消重复列，所以是同时从行和列的角度进行运算。如果两个关系中没有重复属性，那么自然连接就转化为笛卡儿积。

例 2-10　在网上书店系统中，给定关系 R、S 如表 2-15 和表 2-16 所示，表 2-17 为一般连接 $R \underset{R.\,isbn<>S.\,isbn}{\bowtie} S$ 的结果，表 2-18 为等值连接 $R \underset{R.\,isbn=S.\,isbn}{\bowtie} S$ 的结果，表 2-19 为自然连接 $R \bowtie S$ 的结果。

表 2-15　关系 R

amount	order_id	isbn
10	091203008	9787040101553
12	091203008	9787302147510
8	100120105	9787111185260

表 2-16　关系 S

isbn	bookName	pressName
9787040101553	概率论与数理统计	高等教育出版社
9787302147510	数据结构	清华大学出版社
9787040206418	法理学	高等教育出版社

表 2-17　一般连接

R. amount	R. order_id	R. isbn	S. isbn	S. bookName	S. pressName
10	091203008	9787040101553	9787302147510	数据结构	清华大学出版社
10	091203008	9787040101553	9787040206418	法理学	高等教育出版社
12	091203008	9787302147510	9787040101553	概率论与数理统计	高等教育出版社
12	091203008	9787302147510	9787040206418	法理学	高等教育出版社
8	100120105	9787111185260	9787040101553	概率论与数理统计	高等教育出版社
8	100120105	9787111185260	9787302147510	数据结构	清华大学出版社
8	100120105	9787111185260	9787040206418	法理学	高等教育出版社

表 2-18　等值连接

R. amount	R. order_id	R. isbn	S. isbn	S. bookName	S. pressName
10	091203008	9787040101553	9787040101553	概率论与数理统计	高等教育出版社
12	091203008	9787302147510	9787302147510	数据结构	清华大学出版社

表 2-19　自然连接

amount	order_id	isbn	bookName	pressName
10	091203008	9787040101553	概率论与数理统计	高等教育出版社
12	091203008	9787302147510	数据结构	清华大学出版社

（4）外连接

两个关系 R 和 S 在做自然连接时，选择两个关系在公共属性上值相等的元组构成新的关系。此时，关系 R 中某些元组有可能在 S 中不存在公共属性上值相等的元组，从而造成 R 中这些元组在操作时被舍弃了，同样，S 中某些元组也可能被舍弃了。例如，在表 2-19 中

关系 R 和 S 的自然连接中，R 和 S 中的第三个元组都被舍弃掉了。如果使用外连接则可以避免这样的信息丢失。外连接运算有三种：左外连接、右外连接和全外连接。

如果把舍弃的元组也保存在结果关系中，而在其他属性上填空值（NULL），那么这种连接为全外连接（OUTER JOIN）。如果只把左边关系 R 中要舍弃的元组保留就叫做左外连接（LEFT OUTER JOIN），如果只把右边关系 S 中要舍弃的元组保留就叫做右外连接（RIGHT OUTER JOIN）。表 2-20～表 2-22 是例 2-10 中所给关系 R 和 S 的全外连接、左外连接和右外连接的结果。

表 2-20　全外连接

amount	order_id	isbn	bookName	pressName
10	091203008	9787040101553	概率论与数理统计	高等教育出版社
12	091203008	9787302147510	数据结构	清华大学出版社
8	100120105	9787111185260	NULL	NULL
NULL	NULL	9787040206418	法理学	高等教育出版社

表 2-21　左外连接

amount	order_id	isbn	bookName	pressName
10	091203008	9787040101553	概率论与数理统计	高等教育出版社
12	091203008	9787302147510	数据结构	清华大学出版社
8	100120105	9787111185260	NULL	NULL

表 2-22　右外连接

amount	order_id	isbn	bookName	pressName
10	091203008	9787040101553	概率论与数理统计	高等教育出版社
12	091203008	9787302147510	数据结构	清华大学出版社
NULL	NULL	9787040206418	法理学	高等教育出版社

4. 除

除（Division）运算是从关系的行方向和列方向进行的运算。给定关系 $R(X,Y)$ 和 $S(Y,Z)$，其中 X、Y、Z 为属性组。R 中的 Y 与 S 中的 Y 可以有不同的属性名，但必须出自相同的域集。

$R \div S$ 应当满足元组在 X 上分量值 x 的象集 Y_x 包含 S 在 Y 上投影的集合。其形式定义如下：

$$R \div S = \{t_r[X] \mid t_r \in R \land \prod\nolimits_Y(S) \subseteq Y_x\}$$

例 2-11　在网上书店系统中，设关系 R、S 分别如表 2-23 和表 2-24 所示，求 $R \div S$。

表 2-23　关系 R

order_id	isbn	order_id	isbn
100120105	9787302147510	100125007	9787040206418
100120105	9787040206418	100205010	9787302147510
100120105	9787040101553	100205010	9787040101553
100125007	9787302147510		

在关系 R 中,order_id 可以取 3 个值{100120105,100125007,100205010}。其中:
100120105 的象集为{9787302147510,9787040206418,9787040101553}
100125007 的象集为{9787302147510,9787040206418}
100205010 的象集为{9787302147510,9787040101553}

显然 100120105 和 100125007 的象集包含了 S,所以 $R \div S = \{100120105,100125007\}$,如表 2-25 所示。

<table>
<tr><td colspan="1">表 2-24　关系 S</td><td>表 2-25　R÷S</td></tr>
<tr><td>isbn</td><td>isbn</td></tr>
<tr><td>9787302147510</td><td>100120105</td></tr>
<tr><td>9787040206418</td><td>100125007</td></tr>
</table>

以上除法的含义是,$R \div S$ 运算的结果为订单编号,产生该订单的用户即买了图书编号为 9787302147510 的图书,又买了图书编号为 9787040206418 的图书。订单编号 100205010 对应的用户虽然购买了图书编号为 9787302147510 的图书,但没买图书编号为 9787040206418 的图书,所以不在结果当中。

例 2-12 在高校管理系统中,设有一个学生－课程关系数据库,包括学生关系 S、选课关系 SC 和课程关系 C。分别对应表 2-26～表 2-28 所示,按照如下要求写出关系代数表达式。

表 2-26　学生关系 S

学号	姓名	性别	年龄	所在系
2010018001	张铭	女	18	计算机
2010018002	李兰	女	19	管理
2010018003	朱锐	男	20	计算机
2010018004	林清江	男	18	电子

表 2-27　选课关系 SC

学　号	课程号	成绩
2010018001	C01	86
2010018001	C02	92
2010018001	C03	73
2010018002	C01	90
2010018002	C03	82
2010018003	C01	75

表 2-28　课程关系 C

课程号	课程名	学分
C01	高等数学	6
C02	C 语言	2
C03	数据库	4
C04	操作系统	4

(1) 查询学生的姓名和所在系。

$$\prod_{姓名,\ 所在系}(S)$$

(2) 查询张铭同学选修的课程名及成绩。

$$\prod_{课程名,成绩}(\sigma_{姓名\ =\ '张铭'}(S \bowtie SC \bowtie C))$$

(3) 查询选修"C 语言"或"数据库"课程的学生的学号、课程名和成绩。

$$\prod_{\text{学号},\text{课程名},\text{成绩}}(\sigma_{\text{课程名}='C\text{语言}'\lor\text{课程名}='\text{数据库}'}(S\bowtie SC\bowtie C))$$

（4）查询计算机系小于 20 岁学生的学号、姓名及性别。

$$\prod_{\text{学号},\text{姓名},\text{性别}}(\sigma_{\text{年龄}<20\land\text{所在系}='\text{计算机}'}(S))$$

（5）查询学生的学号及选修的课程名和对应成绩。

$$\prod_{\text{学号},\text{课程名},\text{成绩}}(SC\bowtie C)$$

（6）查询至少选修了课程号为 C01 和 C02 学生的学号。

首先建立一个临时关系 P，如表 2-29 所示。

然后求：$\prod_{\text{学号},\text{课程号}}(SC)\div P$，结果为 $\{2010018001\}$。

表 2-29　关系 P

课程号
C01
C02

2.5　关 系 演 算

关系演算是以数理逻辑中的谓词演算为基础的关系数据查询语言。关系代数中先做什么运算，后做什么运算是有顺序的，因而不是完全非过程化的。与关系代数不同，使用谓词演算只需要用谓词的形式给出查询结果应满足的条件，查询如何实现完全由系统自行解决，是高度非过程化的语言。

按谓词变元不同，关系演算分为元组关系演算和域关系演算。它们的主要区别是谓词变量不同，前者的变量为元组变量，而后者的变量为域变量。本节主要介绍元组关系演算和域关系演算。

2.5.1　元组关系演算

元组关系演算是非过程化查询语言。它只描述所需信息，而不给出获得该信息的具体过程。在元组关系演算中，其元组关系演算表达式中的变量是以元组为单位的，其一般形式为 $\{t\mid P(t)\}$。其中，t 是元组变量，$P(t)$ 是元组关系演算公式，公式是由原子公式组成的。

1. 原子公式

原子命题函数是公式，简称为原子公式。有以下三种形式：

（1）$R(t)$。R 是关系名，t 是元组变量，$R(t)$ 表示 t 是关系 R 中的一个元组。

（2）$t[i]\theta C$ 或 $C\theta t[i]$。$t[i]$ 表示元组变量 t 的第 i 个分量，C 是常量，θ 为算术比较运算符。$t[i]\theta C$ 或 $C\theta t[i]$ 表示元组变量 t 的第 i 个分量与 C 之间满足 θ 运算。

例如，$t[6]<50$ 表示元组 t 的第 6 个分量小于 50。$t[2]=$"数据库"表示元组 t 的第 2 个分量等于"数据库"。

（3）$t[i]\theta u[j]$。t,u 是两个元组变量，$t[i]\theta u[j]$ 表示元组变量 t 的第 i 个分量与元组变量 u 的第 j 个分量之间满足 θ 运算。

例如，$t[3]>u[4]$ 表示元组 t 的第 3 个分量大于元组变量 u 的第 4 个分量。

2. 公式的定义

在关系演算中定义了"自由元组变量"和"约束元组变量"的概念。若公式中的一个元组

变量前有全称量词 ∀ 和存在量词 ∃ 符号,则称该变量为约束变量,否则称为自由变量。公式可递归定义如下:

(1) 原子公式是公式。

(2) 如果 φ_1 和 φ_2 是公式,则 $\neg\varphi_1$,$\varphi_1 \wedge \varphi_2$,$\varphi_1 \vee \varphi_2$ 也是公式。分别表示如下:

- 若 φ_1 为真,则 $\neg\varphi_1$ 为假。
- 如果 φ_1 和 φ_2 同时为真,则 $\varphi_1 \wedge \varphi_2$ 才为真,否则为假。
- 如果 φ_1 和 φ_2 中一个或同时为真,则 $\varphi_1 \vee \varphi_2$ 为真,仅当 φ_1 和 φ_2 同时为假时,$\varphi_1 \vee \varphi_2$ 才为假。

(3) 若 φ 是公式,则 $\exists t(\varphi)$ 是公式。$\exists t(\varphi)$ 表示若有一个 t 使 φ 为真,则 $\exists t(\varphi)$ 为真,否则 $\exists t(\varphi)$ 为假。

(4) 若 φ 是公式,则 $\forall t(\varphi)$ 是公式。$\forall t(\varphi)$ 表示对所有 t,都使 φ 为真,则 $\forall t(\varphi)$ 为真,否则 $\forall t(\varphi)$ 为假。

公式中运算符的优先顺序如下:算术比较运算符、∃、∀、¬、∧、∨。在公式中可以加括号,以改变上述优先顺序。

3. 关系代数的 5 种基本运算转换为元组演算表达式

关系代数表达式可以用元组演算表达式表示。由于任何一个关系代数表达式都可以用一种基本的关系运算组合表示,因此,只需给出 5 种基本的关系运算用元组演算表达式表示形式即可。

(1) 并

$$R \cup S = \{t \mid R(t) \vee S(t)\}$$

(2) 差

$$R - S = \{t \mid R(t) \wedge \neg S(t)\}$$

(3) 笛卡儿积

假定关系 R 和 S 分别为 n 个属性和 m 个属性,则 $R \times S$ 后生成的新关系是 $n+m$ 目关系,有 $n+m$ 个属性。其元组演算表达式为

$$R \times S = \{t^{(n+m)} \mid (\exists u^{(n)})(\exists v^{(m)})(R(u) \wedge S(v) \wedge t[1] = u[1] \wedge \cdots \wedge t[n]$$
$$= u[n] \wedge t[n+1] = v[1] \wedge \cdots \wedge t[n+m] = v[m])\}$$

(4) 选择

$$\sigma_F(R) = \{t \mid R(t) \wedge F\}$$

(5) 投影

$$\prod_{i1,i2,\cdots,ik}(R) = \{t^{(k)} \mid (\exists u)(R(u) \wedge t[1] = u[i_1] \wedge \cdots \wedge t[k] = u[i_k])\}$$

下面给出用元组关系演算对表 2-10 给的关系进行查询的例子。

例 2-13 查询图书类型为计算机的全部图书。

$$\{t \mid \text{BOOK}(t) \wedge t[4] = \text{'计算机'}\}$$

例 2-14 查询图书价格小于 30.00 的全部图书。

$$\{t \mid \text{BOOK}(t) \wedge t[6] < 30.00\}$$

例 2-15 查询图书名称和出版社。

$$\{t^{(2)} \mid (\exists u)(\text{BOOK}(u) \wedge t[1] = u[2] \wedge t[2] = u[5])\}$$

2.5.2 元组关系演算语言 ALPHA

ALPHA 语言是由 E. F. Codd 提出的,是一种基于元组关系演算的语言。关系数据库系统 INGRES 所用的 QUEL 语言与该语言十分相似,它是在 ALPHA 语言的基础上研制的。

ALPHA 语言的基本语句格式为:

操作语句<工作空间名>(表达式)[∶ <操作条件>]

工作空间是内存中用户与数据库间的数据通信区,工作空间名用字母 W 表示,表达式为要查询的目标或操作对象,通常是关系名或属性名,一条语句可以同时操作多个关系或多个属性。操作条件是含逻辑运算符¬、∧、∨和量词∃、∀的谓词公式,操作条件可以为空。

ALPHA 语言具有查询、插入、删除、修改等功能,主要有 GET、PUT、HOLD、UPDATE、DELETE 和 DROP 等 6 条语句。除此之外,还提供了聚集函数,用来求元组的个数、平均值、最大最小值,还可以将查询结果排序和定额查询等。下面以网上书店系统项目中数据库为例介绍这些操作。

1. 检索操作

检索操作用 GET 语句实现。

例 2-16 查询所有图书的信息。

```
GET  W(Book)
```

该语句没有操作条件,查询结果为关系 Book 中的所有元组。

例 2-17 查询图书名称为数据库系统教程的作者名。

```
GET  W(Book . author): Book . bookName = '数据库系统教程'
```

以上是带限定条件的检索,冒号后为检索限定的条件。

例 2-18 查询图书名称为数据结构且价格不超过 50.00 的图书的作者名及图书价格,并按图书价格排序。

```
GET  W(Book . author, Book . price):
    Book . bookName = '数据结构'∧Book . price < = 50.00  DOWN  Book.price
```

式中 DOWN 为降序排列,升序用 UP。

例 2-19 查询作者名为萨师煊的一本图书。

```
GET  W(1)(Book): Book . author = '萨师煊'
```

式中(1)为检索的元组数,表示只需检索出满足条件的一本书。

例 2-20 查询用户名为张明的地址。

```
RANGE  User  UX
GET  W(UX.address ): ∃UX (UX.name = '张明')
```

式中的 UX 是元组变量,用 RANGE 语句说明。上式表示"在关系 User 中存在这样一个元组,其用户名为张明"。

元组变量是在某一关系范围内变化,一个关系可以设多个元组变量。元组变量主要有两方面用途:

① 简化关系名:设较短名字的元组变量代替较长的关系名。

② 操作条件中使用量词时必须用元组变量。

例 2-21 查询购买了图书名称为离散数学的订单编号和图书数量。

```
RANGE  Book       BX
RANGE  Order_item  OX
GET  W(OX. order_id ,OX. amount): ∃ BX (BX.bookName = '离散数学' ∧
                                        BX.isbn = OX.Book_id)
```

ALPHA 语言中提供 TOTAL(求和)、COUNT(元组计数)、AVG(求平均值)、MIN(最小值)、MAX(最大值)等聚集函数供用户选用。

例 2-22 查询当前有几种订单状态。

```
GET W(COUNT (User_order . status))
```

COUNT 函数在计数时会自动排除重复值。

例 2-23 查询订单状态不是已发货的图书数量。

```
RANGE  User_order  UX
RANGE  Order_item  OX
GET  W (OX . amount): ¬ ∃ UX(UX.status = '已发货' ∧ OX.id = UX.order_id)
```

以上查询也可以用全称量词表示。

```
RANGE  User_order  UX
RANGE  Order_item  OX
GET  W (OX . amount ): ∀ UX(UX.status ¬ = '已发货' ∧ OX.id ¬ = UX.order_id)
```

例 2-24 查询购买所有图书的订单编号对应的订单状态。

```
RANGE  User_order  UX
RANGE  Order_item  OX
RANGE  Book       BX
GET  W (UX.status) : ∀ BX ∃ OX (OX.id = UX.order_id ∧ OX.Book_id = BX.isbn)
```

2. 更新操作

(1) 修改操作

修改操作用 UPDATE 语句实现。其步骤是:

① 首先用 HOLD 语句将要修改的元组从数据库中读到工作空间中。

② 其次用宿主语言修改工作空间中元组的属性值。

③ 最后用 UPDATE 语句将修改后的元组送回数据库中。

注意:单纯检索数据使用 GET 语句即可,但为修改数据而读元组时必须使用 HOLD 语句。

例 2-25 把订单编号为 090812009 的订单状态从未发货改为已发货。

```
HOLD W(User_order.id,User_order.status ): User_order.id = '090812009'
                                  /* 从 User_order 关系中读出订单编号为 090812009 的数据 */
MOVE  '已发货'  TO  W.status  /* 用宿主语言进行修改 */
UPDATE W                      /* 把修改后的元组送回 User_order 关系 */
```

使用 HOLD 语句时,需将被修改元组的主码同时读出,但主码值是不能被修改,若要修改,应先将该元组删除后再插入新的元组。

（2）插入操作

插入操作用 PUT 语句实现。其步骤是：

① 首先用宿主语言在工作空间中建立新元组。

② 然后用 PUT 语句把该元组存入指定关系中。

例 2-26　将图书类型编号为 07,图书类型名称为骨科学的新元组添加到 Sortkind 关系中。

```
MOVE  '07'  TO W.id
MOVE  '骨科学'  TO W.name
PUT  W (Sortkind )
```

PUT 语句只对一个关系操作,即表达式必须为单个关系名。

（3）删除操作

删除操作用 DELETE 语句实现。其步骤是：

① 用 HOLD 语句把要删除的元组从数据库中读到工作空间中。

② 用 DELETE 语句删除该元组。

例 2-27　删除图书编号为 9787040206418 的元组。

```
HOLD  W(Book): Book.isbn = '9787040206418'
DELETE  W
```

2.5.3　域关系演算

域关系演算表达式中的变量是表示域的变量,域变量的变化范围是某个值域而不是一个关系。

域演算表达式的一般形式为

$$\{t_1,\cdots,t_k \mid P(t_1,\cdots,t_k)\}$$

其中,$t_1,\cdots,t_k$ 是域变量,$P(t_1,\cdots,t_k)$ 是域演算公式。

1. 原子公式

原子命题函数是公式,简称为原子公式。有以下三种形式：

（1）$R(t_1,\cdots,t_i,\cdots,t_k)$。$R$ 是元关系,t_i 是元组变量 t 的第 i 个分量,$R(t_1,\cdots,t_i,\cdots,t_k)$ 表示以 $t_1,\cdots,t_i,\cdots,t_k$ 为分量的元组在关系 R 中。

（2）$t_i\theta C$ 或 $C\theta t_i$。t_i 表示元组变量 t 的第 i 个分量,C 是常量,θ 为算术比较运算符。

（3）$t_i\theta u_j$。t_i,u_j 是两个域变量,t_i 是元组变量 t 的第 i 个分量,u_j 是元组变量 u 的第 j 个分量,它们之间满足 θ 运算。

例如,$t_1>u_4$ 表示元组 t 的第 1 个分量大于元组变量 u 的第 4 个分量。

2. 公式的定义

若公式中的一个元组变量前有全称量词 ∀ 和存在量词 ∃ 符号，则称该变量为约束变量，否则称为自由变量。公式可递归定义如下：

（1）原子公式是公式。

（2）如果 φ_1 和 φ_2 是公式，则 $\neg\varphi_1$，$\varphi_1 \wedge \varphi_2$，$\varphi_1 \vee \varphi_2$ 也是公式。分别表示如下：

（3）若 φ 是公式，则 $\exists t_i(\varphi)$ 是公式。$\exists t(\varphi)$ 表示若有一个 t_i 使 φ 为真，则 $\exists t_i(\varphi)$ 为真，否则 $\exists t_i(\varphi)$ 为假。

（4）若 $\varphi(t_1,\cdots,t_i,\cdots,t_k)$ 是公式，则 $\forall t_i(\varphi)$ 是公式。$\forall t_i(\varphi)$ 表示对所有 t_i 使 $\varphi(t_1,\cdots,t_i,\cdots,t_k)$ 为真，则 $\forall t_i(\varphi)$ 为真，否则 $\forall t_i(\varphi)$ 为假。

公式中运算符的优先顺序如下：算术比较运算符、∃、∀、¬、∧、∨。在公式外可以加括号，以改变上述优先顺序。

下面给出用域关系演算对表 2-10 给的关系进行查询的例子。

例 2-28　查询图书类型为计算机的全部图书。

$$\{ t_1 : BOOK(bookName: t_1, bookType: \text{'计算机'}) \}$$

2.5.4　域关系演算语言 QBE

域关系演算语言（Query By Example，QBE）是一个具有较大影响的基于域关系演算的数据库语言，该语言 1975 年由 M. M. Zloof 提出，1978 年在 IBM370 上得以实现。QBE 是一种非专业用户使用的高级语言，它采用二维表作为用户界面，对数据的操作都在表格中进行，易学易用。

QBE 中用示例元素表示查询结果可能的情况，示例元素实质上就是域变量。QBE 操作框架如图 2-3 所示。

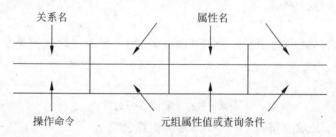

图 2-3　QBE 操作框架

QBE 的主要操作命令有 P.（显示）、I.（插入）、D.（删除）和 U.（修改）。这些操作命令简单，只要在表列或表的属性列中填入操作符，就能完成相应的操作。使用 QBE，一次可在多个表上查询，对表的操作顺序没有限制，是高度非过程化的。

下面结合网上书店系统项目中的数据库为例，说明 QBE 的使用方法。

1. 检索操作

例 2-29　查询所有图书的信息，如表 2-30 所示。

表 2-30 图书信息

Book	isbn	bookName	author	bookType	pressName	price
	P. 9787302147510	P. 数据结构	P. 严蔚敏	P. 计算机	P. 清华大学出版社	P. 26.00

表中数据结构是示例元素,P. 写在属性栏 bookName 中,表示查询结果仅显示该列的值。

显示全部数据也可以简单地把 P. 操作符作用在关系名上,如表 2-31 所示:

表 2-31 简化查询

Book	isbn	bookName	author	bookType	pressName	price
P.						

例 2-30 查询图书类型为计算机和价格低于 30.00 的图书名称,如表 2-32 所示。

表 2-32 查询图书名称方法一

Book	isbn	bookName	author	bookType	pressName	price
		P. 数据结构		计算机		<30.00

在 QBE 中,表示两个条件的"与"除了上面把条件写在同一行之外,还可以把两个条件写在不同行上,但要使用相同的示例元素,如表 2-33 所示。

表 2-33 查询图书名称方法二

Book	isbn	bookName	author	bookType	pressName	price
		P. 数据结构		计算机		
		P. 数据结构				<30.00

若查询条件是在一个属性中的"与"关系,只能选择第二种方法。

例 2-31 查询图书类型为计算机或价格低于 50.00 的图书名称,如表 2-34 所示。

本查询的条件是两个条件的"或"。在 QBE 中把两个条件写在不同行上,并且使用不同的示例元素值,即表示条件的"或"。

表 2-34 查询图书名称信息

Book	isbn	bookName	author	bookType	pressName	price
		P. 数据结构		计算机		
		P. 软件测试				<30.00

对于上面两个例子中的多条件查询,先输入哪一行是任意的,不影响查询结果。这就允许查询者以不同的思考方式进行查询,十分灵活。

例 2-32 查询购买了图书编号为 9787040101553 的订单状态及订单产生时间,如表 2-35 和表 2-36 所示。

本查询涉及两个关系 User_order 和 Order_item。在 QBE 中实现这种查询方法是通过相同的连接属性值把多个关系连接起来。

表 2-35   User_order 关系查询

User_order	id	status	cost	date	user_id
	091203008	P. 已发货		P. 09-12-03	

表 2-36   Order_item 关系查询

Order_item	order_id	Book_id	amount
	091203008	9787040101553	

这里示例元素订单编号091203008为连接属性,其值在两个表中要相同。

例 2-33   查询订单状态不是已发货的图书数量,如表 2-37 和表 2-38 所示。

表 2-37   User_Order 关系

User_order	id	status	cost	date	user_id
¬	091203008	已发货			

表 2-38   Order_item 关系

Order_item	order_id	Book_id	amount
	091203008		P. 100

这里的查询条件用到了逻辑非 ¬。在 QBE 中表示逻辑非的方法是将逻辑非写在关系名下面。表中的逻辑非表示订单编号为091203008 的发货状态已发货为假。

除了一般查询,QBE 也提供了聚集函数如 CNT、SUM、AVG、MIN、MAX。

例 2-34   查询购买图书名称为离散数学的订单个数,如表 2-39 和表 2-40 所示。

表 2-39   Order_item 关系

Order_item	order_id	Book_id	amount
	P. CNT. 091203008	9787805130699	

表 2-40   Book 关系

Book	isbn	bookName	author	bookType	pressName	price
	9787805130699	离散数学				

例 2-35   查询所有图书类型为计算机的图书名称,要求查询结果按出版社升序排序,对相同出版社的按图书价格降序排序,如表 2-41 所示。

表 2-41   查询信息

Book	isbn	bookName	author	bookType	pressName	price
		P. 数据结构		计算机	AO(1).	DO(2).

对查询结果按某个属性值的升序排序,只需在相应列中填入"AO.",按降序排序则填"DO."。如果按多列排序,用 AO(i)或 DO(i)表示,其中 i 为排序的优先级,i 值越小,优先级越高。

2．更新操作

（1）修改操作

修改操作符为"U."。在 QBE 中,关系的主码不允许修改,如果需要修改某个元组的主码,只能先删除该元组,然后再插入新的主码的元组。

例 2-36 把图书编号为 9787040084894 的图书出版社改为高等教育出版社,如表 2-42 所示。

表 2-42 修改图书信息方法一

Book	isbn	bookName	author	bookType	pressName	price
U.	9787040084894				高等教育出版社	

主码 9787040084894 标明要修改的元组。"U."标明所在的行是修改后的新值。由于主码是不能修改的,所以系统不会混淆要修改的属性。也可以把"U."放在要修改的属性值的前面,如表 2-43 所示。

表 2-43 修改图书信息方法二

Book	isbn	bookName	author	bookType	pressName	price
	9787040084894				U.高等教育出版社	

（2）插入操作

插入用命令"I."。新插入的元组必须具有码值,其他属性值可以为空。

例 2-37 在 Book 关系中插入图书编号为 9787040084894、图书名称为行政管理学的信息,如表 2-44 所示。

表 2-44 插入操作

Book	isbn	bookName	author	bookType	pressName	price
I.	9787040084894	行政管理学				16.00

（3）删除操作

删除操作符为"D."。

例 2-38 删除图书编号为 9787040206418 的图书,如表 2-45 所示。

表 2-45 删除操作

Book	isbn	bookName	author	bookType	pressName	price
D.	9787040206418					

由于 Order_item 关系与 Book 关系之间具有参照关系,为保证参照完整性,删除9787040206418 图书后,通常还应删除 9787040206418 对应的订单编号,如表 2-46 所示。

表 2-46　级联删除操作

Order_item	order_id	Book_id	amount
D.		9787040206418	

2.6　查 询 优 化

查询是数据库系统中最基本、最常用的数据操作,所以必须要考虑查询处理的开销和代价。在关系数据库中,对于相同的查询请求,存在着多种实现策略,系统在执行这些查询策略时所付出的开销是有很大差别的。在查询处理过程中,数据库系统必须能够从查询的多个执行策略中选择合适的执行策略。

关系代数表达式的优化是按照一定的规则,改变代数表达式中操作的次序和组合,使查询执行更高效。本节介绍基于关系代数等价变换规则的优化方法,即代数优化。

2.6.1　关系代数表达式等价变换规则

代数优化策略是通过对关系代数表达式的等价变换来提高查询效率。所谓关系代数表达式的等价是指用相同的关系代替两个表达式中相应的关系所得到的结果是相同的。两个关系代数表达式 E_1 和 E_2 是等价的,可记为 $E_1 \equiv E_2$。下面给出关系代数中常用的等价变换规则,证明从略。

1. 连接、笛卡儿积交换律

设 E_1 和 E_2 是关系代数表达式,F 是连接运算的条件,则有

$$E_1 \times E_2 \equiv E_2 \times E_1$$
$$E_1 \bowtie E_2 \equiv E_2 \bowtie E_1$$
$$E_1 \underset{F}{\bowtie} E_2 \equiv E_2 \underset{F}{\bowtie} E_1$$

2. 连接、笛卡儿积的结合律

设 E_1, E_2, E_3 是关系代数表达式,F_1 和 F_2 是连接运算的条件,则有

$$(E_1 \times E_2) \times E_3 \equiv E_1 \times (E_2 \times E_3)$$
$$(E_1 \bowtie E_2) \bowtie E_3 \equiv E_1 \bowtie (E_2 \bowtie E_3)$$
$$(E_1 \underset{F_1}{\bowtie} E_2) \underset{F_2}{\bowtie} E_3 \equiv E_1 \underset{F_1}{\bowtie} (E_2 \underset{F_2}{\bowtie} E_3)$$

3. 投影的串接定律

$$\prod_{A_1, A_2, \cdots, A_n} \left(\prod_{B_1, B_2, \cdots, B_m} (E) \right) \equiv \prod_{A_1, A_2, \cdots, A_n} (E)$$

这里,E 是关系代数表达式,$A_i(i=1,2,\cdots,n)$,$B_j(j=1,2,\cdots,m)$ 是属性名且 $\{A_1, A_2, \cdots, A_n\}$ 构成 $\{B_1, B_2, \cdots, B_m\}$ 的子集。

4. 选择的串接定律

$$\sigma_{F_1}(\sigma_{F_2}(E)) \equiv \sigma_{F_1 \wedge F_2}(E)$$

这里，E 是关系代数表达式，F_1、F_2 是选择条件。选择的串接律说明选择条件可以合并。这样一次就可检查全部条件。

5. 选择与投影操作的交换律

$$\sigma_F\left(\prod_{A_1,A_2,\cdots,A_n}(E)\right) \equiv \prod_{A_1,A_2,\cdots,A_n}(\sigma_F(E))$$

这里，选择条件 F 只涉及属性 $A_1,\cdots,A_n$。

若 F 中有不属于 $A_1,\cdots,A_n$ 的属性 $B_1,\cdots,B_m$ 则有更一般的规则：

$$\prod_{A_1,A_2,\cdots,A_n}(\sigma_F(E)) \equiv \prod_{A_1,A_2,\cdots,A_n}\left(\sigma_F\left(\prod_{A_1,A_2,\cdots,A_n,B_1,B_2,\cdots,B_m}(E)\right)\right)$$

6. 选择与笛卡儿积的交换律

如果 F 中涉及的属性都是 E_1 中的属性，则

$$\sigma_F(E_1 \times E_2) \equiv \sigma_F(E_1) \times E_2$$

如果 $F = F_1 \wedge F_2$，并且 F_1 只涉及 E_1 中的属性，F_2 只涉及 E_2 中的属性，则由上面的等价变换规则 1,4,6 可推出：

$$\sigma_F(E_1 \times E_2) \equiv \sigma_{F_1}(E_1) \times \sigma_{F_2}(E_2)$$

若 F_1 只涉及 E_1 中的属性，F_2 涉及 E_1 和 E_2 两者的属性，则仍有

$$\sigma_F(E_1 \times E_2) \equiv \sigma_{F_2}(\sigma_{F_1}(E_1) \times E_2)$$

它使部分选择在笛卡儿积前先做。

7. 选择与并的分配律

设 $E = E_1 \bigcup E_2$，E_1，E_2 有相同的属性名，则

$$\sigma_F(E_1 \bigcup E_2) \equiv \sigma_F(E_1) \bigcup \sigma_F(E_2)$$

8. 选择与差运算的分配律

若 E_1 和 E_2 有相同的属性名，则

$$\sigma_F(E_1 - E_2) \equiv \sigma_F(E_1) - \sigma_F(E_2)$$

9. 选择对自然连接的分配律

$$\sigma_F(E_1 \bowtie E_2) \equiv \sigma_F(E_1) \bowtie \sigma_F(E_2)$$

F 只涉及 E_1 与 E_2 的公共属性。

10. 投影与笛卡儿积的分配律

设 E_1 和 E_2 是两个关系表达式，$A_1,\cdots,A_n$ 是 E_1 的属性，$B_1,\cdots,B_m$ 是 E_2 的属性，则

$$\prod_{A_1,A_2,\cdots,A_n,B_1,B_2,\cdots,B_m}(E_1 \times E_2) \equiv \prod_{A_1,A_2,\cdots,A_n}(E_1) \times \prod_{B_1,B_2,\cdots,B_m}(E_2)$$

11. 投影与并的分配律

设 E_1 和 E_2 有相同的属性名，则

$$\prod_{A_1,A_2,\cdots,A_n}(E_1 \bigcup E_2) \equiv \prod_{A_1,A_2,\cdots,A_n}(E_1) \bigcup \prod_{A_1,A_2,\cdots,A_n}(E_2)$$

2.6.2 查询树的启发式优化

代数优化的基本原则是减少查询处理的中间结果的大小,以此提高查询效率,缩短执行时间。对于一个关系代数表达式,通过等价变换规则可以获得多个等价的表达式。代数优化涉及关系的操作顺序,不同的操作顺序会有不同的执行效率。那么,就需要确立关系代数表达式的选取规则,以便从多个等价的表达式中选取查询效率高的表达式。

尽管不同的关系数据库管理系统在解决查询优化时所采用的优化算法不尽相同,但一般都遵循下列启发式规则:

① 选择运算应尽可能先做。在优化策略中这是最重要、最基本的一条。通过选择运算可使参加其他操作的元组数目大大减少,这样可以最大程度减少中间结果的大小,一方面减少读取外存的次数,另一方面缩短了查询执行的时间。

② 把投影运算和选择运算同时进行。例如,有若干投影和选择运算,并且它们都对同一个关系操作,则可以在扫描此关系的同时完成所有的这些运算以避免重复扫描关系。

③ 把投影同其前或其后的双目运算结合起来,没有必要为去掉某些字段而扫描一遍关系。

④ 把某些选择同在要执行的笛卡儿积结合起来成为一个连接运算。两个关系的笛卡儿积的结果会得到一个很大的关系,加入选择转换为连接操作后,连接运算特别是等值连接运算要比同样关系的笛卡儿积节省很多时间和空间上的开销。

⑤ 存储公共子表达式。如果重复出现的公共子表达式不是很大的关系,并且从外存中读入这个关系比计算该子表达式的时间少得多,则先计算一次公共子表达式并把结果写入中间文件,以达到节省时间的目的。当查询的是视图时,定义视图的表达式就是公共子表达式的情况。

关系代数表达式的查询优化是由 DBMS 的 DML(Data Manipulation Language)编译器自动完成的,对一个关系代数表达式进行词法分析和语法分析后将其转换为某种内部表示,通常采用的内部表示是查询树。下面简单介绍一下利用上述规则优化关系查询树的算法思想。

算法 2-1 关系代数表达式的优化。

输入:一个关系代数表达式的查询树。

输出:经过代数优化后的查询树。

方法:

① 利用等价变换规则 4,把形如 $\sigma_{F_1 \wedge F_2 \wedge \cdots \wedge F_n}(E)$ 变换为 $\sigma_{F_1}(\sigma_{F_2}(\cdots(\sigma_{F_n}(E))\cdots))$。

② 对每一个选择操作,利用涉及选择的等价变换规则 4~9,尽量把它移到树的叶端。

③ 对每一个投影操作,利用涉及投影的等价变换规则 3、5、10、11 中的一般形式,尽可能把它移向树的叶端。这里需要注意的是等价变换规则 3 可能会使一些投影消失,规则 5 把一个投影分裂为两个,其中一个有可能被移向树的叶端。

④ 利用等价变换规则 3~5 把选择和投影的串接合并成单个选择、单个投影或一个选择后跟一个投影。使多个选择或投影能同时执行,或在一次扫描中全部完成。

⑤ 把上述得到的语法树的内节点分组。每一双目运算($\times$,$\bowtie$,$\cup$,$-$)和它所有的直接祖先为一组(这些直接祖先是(σ,$\prod$ 运算))。如果其后代直到叶子全是单目运算,则也将它们并入该组。但当双目运算是笛卡儿积($\times$),而且后面不是与它组成等值连接的选择时,则不能把选择与这个双目运算组成同一组,把这些单目运算单独分为一组。

下面结合示例说明如何使用代数优化算法对查询树进行优化。

例 2-39　在网上书店数据库中查询购买图书编号为 978705130699 的订单状态。

系统可以用多种等价的关系代数表达式来完成这一查询:

$$Q_1 = \prod_{\text{订单状态}}(\sigma_{\text{User\_order. id=Order\_item. order\_id} \wedge \text{Order\_item. book\_id="978705130699"}}(\text{User\_order} \times \text{Order\_item}))$$

$$Q_2 = \prod_{\text{订单状态}}(\sigma_{\text{Order\_item. book\_id="978705130699"}}(\text{User\_order} \bowtie \text{Order\_item}))$$

该表达式构成的语法树如图 2-4 所示。

利用规则 4 变换选择运算,共得到两个选择运算 $\sigma_{\text{User\_order. id=Order\_item. order\_id}}$ 和 $\sigma_{\text{Order\_item. book\_id="978705130699"}}$。

对于每一个选择,使用等价变换规则 4~8,尽可能将选择操作移到树的叶端。这样原来的查询树变成了图 2-5 的形式。

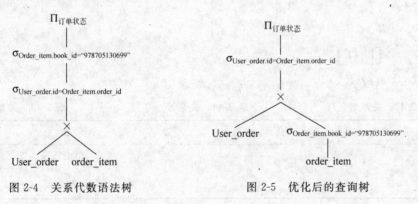

图 2-4　关系代数语法树　　　　图 2-5　优化后的查询树

2.7　本章小结

关系数据库系统是目前使用最广泛的数据库系统,是本书的重点内容之一。关系数据库系统采用关系模型作为数据的组织方式。关系数据模型由关系数据结构、关系操作集合和关系完整性约束三大要素组成。

关系模型中数据的逻辑结构就是一张二维表。关系操作的特点是集合操作,即操作的对象和结果都是集合。介绍了用代数方式和逻辑方式表达的关系语言关系代数、元组关系演算语言和域关系演算语言。在关系代数中,重点介绍关系的传统的运算,包括并、交、差及广义笛卡儿积运算,而且介绍选择、投影、连接及除法等专门的运算。其中,并、差、笛卡儿积、选择和投影是 5 种基本的运算,其他的运算可由这些运算导出,应该重点掌握。数据库系统必须保证数据库中的数据是正确的,完整性约束保证了合法用户对数据库的更新不会导致数据一致性的破坏。

关系代数语言不是完全非过程化的语言,而元组关系演算和域关系演算语言是高度非过程化的语言。它们在关系的表达和操作能力上是完全等价的。关系代数和关系演算是简洁的形式化语言,适合于理论研究。查询优化是指系统对关系代数表达式要进行优化组合,以提高系统效率。

习　题　2

1. 名词解释

(1) 关系,关系模式,关系数据库;

(2) 候选码,主码,外码;

(3) 实体完整性规则,参照完整性规则。

2. 为什么关系中不允许有重复元组?

3. 叙述等值连接与自然连接的区别和联系。

4. 设有关系 R、S 和 T,如表 2-47～表 2-49 所示,计算:

(1) $R_1 = R \cup S$

(2) $R_2 = R - S$

(3) $R_3 = R \bowtie T$

(4) $R_4 = R \underset{A < C}{\bowtie} T$

(5) $R_5 = \prod_A (R)$

(6) $R_6 = \sigma_{A = C}(R \times T)$

表 2-47　关系 R

A	B
a	d
b	e
c	c

表 2-48　关系 S

A	B
d	a
b	a
d	c

表 2-49　关系 T

B	C
b	b
c	c
b	d

第3章

Microsoft SQL Server 数据库基础

本章主要内容

SQL Server 2005 基于 SQL Server 2000 的强大功能之上,提供了一个完整的数据管理和分析的解决方案,它将会给不同规模的企业和机构带来帮助:建立、部署和管理企业级应用,使其更加安全、稳定和可靠;降低建立、部署和管理数据库应用程序的复杂度,实现 IT 生产力的最大化;能够在多个平台、程序和设备之间共享数据,更易于与内部和外部系统连接;在不牺牲性能、可靠性及稳定性的前提下控制开支。

通过学习本章,读者可以了解 SQL Server 2005 的新特性及基础知识;了解 Transact-SQL,存储过程和触发器,为后面的学习提供基本的实践基础。

本章学习目标

- 了解 SQL Server 2005 的新特性;
- 掌握 SQL Server 2005 基础知识及基本操作方法;
- 理解 SQL Server 2005 的存储过程;
- 理解 SQL Server 2005 的触发器。

3.1 SQL Server 2005 基础

SQL Server 2005 是 Microsoft 公司的下一代数据管理和分析解决方案,给企业级应用数据和分析程序带来更好的安全性、稳定性和可靠性,使得更易于创建、部署和管理,从而可以在很大程度上帮助企业根据数据做出更快、更好的决策,提高开发团队的生产力和灵活度,以及在减少总体 IT 预算的同时,能够扩展 IT 基础架构以便更好地满足多种需求。

3.1.1 SQL Server 2005 简介

作为 Microsoft 公司的数据管理与分析软件,SQL Server 2005 有助于简化企业数据与分析应用的创建、部署和管理,并在解决方案伸缩性、可用性和安全性方面实现重大改进。

基于 SQL Server 2000 技术优势构建的 SQL Server 2005 将提供集成化信息管理解决方案,可帮助任何规模的组织机构:

(1) 创建并部署更具伸缩性、可靠性和安全性的企业级应用。

(2) 降低数据库应用创建、部署与管理的复杂程度,进而实现 IT 效率最大化。

（3）凭借可供创建更具安全保障之数据库应用的丰富、灵活、现代化开发环境，增强开发人员工作效能。

（4）跨越多种平台、应用和设备实现数据共享，进而简化内部系统与外部系统连接。

（5）实现功能强劲的集成化商务智能解决方案，从而在整个企业范围内推进科学决策，提高工作效率。

（6）在不必牺牲性能表现、可用性或伸缩性的前提下控制成本费用水平。

SQL Server 2005 针对企业数据管理主要体现在以下几个方面：

（1）可用性。在高度可用性技术、补充备份与恢复功能以及复制增强特性等方面的投资将有助于企业单位创建并部署高度可靠的应用解决方案。数据库镜像、故障转移群集和改进联机操作等具有创新意义的高度可用特性可将故障时间控制在最低限度，并有助于确保关键企业系统随时接受访问调用。

（2）伸缩性。表分区、快照隔离和 64 位支持等伸缩改进特性将允许运用 SQL Server 2005 创建并部署要求最为严格的应用程序。针对大型数据表和索引的分区功能极大改进了超大型数据库的查询操作。

（3）安全性。"默认安全保障"设置、数据库加密和改进安全模型等增强特性有助于为企业数据提供高度安全保障。

（4）易管理性。新式管理工具套件、自我调节能力和功能强大的新式编程模型将允许数据库管理员针对数据库的日常运转加以灵活掌握。针对 SQL 事件探查器及其他工具的改进还可帮助数据库管理员将服务器调节至最佳性能状态。这些改进特性将允许数据库管理员从数据库日常运转工作中解脱出来，并集中精力从事数据库体系结构设计等更具价值的任务。

（5）交互操作能力。SQL Server 2005 实现的技术进步允许在日益扩展的企业范围内将相对独立应用程序和数据库整合并连接，从而，实现新增和既有系统投资效益的最大化目标。SQL Server 2005 可面向行业标准、Web 服务和 Microsoft .NET Framework 提供高水平支持，并在此基础上实现与多种平台、应用和设备之间的交互操作能力。SQL Server 与其他 Microsoft 软件产品（从 Microsoft Windows Server 操作系统到 Microsoft Visual Studio 开发软件包和 Microsoft Office 应用程序）高度集成，并可帮助企业运用协同技术手段节省时间和金钱。

SQL Server 2005 共有 6 个版本：SQL Server 2005 Enterprise Edition、SQL Server 2005 Standard Edition、SQL Server 2005 Workgroup Edition、SQL Server 2005 Developer Edition、SQL Server 2005 Express Edition 和 SQL Server 2005 Mobile Edition。

3.1.2　SQL Server 数据库结构

Microsoft SQL Server 是一个高性能的，多用户的关系型数据库管理系统，是专为客户机/服务器计算环境设计的，是当前最流行的数据库服务器系统之一。它提供的内置数据复制功能、强大的管理工具和开放式的系统体系结构为基于事务的企业级信息管理方案提供了一个卓越的平台。

1. 系统数据库

每个 SQL Server 实例包括 4 个系统数据库（master、model、tempdb 和 msdb）以及一个

或多个用户数据库。数据库是建立在操作系统文件上的，当 SQL Server 发出 CREATE DATABASE 命令建立数据库时，会同时发出建立操作系统文件、申请物理存储空间的请求；当 CREATE DATABASE 命令成功执行后，在物理上和逻辑上都建立了一个新的数据库；然后就可以在数据库中建立各种用户所需要的逻辑组件，如基本表和视图等，如图 3-1 所示。

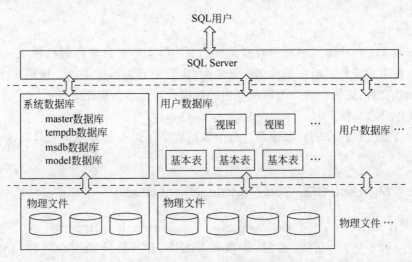

图 3-1　SQL Server 的数据库结构

（1）tempdb 数据库

tempdb 数据库用于保存所有的临时表和临时存储过程，还可以满足任何其他的临时存储要求。例如，存储 SQL Server 生成的工作表。tempdb 数据库是全局资源，所有连接到系统的用户的临时表和临时存储过程都存储在该数据库中。tempdb 数据库在 SQL Server 每次启动时都重新创建。

（2）master 数据库

master 数据库用于存储 SQL Server 系统的所有系统级信息，包括所有的其他数据库（如建立的用户数据库）的信息（包括数据库的设置、对应的操作系统文件名称和位置等）、所有数据库注册用户的信息以及系统配置设置等。

（3）model 数据库

model 数据库是一个模板数据库，当使用 CREATE DATABASE 命令建立新的数据库时，新数据库的第一部分总是通过复制 model 数据库中的内容创建，剩余部分由空页填充。由于 SQL Server 每次启动时都要创建 tempdb 数据库，所以 model 数据库必须一直存在于 SQL Server 系统中。

（4）msdb 数据库

msdb 数据库用于 SQL Server 代理程序调度报警和作业等系统操作。在建立用户逻辑组件之前（如基本表）必须首先建立数据库。而建立数据库时完成的最实质任务是向操作系统申请用来存储数据库数据的物理磁盘存储空间。这些存储空间以操作系统文件的方式体现，它们的相关信息将存储在 master 数据库及其系统表中。

2. 操作系统文件

存储数据库数据的操作系统文件可以分为三类：

(1) 主文件

存储数据库的启动信息和系统表,主文件也可以用来存储用户数据。每个数据库都包含一个主文件。

(2) 次文件

保存所有主文件中容纳不下的数据。如果主文件大到足以容纳数据库中的所有数据,这时候可以没有次文件。而如果数据库非常大,也可以有多个次文件。使用多个独立磁盘驱动器上的次文件,还可以将一个数据库中的数据分布在多个物理磁盘上。

(3) 事务日志文件

用来保存恢复数据库的日志信息。每个数据库必须至少有一个事务日志文件(尽管可以有多个)。

3.1.3 Microsoft SQL Server Management Studio

Microsoft SQL Server Management Studio 是 Microsoft SQL Server 2005 提供的一种新集成环境,用于访问、配置、控制、管理和开发 SQL Server 的所有组件。SQL Server Management Studio 将一组多样化的图形工具与多种功能齐全的脚本编辑器组合在一起,可为各种技术级别的开发人员和管理员提供对 SQL Server 的访问。

SQL Server Management Studio 将早期版本的 SQL Server 中所包含的企业管理器、查询分析器和 Analysis Manager 功能整合到单一的环境中。此外,SQL Server Management Studio 还可以和 SQL Server 的所有组件协同工作,如 Reporting Services、Integration Services、SQL Server 2005 Compact Edition 和 Notification Services。开发人员可以获得熟悉的体验,而数据库管理员可获得功能齐全的单一实用工具,其中包含易于使用的图形工具和丰富的脚本撰写功能。

1. SQL Server Management Studio 功能

SQL Server Management Studio 包括以下常用功能:

(1) 支持 SQL Server 2005 和 SQL Server 2000 的多数管理任务。

(2) 用于 SQL Server 数据库引擎管理和创作的单一集成环境。

(3) 用于管理 SQL Server 数据库引擎、Analysis Services、Reporting Services、Notification Services 以及 SQL Server 2005 Compact Edition 中的对象的新管理对话框,使用这些对话框可以立即执行操作,将操作发送到代码编辑器或将其编写为脚本以供以后执行。

(4) 常用的计划对话框用来在以后执行管理对话框的操作。

(5) 在 Management Studio 环境之间导出或导入 SQL Server Management Studio 服务器注册。

(6) 保存或打印由 SQL Server Profiler 生成的 XML 显示计划或死锁文件,以后进行查看,或将其发送给管理员以进行分析。

（7）新的错误和信息性消息框提供了详细信息，用来向 Microsoft 发送有关消息的注释，将消息复制到剪贴板，还可以通过电子邮件将消息发送给支持组。

（8）集成的 Web 浏览器可以快速浏览 MSDN 或联机帮助。

（9）从网上社区集成帮助。

（10）SQL Server Management Studio 教程可以充分利用许多新功能，提高效率。若要阅读该教程，请转至 SQL Server Management Studio 教程。

（11）具有筛选和自动刷新功能的新活动监视器。

（12）集成的数据库邮件接口。

2．脚本编辑器

SQL Server Management Studio 的代码编辑器组件包含集成的脚本编辑器，用来撰写 Transact-SQL、MDX、DMX、XML/A 和 XML 脚本。主要功能包括：

（1）工作时显示动态帮助以便快速访问相关的信息。

（2）一套功能齐全的模板可用于创建自定义模板。

（3）可以编写和编辑查询或脚本，而无须连接到服务器。

（4）支持撰写 SQLCMD 查询和脚本。

（5）用于查看 XML 结果的新接口。

（6）用于解决方案和脚本项目的集成源代码管理，随着脚本的演化可以存储和维护脚本的副本。

（7）用于 MDX 语句的 Microsoft IntelliSense 支持。

3．对象资源管理器

SQL Server Management Studio 的对象资源管理器组件是一种集成工具，可以查看和管理所有服务器类型的对象。主要功能包括：

（1）按完整名称或部分名称、架构或日期进行筛选。

（2）异步填充对象，并可以根据对象的元数据筛选对象。

（3）访问复制服务器上的 SQL Server 代理以进行管理。

3.1.4　如何使用 SQL Server Management Studio

1．打开 SQL Server Management Studio

（1）选择"开始"→"所有程序"→ Microsoft SQL Server 2005 → SQL Server Management Studio 命令，出现如图 3-2 所示的展示屏幕。

（2）在"连接到服务器"对话框中，验证默认设置，再单击"连接"按钮。若要进行连接，"服务器名称"框内应输入在安装 SQL Server 时包含的计算机名称。如果数据库引擎为命名实例，则"服务器名称"框还应包含格式为<computer_name>\<instance_name>的实例名。

2．SQL Server Management Studio 组件

Management Studio 在专用于特定信息类型的窗口中显示信息。数据库信息显示在对

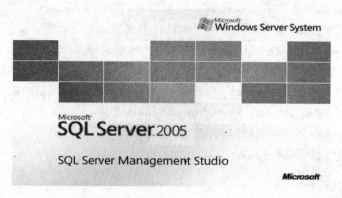

图 3-2　SQL Server2005 展示屏幕

象资源管理器和文档窗口中,如图 3-3 所示。

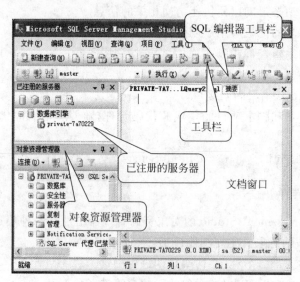

图 3-3　SQL SERVER MANAGEMENT STUDIO 窗体布局

(1) 对象资源管理器是服务器中所有数据库对象的树视图。此树视图可以包括 SQL Server 数据库引擎、Analysis Services、Reporting Services、Integration Services 和 SQL Server 2005 Compact Edition 的数据库。对象资源管理器包括与其连接的所有服务器的信息。打开 Management Studio 时,系统会提示您将对象资源管理器连接到上次使用的设置。您可以在"已注册的服务器"组件中双击任意服务器进行连接,但无需注册要连接的服务器。

(2) 文档窗口是 Management Studio 中的最大部分。文档窗口可能包含查询编辑器和浏览器窗口。默认情况下,将显示已与当前计算机上的数据库引擎实例连接的"对象资源管理器详细信息"页。

(3) 选择"视图"→"已注册的服务器"命令。"已注册的服务器"窗口将显示在对象资源管理器的上面。"已注册的服务器"窗口列出的是经常管理的服务器。可以在此列表中添加和删除服务器。如果计算机上以前安装了 SQL Server 2000 企业管理器,则系统将提示您导入已注册服务器的列表。否则,列出的服务器中仅包含运行 Management Studio 的计算机上的 SQL Server 实例。

（4）如果未显示所需的服务器，请在"已注册的服务器"中，右击"数据库引擎"项，再单击"更新本地服务器注册"项。

3．与已注册的服务器和对象资源管理器连接

已注册的服务器和对象资源管理器与 Microsoft SQL Server 2000 中的企业管理器类似，但具有更多的功能。

使用 AdventureWorks 数据库为例，这是个更大的新示例数据库，可演示 Microsoft SQL Server 2005 中更复杂的功能。AdventureWorksDW 是一个支持 SQL Server Analysis Services 的关系数据库。为了帮助增强安全性，默认情况下不会安装示例数据库。若要安装示例数据库，请在"添加或删除程序"中选择 Microsoft SQL Server 2005，然后单击"更改"按钮以运行安装程序。

（1）连接到服务器

已注册的服务器组件的工具栏包含用于数据库引擎、Analysis Services、Reporting Services、SQL Server 2005 Compact Edition 和 Integration Services 的按钮。可以注册上述的一个或多个服务器类型以便于管理。请尝试以下练习来注册 AdventureWorks 数据库。

① 在"已注册的服务器"工具栏中，如有必要，请单击"数据库引擎"项（该选项可能已选中）。

② 右键单击"数据库引擎"项，指向"新建"按钮，再单击"服务器注册"项。

③ 在"新建服务器注册"对话框"服务器名称"文本框中，输入 SQL Server 实例的名称。

④ 在"已注册的服务器名称"文本框中，输入 AdventureWorks。

⑤ 在"连接属性"选项卡的"连接到数据库"列表中，选择 AdventureWorks 项，再单击"保存"按钮。

以上练习演示了已注册的服务器的一项新功能：可以通过选择的名称组织服务器。

（2）与对象资源管理器连接

与已注册的服务器类似，对象资源管理器也可以连接到数据库引擎、Analysis Services、Integration Services、Reporting Services 和 SQL Server 2005 Compact Edition。

① 在对象资源管理器的工具栏中，单击"连接"按钮显示可用连接类型列表，再选择"数据库引擎"项。系统打开"连接到服务器"对话框，如图 3-4 所示。

② 在"连接到服务器"对话框中的"服务器名称"文本框中，输入 SQL Server 实例的名称。

③ 单击"选项"按钮，然后浏览各选项。

④ 若要连接到服务器，请单击"连接"按钮。如果已经连接，则将直接返回到对象资源管理器，并将该服务器设置为焦点。连接到 SQL Server 的某个实例时，对象资源管理器会显示外观和功能与 SQL Server 2000 企业管理器中的控制台根结点非常相似的信息。增强功能包括在浏览数以千计的数据库对象时可具有更大的伸缩性。使用对象资源管理器，可以管理 SQL Server 安全性、SQL Server 代理、复制、数据库邮件以及 Notification Services。对象资源管理器只能管理 Analysis Services、Reporting Services 和 SSIS 的部分功能，上述每个组件都有其他专用工具。

⑤ 在对象资源管理器中,展开"数据库"文件夹,然后选择 AdventureWorks 项。注意,SQL Server Management Studio 将系统数据库放在一个单独的文件夹中,如图 3-5 所示。

图 3-4 "连接到服务器"对话框   图 3-5 连接后的对象资源管理器

4.更改环境布局

SQL Server Management Studio 的组件会争夺屏幕空间。为了腾出更多空间,可以关闭、隐藏或移动 Management Studio 组件。本页的做法是将组件移动到不同的位置。

(1) 关闭和隐藏组件

① 单击已注册的服务器右上角的 ✕ ,将其隐藏,已注册的服务器随即关闭。

② 在对象资源管理器中,单击带有"自动隐藏"工具提示的图钉按钮 📌 。对象资源管理器将被最小化到屏幕的左侧。

③ 在对象资源管理器标题栏上单击鼠标,对象资源管理器将重新打开。

④ 再次单击图钉按钮,使对象资源管理器驻留在打开的位置。

⑤ 选择"视图"→"已注册的服务器"命令,对其进行还原。

(2) 移动组件

承载 Management Studio 的环境允许移动组件并将它们停靠在各种配置中。

① 单击已注册的服务器的标题栏,并将其拖到文档窗口中央。该组件将取消停靠并保持浮动状态,直到将其放下,如图 3-6 所示。

② 将已注册的服务器拖到屏幕的其他位置。在屏幕的多个区域,将收到深色停靠信息。如果出现箭头,则表示组件放在该位置将使窗口停靠在框架的顶部、底部或一侧。将组件移到箭头处会导致目标位置的基础屏幕变暗。如果出现中心圆,则表示该组件与其他组件共享空间。如果把可用组件放入该中心,则该组件显示为框架内部的选项卡。

(3) 取消组件停靠

可以自定义 Management Studio 组件的表示形式。

① 右键单击对象资源管理器的标题栏,并注意下列菜单选项:

• 浮动;

• 可停靠(已选中);

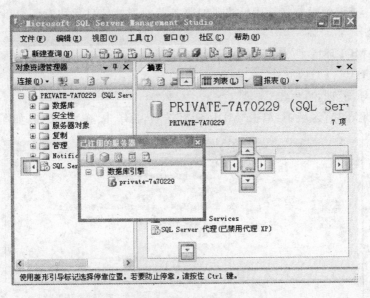

图 3-6　拖动过程中的 Management Studio

- 选项卡式文档；
- 自动隐藏；
- 隐藏。

也可通过"窗口"菜单或工具栏中的向下箭头键使用这些选项。

② 双击对象资源管理器的标题栏，取消它的停靠。

③ 再次双击标题栏，停靠对象资源管理器。

④ 单击对象资源管理器的标题栏，并将其拖到 Management Studio 的右边框。当灰色轮廓框显示窗口的全部高度时，将对象资源管理器拖到 Management Studio 右侧的新位置。

⑤ 也可将对象资源管理器移到 Management Studio 的顶部或底部。将对象资源管理器拖放回左侧的原始位置。

⑥ 右击对象资源管理器的标题栏，再单击"隐藏"命令。

⑦ 在"视图"菜单中，单击对象资源管理器，将窗口还原。

⑧ 右键单击对象资源管理器的标题栏，然后单击"浮动"命令，取消对象资源管理器的停靠。

⑨ 若要还原默认配置，请在"窗口"菜单中，单击"重置窗口布局"命令。

5. 显示文档窗口

文档窗口可以配置为显示选项卡式文档或多文档界面环境。在选项卡式文档模式中，默认的多个文档将沿着文档窗口的顶部显示为选项卡。

（1）查看文档布局

① 在主工具栏中，单击"数据库引擎查询"命令。在"连接到数据库引擎"对话框中，单击"连接"命令。

② 在已注册的服务器中，右击您的服务器，指向"连接"按钮，再单击"新建查询"命令。

在这种情况下,查询编辑器将使用已注册的服务器的连接信息。注意各窗口如何显示为文档窗口的选项卡。

（2）显示 MDI 环境

① 选择"工具"→"选项"命令。

② 展开"环境"项,再单击"常规"命令。

③ 在"环境布局"区域中,单击"MDI 环境"选项,再单击"确定"按钮,如图 3-7 所示。

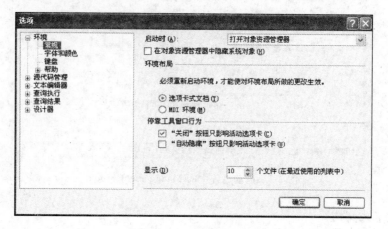

图 3-7　"选项"对话框

此时,各窗口排列在 Microsoft 文档窗口中,如图 3-8 所示。

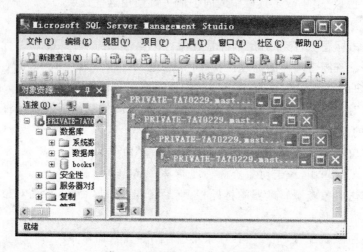

图 3-8　文档窗口的 MDI 形式

（3）显示"对象资源管理器详细信息"页

SQL Server Management Studio 可以为对象资源管理器中选定的每个对象显示一个报表。该报表称为"对象资源管理器详细信息"页,它由 SQL Server 2005 Reporting Services (SSRS)创建,并可在文档窗口中打开。

在"视图"菜单上,单击"对象资源管理器详细信息"按钮,或在"标准"工具栏上单击"对象资源管理器详细信息"按钮。如果对象资源管理器详细信息页没有打开,则此时将打开该页；如果该页已在后台打开，则此时将转到前台显示。

对象资源管理器详细信息页会在对象资源管理器的每一层提供最需要的对象信息。如果对象列表很大，则对象资源管理器详细信息处理信息的时间可能会很长。

有两个对象资源管理器详细信息页视图。一个是"详细信息"视图，用于针对每种对象类型提供您最可能感兴趣的信息。另一个是"列表"视图，用于提供对象资源管理器中选定节点内的对象的列表。如果要删除多个项，可使用"列表"视图一次选中多个对象。

6. 选择键盘快捷键方案

SQL Server Management Studio 为用户提供了两种键盘方案。默认情况下，Management Studio 使用"标准"方案，其中包含基于 Microsoft Visual Studio 的键盘快捷方式。另一种方案称为 SQL Server 2000，与 SQL Server 2000 中的工具非常相似，尤其与 SQL Server Query Analyzer 的键盘快捷方式相似。在少数情况下 Management Studio 不能提供 SQL Server Query Analyzer 的键盘快捷方式。

将键盘快捷方式方案从"标准"更改为 SQL Server 2000。

① 选择"工具"→"选项"命令。

② 展开"环境"项，再单击"键盘"命令。

③ 在"键盘方案"列表中，选择 SQL Server 2000 项，再单击"确定"按钮。

注意：两种键盘方案中最常用的是 Shift＋Alt＋Enter 键，即将文档窗口切换为全屏显示。

7. 配置启动选项

① 在"工具"菜单中，单击"选项"命令。

② 展开"环境"项，并单击"常规"命令。在"启动时"列表中，执行以下操作：

* 打开对象资源管理器。这是默认选项。
* 打开新查询窗口。选中此选项以估计 SQL Server 2000 查询分析器的行为。
* 打开对象资源管理器和新查询。
* 打开空环境。

③ 单击首选选项，再单击"确定"按钮。

8. 还原默认的 SQL Server Management Studio 配置

不熟悉 SQL Server Management Studio 的用户可能会因疏忽而关闭或隐藏窗口，并且无法将 SQL Server Management Studio 还原为原始布局。下列步骤可将 SQL Server Management Studio 还原为默认环境布局。

（1）还原组件

若要将窗口还原到原始位置，请在"窗口"菜单上单击"重置窗口布局"。

（2）还原选项卡式文档窗口

① 选择"工具"→"选项"命令。

② 展开"环境"项，再单击"常规"命令。

③ 在"设置"区域内，单击"选项卡式文档"命令。

④ 在"环境"项下，单击"键盘"命令。

⑤ 在"键盘方案"对话框中，单击"标准"命令，再单击"确定"按钮。

9．使用 SQL Server Management Studio 创建和修改数据库

（1）使用 SQL Server Management Studio 创建数据库

通过 SQL Server Management Studio 创建数据库的操作步骤如下：

① 打开 SQL Server Management Studio 窗口，在对象资源管理器中右击"数据库"结点，在弹出的快捷菜单中选择"新建数据库"命令，如图 3-9 所示。

图 3-9　新建数据库命令

② 如图 3-10 所示的"新建数据库"窗口，由"常规"、"选项"和"文件组"三个选项卡组成。例如，创建 bookstore 网上书店数据库，可在"常规"选项卡的"数据库名称"文本框中输入要创建的数据库名称。

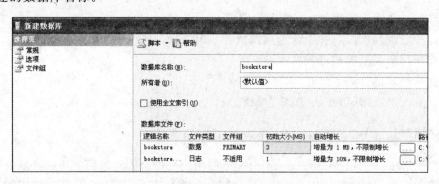

图 3-10　新建数据库窗口

③ 在各个选项中，可以指定它们的参数值。例如，在"常规"选项中可以指定数据库名、数据库主排序规则、恢复模式、数据库的逻辑文件名、文件组、增长方式和文件存储路径等。

④ 然后单击"确定"按钮，在"数据库"的树形结构中，就可以看到刚刚创建的 bookstore 数据库，如图 3-11 所示。

（2）使用 Management Studio 重命名数据库

选中要更名的数据库名，右击，在弹出的快捷菜单中选择"重命名"命令，然后输入要修

改的数据库名,如图 3-12 所示,即可实现数据库的更名。

图 3-11　新创建的 bookstore 数据库

图 3-12　更名数据库快捷菜单

（3）利用 SQL Server Management Studio 修改数据库属性

打开 SQL Server Management Studio 窗口,在对象资源管理器中展开的"数据库"结点右击要修改的数据库,在弹出的快捷菜单中选择"属性"命令。此时将出现如图 3-13 所示的"数据库属性"窗口,它包括"常规"、"文件"、"文件组"、"选项"、"权限"、"扩展属性"、"镜像"和"事务日志传送"8 个标签。

（4）使用 Management Studio 删除数据库

① 在"对象资源管理器"窗口中,在目标数据库上右击,弹出快捷菜单,选择"删除"命令,如图 3-12 所示。

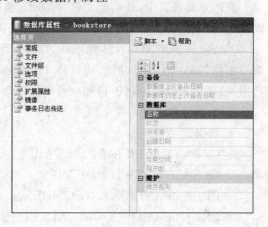

图 3-13　修改数据库属性窗口

② 出现"删除对象"对话框,确认是否为目标数据库,并通过选择复选框决定是否要删除备份以及关闭已存在的数据库连接。

③ 最后单击"确定"按钮,完成数据库删除操作。

3.2　Transact-SQL 简介

Transact-SQL 是微软公司在关系型数据库管理系统 SQL Server 中的 SQL-3 标准的实现,是微软公司对 SQL 的扩展,具有 SQL 的主要特点,同时增加了变量、运算符、函数、流程控制和注释等语言元素,使得其功能更加强大。T-SQL 对 SQL Server 十分重要,SQL Server 中使用图形界面能够完成的所有功能,都可以利用 T-SQL 来实现。使用 T-SQL 操作时,与 SQL Server 通信的所有应用程序都通过向服务器发送 T-SQL 语句来进行,而与应用程序的界面无关。

Transact-SQL 语言中标准的 SQL 语句畅通无阻。Transact-SQL 也有类似于 SQL 语言的分类，不过做了许多扩充。Transact-SQL 语言的分类如下：

- 变量说明。用来说明变量的命令。
- 数据定义语言（Data Definition Language,DDL）。用来建立数据库、数据库对象和定义其列，大部分是以 CREATE 开头的命令，如 CREATE TABLE、CREATE VIEW 和 DROP TABLE 等。
- 数据操纵语言（Data Manipulation Language,DML）。用来操纵数据库中的数据的命令，如 SELECT、INSERT、UPDATE、DELETE 和 CURSOR 等。
- 数据控制语言（Data Control Language,DCL）。用来控制数据库组件的存取许可、存取权限等的命令，如 GRANT 和 REVOKE 等。
- 流程控制语言（Flow Control Language,FCL）。用于设计应用程序的语句如 IF WHILE CASE 等。
- 内嵌函数。说明变量的命令。
- 其他命令。嵌于命令中使用的标准函数。

上述分类语言中，数据定义语言 DDL、数据操纵语言 DML 和数据控制语言 DCL 将在以后相关章节讲述，本节重点讨论变量说明、流程控制、内嵌函数和其他不易归类的命令。

Transact-SQL 是 ANSI 标准 SQL 数据库查询语言的一个强大的实现。

根据其完成的具体功能，可以将 Transact-SQL 语句分为 4 大类，分别为数据定义语句、数据操作语句、数据控制语句和一些附加的语言元素。

- 数据操作语句。SELECT,INSERT,DELETE,UPDATE。
- 数据定义语句。
  CREATE TABLE,DROP TABLE,ALTER TABLE。
  CREATE VIEW,DROP VIEW。
  CREATE INDEX,DROP INDEX。
  CREATE PROCEDURE,ALTER PROCEDURE,DROP PROCEDURE。
  CREATE TRIGGER,ALTER TRIGGER,DROP TRIGGER。
- 数据控制语句。CRANT,DENY,REVOKE。
- 附加的语言元素。 BEGIN TRANSACTION/COMMIT, ROLLBACK, SET TRANSACTION,DECLARE OPEN,FETCH,CLOSE,EXECUTE。

下面介绍如何使用 SQL Server Management Studio 编写 T-SQL。

（1）连接查询编辑器

SQL Server Management Studio 允许在与服务器断开连接时编写或编辑代码。当服务器不可用或要节省短缺的服务器或网络资源时，也可以更改查询编辑器与 SQL Server 新实例的连接，而无须打开新的查询编辑器窗口或重新输入代码。脱机编写代码然后连接到其他服务器。

① 在 Management Studio 工具栏上，单击"数据库引擎查询"以打开查询编辑器。

② 在"连接到数据库引擎"对话框中，单击"取消"按钮。系统将打开查询编辑器，同时，查询编辑器的标题栏将指示没有连接到 SQL Server 实例。

③ 在代码窗格中，输入下列 Transact-SQL 语句：

```
SELECT * FROM Production.Product;
GO
```

④ 此时,可以单击"连接"、"执行"、"分析"或"显示估计的执行计划"等按钮以连接到 SQL Server 实例,"查询"菜单、查询编辑器工具栏或在"查询编辑器"窗口中右击时显示的快捷菜单中均提供了这些选项。也可以使用工具栏操作。

⑤ 在工具栏上,单击"执行"按钮,打开"连接到数据库引擎"对话框。

⑥ 在"服务器名称"文本框中,输入服务器名称,再单击"选项"按钮。

⑦ 在"连接属性"选项卡上的"连接到数据库"列表中,浏览服务器以选择 AdventureWorks 项,再单击"连接"命令。

⑧ 若要使用同一个连接打开另一个"查询编辑器"窗口,请在工具栏上单击"新建查询"按钮。

⑨ 若要更改连接,请在"查询编辑器"窗口中单击右键,指向"连接"按钮,再单击"更改连接"按钮。

⑩ 在"连接到 SQL Server"对话框中,选择 SQL Server 的另一个实例(如果有),再单击"连接"按钮。

可以利用查询编辑器的这项新功能在多台服务器上轻松运行相同的代码。这对于涉及类似服务器的维护操作很有效。

(2) 添加缩进

查询编辑器允许通过一个步骤缩进大段代码,并允许更改缩进量。

① 在工具栏中,单击"新建查询"按钮。

② 创建第 2 个查询,该查询会从 Person 数据库的 Contact 表中选择 ContactID、MiddleName 以及 Phone 列。将每个列放在单独的行上,使代码显示如下:

```
-- Search for a contact
SELECT ContactID,FirstName,MiddleName,LastName,Phone
FROM Person.Contact
WHERE LastName = 'Sanchez';
GO
```

③ 选择从 ContactID 到 Phone 的所有文本。

④ 在"SQL 编辑器"工具栏中,单击"增加缩进"命令以同时缩进所有的行。

(3) 更改默认缩进

① 选择"工具"→"选项"命令,打开"选项"对话框,如图 3-14 所示。

② 依次展开"文本编辑器"项、"所有语言"项,再单击"制表符"命令并设置适当的缩进值。请注意,可以更改缩进的大小和制表符的大小,还可更改是否将制表符转换为空格。

③ 单击"确定"按钮。

(4) 最大化查询编辑器

程序员通常会问:"如何才能获得更多的代码编写空间?"有两种简单的方式可以解决此问题:一种是最大化查询编辑器窗口;另一种是隐藏不使用的工具窗口。

① 最大化查询编辑器窗口

• 单击"查询编辑器"窗口中的任意位置。

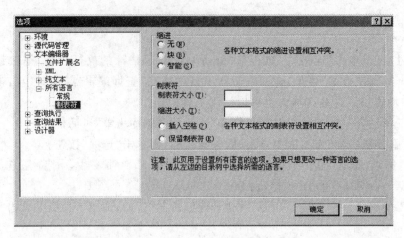

图 3-14　"选项"对话框

- 按 Shift＋Alt＋Enter 键,在全屏显示模式和常规显示模式之间进行切换。这种快捷键适用于任何文档窗口。
② 隐藏工具窗口
- 单击"查询编辑器"窗口中的任意位置。
- 选择"窗口"→"自动全部隐藏"命令。
- 若要还原工具窗口,请打开每个工具,再单击窗口上的"自动隐藏"按钮以驻留打开此窗口。

（5）使用注释

通过 SQL Server Management Studio,可以轻松地注释部分脚本。

① 使用鼠标选择文本 WHERE LastName ＝ 'Sanchez'。

② 在"编辑"菜单中,指向"高级"选项,再单击"注释选定内容"命令。所选文本将带有破折号(——),表示已完成注释。

（6）查看代码窗口的其他方式

在 SQL Server 中可以使用多个代码窗口,其方法如下:

① 在"SQL 编辑器"工具栏中,单击"新建查询"按钮打开第二个查询编辑器窗口。

② 若要同时查看两个代码窗口,请右击查询编辑器的标题栏,在弹出的快捷菜单中选择"新建水平选项卡组"命令。此时将在水平窗格中显示两个查询窗口。

③ 单击上面的查询编辑器窗口将其激活,再单击"新建查询"按钮打开第三个查询窗口。该窗口将显示为上面窗口中的一个选项卡。

④ 在"窗口"菜单中,单击"移动到下一个选项卡组"命令。第三个窗口将移动到下面的选项卡组中。使用这些选项,可以用多种方式配置窗口。

⑤ 关闭第二个和第三个查询窗口。

（7）编写表脚本

SQL Server Management Studio 可以创建脚本,来选择、插入、更新和删除表,以及创建、更改、删除或执行存储过程。有时可能需要使用具有多个选项的脚本,如删除一个过程后再创建一个过程,或创建一个表后再更改一个表。若要创建组合的脚本,请将第一个脚本保存到查询编辑器窗口中,并将第二个脚本保存到剪贴板上,这样就可以在窗口中将第二个脚本粘贴到第一个脚本之后。

若要创建表的插入脚本,请执行以下操作:

① 在对象资源管理器中,依次展开服务器、"数据库"、AdventureWorks和"表"等项,右击 HumanResources.Employee 项,再指向"编写表脚本为"命令。

② 快捷菜单有 6 个脚本选项:"CREATE 到"、"DROP 到"、"SELECT 到"、"INSERT 到"、"UPDATE 到"和"DELETE 到"。指向"UPDATE 到"项,再单击"新查询编辑器窗口"命令,如图 3-15 所示。

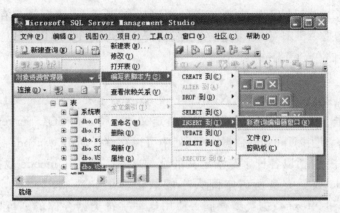

图 3-15　编写脚本到新查询编辑器窗口

③ 系统将打开一个新查询编辑器窗口,执行连接并显示完整的更新语句。

3.2.1　变量与数据类型

1. 标识符

标识符是用来标识事物的符号,其作用类似于给事物起的名称。包含一般标识符和限定性标识符。

注意:不管是一般标识符还是限定性标识符,它们的长度都是 1~128 个字符,临时表对象限定符长度不能超过 116 个字符。

2. 数据类型

在第 2 章中介绍过 SQL 的一些基本数据类型,在此总结一下在 Transact-SQL 中使用的系统数据类型。

存储在 SQL Server 2005 中的所有数据必须是以上数据类型,cursor 数据类型不能用在列中,只用在参数和存储过程中。

注意:在 SQL Server 中,上述的基本数据类型可能存在同义词,使用同义词和使用它的基本类型是等效的,表中没有给出基本数据类型的同义词。

（1）二进制数据类型

二进制数据包括 Binary、Varbinary 和 Image。Binary 数据类型既可以是固定长度,也可以是变长度的。Binary[(n)]是 n 位固定的二进制数据。其中,n 的取值范围是从 1～8000。其大小是 n+4 字节。Varbinary[(n)]是 n 位变长的二进制数据。其中,n 的取值范围是从 1～8000。其大小是 n+4 字节,不是 n 字节。在 Image 数据类型中存储的数据是以位字符串存储的,不是由 SQL Server 解释的,必须由应用程序来解释。例如,应用程序可以使用 BMP、TIEF、GIF 和 JPEG 格式把数据存储在 Image 数据类型中。

(2) 字符数据类型

字符数据的类型包括 Char、Varchar 和 Text,字符数据是由任何字母、符号和数字任意组合而成的数据。Varchar 是变长字符数据,其长度不超过 8KB。Char 是定长字符数据,其长度最多为 8KB。超过 8KB 的 ASCII 数据可以使用 Text 数据类型存储。例如,因为 Html 文档全部都是 ASCII 字符,并且在一般情况下长度超过 8KB,所以这些文档可以用 Text 数据类型存储在 SQL Server 中。

(3) Unicode 数据类型

Unicode 数据类型包括 Nchar,Nvarchar 和 Ntext。在 Microsoft SQL Server 中,传统的非 Unicode 数据类型允许使用由特定字符集定义的字符。在 SQL Server 安装过程,允许选择一种字符集。使用 Unicode 数据类型,列中可以存储任何由 Unicode 标准定义的字符。在 Unicode 标准中,包括以各种字符集定义的全部字符。使用 Unicode 数据类型所占空间是使用非 Unicode 数据类型所占空间大小的两倍。在 SQL Server 中,Unicode 数据以 Nchar、Nvarchar 和 Ntext 数据类型存储。使用这种字符类型存储的列可以存储多个字符集中的字符。当列的长度变化时,应该使用 Nvarchar 字符类型,这时最多可以存储 4000 个字符。当列的长度固定不变时,应该使用 Nchar 字符类型,同样,这时最多可以存储 4000 个字符。当使用 Ntext 数据类型时,该列可以存储多于 4000 个字符。

(4) 日期和时间数据类型

日期和时间数据类型包括 Datetime 和 Smalldatetime 两种类型。日期和时间数据类型由有效的日期和时间组成。例如,有效的日期和时间数据包括"4/01/10 12:15:00:00:00 PM"和"1:28:29:15:01AM 8/17/10"。前一个数据类型是日期在前,时间在后;后一个数据类型是时间在前,日期在后。在 Microsoft SQL Server 中,日期和时间数据类型 Datatime 存储的日期范围是从 1753 年 1 月 1 日开始,到 9999 年 12 月 31 日结束(每一个值要求 8 字节)。使用 Smalldatetime 数据类型时,所存储的日期范围是从 1900 年 1 月 1 日开始,到 2079 年 12 月 31 日结束(每一个值要求 4 字节)。

日期的格式可以设定。设置日期格式的命令如下:

```
Set DateFormat < format | @ format_var >
```

其中,format | @ format_var 是日期的顺序。有效的参数包括 MDY、DMY、YMD、YDM、MYD 和 DYM。在默认情况下,日期格式为 MDY。例如,当执行 Set DateFormat YMD 之后,日期的格式为年月日形式;当执行 Set DateFormat DMY 之后,日期的格式为日月年形式。

(5) 数字数据类型

数字数据只包含数字。数字数据类型包括正数和负数、小数(浮点数)和整数。整数由正整数和负整数组成,如 39、25、−2 和 33967。在 Microsoft SQL Server 中,整数存储的数据类型是 Int、Smallint 和 Tinyint。Int 数据类型存储数据的范围大于 Smallint 数据类型存储数据的范围,而 Smallint 数据类型存储数据的范围大于 Tinyint 数据类型存储数据的范围。使用 Int 数据存储数据的范围是从－2 147 483 648 到 2 147 483 647(每一个值要求 4 字节存储空间)。使用 Smallint 数据类型时,存储数据的范围从－32 768 到 32 767(每一个值要求 2 字节存储空间)。使用 Tinyint 数据类型时,存储数据的范围是从 0～255(每一个值要求 1 字节存储空间)。精确小数数据在 SQL Server 中的数据类型是 Decimal 和 Numeric。在 SQL Server 中,近似小数数据的数据类型是 Float 和 Real。

(6) 货币数据表示正的或者负的货币数量。在 Microsoft SQL Server 中,货币数据的数据类型是 Money 和 Smallmoney。而 Money 数据类型要求 8 个存储字节,Smallmoney 数据类型要求 4 个存储字节。

(7) 特殊数据类型

特殊数据类型包括前面没有提过的数据类型。特殊的数据类型有 3 种,即 Timestamp、Bit 和 Uniqueidentifier。Timestamp 用于表示 SQL Server 活动的先后顺序,是自动生成的唯一二进制数字。Timestamp 数据与插入数据或者日期和时间没有关系。Bit 由 1 或 0 组成。当表示真或假、ON 或 OFF 时,使用 Bit 数据类型。例如,询问是否是每一次访问的客户机请求可以存储在这种数据类型的列中。Uniqueidentifier 由 16 字节的十六进制数字组成,表示一个全局唯一的。当表的记录行要求唯一时,GUID 是非常有用的。

3. 用户定义的数据类型

用户定义的数据类型基于在 Microsoft SQL Server 中提供的数据类型。当几个表中必须存储同一种数据类型时,并且为保证这些列有相同的数据类型、长度和可空性时,可以使用用户定义的数据类型。例如,可定义一种称为 postal_code 的数据类型,它基于 Char 数据类型。当创建用户定义的数据类型时,必须提供三个数:数据类型的名称、所基于的系统数据类型和数据类型的可空性。

(1) 创建用户定义的数据类型

创建用户定义的数据类型可以使用 Transact-SQL 语句。系统存储过程 sp_addtype 可以来创建用户定义的数据类型。其语法形式如下:

```
sp_addtype {type},[,system_data_type][,'null_type']
```

其中,type 是用户定义的数据类型的名称。system_data_type 是系统提供的数据类型,如 Decimal、Int、Char 等。null_type 表示该数据类型是如何处理空值的,必须使用单引号括起来,如'NULL'、'NOT NULL'或'NONULL'。例如:

```
Use cust
Exec sp_addtype ssn,'Varchar(11)','Not Null'
```

创建一个用户定义的数据类型 ssn,其基于的系统数据类型是变长为 11 的字符,不允许为空。

例如:

```
Use cust
Exec sp_addtype birthday,datetime,'Null'
```

创建一个用户定义的数据类型 birthday,其基于的系统数据类型是 DateTime,允许为空。例如:

```
Use master
Exec sp_addtype telephone,'varchar(24),'Not Null'
Eexc sp_addtype fax,'varchar(24)','Null'
```

创建两个数据类型,即 telephone 和 fax。

(2) 删除用户定义的数据类型

当用户定义的数据类型不需要时,可删除。

删除用户定义的数据类型的命令是 sp_droptype {'type'}。

例如:

```
Use master
Exec sp_droptype 'ssn'
```

注意:当表中的列正在使用用户定义的数据类型时,或在其上面还绑定有默认或规则时,这种用户定义的数据类型不能删除。

4. 易混淆的数据类型

易混淆的数据类型包括如下 5 种:

(1) char、varchar、text 和 nchar、nvarchar、ntext

char 和 varchar 的长度都在 1~8000 之间,它们的区别在于 char 是定长字符数据,而 varchar 是变长字符数据。所谓定长就是长度固定的,当输入的数据长度没有达到指定的长度时将自动以英文空格在其后面填充,使长度达到相应的长度;而变长字符数据则不会以空格填充。text 存储可变长度的非 unicode 数据,最大长度为 $2^{31}-1$(2 147 483 647)个字符。

后面三种数据类型和前面的相比,从名称上看只是多了个字母 n,表示存储的是 unicode 数据类型的字符。写过程序的读者对 unicode 应该很了解。字符中,英文字符只需要一个字节存储就足够了,但汉字众多,需要两个字节存储,英文与汉字同时存在时容易造成混乱,unicode 字符集就是为了解决字符集这种不兼容的问题而产生的,它所有的字符都用两个字节表示,即英文字符也是用两个字节表示。nchar、nvarchar 的长度是在 1~4000 之间。和 char、varchar 比较,nchar、nvarchar 则最多存储 4000 个字符,不论是英文还是汉字;而 char、varchar 最多能存储 8000 个英文,4000 个汉字。可以看出使用 nchar、nvarchar 数据类型时不用担心输入的字符是英文还是汉字,较为方便,但在存储英文时数量上有些损失。

(2) datetime 和 smalldatetime

datetime:从 1753 年 1 月 1 日到 9999 年 12 月 31 日的日期和时间数据,精确到百分之三秒。

smalldatetime:从 1900 年 1 月 1 日到 2079 年 6 月 6 日的日期和时间数据,精确到分钟。

(3) bitint、int、smallint、tinyint 和 bit

bigint:从 -2^{63}(−9 223 372 036 854 775 808)~$2^{63}-1$(9 223 372 036 854 775 807)的整

型数据。

int: 从 $-2^{31}(-2\,147\,483\,648)\sim 2^{31}-1(2\,147\,483\,647)$的整型数据。

smallint: 从 $-2^{15}(-32\,768)\sim 2^{15}-1(32\,767)$的整数数据。

tinyint: 从 0～255 的整数数据。

bit: 1 或 0 的整数数据。

(4) decimal 和 numeric

这两种数据类型是等效的。都有两个参数: p(精度)和 s(小数位数)。p 指定小数点左边和右边可以存储的十进制数字的最大个数, p 必须是从 1～38 之间的值。s 指定小数点右边可以存储的十进制数字的最大个数, s 必须是从 0～p 之间的值, 默认小数位数是 0。

(5) float 和 real

float: 从 $-1.79^{308}\sim 1.79^{308}$之间的浮点数字数据。

real: 从 $-3.40^{38}\sim 3.40^{38}$之间的浮点数字数据。在 SQL SERVER 中, real 的同义词为 float(24)。

3.2.2　T-SQL 语法基础

1. 函数

在 SQL Server 2005 中有一些内置函数, 用户可以使用这些函数方便地实现一些功能。下面给出 Microsoft SQL Server 2005 中内置函数的种类和功能说明, 如表 3-1 所示。

表 3-1　Microsoft SQL Server 2005 中的内置函数

函 数 种 类	功 能 说 明
合计函数	统计信息, 如 COUNT, SUM, MIN 和 MAX
配置函数	返回配置信息
游标函数	返回游标状态
时间函数	操作日期和时间
数学函数	数学计算
元数据函数	返回数据库和数据库对象属性信息
文本和图像函数	在数据表上执行 Transact-SQL 返回行集合
系统统计函数	返回用户和角色信息
系统函数	处理 char、varchar、nchar、nvarchar、binary 和 varbinary 类型数据
安全函数	处理和显示一些系统级的参数和对象
行集合函数	返回服务器性能信息
字符串函数	处理文本和图像信息

注意: 在 SQL Server 2005 中, 系统函数名以@开头。

2. 表达式

在 SQL Server 中, 表达式是标识符、数值和操作符的组合, 并且通过计算可以得到结果。计算得到的结果可以用于查找, 构成条件表达式等。一个表达式可以是常数、函数、列名、变量、子查询、CASE、NULL、IF 或 COALESCE 以及它们与运算符的组合。

3. 保留关键字

在 SQL Server 2005 中有一些保留关键字作为专门的用途,如 DUMP 和 BACKUP。因此在给对象命名时,用户不能使用这些保留的关键字。在 Transact-SQL 语句中只能在 SQL Server 定义的允许位置使用关键字,其他使用都是不允许的。

GO 是很重要的一个关键字,一般情况下,在一些命令完成后,要想让它们执行,必须在这些命令后面重新起一行,输入 GO 语句。

4. 注释

注释是程序中不执行的文本字符。注释主要用于文档说明和使一些语句不再执行功能,文档中的注释主要是用来方便程序阅读和管理维护,程序中不再使用的语句可以暂时注释掉,或在调试中使用。

Microsoft SQL Server 2005 支持两种类型的注释:

(1) 单行注释符――:只用于同一行中字符的注释,其后面为要注释的内容。

(2) 多行注释/＊…＊/:用于多行字符的注释,星号中间为注释内容。

3.2.3　流程控制命令

Transact-SQL 语言使用的流程控制命令与常见的程序设计语言类似主要有以下几种控制命令。

1. IF…ELSE

一般语法如下:

```
IF <条件表达式>
<命令行或程序块>
[ELSE [条件表达式]
<命令行或程序块>]
```

其中,<条件表达式>可以是各种表达式的组合,但表达式的值必须是逻辑值"真"或"假"。ELSE 子句是可选的,最简单的 IF 语句没有 ELSE 子句部分。IF…ELSE 用来判断当某一条件成立时执行某段程序,条件不成立时执行另一段程序。如果不使用程序块,IF 或 ELSE 只能执行一条命令。IF…ELSE 可以进行嵌套。

例 3-1　输出运行结果。

```
DECLARE @x int,@y int,@z int
SELECT @x = 1,@y = 2, @z = 3
if @x > @y
print 'x > y'                    --打印字符串'x > y'
else if @y > @z
print 'y > z'
else print 'z > y'
```

运行结果如下:

z > y

注意：在 Transact-SQL 中最多可嵌套 32 级。

2．BEGIN…END

一般语法如下：

```
BEGIN
<命令行或程序块>
END
```

BEGIN…END 用来设定一个程序块，BEGIN…END 必须成对使用。BEGIN…END 中可嵌套另外的 BEGIN…END 定义另一程序块。

3．CASE

CASE 命令有两种语句格式：

```
CASE <运算式>
WHEN <运算式> THEN <运算式>
...
WHEN <运算式> THEN <运算式>
[ELSE <运算式>]
END
```

或

```
CASE
WHEN <条件表达式> THEN <运算式>
WHEN <条件表达式> THEN <运算式>
[ELSE <运算式>]
END
```

CASE 命令可以嵌套到 SQL 命令中。

例 3-2 在高校管理系统中，调整教师工资，工作级别为 1 的上调 18％，工作级别为 2 的上调 17％，工作级别为 3 的上调 16％，其他上调 15％。

```
USE pangu
UPDATE employee
SET e_wage =
case
when job_level = '1' then e_wage * 1.18
when job_level = '2' then e_wage * 1.17
when job_level = '3' then e_wage * 1.16
else e_wage * 1.15
end
```

注意：执行 CASE 子句时，只运行第一个匹配的子名。

4．WHILE…CONTINUE…BREAK

一般语法如下：

```
WHILE <条件表达式>
BEGIN
<命令行或程序块>
[ BREAK ]
[ CONTINUE ]
[命令行或程序块]
END
```

WHILE 命令在设定的条件成立时会重复执行命令行或程序块。CONTINUE 命令可以让程序跳过 CONTINUE 命令之后的语句,回到 WHILE 循环的第一行命令。BREAK 命令则让程序完全跳出循环,结束 WHILE 命令的执行。WHILE 语句也可以嵌套。

例 3-3　输出运行结果。

```
DECLARE @x int, @y int, @c int
SELECT @x = 1, @y = 1
while @x < 3
begin
print @x -- 打印变量 x 的值
while @y < 3
begin
SELECT @c = 100 * @ x + @y
print @c -- 打印变量 c 的值
SELECT @y = @y + 1
end
SELECT @x = @x + 1
SELECT @y = 1
end
```

运行结果如下:

```
1
101
102
2
201
202
```

5. WAITFOR

一般语法如下:

```
WAITFOR{DELAY <'时间'>|TIME <'时间'>
|ERROREXIT|PROCESSEXIT|MIRROREXIT}
```

WAITFOR 命令用来暂时停止程序执行,直到所设定的等待时间已过或所设定的时间已到才继续往下执行。其中'时间'必须为 DATETIME 类型的数据,如'11:15:27',但不能包括日期部分。

各关键字含义如下:

① DELAY 用来设定等待的时间最多可达 24 小时。

② TIME 用来设定等待结束的时间点。

③ ERROREXIT 直到处理非正常中断。

④ PROCESSEXIT 直到处理正常或非正常中断。

⑤ MIRROREXIT 直到镜像设备失败。

例 3-4 等待 1 小时 2 分零 3 秒后才执行 SELECT 语句。

```
waitfor delay'01:02:03'
SELECT * FROM employee
```

例 3-5 等到晚上 11 点零 8 分后才执行 SELECT 语句。

```
waitfor time'23:08:00'
SELECT * from employee
```

6. GOTO

一般语法如下：

```
GOTO 标识符
```

GOTO 命令用来改变程序执行的流程，使程序跳到标有标识符的指定的程序行再继续往下执行。作为跳转目标的标识符可为数字与字符的组合，但必须以"："结尾，如'12：'或'a_1：'。在 GOTO 命令行，标识符后不必跟"："。

例 3-6 分行打印字符'1'、'2'、'3'、'4'、'5'。

```
DECLARE @x int
SELECT @x = 1
label_1
print @x
SELECT @x = @x + 1
while @x < 6
goto label_1
```

7. RETURN

一般语法如下：

```
RETURN[整数值]
```

RETURN 命令用于结束当前程序的执行，返回到上一个调用它的程序或其他程序。在括号内可指定一个返回值。

例 3-7 运行程序。

```
DECLARE @x int @y int
SELECT @x = 1 @y = 2
if x > y
return 1
else
return 2
```

如果没有指定返回值，SQL Server 系统会根据程序执行的结果返回一个内定值，如表 3-2 所示。如果运行过程产生了多个错误，SQL Server 系统将返回绝对值最大的数值；

如果此时用户定义了返回值,则返回用户定义的值。RETURN 语句不能返回 NULL 值。

表 3-2 return 命令返回的内定值

返 回 值	含 义	返 回 值	含 义
0	程序执行成功	−7	资源错误,如:磁盘空间不足
−1	找不到对象	−8	非致命的内部错误
−2	数据类型错误	−9	已达到系统的极限
−3	死锁	−10,−11	致命的内部不一致性错误
−4	违反权限原则	−12	表或指针破坏
−5	语法错误	−13	数据库破坏
−6	用户造成的一般错误	−14	硬件错误

3.3 存 储 过 程

存储过程(Stored Procedure)是一组为了完成特定功能的 SQL 语句集,经编译后存储在数据库中。用户通过指定存储过程的名字并给出参数(如果该存储过程带有参数)执行它。存储过程是数据库中的一个重要对象,任何一个设计良好的数据库应用程序都应该用到存储过程。

存储过程是由流控制和 SQL 语句书写的过程,这个过程经编译和优化后存储在数据库服务器中,应用程序使用时只要调用即可。

存储过程是利用 SQL Server 所提供的 Transact-SQL 语言所编写的程序。Transact-SQL 语言是 SQL Server 提供专为设计数据库应用程序的语言,它是应用程序和 SQL Server 数据库间的主要程序式设计界面。提供以下功能,让用户可以设计符合引用需求的程序:

- 变量说明;
- ANSI 兼容的 SQL 命令(如 SELECT,UPDATE…);
- 一般流程控制命令(IF…ELSE…,WHILE…);
- 内部函数。

1. 存储过程的优点

存储过程的优点如下:

(1) 存储过程的能力大大增强了 SQL 语言的功能和灵活性。存储过程可以用流控制语句编写,有很强的灵活性,可以完成复杂的判断和较复杂的运算。

(2) 可以保证数据的安全性和完整性。

(3) 通过存储过程可以使没有权限的用户在控制之下间接地存取数据库,从而保证数据的安全。

(4) 通过存储过程可以使相关的动作在一起发生,从而可以维护数据库的完整性。

(5) 在运行存储过程前,数据库已对其进行了语法和句法分析,并给出了优化执行方案。这种已经编译好的过程可极大地改善 SQL 语句的性能。由于执行 SQL 语句的大部分工作已经完成,所以存储过程能以极快的速度执行。

(6)可以降低网络的通信量。

(7)使体现企业规则的运算程序放入数据库服务器中,以便集中控制。

(8)当企业规则发生变化时在服务器中改变存储过程即可,无须修改任何应用程序。企业规则的特点是要经常变化,如果把体现企业规则的运算程序放入应用程序中,则当企业规则发生变化时,就需要修改应用程序工作量非常之大(修改、发行和安装应用程序)。如果把体现企业规则的运算放入存储过程中,则当企业规则发生变化时,只要修改存储过程就可以了,应用程序无须任何变化。

2. 存储过程的种类

(1)系统存储过程:以 sp_开头,用来进行系统的各项设定,取得信息,相关管理工作,如 sp_help 就是取得指定对象的相关信息。

(2)扩展存储过程以 XP_开头,用来调用操作系统提供的功能。

```
exec master..xp_cmdshell 'ping 10.8.16.1'
```

(3)用户自定义的存储过程,这是我们所指的存储过程。

3. 存储过程的书写格式

```
CREATE PROCEDURE[拥有者]存储过程名[程序编号]
[(参数♯1,…参数♯1024)]
[WITH
{RECOMPILE|ENCRYPTION|RECOMPILE,ENCRYPTION}
]
[FOR REPLICATION]
AS 程序行
```

其中,存储过程名不能超过 128 个字。每个存储过程中最多设定 1024 个参数。参数的使用方法如下:

```
@参数名 数据类型[VARYING] [ = 内定值] [OUTPUT]
```

(1)每个参数名前要有一个@符号,每一个存储过程的参数仅为该程序内部使用,参数的类型除了 IMAGE 外,SQL Server 所支持的其他数据类型都可以使用。

(2)[=内定值]相当于在建立数据库时设定一个字段的默认值,这里是为这个参数设定默认值。

(3)[OUTPUT]是用来指定该参数是既有输入又有输出值的,也就是在调用了这个存储过程时,如果所指定的参数值是需要输入的参数,同时也需要在结果中输出的,则该项必须为 OUTPUT,而如果只是做输出参数用,可以用 CURSOR,同时在使用该参数时,必须指定 VARYING 和 OUTPUT 这两个语句。

例 3-8 在网上书店系统中,建立一个简单的存储过程 order_tot_amt,这个存储过程根据用户输入的订单 ID 号码(@o_id),由订单明细表(orderdetails)中计算该订单销售总额[单价(Unitprice)×数量(Quantity)],这一金额通过@p_tot 这一参数输出给调用这一存储过程的程序。

```
CREATE PROCEDURE order_tot_amt @o_id int, @p_tot int output AS
SELECT @p_tot = sum(Unitprice * Quantity)
FROM orderdetails
WHERE ordered = @o_id
```

4．存储过程的常用格式

```
CREATE procedure procedue_name
[@parameter data_type][output]
[with]{recompile|encryption}
as
sql_statement
```

其中：

- output：表示此参数是可传回的。
- recompile：表示每次执行此存储过程时都重新编译一次。
- encryption：所创建的存储过程的内容会被加密。

5．编程实现对数据库访问的存储过程

数据库存储过程的实质就是部署在数据库端的一组定义代码以及 SQL。将常用的或很复杂的工作，预先用 SQL 语句写好并用一个指定的名称存储起来，那么以后要叫数据库提供与已定义好的存储过程的功能相同的服务时，只需调用 execute，即可自动完成命令。

利用 SQL 的语言可以编写对于数据库访问的存储过程，其语法如下：

```
CREATE PROC[EDURE] procedure_name [;number]
[
{@parameter data_type} ][VARYING] [ = default] [OUTPUT]
]
[, …, n]
[WITH
{
RECOMPILE
|ENCRYPTION
|RECOMPILE, ENCRYPTION
}
]
[FOR REPLICATION]
AS
sql_statement [ …n]
```

例如，若用户想建立一个删除表 tmp 中的记录的存储过程 SELECT_delete 可写为：

```
CREATE Proc select_del As
DELETE tmp
```

例 3-9 用户想查询 tmp 表中某年的数据的存储过程。

```
CREATE proc SELECT_query @year int as
SELECT * from tmp where year = @year
```

在这里@year 是存储过程的参数。

6. 在 SQL Server 中执行存储过程

sql 语句执行的时候要先编译,然后执行。存储过程就是编译好了的一些 sql 语句。需要的时候就可以直接用了。

在 SQL Server 的 Microsoft SQL Server Management Studio 中,输入以下代码:

```
DECLARE @tot_amt int
execute order_tot_amt 1,@tot_amt output
SELECT @tot_amt
```

以上代码是执行 order_tot_amt 这一存储过程,以计算订单编号为 1 的订单销售金额,定义@tot_amt 为输出参数,用来承接所要的结果。

存储过程具有以下特点:

(1) 具有立即访问数据库的能力。

(2) 是数据库服务器端的执行代码,在服务器执行操作时,减少网络通信,提高执行效率。

(3) 保证数据库安全,自动完成提前设定的作业。

7. 存储过程的缺点

(1) 移植问题。数据库端代码当然是与数据库相关的;但是如果是做工程型项目,基本不存在移植问题。

(2) 重新编译问题。因为后端代码是运行前编译的,如果带有引用关系的对象发生改变时,受影响的存储过程、包将需要重新编译(不过也可以设置成运行时刻自动编译)。

(3) 如果在一个程序系统中大量地使用存储过程,到程序交付使用的时候随着用户需求的增加会导致数据结构的变化,接着就是系统的相关问题,最后如果用户想维护该系统会很困难,而且代价是空前的。

3.4 触 发 器

触发器是一种特殊类型的存储过程,不由用户直接调用。创建触发器时会对其进行定义,以便在对特定表或列作特定类型的数据修改时执行。

CREATE PROCEDURE 或 CREATE TRIGGER 语句不能跨越批处理。即存储过程或触发器始终只能在一个批处理中创建并编译到一个执行计划中。用触发器还可以强制执行业务规则,它在指定的表中的数据发生变化时自动生效。

1. 两类触发器

SQL Server 2005 包括两大类触发器:DML 触发器和 DDL 触发器。

(1) DML 触发器在数据库中发生数据操作语言(DML)事件时将启用。DML 事件包括在指定表或视图中修改数据的 INSERT 语句、UPDATE 语句或 DELETE 语句。DML 触发器可以查询其他表,包含复杂的 Transact-SQL 语句。将触发器和触发它的语句作为可在触发器内回滚的单个事务对待,如果检测到错误,(如磁盘空间不足)则整个事务即自动回滚。

(2) DDL 触发器是 SQL Server 2005 的新增功能。当服务器或数据库中发生数据定义语言(DDL)事件时将调用这些触发器。

2. 触发器优点

触发器的优点如下:

(1) 触发器可通过数据库中的相关表实现级联更改;但是,通过级联引用完整性约束可以更有效地执行这些更改。

(2) 触发器可以强制比用 CHECK 约束定义的约束更为复杂的约束。

(3) 与 CHECK 约束不同,触发器可以引用其他表中的列。例如,触发器可以使用另一个表中的 SELECT 比较插入或更新的数据,以及执行其他操作,如修改数据或显示用户定义错误信息。

(4) 触发器也可以评估数据修改前后的表状态,并根据其差异采取对策。

一个表中的多个同类触发器(INSERT、UPDATE 或 DELETE)允许采取多个不同的对策以响应同一个修改语句。

3.4.1 比较触发器与约束

约束和触发器在特殊情况下各有优势。触发器的主要优点在于它们可以包含使用 Transact-SQL 代码的复杂处理逻辑。因此,触发器可以支持约束的所有功能,但触发器对于给定的功能并不总是最好的办法。

实体完整性总是在最低级别上通过索引进行强制,这些索引应是 PRIMARY KEY 和 UNIQUE 约束的一部分,或是在约束之外独立创建的。域完整性应通过 CHECK 约束进行强制,而引用完整性(RI)则应通过 FOREIGN KEY 约束进行强制。

当约束所支持的功能无法满足应用程序的功能要求时,触发器就非常有用。例如,除非 REFERENCES 子句定义了级联引用操作,否则 FOREIGN KEY 约束只能以与另一列中的值完全匹配的值验证列值。CHECK 约束只能根据逻辑表达式或同一表中的另一列验证列值。如果应用程序要求根据另一个表中的列验证列值,则必须使用触发器。

约束只能通过标准的系统错误信息传递错误信息。如果应用程序要求使用(或能从中获益)自定义信息和较为复杂的错误处理,则必须使用触发器。

触发器通过数据库中的相关表实现级联更改,通过级联引用完整性约束可以更有效地执行这些更改。触发器禁止或回滚违反引用完整性的更改,从而取消所尝试的数据修改。当更改外键且新值与主键不匹配时,此类触发器就可能发生作用,通常使用 FOREIGN KEY 达到这个目的。如果触发器表上存在约束,则在 INSTEAD OF 触发器执行后但在 AFTER 触发器执行前检查这些约束。如果约束破坏,则回滚 INSTEAD OF 触发器操作并且不执行 AFTER 触发器。

3.4.2 SQL 触发器语法

SQL 触发器的语法格式为:

```
CREATE TRIGGER trigger_name
ON { table | view }
[WITH ENCRYPTION ]
{
{{FOR | AFTER | INSTEAD OF } { [ INSERT ] [ DELETE ] [ UPDATE ] }
[WITH APPEND ]
[NOT FOR REPLICATION ]
AS
[{IF UPDATE ( column )
[{AND | OR } UPDATE ( column ) ]
[ …n ]
|IF ( COLUMNS_UPDATED ( ) updated_bitmask )
column_bitmask [ …n ]
}]
sql_statement [ …n ]
}
}
```

1. 参数

(1) trigger_name 是触发器的名称。触发器名称必须符合标识符规则,并且在数据库中必须唯一,可以选择是否指定触发器所有者名称。

(2) Table|view 是在其上执行触发器的表或视图,有时称为触发器表或触发器视图,可以选择是否指定表或视图的所有者名称。

(3) WITH ENCRYPTION 加密 syscomments 表中包含 CREATE TRIGGER 语句文本的条目。使用 WITH ENCRYPTION 可防止将触发器作为 SQL Server 复制的一部分发布。

(4) AFTER 指定触发器只有在触发 SQL 语句中指定的所有操作都已成功执行后才激发。所有的引用级联操作和约束检查也必须成功完成后,才能执行此触发器。如果仅指定 FOR 关键字,则 AFTER 是默认设置,不能在视图上定义 AFTER 触发器。

(5) INSTEAD OF 指定执行触发器而不是执行触发 SQL 语句,从而替代触发语句的操作。在表或视图上,每个 INSERT、UPDATE 或 DELETE 语句最多可以定义一个 INSTEAD OF 触发器。然而,可以在每个具有 INSTEAD OF 触发器的视图上定义视图。

(6) INSTEAD OF 触发器不能在 WITH CHECK OPTION 的可更新视图上定义。如果向指定了 WITH CHECK OPTION 选项的可更新视图添加 INSTEAD OF 触发器,SQL Server 将产生一个错误。用户必须用 ALTER VIEW 删除该选项后才能定义 INSTEAD OF 触发器。

(7) {[DELETE] [,] [INSERT] [,] [UPDATE] }是指定在表或视图上执行哪些数据修改语句时将激活触发器的关键字,必须至少指定一个选项。在触发器定义中允许使用以任意顺序组合的这些关键字。如果指定的选项多于一个,需用逗号分隔这些选项。

(8) 对于 INSTEAD OF 触发器,不允许在具有 ON DELETE 级联操作引用关系的表上使用 DELETE 选项。同样,也不允许在具有 ON UPDATE 级联操作引用关系的表上使用 UPDATE 选项。

(9) WITH APPEND 指定应该添加现有类型的其他触发器。只有当兼容级别是 65 或更低时,才需要使用该可选子句。如果兼容级别是 70 或更高,则不必使用 WITH APPEND

子句添加现有类型的其他触发器(这是兼容级别设置为 70 或更高的 CREATE TRIGGER 的默认行为)。有关更多信息,请参见 sp_dbcmptlevel。

WITH APPEND 不能与 INSTEAD OF 触发器一起使用,如果显式声明 AFTER 触发器,也不能使用该子句。只有当出于向后兼容而指定 FOR 时(没有 INSTEAD OF 或 AFTER),才能使用 WITH APPEND。以后的版本将不支持 WITH APPEND 和 FOR(将被解释为 AFTER)。

(10) NOT FOR REPLICATION 表示当复制进程更改触发器所涉及的表时,不应执行该触发器。

(11) AS 是触发器要执行的操作。

(12) sql_statement 是触发器的条件和操作。触发器条件指定其他准则,以确定 DELETE、INSERT 或 UPDATE 语句是否导致执行触发器操作。

当尝试 DELETE、INSERT 或 UPDATE 操作时,Transact-SQL 语句中指定的触发器操作将生效。触发器可以包含任意数量和种类的 Transact-SQL 语句。触发器旨在根据数据修改语句检查或更改数据,不应将数据返回给用户。触发器中的 Transact-SQL 语句常常包含控制流语言。CREATE TRIGGER 语句中使用几个特殊的表:

(13) deleted 和 inserted 是逻辑(概念)表。这些表在结构上类似于定义触发器的表(也就是在其中尝试用户操作的表),这些表用于保存用户操作可能更改的行的旧值或新值。例如,若要检索 deleted 表中的所有值,请使用:

```
SELECT *
FROM deleted
```

(14) 如果兼容级别等于 70,那么在 DELETE、INSERT 或 UPDATE 触发器中,SQL Server 将不允许引用 inserted 和 deleted 表中的 text、ntext 或 image 列。不能访问 inserted 和 deleted 表中的 text、ntext 和 image 值。若要在 INSERT 或 UPDATE 触发器中检索新值,请将 inserted 表与原始更新表连接。当兼容级别是 65 或更低时,对 inserted 或 deleted 表中允许空值的 text、ntext 或 image 列,将返回空值;如果这些列不可为空,则返回零长度字符串。当兼容级别是 80 或更高时,SQL Server 允许在表或视图上通过 INSTEAD OF 触发器更新 text、ntext 或 image 列。

① n 是表示触发器中可以包含多条 Transact-SQL 语句的占位符。对于 IF UPDATE (column)语句,可以通过重复 UPDATE (column)子句包含多列。

② IF UPDATE(column)测试在指定的列上进行的 INSERT 或 UPDATE 操作,不能用于 DELETE 操作,可以指定多列。因为在 ON 子句中指定了表名,所以在 IF UPDATE 子句中的列名前不要包含表名。若要测试在多个列上进行的 INSERT 或 UPDATE 操作,请在第一个操作后指定单独的 UPDATE(column)子句。在 INSERT 操作中 IF UPDATE 将返回 TRUE 值,因为这些列插入了显式值或隐性(NULL)值。

说明 IF UPDATE(column)子句的功能等同于 IF、IF…ELSE 或 WHILE 语句,并且可以使用 BEGIN…END 语句块。有关更多信息,请参见控制流语言。

可以在触发器主体中的任意位置使用 UPDATE(column)。

③ column 是要测试 INSERT 或 UPDATE 操作的列名。该列可以是 SQLServer 支持

的任何数据类型。但是，计算列不能用于该环境中，有关更多信息，请参见数据类型。

④ IF(COLUMNS_UPDATED())测试是否插入或更新了提及的列，仅用于 INSERT 或 UPDATE 触发器中。COLUMNS_UPDATED 返回 varbinary 位模式，表示插入或更新了表中的哪些列。

⑤ COLUMNS_UPDATED 函数以从左到右的顺序返回位，最左边的为最不重要的位。最左边的位表示表中的第一列；向右的下一位表示第二列，依此类推。如果在表上创建的触发器包含 8 列以上，则 COLUMNS_UPDATED 返回多个字节，最左边的为最不重要的字节。在 INSERT 操作中 COLUMNS_UPDATED 将对所有列返回 TRUE 值，因为这些列插入了显式值或隐性(NULL)值。

可以在触发器主体中的任意位置使用 COLUMNS_UPDATED。

⑥ bitwise_operator 是用于比较运算的位运算符。

⑦ updated_bitmask 是整型位掩码，表示实际更新或插入的列。例如，表 t1 包含列 C1、C2、C3、C4 和 C5。假定表 t1 上有 UPDATE 触发器，若要检查列 C2、C3 和 C4 是否都有更新，指定值 14；若要检查是否只有列 C2 有更新，指定值 2。

⑧ comparison_operator 是比较运算符。使用等号(＝)检查 updated_bitmask 中指定的所有列是否都实际进行了更新。使用大于号(＞)检查 updated_bitmask 中指定的任一列或某些列是否已更新。

⑨ column_bitmask 是要检查的列的整型位掩码，用来检查是否已更新或插入了这些列。

2. 注释

触发器常常用于强制业务规则和数据完整性。SQL Server 通过表创建语句(ALTER TABLE 和 CREATE TABLE)提供声明引用完整性(DRI)；但是 DRI 不提供数据库间的引用完整性。若要强制引用完整性(有关表的主键和外键之间关系的规则)，请使用主键和外键约束(ALTER TABLE 和 CREATE TABLE 的 PRIMARY KEY 和 FOREIGN KEY 关键字)。如果触发器表存在约束，则在 INSTEAD OF 触发器执行之后和 AFTER 触发器执行之前检查这些约束。如果违反了约束，则回滚 INSTEAD OF 触发器操作且不执行(激发)AFTER 触发器。

可用 sp_settriggerorder 指定表上第一个和最后一个执行的 AFTER 触发器。在表上只能为每个 INSERT、UPDATE 和 DELETE 操作指定一个第一个执行和一个最后一个执行的 AFTER 触发器。如果同一表上还有其他 AFTER 触发器，则这些触发器将以随机顺序执行。

如果 ALTER TRIGGER 语句更改了第一个或最后一个触发器，则将除去已修改触发器上设置的第一个或最后一个特性，而且必须用 sp_settriggerorder 重置排序值。

只有当触发 SQL 语句(包括所有与更新或删除的对象关联的引用级联操作和约束检查)成功执行后，AFTER 触发器才会执行。AFTER 触发器检查触发语句的运行效果，以及所有由触发语句引起的 UPDATE 和 DELETE 引用级联操作的效果。

3. 触发器限制

CREATE TRIGGER 必须是批处理中的第一条语句，并且只能应用到一个表中。触发器只能在当前的数据库中创建,不过触发器可以引用当前数据库的外部对象。如果指定触发器所有者名称以限定触发器,请以相同的方式限定表名。在同一条 CREATE TRIGGER语句中,可以为多种用户操作(如 INSERT 和 UPDATE)定义相同的触发器操作。如果一个表的外键在 DELETE/UPDATE 操作上定义了级联,则不能在该表上定义 INSTEAD OFDELETE/UPDATE 触发器。在触发器内可以指定任意的 SET 语句。所选择的 SET选项在触发器执行期间有效,并在触发器执行完后恢复到以前的设置。

与使用存储过程一样,当触发器激发时,将向调用应用程序返回结果。若要避免由于触发器激发而向应用程序返回结果,请不要包含返回结果的 SELECT 语句,也不要包含在触发器中进行变量赋值的语句。包含向用户返回结果的 SELECT 语句或进行变量赋值的语句的触发器需要特殊处理;这些返回的结果必须写入允许修改触发器表的每个应用程序中。如果必须在触发器中进行变量赋值,则应该在触发器的开头使用 SET NOCOUNT 语句以避免返回任何结果集。

DELETE 触发器不能捕获 TRUNCATE TABLE 语句。尽管 TRUNCATE TABLE语句实际上是没有 WHERE 子句的 DELETE(它删除所有行),但它是无日志记录的,因而不能执行触发器。因为 TRUNCATE TABLE 语句的权限默认授予表所有者且不可转让,所以只有表所有者才需要考虑无意中用 TRUNCATE TABLE 语句规避 DELETE 触发器的问题。无论有日志记录还是无日志记录,WRITETEXT 语句都不激活触发器。触发器中不允许以下 Transact-SQL 语句:

```
ALTER DATABASE CREATE DATABASE DISK INIT
DISK RESIZE DROP DATABASE LOAD DATABASE
LOAD LOG RECONFIGURE RESTORE DATABASE
RESTORE LOG
```

说明:由于 SQL Server 不支持系统表中的用户定义触发器,因此建议不要在系统表中创建用户定义触发器。

4. 多个触发器

SQL Server 允许为每个数据修改事件(DELETE、INSERT 或 UPDATE)创建多个触发器。例如,如果对已有 UPDATE 触发器的表执行 CREATE TRIGGER FOR UPDATE,则将创建另一个更新触发器。在早期版本中,在每个表上,每个数据修改事件(INSERT、UPDATE 或 DELETE)只允许有一个触发器。

说明:如果触发器名称不同,则 CREATE TRIGGER(兼容级别为 70)的默认行为是在现有的触发器中添加其他触发器。如果触发器名称相同,则 SQL Server 返回一条错误信息。但是,如果兼容级别等于或小于 65,则使用 CREATE TRIGGER 语句创建的新触发器将替换同一类型的任何现有触发器,即使触发器名称不同。有关更多信息,请参见 sp_dbcmptlevel。

5. 递归触发器

当在 sp_dboption 中启用 recursive triggers 设置时,SQL Server 还允许触发器的递归调用。递归触发器允许发生两种类型的递归:间接递归和直接递归。使用间接递归时,应用程序更新表 T1,从而激发触发器 TR1,该触发器更新表 T2。在这种情况下,触发器 T2

将激发并更新 T1。使用直接递归时,应用程序更新表 T1,从而激发触发器 TR1,该触发器更新表 T1。由于表 T1 被更新,触发器 TR1 再次激发,依此类推。

假定在表 T1 中定义了两个更新触发器 TR1 和 TR2。触发器 TR1 递归地更新表 T1。UPDATE 语句使 TR1 和 TR2 各执行一次。而 TR1 的执行将触发 TR1(递归)和 TR2 的执行。给定触发器的 inserted 和 deleted 表只包含与唤醒调用触发器的 UPDATE 语句相对应的行。既使用了间接触发器递归,又使用了直接触发器递归。

说明只有启用 sp_dboption 的 recursive triggers 设置,才会发生上述行为。对于为给定事件定义的多个触发器,并没有确定的执行顺序。每个触发器都应是自包含的。禁用 recursive triggers 设置只能禁止直接递归。若要也禁用间接递归,请使用 sp_configure 将 nested triggers 服务器选项设置为 0。如果任一触发器执行了 ROLLBACK TRANSACTION 语句,则无论嵌套级是多少,都不会执行其他触发器。

6. 嵌套触发器

触发器最多可以嵌套 32 层。如果一个触发器更改了包含另一个触发器的表,则第二个触发器将激活,然后该触发器可以再调用第三个触发器,依此类推。如果链中任意一个触发器引发了无限循环,则会超出嵌套级限制,从而导致取消触发器。若要禁用嵌套触发器,请用 sp_configure 将 nested triggers 选项设置为 0(关闭)。默认配置允许嵌套触发器。如果嵌套触发器是关闭的,则也将禁用递归触发器,与 sp_dboption 的 recursive triggers 设置无关。

3.4.3 DML 触发器的创建和应用

当数据库中发生数据操作语言(DML)事件时将调用 DML 触发器。从而确保对数据的处理必须符合由这些 SQL 语句所定义的规则。DML 触发器的主要优点如下:

(1) DML 触发器可通过数据库中的相关表实现级联更改。例如,可以在 titles 表的 title_id 列上写入一个删除触发器,以使其他表中的各匹配行采取删除操作。该触发器用 title_id 列作为唯一键,在 titleauthor、sales 及 roysched 表中对各匹配行进行定位。

(2) DML 触发器可以防止恶意或错误的 INSERT、UPDATE 以及 DELETE 操作,并强制执行比 CHECK 约束定义的限制更为复杂的其他限制。与 CHECK 约束不同,DML 触发器可以引用其他表中的列。

(3) DML 触发器可以评估数据修改前后表的状态,并根据该差异采取措施。

1. DML 触发器创建

当创建一个触发器时必须指定如下选项:名称、在其上定义触发器的表、触发器将何时激发、激活触发器的数据修改语句,有效选项为 INSERT、UPDATE 或 DELETE,多个数据修改语句可激活同一个触发器、执行触发操作的编程语句。

DML 触发器使用 deleted 和 inserted 逻辑表。在结构上和触发器所在表的结构相同,SQL Server 会自动创建和管理这些表。可以使用这两个临时的驻留内存的表测试某些数据修改的效果及设置触发器操作的条件。Deleted 表用于存储 delete,update 语句所影响的行的副本。在执行 delete 或 update 语句时,行从触发器表中删除,并传输到 deleted 表中。Inserted 表用于存储 Insert 或 update 语句所影响的行的副本,在一个插入或更新事务处理中,新建的行被同时添加到 Inserted 表和触发器表中。Inserted 表中的行是触发器表中新行的副本。

(1) 使用 SQL Server 管理平台创建触发器的过程如下:

在 SQL Server 管理平台中,展开指定的服务器和数据库项,然后展开表,选择并展开要在其上创建触发器的表,如图 3-16 所示。右击触发器选项,从弹出的快捷菜单中选择"新建触发器"选项,则会出现触发器创建窗口,如图 3-17 所示。最后,单击"执行"按钮,即可成功创建触发器。

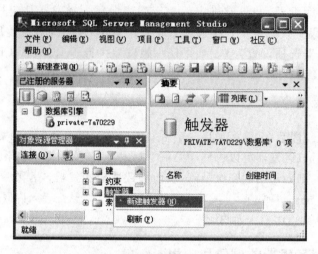

图 3-16　新建触发器对话框

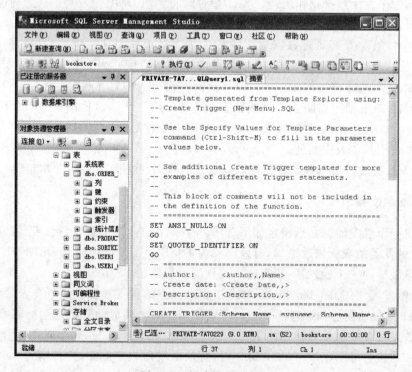

图 3-17　新建触发器窗口

（2）使用 CREATE TRIGGER 命令创建 DML 触发器的语法形式如下：

```
CREATE TRIGGER [schema_name.]trigger_name
ON {table|view}
[WITH [ENCRYPTION] EXECUTE AS Clause][,…n]]
{FOR|AFTER|INSTEAD OF} {[INSERT] [,] [UPDATE] [,] [DELETE]}
[WITH APPEND]
[NOT FOR REPLICATION]
AS
{sql_statement [;] […n]|EXTERNAL NAME <method specifier [;]>}
<method_specifier> ::= assembly_name.class_name.method_name
```

例 3-10 用程序说明 inserted，deleted 表的作用。

程序清单如下：

```
CREATE table user1
(id varchar(16),
 Name varchar(32),
 Address varchar(100)
)
Go
CREATE TRIGGER tr1
ON user1
FOR INSERT, UPDATE, DELETE
AS
print 'inserted 表：'
SELECT * from inserted
print 'deleted 表：'
SELECT * from deleted
Go
```

例 3-11 在网上书店系统中，创建一个触发器，在 user1_order 表上创建一个插入、更新类型的触发器。

程序清单如下：

```
CREATE TRIGGER tr_uo
ON user1_order
FOR INSERT, UPDATE
AS
begin
DECLARE @bh varchar(16)
SELECT @bh = inserted.id FROM inserted /* 获取插入或更新操作时的新值(订单编号) */
End
```

2. DML 触发器应用

（1）使用 INSERT 触发器

INSERT 触发器通常被用来更新时间标记字段，或验证被触发器监控的字段中数据满足要求的标准，以确保数据的完整性。

例 3-12 在网上书店系统中，建立一个触发器，当向 user1_order 表中添加数据时，如果添加的数据与 user1 表中的数据不匹配(没有对应的用户编号),则将此数据删除。

程序清单如下:

```
CREATE TRIGGER uo_ins ON user1_order
FOR INSERT
AS
BEGIN
DECLARE @bh varchar(16)
SELECT @bh = Inserted. no FROM Inserted
If not exists(SELECT id FROM user1 where user1. id = @bh)
DELETE user1_order where user1_id = @bh
END
```

例 3-13　在网上书店系统中,创建一个触发器,当插入或更新图书数量列时,该触发器检查插入的数据是否处于设定的范围内。

程序清单如下:

```
CREATE TRIGGER uo_supd
ON user1_order
FOR INSERT, UPDATE
AS
DECLARE @sl int,
SELECT @sl = inserted. amount from inserted
IF (@sl < = 0 or @sl > 100)
BEGIN
    RAISERROR ('图书数量的取值必须在 0 到 100 之间', 16, 1)
    ROLLBACK TRANSACTION
END
```

(2) 使用 UPDATE 触发器

当在一个有 UPDATE 触发器的表中修改记录时,表中原来的记录被移动到删除表中,修改过的记录插入到插入表中,触发器可以参考删除表和插入表以及被修改的表,以确定如何完成数据库操作。

例 3-14　在网上书店系统中,创建一个修改触发器,该触发器防止用户修改表 product 的图书价格。

程序清单如下:

```
CREATE trigger tri_p
ON product
for update
as
if update(price)
begin
raiserror('不能修改图书价格',16,10)
rollback transaction
end
go
```

例 3-15　DAS 数据库由存放实时数据的数据表以及存放历史数据的历史表组成。由于存放实时数据的数据表不断更新,为了保存更新过的数据,在实时表和历史表之间建立了触发器。

程序清单如下:

```
CREATE TRIGGER DasD_UTRIGGER ON DasD FOR UPDATE AS
BEGIN
IF Update(TV)                          /* 数据更新 */
BEGIN
   UPDATE DasD
      SET UT = getdate()               /* 更新时间 */
      FROM DasD, inserted
      WHERE DasD. ID = inserted. ID
   INSERT DasDHis(ID, TV, UT)
      SELECT inserted. ID, inserted. TV, DasD. UT FROM DasD, inserted
      WHERE DasD. ID = inserted. ID    /* 将更新过的数据送入历史库 */
END
END
```

（3）使用 DELETE 触发器

DELETE 触发器通常用于两种情况,第一种情况是为了防止那些确实需要删除但会引起数据一致性问题的记录的删除,第二种情况是执行可删除主记录的子记录的级联删除操作。

例 3-16　在网上书店系统中,建立一个与 user1 表结构一样的表 u1,当删除表 user1 中的记录时,自动将删除掉的记录存放到 u1 表中。

程序清单如下:

```
CREATE TRIGGER tr_del ON user1        /* 建立触发器
FOR DELETE                            /* 对表删除操作
AS insert u1 SELECT * FROM deleted    /* 将删除掉的数据送入表 u1 中 */
GO
```

例 3-17　当删除表 user1 中的记录时,自动删除表 user1_order 中对应 user1_id 的记录。

程序清单如下:

```
CREATE TRIGGER tr_del_u ON user1
FOR DELETE
BEGIN
DECLARE @bh varchar(16)
SELECT @bh = deleted. id FROM deleted
DELETE user1_order where user1_id = @bh
END
```

3.4.4　DDL 触发器的创建和应用

DDL 触发器会为响应多种数据定义语言（DDL）语句而激发。这些语句主要是以 CREATE、ALTER 和 DROP 开头的语句。DDL 触发器可用于管理任务,如审核和控制数据库操作。DDL 触发器的特点如下:

（1）防止对数据库架构进行某些更改。

（2）希望数据库中发生某种情况以响应数据库架构中的更改。

（3）要记录数据库架构中的更改或事件。

仅在运行触发 DDL 触发器的 DDL 语句后，DDL 触发器才会激发。DDL 触发器无法作为 INSTEAD OF 触发器使用。

1. 创建 DDL 触发器

使用 CREATE TRIGGER 命令创建 DDL 触发器的语法形式如下：

```
CREATE TRIGGER trigger_name
ON {ALL SERVER|DATABASE}[WITH <ddl_trigger_option> [ ,…n ]]
{FOR|AFTER} {event_type|event_group}[,…n]
AS {sql_statement[;] […n]|EXTERNAL NAME <method specifier>[;]}
```

2. DDL 触发器的应用

在响应当前数据库或服务器中处理的 Transact-SQL 事件时，可以激发 DDL 触发器。触发器的作用域取决于事件。

例 3-18　使用 DDL 触发器来防止数据库中的任一表被修改或删除。

程序清单如下：

```
CREATE TRIGGER safety
ON DATABASE
FOR DROP_TABLE, ALTER_TABLE
AS
PRINT 'You must disable Trigger "safety" to drop or alter tables!'
ROLLBACK
```

例 3-19　使用 DDL 触发器防止在数据库中创建表。

程序清单如下：

```
CREATE TRIGGER safety
ON DATABASE
FOR CREATE_TABLE
AS
PRINT 'CREATE TABLE Issued.'
SELECT
EVENTDATA().value('(/EVENT_INSTANCE/TSQLCommand/CommandText)[1]','nvarchar(max)')
RAISERROR ('New tables cannot be created in this database.', 16, 1)
ROLLBACK
```

3.4.5　查看、修改和删除触发器

1. 查看触发器

如果要显示作用于表上的触发器究竟对表有哪些操作，必须查看触发器信息。在 SQL Server 中，有多种方法可以查看触发器信息，其中最常用的有如下两种：

（1）使用 SQL Server 管理平台查看触发器信息。

在 SQL Server 管理平台中，展开服务器和数据库，选择并展开表，然后展开触发器选项，右击需要查看的触发器名称，从弹出的快捷菜单中，选择"编写触发器脚本为"→"Create到"→"新查询编辑器窗口"，则可以看到触发器的源代码。

（2）使用系统存储过程查看触发器。

系统存储过程 sp_help、sp_helptext 和 sp_depends 分别提供有关触发器的不同信息。其具体用途和语法形式如下。

① sp_help：用于查看触发器的一般信息，如触发器的名称、属性、类型和创建时间。

```
sp_help'触发器名称'
```

② sp_helptext：用于查看触发器的正文信息。

```
sp_helptext'触发器名称'
```

③ sp_depends：用于查看指定触发器所引用的表或者指定的表涉及到的所有触发器。

```
sp_depends'触发器名称'
sp_depends'表名'
```

2. 修改触发器

（1）使用 SQL Server 管理平台修改触发器正文。

在管理平台中，展开指定的表，右击要修改的触发器，从弹出的快捷菜单中选择"修改"选项，则会出现触发器修改窗口。在文本框中修改触发器的 SQL 语句，单击"语法检查"按钮，可以检查语法是否正确，单击"执行"按钮，可以成功修改此触发器。

修改 DML 触发器的语法形式如下：

```
ALTER TRIGGER schema_name.trigger_name
ON (table|view)
[WITH <dml_trigger_option>[, … n]]
(FOR|AFTER|INSTEAD OF)
{[DELETE][,][INSERT][,][UPDATE]}
[NOT FOR REPLICATION]
AS{sql_statement[;][ … n]|EXTERNAL NAME <method specifier>[;]}
<dml_trigger_option>∷= [ENCRYPTION][&lEXECUTE AS Clause >]
<method_specifier> ∷= assembly_name.class_name.method_name
```

修改 DDL 触发器的语法形式如下：

```
ALTER TRIGGER trigger_name
ON {DATABASE|ALL SERVER}[WITH <ddl_trigger_option> [, … n]]
{FOR|AFTER}{event_type[, … n]|event_group}
AS {sql_statement[;]|EXTERNAL NAME <method specifier> [;]}
<ddl_trigger_option>∷= [ENCRYPTION][&lEXECUTE AS Clause > ]
<method_specifier> ∷= assembly_name.class_name.method_name
```

例 3-20　修改触发器。

程序清单如下：

```
CREATE TRIGGER u_reminder
ON user1
WITH ENCRYPTION
AFTER INSERT, UPDATE
AS
RAISERROR ('不能对该表执行添加、更新操作', 16, 10)
ROLLBACK
GO
-- 下面修改触发器
ALTER TRIGGER u_reminder
ON user1
AFTER INSERT
AS
RAISERROR ('不能对该表执行添加操作', 16, 10)
ROLLBACK
GO
```

（2）使用 sp_rename 命令修改触发器的名称。

sp_rename 命令的语法形式如下：

```
sp_rename oldname,newname
```

3. 删除触发器

由于某种原因，需要从表中删除触发器或需要使用新的触发器，这就必须首先删除旧的触发器。只有触发器所有者才有权删除触发器。删除已创建的触发器有三种方法：

（1）使用系统命令 DROP TRIGGER 删除指定的触发器。其语法形式如下：

```
DROP TRIGGER { trigger } [ , …n ]
```

（2）删除触发器所在的表。删除表时，SQL Server 将会自动删除与该表相关的触发器。

（3）在 SQL Server 管理平台中，展开指定的服务器和数据库，选择并展开指定的表，右击要删除的触发器，从弹出的快捷菜单中选择"删除"选项，即可删除该触发器。

3.5 本 章 小 结

本章主要讲述利用 SQL Server 2005 数据库管理系统进行数据库管理的方法，介绍 SQL Server 2005 的发展简史、版本的特点和工具等内容。学习如何创建和管理数据库与数据表？如何创建并管理视图、索引、存储过程和触发器？以及如何利用 Transact-SQL 进行程序设计等主要内容。数据库主要对象的交换式界面操作方式及基本的命令操作方法等是必须要掌握的。

本章重点介绍 SQL Server Management Studio 的使用，对数据库的各种管理功能都可以利用这个工具完成；Transact-SQL 是 SQL Server 对原有标准 SQL 的扩充，可以帮助完成更为强大的数据库操作功能，尤其是在存储过程的设计和触发器的设计方面应用更为广泛。

习　题　3

1. SQL Server 2005 新特点有哪些?
2. SQL Server 2005 共有哪几个版本?
3. 如何打开 SQL Server Management Studio?
4. 简述易混淆的数据类型间的区别。
5. 什么是存储过程,其优点是什么?
6. 什么是触发器,SQL Server 2005 包括哪两大类触发器?

第4章

关系数据库标准语言SQL

本章主要内容

由于 SQL 语言的标准化,所以大多数关系型数据库系统都支持 SQL 语言,SQL 语言已经发展成为多种平台进行交互操作的底层会话语言,成为数据库领域中一个主流语言。本章将详细介绍 SQL 的核心部分:数据定义、数据查询、数据更新和嵌入式 SQL。

本章学习目标

- 熟练掌握 SQL 语言的数据定义、数据查询、数据更新功能;
- 掌握 SQL 语言的数据控制功能;
- 掌握 SQL 语言的视图操作;
- 了解嵌入式 SQL 的应用及使用方法。

结构化查询语言(Structure Query Language,SQL)是 1974 年由 Boyce 和 Chamberlin 提出的。1975—1979 年 IBM 公司 San Jose Research Laboratory 研制了著名的关系数据库管理系统原型 System R 并实现了这种语言。由于它功能丰富,语言简洁备受用户及专业人士欢迎,被众多计算机公司和软件公司所采用。经过不断修改及完善,SQL 语言最终成为关系数据库的国际标准化语言。

1986 年美国国家标准局(American National Standard Institute,ANSI)的数据库委员会批准了 SQL 作为关系数据库语言的美国标准。1987 年国际标准化组织(International Organization For Standardization,ISO)也通过了这一标准,随着数据库技术的飞速发展,数据库理论的应用逐渐广泛。1999 年 ISO 发布了 SQL-99 标准。2003 年 ISO 发布了 SQL2003 标准,该标准包括 3 个核心部分、6 个可选部分和 7 个可选程序包。

4.1 SQL 语言概述

SQL 是介于关系代数与关系演算之间的一种结构化查询语言,其功能不仅仅是查询。SQL 是一个功能强大,通用的简单易学的数据库语言。关系数据库作为当前数据库的主流有着很多商业化的产品,如 Oracle、Sybase、DB2、Informix 和 SQL Server 等。不同产品的界面和操作方式有着各自的特点,但它们的核心部分是相同的,都采用标准化 SQL 语言。

4.1.1 SQL语言功能特征

作为数据库的国际标准化语言,SQL语言功能具有明显的特征和众多优越之处。

1. 综合统一

SQL的综合统一表现为DDL、DML、DCL的统一。SQL语言将数据定义语言DDL、数据操纵语言DML、数据控制语言DCL功能集于一体,语言风格统一,可以独立完成数据库生命周期中的全部活动。

数据模型及操作过程的统一。在关系数据库系统中只有一种数据模型——关系,在关系模型中实体及实体之间联系都用关系表示,这种单一的数据结构使得数据的查询及更新等各种操作都是用一种操作符,克服了非关系型数据库由于信息表示的多样化而带来的各种操作的复杂性。

2. 高度非过程化

SQL语言进行数据操作时,只需要提出"做什么",而不需说明"怎么做",因此无需了解存取路径及路径的选择,并且SQL语言的操作过程也是由系统自动完成的,减轻了用户的负担,有利于提高数据的独立性。

3. 面向集合的操作方式

SQL语言采用集合的操作方式,不仅操作的对象、操作的结果可以是集合,而且一次插入、删除、更新操作的对象也可以是集合,即SQL语言既可以接受集合作为输入,也可以返回集合作为输出。

4. 一种语法,两种使用方式

SQL语言既是自含式语言,又是嵌入式语言。作为自含式语言,SQL可以独立地用于联机交互操作,用户可以从键盘直接输入命令对数据库进行操作;作为嵌入式语言,SQL语言可以嵌入到高级语言的程序中去,如C语言、Java等。在两种不同的使用方式下,SQL的语法结构基本一致,为应用程序的研发带来了很大的灵活和方便。

5. 语言简洁,易学易用

SQL语言功能极为强大,但语言结构简捷,设计构思非常巧妙。在SQL语言中所有的核心功能只需要9个动词,如表4-1所示,而语句接近英语语句,方便学习,容易使用。

表4-1 SQL语言的动词

SQL功能	动　　词
数据查询	SELECT
数据定义(数据定义,删除,修改)	CREATE,DROP,ALTER
数据操纵(数据维护)	INSERT,UPDATE,DELETE
数据控制(数据存储控制授权和授权)	GRANT,REVOKE

4.1.2 SQL 语言基本概念

SQL 语言支持数据库三级模式结构,如图 4-1 所示,其中外模式(E)对应于视图(VIEW)和部分基本表;模式(C)对应于基本表,是数据库中全体数据的逻辑结构和特征的描述,是所有用户的公共数据视图;内模式(I)对应于存储文件。

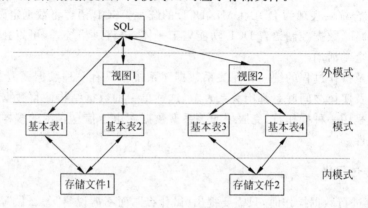

图 4-1　SQL 支持关系数据库三级模式结构

基本表本身独立存在的表,在 SQL 中一个关系就对应一个基本表。一个(或多个)基本表对应一个存储文件,一个表可以带若干索引,索引也存放在存储文件中。存储文件的逻辑结构组成关系数据库的内模式。物理结构是任意的,对用户透明。

视图是从一个或几个基本表导出的表。数据库中只存放视图的定义而不存放视图对应的数据,这些数据仍然存放在导出视图的基本表中,因此视图是一个虚表。在概念上视图与基本表等同,用户可以在视图上再定义视图。

下面将逐一介绍各种 SQL 语句的功能和格式。各个 DBMS 产品在实现标准 SQL 语言时也各有差异,一般都做了某种扩充。因此,具体使用某个 DBMS 产品时,还应参阅系统提供的相关手册。

4.2　数据定义功能

SQL 数据定义功能主要有数据库模式的定义、基本表的定义、视图的定义以及索引的定义 4 部分。特别要注意的是这里所说的"定义"不仅仅是对象的创建(CREATE),还包括删除(DROP)和修改(ALTER)。

4.2.1　基本表的操作

在关系数据库中,关系是数据库的基本组成单位,关系又称为表。建立数据库重要的一步就是建立基本表,本节主要讨论基本表的定义。

1. 基本表的创建

在 SQL 语言中使用 CREATE TABLE 语句创建基本表,其一般格式如下:

```
CREATE TABLE <基本表名> (<列名><数据类型>[列级完整性约束条件]
[,<列名><数据类型>[列级完整性约束条件] ] …
[,<表级完整性约束条件>])
```

<基本表名>是所要定义的表名,它可以有一个或多个属性(列)。

建表的同时还可以定义该表的完整性约束条件,这些完整性约束条件被存储在 DBMS 的数据字典中,当用户操作基本表时,DBMS 自动检查该操作是否违反了预先定义的完整性约束条件。

若完整性约束条件只涉及一个属性列,可以把约束定义在列级上也可以定义在表级上,若涉及多个属性(列),则约束只能定义在表级上。完整性约束主要有三种子句:主键子句(PRIMARY KEY)、外键子句(FOREIGN KEY)和检查子句(CHECK)。基本表的创建一般包含列的定义及若干完整性约束。完整性约束条件将存放于数据库的数据字典中。

说明:在 SQL 语句格式中,有下列约定符号和相应的语法规定。

(1) 语法格式的约定符号

① <>:其中的内容为必选项,表示不能为空的实际语义。

② []:其中的内容为任选项。

③ {}或|:必选其中的一项。

(2) 语法规定

一般语法规定:

① SQL 中数据项(列项、表和视图)的分隔符为",”。

② 字符串常数的定界符用单引号"'"表示。

③ SQL 语句的结束符为";”。

④ SQL 采用格式化书写方式。

⑤ SQL 语句中的所有符号均为英文半角状态下符号。

下面以网上书店系统中数据库为例说明。

例 4-1 建立一个"用户"表 USER1,由用户编号 ID、姓名 NAME、密码 PASSWORD、地址 ADDRESS、邮编 POSTCODE、电子邮箱 EMAIL、宅电 HOMEPHONE、移动电话 CELLPHONE、办公室电话 OFFICEPHONE 等 9 个属性组成。其中用户编号为主键,密码和姓名不许为空。

```
CREATE TABLE USER1
(
    ID VARCHAR(16) PRIMARY KEY,                /* 列级完整性约束条件,ID 为主键 */
    NAME VARCHAR(16) NOT NULL,
    PASSWORD CHAR(16) NOT NULL,
    ADDRESS VARCHAR(100),
    POSTCODE CHAR(10),
    EMAIL VARCHAR(32),
    HOMEPHONE CHAR(32),
    CELLPHONE CHAR(32),
    OFFICEPHONE CHAR(32)
    );
```

系统执行上面的 CREATE TABLE 语句后,就在数据库中建立一个新的空的"用户"表

USER1，并将有关表的定义及有关的约束条件存放在数据字典中。

定义基本表是要指明各属性列的数据类型及长度，不同的数据库系统支持的数据类型不完全相同，表 4-2 列举主要数据类型。

表 4-2　主要数据类型

数 据 类 型	说　明
CHAR(N)	定长字符(串)类型
VARCHAR(N)	可变字符(串)类型
INT	4 字节整数类型
SMALLINT	2 字节整数类型
DECIMAL	数值类型(固定精度和小数位数)
NUMERIC	数值类型(固定精度和小数位数)
REAL	浮点数类型
FLOAT	双精度浮点数类型
TINYINT	无符号单字节整数类型
BIT	二进制位类型
MONEY	货币类型(精确到货币单位的百分之一)
SMALLMONEY	短货币类型(精确到货币单位的百分之一)
DATETIME	日期时间类型
SMALLDATETIME	短日期时间类型
TEXT	文本类型
BINARY	二进制类型
VARBINARY	可变二进制类型
IMAGE	图像类型

例 4-2　创建"图书类型"表 SORTKIND，由类型号 ID 和类型名 NAME 组成，其中 ID 为主键。创建"图书"表 PRODUCT，由图书号 ID、图书名 NAME、描述 DESCRIPTION、单价 PRICE、图片 IMG、作者 ZUOZHE、图书类型号 SORTKIND_ID 等 7 个属性组成。其中图书号为主键不能为空，SORTKIND_ID 为外键。创建"订单"表 USER1_ORDER，由订单号 ID、状态 STATUS、单价 COST、日期 DATE、用户号 USER1_ID 组成，其中订单号为主键，用户号为外键。创建"订单条目"表 ORDER_ITERM，由条目号 ID、数量 AMOUNT、图书号 PRODUCT_ID、订单号 ORDER_ID 组成，其中条目号为主键，图书号和订单号是外键。

用 CREATE TABLE 语句分别创建如下：

```
CREATE TABLE SORTKIND
 (
  ID VARCHAR(16) PRIMARY KEY,                    /＊列级完整性约束条件,ID 为主键＊/
  NAME VARCHAR(32) NOT NULL
  );
CREATE TABLE PRODUCT
 (
  ID VARCHAR(16) PRIMARY KEY,                    /＊列级完整性约束条件,ID 为主键＊/
  NAME VARCHAR(32) NOT NULL,
  DESCRIPTION VARCHAR(200),
```

```
  PRICE FLOAT,
  IMG VARCHAR(60),
  ZUOZHE VARCHAR(30),
  SORTKIND_ID VARCHAR(16) REFERENCES SORTKIND(ID)
  );
CREATE TABLE USER1_ORDER
 (
  ID VARCHAR(16),
  STATUS VARCHAR(32),
  COST FLOAT,
  DATE DATETIME,
  USER1_ID VARCHAR(16),
  PRIMARY KEY (ID),                      /* 当主键为多个属性时,必须用这种方式定义主键 */
  FOREIGN KEY (USER1_ID) REFERENCES USER1(ID)      /* USER1_ID 为外键 */
  );
CREATE TABLE ORDER_ITERM
 (
  ID VARCHAR(16) PRIMARY KEY,                       /* 列级完整性约束条件,ID 为主键 */
  AMOUNT INT CHECK (AMOUNT <= 100 AND AMOUNT > 0),  /* 图书数量不得超过 100 件 */
  PRODUCT_ID VARCHAR(16),
  USER1_ID VARCHAR(16) REFERENCES USER1(ID),
  FOREIGN KEY (PRODUCT_ID) REFERENCES PRODUCT(ID)
);
```

在基本表的定义中,可以直接在属性列的后面直接定义其完整性约束,如主键和外键等,也可以在所有属性都定义结束后在后面给出完整性约束条件。

2. 完整性约束

完整性约束的用途是限制输入到基本表中取值的范围,SQL 的完整性约束可以分为列级完整性约束和表级完整性约束两种。

列级完整性约束:是针对关系属性值设置的限定条件,只能应用在一列上。

表级完整性约束:指涉及关系中多个属性的限制条件,可以应用在一个基本表中的多个属性列上。当需要在一个基本表中的多个列上建立约束条件时,只能建立表级约束。当创建完整性约束之后,表级完整性约束的定义作为基本表定义的一部分,被存入数据字典中。

(1) 实体完整性约束(PRIMARY KEY 约束)。实体完整性约束也称为 PRIMARY KEY 约束,即主键约束。它能保证主键的唯一性和非空性。一个基本表的主键由若干属性列组成,可能只含有一列,也可能有几列,实体完整性约束可以在列级或表级上进行定义,但不可以在两个级别上同时定义。在创建基本表时,PRIMARY KEY 约束定义主键的方法如下:

① PRIMARY KEY 约束直接写在列明及其类型之后。

② 按照语法在相应的列名及其类型后单独列出:

```
CONSTRAINT <约束名> PRIMARY KEY
```

其中,<约束名>是 PRIMARY KEY 约束的名字。

③ 在 CREATE TABLE 语句列出基本表的所有的列定义之后,在附加一个 PRIMARY KEY 约束说明:

PRIMARY KEY (<列名 1 >[,<列名 2 >, …, N])

注意: 关系模型的实体完整性在 CREATE TABLE 中用 PRIMARY KEY 定义。若单属性构成的主键可以有两种说明方法: 定义为列级约束条件和定义为表级约束条件。若对于多个属性构成的主键只有一种说明方法: 定义为表级约束条件。

例 4-3 将 USER1_ORDER 表中的 ID 属性定义为主键。

① 在列级定义主键

```
CREATE TABLE USER1_ORDER
(
  ID VARCHAR(16) PRIMARY KEY (ID),
  STATUS VARCHAR(32),
  COST FLOAT,
  DATE DATETIME,
  USER1_ID VARCHAR(16),
  FOREIGN KEY (USER1_ID) REFERENCES USER1(ID)        /* USER1_ID 为外键 */
);
```

② 在表级定义主键

```
CREATE TABLE USER1_ORDER
(
  ID VARCHAR(16),
  STATUS VARCHAR(32),
  COST FLOAT,
  DATE DATETIME,
  USER1_ID VARCHAR(16),
  PRIMARY KEY (ID),                       /* 当主键为多个属性时,必须用这种方式定义主键 */
  FOREIGN KEY (USER1_ID) REFERENCES USER1(ID)        /* USER1_ID 为外键 */
);
```

插入或对主键列进行更新操作时,RDBMS 按照实体完整性规则自动进行检查。包括: 检查主键值是否唯一,如果不唯一则拒绝插入或修改;检查主键的各个属性是否为空,只要有一个为空就拒绝插入或修改;检查记录中主键值是否唯一的一种方法是进行全表扫描,如图 4-2 所示。

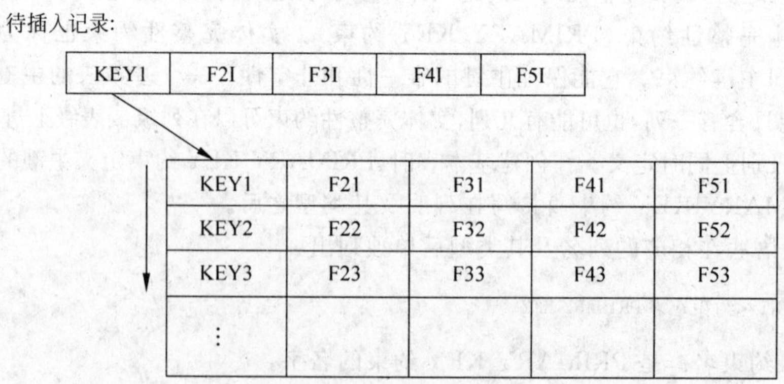

待插入记录:

KEY1	F2I	F3I	F4I	F5I

KEY1	F21	F31	F41	F51
KEY2	F22	F32	F42	F52
KEY3	F23	F33	F43	F53
⋮				

图 4-2 插入记录时对全表的扫描

（2）参照完整性约束（FOREIGN KEY 约束）。参照完整性约束也称为 FOREIGN KEY 约束或外键约束，用于定义参照完整性，即用来维护两个基本表之间的一致性关系。外键的建立主要是通过将一个基本表中的主键所在列包含在另一个表中，这些列就是另一个基本表的外键。

FOREIGN KEY 约束不仅可以与另一个基本表上的 PRIMARY KEY 约束建立联系，也可以与另一个基本表的 UNIQUE 约束建立联系。当一行新数据加到基本表时，或对表中已经存在的外键上的数据进行修改时，新的数据必须存在于另一个基本表的主键上，或为空值（NULL）。

外键的作用不只是对输入自身表格的数据进行限制，同时也限制了对主键所在的基本表的数据的修改。当主键所在的基本表的数据被另一张基本表的外键所引用时，用户将无法对主键的数据进行修改或删除，除非事先删除或修改引用的数据。

在 SQL 中创建基本表时，FOREIGN KEY 约束定义外键的方法：关系模型的参照完整性定义在 CREATE TABLE 语句中用 FOREIGN KEY 短语定义哪些列为外键，用 REFERENCES 短语指明这些外码参照哪些表的主键。

① 如果外键只有一个属性列，可以在它的列名和类型后面直接用 FOREIGN KEY 说明它参照哪个表哪列，其语法格式为：

REFERENCES <表名> (<列名>)

② 在属性列表后面增加一个或几个外键说明，其语法格式为：

FOREIGN KEY (<列名>)REFERENCES <表名> (<列名>)

③ 在相应列名及其类型后面单独列出并指定约束名，其语法格式为：

CONSTRAINT <约束名> FOREIGN KEY (<列名>)REFERENCES <表名> (<列名>)

例 4-4　定义 ORDER_ITERM 中的参照完整性。

```
CREATE TABLE ORDER_ITERM
(
  ID VARCHAR(16) PRIMARY KEY,                      /* 在列级定义实体完整性 */
  AMOUNT INT CHECK (AMOUNT<100),                   /* 图书数量不得超过 100 本 */
  PRODUCT_ID VARCHAR(16),
  USER1_ID VARCHAR(16) REFERENCES USER1(ID),       /* 在列级定义参照完整性 */
  FOREIGN KEY (PRODUCT_ID) REFERENCES PRODUCT(ID)  /* 在表级定义参照完整性 */
);
```

参照完整性违约处理方法：拒绝（NO ACTION）执行（默认策略）；级联（CASCADE）操作；设置为空值（SET-NULL）。对于参照完整性，除了应该定义外键，还应定义外键列是否允许空值。

（3）用户定义的完整性。用户定义的完整性就是针对某一具体应用的数据必须满足的语义要求。RDBMS 提供，而不必由应用程序承担属性上的约束条件的定义。

关系模型的自定义完整性定义在 CREATE TABLE 语句中，包括列值非空（NOT NULL）、列值唯一（UNIQUE）、检查列值是否满足一个布尔表达式（CHECK）。

① 不允许取空值(NOT NULL 约束)。

例 4-5 在定义 SORTKIND 表时,说明 NAME 属性不允许取空值。

```
CREATE TABLE SORTKIND
(
ID VARCHAR(16) PRIMARY KEY,                    /*列级完整性约束条件,ID 为主键*/
NAME VARCHAR(32) NOT NULL
);
```

② 列值唯一(UNIQUE 约束)。

UNIQUE 约束是唯一性约束,主要用来确保不受 PRIMARY KEY 约束的列上的数据的唯一性。PRIMARY KEY 约束与 UNIQUE 约束的区别主要表现在以下几个方面:

- UNIQUE 约束,主要用在非主键的一列或多列上要求数据唯一的情况。
- UNIQUE 约束,允许该列上存在 NULL 值,在主键决不允许出现这种情况。
- 可以在一个基本表上设置多个 UNIQUE 约束,而一个基本表只能有一个主键。

UNIQUE 约束也可以在列级或表级上设置。如果要设置多个列的 UNIQUE 约束,则必须设置表级约束。在 SQL 语句中,定义 UNIQUE 约束的方法如下:

- 列级 UNIQUE 约束:

```
CONSTRAINT <约束名> UNIQUE
```

其中,<约束名>是 UNIQUE 约束的名字。

- 表级 UNIQUE 约束:

```
CONSTRAINT <约束名> UNIQUE(<列名 1>[,<列名 2>,…,N])
```

例 4-6 建立 SORTKIND,要求类型名称 NAME 列取值唯一,类型编号 ID 列为主键。

```
CREATE TABLE SORTKIND
(
  ID VARCHAR(16) PRIMARY KEY,                   /*列级完整性约束条件,ID 为主键*/
  NAME VARCHAR(32) CONSTRAINT UN_NAME UNIQUE
  );
```

③ CHECK 约束。

例 4-7 定义 ORDER_ITERM 表且 AMOUNT 域应小于 100。

```
CREATE TABLE ORDER_ITERM
(
  ID VARCHAR(16) PRIMARY KEY,                   /*列级完整性约束条件,ID 为主键*/
  AMOUNT INT CHECK (AMOUNT<100),                /* 图书数量不得超过 100 本*/
  PRODUCT_ID VARCHAR(16),
  USER1_ID VARCHAR(16) REFERENCES USER1(ID),
  FOREIGN KEY (PRODUCT_ID) REFERENCES PRODUCT(ID)
);
```

在 CREATE TABLE 时可以用 CHECK 短语定义元组上的约束条件,即元组级的限制。同属性值限制相比,元组级的限制可以设置不同属性之间的取值的相互约束条件。

例 4-8 在高校管理系统中创建一学生表,当学生的性别是男时,其名字不能以 MS.

开头。

```
CREATE TABLE STUDENT
(
  SNO CHAR(9),
  SNAME CHAR(8) NOT NULL,
  SSEX CHAR(2),
  SAGE SMALLINT,
  SDEPT CHAR(20),
  PRIMARY KEY (SNO),
  CHECK (SSEX = '女' OR SNAME NOT LIKE 'MS.%')
  /*定义了元组中 SNAME 和 SSEX 两个属性值之间的约束条件*/
);
```

性别是女性的元组都能通过该项检查,因为 SSEX＝'女'成立;当性别是男性时,要通过检查则名字一定不能以 MS.打头。

3. 基本表的修改

随着环境和需求的变化,有时需要修改已建好的基本表,表的修改包括结构的修改和约束条件的修改。在 SQL 语言使用 ALTER TABLE 语句修改基本表。其一般格式如下:

```
ALTER TABLE <基本表名>
[ADD <新列名> <数据类型>|[完整性约束]]
[DROP <完整性约束名>]
[ALTER COLUMN<列名> <数据类型>];
```

说明:

① ＜基本表名＞是要修改的基本表的名字。

② ADD 子句用于基本表中增加新列和新完整性约束条件。新增加的列不能定义为 NOT NULL,因为不论基本表中是否有数据,新增加的列一律为空值(NULL)。

③ DROP 子句用于删除完整性约束条件。

④ ALTER 子句用于修改原有的列定义,包括列名和列的数据类型及长度。

例 4-9 向 USER1 表中增加"性别"一列,其数据类型为字符型。

```
ALTER TABLE USER1 ADD SEX CHAR(2);
```

不论基本表中原来是否有数据,新增加的列一律为空值。

例 4-10 将 HOMEPHONE 数据类型改为整型。

```
ALTER TABLE USER1 ALTER COLUMN HOMEPHONE INT;
```

例 4-11 删除用户名必须取唯一值的约束。

```
ALTER TABLE USER1 DROP UNIQUE(NAME);
```

4. 基本表的删除

当基本表不再需要时,可以用 DROP TABLE 删除表,基本表一旦被删除,其中的所有数据也会随之丢失。

在 SQL 语言中使用 DROP TABLE 删除基本表,其一般格式如下:

```
DROP TABLE <基本表名>[RESTRICT| CASCADE];
```

RESTRICT:删除表是有限制的。欲删除的基本表不能被其他表的约束所引用,如果存在依赖该表的对象,则此表不能被删除。

CASCADE:删除该表没有限制。在删除基本表的同时,相关的依赖对象一起删除。

例 4-12 删除基本表 PRODUCT。

```
DROP TABLE PRODUCT;
```

说明:

① <基本表名>是要删除的基本表的名字。

② 基本表被删除后,依附于此表建立的索引和视图都将被自动删除掉,并且无法恢复,此时系统释放其所占的存储空间。因此执行删除基本表的操作一定要格外小心。

③ 只有基本表的拥有者才可以使用此语句。

④ 不能使用 DROP 删除系统表。

注意: 不同的数据库产品在遵循 SQL 标准的基础上具体实现细节和处理策略上会与标准有差异。

现在就 SQL99 标准对 DROP TABLE 的规定,对比分析 KINGBASE ES、ORACLE 9I、MSSQL SERVER 2000 这 3 种数据库产品对 DROP TABLE 的不同处理策略,如表 4-3 所示。

表 4-3 DROP TABLE 时,SQL99 与 3 个 RDBMS 的处理策略比较

序号	标准及主流数据库的处理方式 / 依赖基本表的对象	SQL99		KINGBASE ES		ORACLE 9I		MSSQL SERVER 2000
		R	C	R	C		C	
						R	C	
1.	索引	无规定		√	√	√	√	√
2.	视图	×	√	×	√	√保留	√保留	√保留
3.	DEFAULT, PRIMARY KEY, CHECK(只含该表的列)NOT NUL FOREIGN KEY L 等约束	√	√	√	√	√	√	√
4.	FOREIGN KEY	×	√	×	√	×	√	×
5.	TRIGGER	×	√	×	√	√	√	√
6.	函数或存储过程	×	√	√保留	√保留	√保留	√保留	√保留

"×"表示不能删除基本表,"√"表示能删除基本表,"保留"表示删除基本表后,还保留依赖对象。

表中的 R 表示 RESTRICT,即 DROP TABLE <基本表名> RESTRICT;C 表示 CASCADE,即 DROP TABLE <基本表名> CASCADE。其中,ORACLE 9I 没有 RESTRICT 选项;MSSQL SERVER 2000 没有 RESTRICT 和 CASCADE 选项。

从表 4-3 中的比较可知:

(1) 对于索引,删除基本表后,对于这 3 种 RDBMS 都自动删除该表上已经建立的所有索引。

（2）对于视图，ORACLE 9I 与 MSSQL SERVER 2000 是删除基本表后，还保留表上的视图定义，但已经失效。KINGBASE ES 分两种情况：若删除时带 RESTRIC 选项，则不可以删除表。若带 CASCADE 选项删除，则可以删除表，也可以同时删除视图。KINGBASE ES 的这种策略符合 SQL99 标准。

（3）对于存储过程和函数，删除基本表后，这 3 种数据库产品都不自动删除建立在此表基础上的存储过程和函数，但已失效。

同样对于其他的 SQL 语句，不同的数据库产品在处理策略上会与标准 SQL 有所差异。因此，如果发现本书中的个别例子在某种数据库产品中无法通过，请读者参考相关数据库产品手册。

4.2.2 索引操作

在使用数据库系统时，用户所看到和操作的数据就好像是在简单的二维表中，而实际上数据在磁盘上是如何存储的用户并不清楚。但是，数据的物理存储如何，却是决定数据库性能的主要因素。索引是最常见的改善数据库性能的技术。

索引是加快检索表中数据的方法。数据库的索引类似于书籍的索引。在书籍中，索引允许用户不必翻阅完整个书就能迅速地找到所需要的信息。在数据库中，索引也允许数据库程序迅速地找到表中的数据，而不必扫描整个数据库。

1. 索引的特点

简单地说，一个索引就是一个指向表中数据的指针。例如，若读者想找出一本书中讨论某主题的所有页码，首先需要去查阅按字母顺序列出的包含所有主题的索引，然后再去阅读某些特定的页。在数据库中，索引具有同样的作用，一个查询指向基本表中数据的确切物理地址。实际上，查询都被定向于数据库中数据在数据文件中的地址，但对查询者来说，它是在参阅一张表。

索引是 SQL 基本表中列上建立的一种数据库对象，也可称其为索引文件，索引和基本表是分开存储的。建立索引的主要目的是提高数据检索性能。索引可以被创建或撤销，这对数据毫无影响。但是，一旦索引被撤销，数据查询的速度可能会变慢。索引要占用物理空间，且通常比基本表本身占用的空间还要大。

当建立索引以后，它便记录了被索引列的每一个取值在表中的位置。当在表中加入新的数据时，索引中也增加相应的数据项。当对数据库中的基本表建立了索引，进行数据查询时，首先在相应的索引中查找。如果数据被找到，则返回该数据在基本表中的确切位置。

对于一个基本表，可以根据应用环境的需要创建若干索引以提供多种存取途径。通常，索引的创建和撤销由 DBA 或表的拥有者负责。用户不能也不必要存取数据时选择索引，索引的选择由系统自动进行。

2. 索引的用途

索引的用途表现在以下几个方面：

（1）由于基本表中的列比较多（有的可达几百列），元组也比较多（大的数据库中的元组可达数万个），因此数据文件很大。当进行数据查询时，如果不使用索引，则需要将数据文件分块,逐个读到内存,再进行查找的比较操作。而使用索引后,系统会先将索引文件读入内存,根据索引项找到元组的地址,然后再根据地址将元组数据读入内存。由于索引文件中只含有索引项和元组地址,文件较小,一般可一次读入内存。并且,由于索引文件中的索引项是经过排序的,因此可以很快地找到索引项值和元组地址。显然,使用索引大幅度减少了磁盘的 I/O 次数,从而可以加快查询速度。特别是对于数据文件大的基本表,便用索引加快查询的效果非常明显。

(2) 保证数据的唯一性。索引的定义中包括定义数据唯一性的内容。当定义了数据唯一性的功能后,在对相关的索引项进行数据输入或数据更新时,系统要进行检查,以确保其数据的唯一性成立。

(3) 加快表连接的速度。在进行基本表的连接操作时,系统需要对被连接的基本表的连接字段进行查询,其工作量是非常可观的。如果在被连接的基本表的连接字段上创建索引,则可以大大提高连接操作的速度。因此,许多系统要求连接文件必须有相应的索引才能执行连接操作。例如,要列出学生表中所有学生某门课程的成绩,就要进行学生和考试这两个基本表的连接操作。在考试基本表中的学号(外键)列上建立索引,可以提高表连接的速度。

3. 创建索引的原则

为了提高数据查询的速度,在创建索引时,应遵循以下原则:

(1) 索引的创建和维护由 DBA 和 DBMS 完成。索引由 DBA 或表的拥有者负责创建和撤销,其他用户不能随意创建和撤销索引。索引由系统自动选择和维护,即不需要用户指定使用索引,也不需要用户打开索引或对索引执行重索引操作,这些工作都由 DBMS 自动完成。

(2) 是否创建索引取决于表的数据量大小和对查询的要求。基本表中记录的数据量越多,记录越长,越有必要创建索引,创建索引后加快查询速度的效果会比较明显。相反,对于记录比较少的基本表,创建索引的意义则不大。另外,索引要根据数据查询或处理的要求而创建。即对那些查询频度高、实时性要求高的数据一定要建立索引,否则不必考虑创建索引的问题。

(3) 对于一个基本表,不要建立过多的索引。索引文件要占用文件目录和存储空间,索引过多会使系统负担加重。索引需要自身维护,当基本表的数据增加、删除或修改时,索引文件要随之变化,以保持与基本表一致。显然,索引过多会影响数据增、删、改的速度。

尽管使用索引可以强化数据库的性能,但也有需要避免使用索引的时候,如下面所示的情况:

① 包含太多重复值的列。

② 查询中很少被引用的列。

③ 值特别长的列。

④ 查询返回率很高的列。

⑤ 具有很多 NULL 值的列。

⑥ 需要经常插、删、改的列。

⑦ 记录较少的基本表。

⑧ 需要频繁地进行大量数据更新的基本表。

4. 索引的类型及选择

在数据库中,对于一张表可以创建几种不同类型的索引,所有这些索引都具有相同的作用,即加快数据查询速度以提高数据库的性能。索引的一般类型有以下几种:

(1) 单列索引。单列索引是对基本表的某一单独的列进行索引,是最简单和最常用的索引类型,是在表的某一列的基础上建立的。

(2) 唯一索引。唯一索引不允许在表中插入任何相同的取值。使用唯一索引不但能提高性能,还可以维护数据的完整性。

(3) 复合索引。复合索引是针对表中两个或两个以上的列建立的索引。由于被索引列的顺序对数据查询速度具有显著的影响,在此创建复合索引时,应当考虑索引的性能。为了优化性能,通常将最强限定值放在第一位。但是,那些始终被指定的列更应当放在第一位。

在数据库中,究竟创建哪一种类型的索引,主要取决于数据查询或处理的实际需要。一般应首先考虑经常在查询的 WHERE 子句中用做过滤条件的列。如果子句中只用到了一个列,则应当选择单列索引;如果有两个或更多的列经常用 WHERE 子句,则复合索引是最佳选择。

选择索引是数据库设计的一项重要工作,恰当地选择索引有助于提高数据库操作的效率。而科学地设计、选择和创建索引,以使其得到高效的利用则有赖于 DBA 对表与表之间的关系、对查询和事务管理的要求以及对数据本身的深入了解。

5. 建立索引

在 SQL 语言使用 CREATE INDEX 语句建立索引。其一般格式如下:

```
CREATE [UNIQUE] [CLUSTER] INDEX <索引名>
ON <表名>(<列名1>[<次序1>][,<列名2>[<次序2>] ]…);
```

其中,<表名>是建立索引所依附的基本表,索引可以建立在此表的一列或多列上,各列之间用逗号分割。每个列名都可以用 ASC(升序)/DESC(降序)指定次序,缺省值为 ASC。

UNIQUE 表明此索引中若有重复记录,其只保留对应的一条数据记录。

CLUSTER 表明此索引为聚簇索引,即索引项顺序与表中记录的物理顺序一致。

例 4-13 在 USER1 表的 NAME(姓名)列上建立一个聚簇索引。

```
CREATE CLUSTER INDEX UIDX ON USER1(NAME);
```

用户一般可以在最长查询的列上建聚簇索引以提高查询速度,聚簇索引一旦建立,再要更新索引列时,会导致表中记录的物理顺序的变更,代价太大,而且一个基本表只能建一个聚簇索引,因此对于经常更新的列不宜建聚簇索引。

使用索引的原则:

不应该在一个表上建立太多的索引(一般不超过两到三个),索引能改善查询效果,但也耗费了磁盘空间,降低了更新操作的性能,因为系统必须花时间来维护这些索引。除了为数据的完整性而建立的唯一索引外,建议在表较大时再建立普通索引,表中的数据越多,索引的优越性才越明显。

例 4-14 为网上书店数据库中的 PRODUCT,SORTKIND,USER1_ORDER,ORDER
_ITERM 等 4 个表建立索引,其中 PRODUCT,SORTKIND 表中在 ID 列上建升序唯一索
引,USER1_ORDER 表中在 USER1_ID 列上建降序唯一索引,ORDER_ITERM 表按
ORDER_ID 降序和 PRODUCT_ID 升序建唯一索引。

```
CREATE UNIQUE INDEX PIDX ON PRODUCT(ID ASC);
CREATE UNIQUE INDEX SIDX ON SORTKIND(ID);
CREATE UNIQUE INDEX UOIDX ON USER1_ORDER (USER1_ID DESC);
CREATE UNIQUE INDEX OIIDX ON ORDER_ITERM (ORDER_ID,DESC,PRODUCT_ID ASC);
```

6. 删除索引

索引一旦建立,由系统使用和维护,当不需要时,可删除索引。在 SQL 语言中使用
DROP INDEX 语句删除索引,一般格式如下:

```
DROP INDEX <索引名>;
```

例 4-15 删除 PRODUCT 表中的 PIDX 索引。

```
DROP INDEX PIDX;
```

如果数据增删频繁,系统会花费许多时间维护索引,从而降低了查询效率,可以删除一
些不必要的索引。删除索引时,系统会同时删除数据字典中有关该索引的定义。

在 RDBMS 中索引一般采用 B^+ 树、HASH 索引实现。B^+ 树索引具有动态平衡的优
点。HASH 索引具有查找速度快的特点。索引时关系数据库的内部实现技术,属于内模式
的范畴。

用户使用 CREATE INDEX 语句定义索引时,可以定义唯一索引、非唯一索引、聚簇索
引。至于某个索引是采用 B^+ 树,还是采用 HASH 索引则由具体的 RDBMS 决定。

7. 索引的优点

(1) 创建唯一性索引,保证数据库表中每一行数据的唯一性。

(2) 大大加快数据的检索速度,这也是创建索引的最主要的原因。

(3) 加速表和表之间的连接,特别是在实现数据的参考完整性方面特别有意义。

(4) 在使用分组和排序子句进行数据检索时,同样可以显著减少查询中分组和排序的
时间。

(5) 通过使用索引,可以在查询的过程中使用优化隐藏器,提高系统的性能。

8. 索引的缺点

(1) 创建索引和维护索引要耗费时间,这种时间随着数据量的增加而增加。

(2) 索引需要占物理空间,除了数据表占数据空间之外,每一个索引还要占一定的物理
空间,如果要建立聚簇索引,那么需要的空间就会更大。

(3) 当对表中的数据进行增加、删除和修改的时候,索引也要动态地维护,降低了数据
的维护速度。

4.2.3 SQL Server中数据定义的实现

在 SQL 中语句需要以";"结束,而在 SQL Server 中,";"是语句间的分隔符,并非是语句的组成部分,当只有一条语句时";"可以省略。

例 4-16 创建名为 BOOKSTORES 的数据库。

```
CREATE DATABASE BOOKSTORES;
```

例 4-17 建立一个学生表 STUDENT,由学号 ID、姓名 NAME、密码 PASSWORD、地址 ADDRESS、邮编 POSTCODE、电子邮箱 EMAIL、宅电 HOMEPHONE 等 7 个属性组成。其中,ID 为主键,姓名不能为空,值是唯一的,密码不许为空。

```
CREATE TABLE STUDENT
(
  ID INT PRIMARY KEY,                          /*主键*/
  NAME VARCHAR(16) NOT NULL UNIQUE,            /* ID 取值唯一,不取空值*/
  PASSWORD CHAR(16) NOT NULL,
  ADDRESS VARCHAR(100),
  POSTCODE CHAR(10),
  EMAIL VARCHAR(32),
  HOMEPHONE CHAR(32),
);
```

例 4-18 在学生表的 ID(姓名)列上建立一个聚簇索引。

```
CREATE CLUSTER INDEX IDX ON STUDENT(ID);
```

例 4-19 删除 SORTKIND 表中的 SIDX 索引。

```
DROP INDEX SIDX;
```

4.3 SQL 数据操作功能

SQL 语言中数据更新操作包括数据插入、数据修改和数据删除三种操作。

4.3.1 插入操作

在创建基本表时,最初只是一个空的框架,没有数据,然后可以用 INSERT 命令把数据插入到基本表中。关系数据库都有数据装载程序,可以将大量的原始数据装入基本表。

SQL 语言中数据插入语句 INSERT 通常有两种形式,一种是一次插入一条元组;另一种是一次插入一个子查询结果,即一次插入多条元组。

1. 插入单条元组

在 SQL 语言中插入单条元组的语句格式如下:

```
INSERT
INTO <表名> [(<属性列 1>[,<属性列 2 >]…)
```

VALUES (<常量 1> [,<常量 2>]…);

其功能是将指定的元组插入到指定的关系中,其中属性列的顺序要与常量值的顺序一一对应,常量 1 的值赋给属性列 1,常量 2 的值赋给属性列 2,依次赋值。

关系中在 INTO 子句中没有出现的属性列,新值在这些列上取空值。注意,在表定义中不许为空的列不能取空值,否则会出错。

有时可以省略属性列表,但常量的列表顺序要求必须与指定关系的实际属性列顺序一致,且新插入的记录必须在每个属性列上均有值。

例 4-20 插入一条图书类型记录('01','计算机')。

```
INSERT
INTO SORTKIND
VALUES('01','计算机');
```

例 4-21 将一个新书记录('9787040123104','数据库系统教程',29.5,'施伯乐','01')插入到 PRODUCT 表中。

```
INSERT
INTO PRODUCT (ID,NAME,PRICE,ZUOZHE,SORTKIND_ID)
VALUES('9787040123104','数据库系统教程',29.5,'施伯乐','01');
```

新插入的记录在 DESCRIPTION、IMG 列上自动赋空值。

2. 插入多个元组

在 SQL 语言中,子查询结果可以一次性插入到指定的关系中,插入子查询结果的语句格式如下:

```
INSERT
INTO <基本表名> [(<属性列 1> [,<属性列 2>…)]
<子查询>;
```

说明:

① SQL 先处理<子查询>,得到查询结果,再将结果插入到<基本表名>所指的基本表中。

② <子查询>结果集合中的列数、列序和数据类型必须与<基本表名>所指基本表中相应各项匹配或兼容。

例 4-22 在 PRODUCT 表中查询出所有 01 类图书,将其图书编号插入到 USER1_ORDER 订单表中。

```
INSERT
INTO USER1_ORDER (ID)
SELECT ID
FROM PRODUCT
WHERE SORTKIND_ID = '01';
```

4.3.2 修改操作

当数据库中数据发生变化时,需要对关系进行修改,在 SQL 语言中修改操作的一般格

式为:

```
UPDATE <表名>
SET <列名>=<表达式>[,<列名>=<表达式>] …
[WHERE <条件>];
```

其功能是修改指定关系中满足 WHERE 子句条件的元组。其中,SET 子句给出指定列的修改方式及修改后取值。若省略 WHERE 子句则说明要修改关系中所有的元组。在 WHERE 子句中可以嵌套子查询。

1. 修改某一个元组的值

例 4-23 将 PRODUCT 表中 ID 号为 9787040123104 的书 PRICE 改为 30 元。

```
UPDATE PRODUCT
SET PRICE = 30
WHERE ID = '9787040123104';
```

2. 修改多个元组的值

例 4-24 将 PRODUCT 表中所有图书的 PRICE 加 1 元。

```
UPDATE PRODUCT
SET PRICE = PRICE + 1;
```

3. 带子查询的修改语句

例 4-25 将 PRODUCT 表中所有计算机类的图书 PRICE 提高 5%。

```
UPDATE PRODUCT
SET PRICE = PRICE * 0.05
WHERE SORTKIND_ID = (SELECT ID
                     FROM SORTKIND
                     WHERE NAME = '计算机');
```

4.3.3 删除操作

当数据库中数据不再需要时,应将这些不需要的数据从关系中删除,在 SQL 语言中删除语句的一般格式为:

```
DELETE
FROM <表名>
[WHERE <条件>];
```

其功能是删除指定关系中满足 WHERE 子句条件的所有元组。当 WHERE 子句缺省时表示要删除关系中的全部元组,但表的定义仍存放在数据字典中,也就是说 DELETE 语句删除的是关系中的数据,而不是表的定义。数据一旦被删除将无法恢复,除非事先有备份。在 WHERE 子句中也可以嵌套子查询。

1. 删除某一个元组的值

例 4-26 将 PRODUCT 表中 ID 号为 9787040123104 的书删除。

```
DELETE
FROM PRODUCT
WHERE ID = '9787040123104';
```

2．删除多个元组的值

例 4-27　将 PRODUCT 表中所有图书删除。

```
DELETE
FROM PRODUCT;
```

3．带子查询的删除语句

例 4-28　将 PRODUCT 表中所有计算机类的图书删除。

```
DELETE
FROM PRODUCT
WHERE SORTKIND_ID = (SELECT ID
                     FROM SORTKIND
                     WHERE NAME = '计算机');
```

　　RDBMS 在执行更新语句时会检查所做的更新操作是否破坏表上已定义的完整性规则，即实体完整性、参照完整性、用户定义完整性（NOT NULL 约束、UNIQUE 约束、值域约束），若破坏了表定义的完整性约束规则，则更新失败。

4.3.4　SQL Server 中更新操作的实现

例 4-29　插入一条图书类型记录（'02'，'信息管理'）。

```
INSERT
INTO SORTKIND
VALUES('02','信息管理');
```

例 4-30　将一个新书记录（'9787040243789'，'数据库系统概论学习指导与习题解析'，21，'王珊'，'01'）插入到 PRODUCT 表中。

```
INSERT
INTO PRODUCT (ID,NAME,PRICE,ZUOZHE,SORTKIND_ID)
VALUES('9787040243789','数据库系统概论学习指导与习题解析',21,'王珊','01');
```

例 4-31　在 PRODUCT 表中查询出所有 02 类图书，将图书编号插入到 USER1_ORDER 订单表中。

```
INSERT
INTO USER1_ORDER (ID)
SELECT ID
FROM PRODUCT
WHERE SORTKIND_ID = '02';
```

例 4-32　将 USER1 表中 ID 号为 002 的用户名改为尹志平。

```
UPDATE USER1
```

```
SET NAME = '尹志平'
WHERE ID = '002';
```

例 4-33 将 PRODUCT 表中所有图书的 PRICE 加 2 元。

```
UPDATE PRODUCT
SET PRICE = PRICE + 2;
```

例 4-34 将 PRODUCT 表中所有信息管理类的图书 PRICE 提高 2 元。

```
UPDATE PRODUCT
SET PRICE = PRICE + 2
WHERE SORTKIND_ID =
                (SELECT ID
                FROM SORTKIND
                WHERE NAME = '信息管理');
```

例 4-35 将 USER1 表中 ID 号为 001 的用户删除。

```
DELETE
FROM USER1
WHERE ID = '001';
```

例 4-36 将 USER1_ORDER 表中所有订单删除。

```
DELETE
FROM USER1_ORDER;
```

例 4-37 将 PRODUCT 表中所有信息管理类的图书删除。

```
DELETE
FROM PRODUCT
WHERE SORTKIND_ID =
                (SELECT ID
                FROM SORTKIND
                WHERE NAME = '信息管理');
```

4.4 SQL 数据查询功能

数据库查询是数据库的核心操作,在 SQL 语言中用 SELECT 语句进行查询,该语句具有灵活的使用方式和丰富的功能,其 SELECT 语句的一般格式如下:

```
SELECT [ALL|DISTINCT] <目标列表达式> [别名] [,<目标列表达式> [别名]]…
FROM <表名或视图名> [别名][,<表名或视图名> [别名]]…
[WHERE <条件表达式>]
[GROUP BY <列名 1> [HAVING <条件表达式>]]
[ORDER BY <列名 2> [ASC|DESC]];
```

此语句含义为根据 WHERE 条件从 FROM 子句中指定的表中选出满足条件的元组,然后按 SELECT 子句后面指定的属性列提取出指定的列,若有 GROUP BY 子句,再根据 GROUP BY 子句指出的<列名 1>分组。属性列值相等的为一组,若 GROUP BY 子句有

HAVING 子句,则只有满足 HAVING 条件的组才被输出。若有 ORDER BY 子句,则将结果按<列名 2>按照指定的顺序排序,ASC 升序,DESC 降序,缺省为 ASC。

在 SQL 语言中,SELECT 既可以实现单表的简单查询,又可以实现多表的嵌套查询和连接查询。下面仍以网上书店数据库应用系统为例说明 SELECT 语句的各种用法。

网上书店数据库系统主要包括 5 个表。

用户表:USER1(ID,NAME,PASSWORD,ADDRESS,POSTCODE,EMAIL,HOME_PHONE,CELL_PHONE,OFFICE_PHONE)。

USER1 由用户编号(ID),姓名(NAME),密码(PASSWORD),地址(ADDRESS),邮编(POSTCODE),电子邮箱(EMAIL),宅电(HOME_PHONE),移动电话(CELL_PHONE),办公室电话(OFFICE_PHONE)9 个属性组成,其中 ID 为主键。

图书表: PRODUCT (ID, NAME, DESCRIPTION, PRICE, IMG, ZUOZHE, SORTKIND_ID)。

PRODUCT 由图书编号(ID),图书名称(NAME),图书描述(DESCRIPTION),图书价格(PRICE),图书图片路径(IMG),作者(ZUOZHE),图书类型号(SORTKIND_ID)7 个属性组成,其中 ID 为主键。

图书类型表:SORTKIND(ID,NAME)。

SORTKIND 由图书类型编号(ID),图书类型名称(NAME)2 个属性组成。

订单表:USER1_ORDER(ID,STATUS,COST,DATE,USER1_ID)。

USER1_ORDER 由订单编号(ID),订单状态(STATUS),订单金额(COST),订单产生时间(DATE),用户编号(USER1_ID)5 个属性组成,其中 ID 为主键。

订单条目表:ORDER_ITEM(ID,AMOUNT,PRODUCT_ID,ORDER_ID)。

ORDER_ITEM 由条目编号(ID),图书数量(AMOUNT),图书编号(PRODUCT_ID),订单编号(ORDER_ID)4 个属性组成,其中 ID 为主键。

4.4.1　单表查询

单表查询指只涉及一个关系的查询。

1. 选择关系中的若干列

选择表中的所有列或部分列,即为投影运算。

(1)查询全部列

选出表中的全部列有两种方法,一种是在 SELECT 关键字后面列出所有的列名,并以",",分割,指定的列顺序可以不和表中顺序一致;另一种是在 SELECT 关键字后面指定"＊",此时输出列的顺序必与原表顺序一致。

例 4-38　查询全体用户的详细信息。

```
SELECT *
FROM USER1;
```

等价于

```
SELECT ID,NAME,PASSWORD,ADDRESS,POSTCODE,
```

```
EMAIL,HOME_PHONE,CELL_PHONE,OFFICE_PHONE
FROM USER1;
```

（2）查询指定列

在多数情况下，用户只对一部分列信息感兴趣，此时就可以在 SELECT 子句后面指定要查询的属性列名。

例 4-39　查询 USER1 表中用户名及其编号。

```
SELECT ID,NAME
FROM USER1;
```

例 4-40　查询图书表中的图书名及图书价格。

```
SELECT NAME,PRICE
FROM PRODUCT;
```

＜目标列表达式＞中指定的列顺序可以与原表一致，也可以与原表中列顺序不一致，用户可以根据需求调整。

（3）查询经过计算的值

SELECT 关键字后面的＜目标列表达式＞既可以是表中的属性列，也可以是表达式。

例 4-41　查询图书名及其九折价格。

```
SELECT NAME,PIECE * 0.9
FROM PRODUCT;
```

＜目标列表达式＞不仅可以是表达式，还可以是字符串常量和函数等。

例 4-42　查询所有用户名及其地址，并且要求用小写字母表示地址信息。

```
SELECT NAME,LOWER(ADDRESS)
FROM USER1;
```

用户可以通过定义别名改变查询结果的列标题，这对于含有算术表达式、函数名、常量的目标列表达式来说尤为适用。

2．选择表中的若干元组

（1）消除重复行

两个并不相同的元组，投影到某些列后会出现相同的几个元组，此时一般就需要消除重复元组。

例 4-43　查询出订购了图书的用户编号。

```
SELECT USER1_ID
FROM USER1_ORDER;
```

由于同一个用户可能订购多种图书，所以例 4-43 中得到的 USER1_ID 可能会有重复值，如果要去掉重复值必须用 DISTINCT 关键字。若没有 DISTINC 关键字，则为 ALL，不消除重复值。要特别注意 DISTINCT 修饰的是其后面的所有列。

```
SELECT DISTINCT USER1_ID
FROM USER1_ORDER;
```

```
SELECT USER1_ID
FROM USER1_ORDER;
```

等价于

```
SELECT ALL USER1_ID
FROM USER1_ORDER;
```

（2）查询满足条件的元组

用 WHERE 子句指定查询中需要满足的条件，WHERE 子句常用的查询条件如表 4-4 所示。

表 4-4　常用的查询条件

查 询 条 件	谓　　词
比较	$=,>,<,>=,<=,!=,<>,!>,!<$；NOT＋上述比较运算符
确定范围	BETWEEN…AND…,NOT BETWEEN…AND…
确定集合	IN,NOT IN
字符匹配	LIKE,NOT LIKE
空值	IS NULL,IS NOT NULL
多重条件（逻辑运算）	AND,OR,NO

① 比较大小。

例 4-44　查询全体图书类型编号为 01 的图书。

```
SELECT NAME
FROM PRODUCT
WHERE SORTKIND_ID = '01';
```

例 4-45　查询所有图书价格小于 30 元的图书编号及其名称。

```
SELECT ID,NAME
FROM PRODUCT
WHERE PRICE < 30;
```

或

```
SELECT ID,NAME
FROM PRODUCT
WHERE NOT PRICE > = 30;
```

逻辑运算符 NOT 可与比较运算符连用，对条件求非。

② 确定范围。

BETWEEN…AND…用来查询在指定范围内的元组，其指定的是闭区间，BETWEEN 后为下限，AND 后为上限。NOT BETWEEN…AND…用来查询不在指定范围内的元组。

例 4-46　查询图书价格在 20～30 之间（包括 20 和 30）的图书名称及其价格。

```
SELECT NAME,PRICE
FROM PRODUCT
WHERE PRICE BETWEEN 20 AND 30;
```

例 4-47 查询图书价格不在 20～30 之间的图书名称及其价格。

```
SELECT NAME,PRICE
FROM PRODUCT
WHERE PRICE NOT BETWEEN 20 AND 30;
```

③ 字符匹配。

用 LIKE 谓词进行字符匹配。其一般格式如下：

```
[NOT] LIKE '<匹配串>'[ESCAPE'<换码字符>']
```

查询指定属性列值与<匹配串>相匹配的元组，<匹配串>可以是一个不含通配符的完整字符串（当<匹配串>为不含通配符的完整字符串时，LIKE 可用"＝"号代替，NOT LIKE 可用"！＝"代替），也可以含有通配符％和_。

其中，％（百分号）代表出现在指定位置的任意长度（长度可以为 0）的字符串；

_（下划线）代表出现在指定位置的任意单个字符。

例 4-48 查询图书类型名称为计算机的图书的类型编号。

```
SELECT ID
FROM SORTKIND
WHERE NAME LIKE '计算机';
```

或

```
SELECT ID
FROM SORTKIND
WHERE NAME = '计算机';
```

例 4-49 查询图书类型名称以计算开头图书的类型编号。

```
SELECT ID
FROM SORTKIND
WHERE NAME LIKE '计算 % ';
```

例 4-50 查询所有姓李的两个汉字的用户姓名。

```
SELECT NAME
FROM USER1
WHERE NAME LIKE'李_';
```

例 4-51 查询第二个字为明的用户姓名。

```
SELECT NAME
FROM USER1
WHERE NAME LIKE'_明 % ';
```

例 4-52 查询不姓刘的用户姓名。

```
SELECT NAME
FROM USER1
WHERE NAME NOT LIKE'刘 % ';
```

若用户要查询的字符串本身就含有％和_，这时就要使用 ESCAPE<换码字符>短语对通配符进行转义了。

例 4-53　查询图书名为 DB_DESIGN 的价格和作者。

```
SELECT PRICE, ZUOZHE
FROM PRODUCT
WHERE NAME LIKE ' DB\_ DESIGN' ESCAPE '\ ';
```

ESCAPE'\'表示\为换码字符,这样 DB_DESIGN 中的"_"就不再是通配符了,转义为普通字符。

④ 确定集合。

用 IN 谓词可以查找属性值在指定的集合中元组。

例 4-54　查询所有是 01,02,03 图书类型编号的图书名称。

```
SELECT NAME
FROM PRODUCT
WHERE SORTKIND_ID IN ('01', '02', '03');
```

与 IN 相对的是 NOT IN,不在指定的集合中元组。

例 4-55　查询所有不是 01,02,03 图书类型编号的图书名称。

```
SELECT NAME
FROM PRODUCT
WHERE SORTKIND_ID NOT IN ('01', '02', '03');
```

⑤ 复合条件查询。

逻辑运算符 AND 和 OR 用来连接多条件查询,运算顺序从左到右,AND 优先级高于 OR,但用户可以用括号改变优先级。

例 4-56　查询价格高于 30 元的 01 类的图书名称。

```
SELECT NAME
FROM PRODUCT
WHERE PRICE > 30 AND SORTKIND_ID = '01';
```

例 4-57　查询价格高于 30 元或 01 类的图书名称。

```
SELECT NAME
FROM PRODUCT
WHERE PRICE > 30 OR SORTKIND_ID = '01';
```

例 4-55 中的 IN 谓词可以用多个 OR 条件代替,例 4-55 的查询可以改写为:

```
SELECT NAME
FROM PRODUCT
WHERE SORTKIND_ID = '01' OR SORTKIND_ID = '02' OR SORTKIND_ID = '03';
```

⑥ 涉及空值的查询。

例 4-58　查询地址为空的用户名及用户编号。

```
SELECT NAME, ID
FROM USER1
WHERE ADDRESS IS NULL;
```

注意：这里的 IS 不能用等号（＝）替换，若不为空则用 IS NOT NULL 表示，不能用（!＝）替换。

例 4-59　查询地址不为空的用户名及用户编号。

```
SELECT NAME,ID
FROM USER1
WHERE ADDRESS IS NOT NULL;
```

（3）对查询结果进行排序

在 SQL 语言中，SELECT 查询可以用 ORDER BY 子句对查询结果进行排序，可以根据一个属性排序，也可以按照多个属性排序。

例 4-60　查询订单金额大于 100 元的详细的订单信息，查询结果按照订单产生时间降序排序。

```
SELECT *
FROM USER1_ORDER
WHERE COST > 100
ORDER BY DATE;
```

若结果中含有空值，则空值按最大处理，即升序，空值将显示在最后，降序，空值显示在最前面。

例 4-61　将订单条目表中的信息进行排序，首先按用户编号升序排序，用户编号相同按图书编号降序排序。

```
SELECT *
FROM ORDER_ITERM
ORDER BY USER1_ID,PRODUCT_ID DESC;
```

（4）函数查询

SQL 语言中为增强查询功能和方便用户使用，提供了许多集函数，常用的集函数如表 4-5 所示。

表 4-5　SQL 聚集函数

函　　数	功　　能
COUNT([DISTINCT|ALL] *)	统计元组个数
COUNT([DISTINCT|ALL] <列名>)	统计指定列中值的个数
SUM([DISTINCT|ALL] <列名>)	计算指定列值的总和
MAX([DISTINCT|ALL] <列名>)	求指定列值的最大值
MIN([DISTINCT|ALL] <列名>)	求指定列值的最小值
AVG([DISTINCT|ALL] <列名>)	计算指定列值的平均值

其中，DISTINCT 短语指明在计算时要取消指定列中的重复值，ALL 短语，不取消重复值，ALL 为缺省值。在聚集函数遇到空值时，除 COUNT（ * ）外，都跳过空值而处理非空值。

注意：WHERE 子句是不能使用聚集函数作为条件表达式的。

例 4-62　查询用户总数。

```
SELECT COUNT( * )
FROM USER1;
```

例 4-63　查询订购图书的用户总数。

```
SELECT COUNT(DISTINCT USER1_ID)
FROM USER1_ORDER;
```

用户每订购一次图书，在 USER1_ORDER 表中就会有相应的一条记录，一个用户可以多次订购图书，为了避免重复的用户人数，必须在 COUNT 函数中使用 DISTINCT 短语。

例 4-64　查询订单表中最大订单金额。

```
SELECT MAX(COST)
FROM USER1_ORDER;
```

(5) 查询结果进行分组

GROUP BY 子句将查询结果按照某一列或某几列进行分组，值相等的为一组。

例 4-65　查询订单表中各用户的订单总金额。

```
SELECT SUM(COST)
FROM USER1_ORDER
GROUP BY USER1_ID;
```

如果分组后想按照某个条件进行筛选，就需要使用 HAVING 子句指定筛选条件，最终只输出满足条件的组。

例 4-66　查询订单表中各用户的订单总金额，将总金额大于 3000 元的用户编号及总金额输出。

```
SELECT USER1_ID, SUM(COST)
FROM USER1_ORDER
GROUP BY USER1_ID
HAVING SUM(COST)> 3000;
```

WHERE 子句和 HAVING 短语的区别是作用对象不同，其中，WHERE 条件作用在整个基本表或视图上，从而筛选出满足条件的元组。而 HAVING 作用在组上，从而选出满足条件的组。

4.4.2　连接查询

4.4.1 中的查询都是在一个表中进行的，但有时查询涉及多个表，此时可以使用连接进行查询。连接查询是关系数据库中最主要的核心查询，包括普通连接和外连接查询。

1. 普通连接

普通连接操作只输出满足连接条件的元组。连接查询中用来连接两个表的条件称为连接条件或连接谓词，连接谓词中的列名称为连接字段，其一般格式为：

[<表名 1>.]<列名 1> <比较运算符> [<表名 2>.]<列名 2>

[<表名1>.]<列名1> BETWEEN [<表名2>.]<列名2> AND [<表名2>.]<列名3>

连接条件中的各连接字段类型必须是可比的,但名称不必是相同的。且连接条件在 WHERE 子句中。

例 4-67 查询每个用户及其订购图书的信息。

```
SELECT USER1. * , USER1_ORDER. *
FROM USER1, USER1_ORDER
WHERE USER1.ID = USER1_ORDER.USER1_ID;          /* 将两表中同一用户的信息连接 */
```

在连接查询中为了避免混淆,在属性名前面加上了表名前缀。如果属性名在参加连接的表中是唯一的,则可以省略表名前缀。

若没有指定两表的连接条件,则两表做广义笛卡儿积,即两表元组交叉乘积。其连接结果会产生一些没有意义的元组,所以这种运算实际上很少用。

若在连接条件中的连接运算符是等号(=)则是等值连接,其中会有相同的重复属性列,如果去掉重复的属性列,则是自然连接。

一般情况下,并不需要将两个表中的所有属性列均显示出来,只是将用户需要的属性列在 SELECT 子句中列出来。在指定输出的属性列中如果有两个表中都存在的属性则需要在属性名前面加上表名前缀,否则不需要加表名前缀。

例 4-68 查询订购图书的用户名及订单编号和订单金额。

```
SELECT USER1.NAME, USER1_ORDER.ID, COST
FROM USER1, USER1_ORDER
WHERE USER1.ID = USER1_ORDER.USER1_ID;          /* 将两个表中同一用户的信息连接起来 */
```

COST 属性前面没有加表名前缀,是因为只有 USER1_ORDER 表中有 COST 属性,不会引起混淆。

连接不仅可以在两个不同的表中进行,也可以是一个表与其自身进行连接,称之为自身连接,自身连接在实际查询中经常会用到。

注意:使用连接查询方式只用一个查询块,并且必须在 WHERE 子句中给出连接谓词。当目标列中涉及的属性在不同表中时,只能使用连接查询方式进行查询。

2. 外连接

在通常情况下,连接操作只有满足条件的元组才会作为结果输出,如 USER1 表和 USER1_ORDER 表做普通连接时只会输出满足条件的元组,没有订购图书的用户就不会显示出来。有时,想要以 USER1 表为主体列出每个用户的基本情况及其订购图书的情况,某个用户没有订购图书,只输出其用户基本信息,其订购图书的信息为空即可,这时就需要应用外连接(OUTER JOIN)。

例 4-69 查询用户的订购图书的信息,没有订购图书的用户其订购信息为空。

```
SELECT USER1.ID, USER1.NAME, USER1_ORDER.ID, USER1_ORDER.COST,
       USER1_ORDER.DATE
FROM USER1 LEFT OUT JOIN USER1_ORDER ON
       (USER1.ID = USER1_ORDER.USER1_ID);
```

例 4-69 为左外连接,即列出左边关系(如上例中 USER1 表)中所有的元组,用 LEFT 指定左外连接。右外连接为列出右边关系中所有的元组,用 RIGHT 指定右外连接。

用右外连接实现例 4-69 中的查询:

```
SELECT USER1.ID,USER1.NAME,USER1_ORDER.ID,USER1_ORDER.COST,
        USER1_ORDER.DATE
FROM USER1_ORDER RIGHT OUT JOIN USER1 ON
        (USER1.ID = USER1_ORDER.USER1_ID);
```

3. 复合条件连接

在例 4-69 中,WHERE 条件中只有一个条件,但多数时候 WHERE 子句中会有多个条件,这就称为复合条件连接。

例 4-70　查询订购数量大于 30 的图书名称。

```
SELECT NAME
FROM ORDER_ITERM,PRODUCT
WHERE ORDER_ITERM.PRODUCT_ID = PRODUCT.ID AND
        ORDER_ITERM.AMOUNT > 30;
```

连接操作除了可以是两个表连接,也可以是表与自身连接,还可以是两个表以上的多表进行连接,后者称为多表连接。

例 4-71　查询订购数量小于 10 的图书的名称及类别名称。

```
SELECT PRODUCT.NAME,SORTKIND.NAME
FROM ORDER_ITERM,PRODUCT,SORTKIND
WHERE ORDER_ITERM.PRODUCT_ID = PRODUCT.ID AND
        PRODUCT.SORTKIND_ID = SORTKIND.ID AND
        ORDER_ITERM.AMOUNT < 10;
```

4.4.3　嵌套查询

在 SQL 语言中,一个 SELECT-FROM-WHERE 语句称为一个查询块。将一个查询块嵌套在另一个查询块的 WHERE 子句或 HAVING 短语的条件中的查询称为嵌套查询(NESTED QUERY)。

例如:

```
SELECT NAME                            /*外层查询或父查询*/
FROM USER1
WHERE ID IN
        (SELECT USER1.USER1_ID         /*内层查询或子查询*/
        FROM USER1_ORDER);
```

在 SQL 语言中可以多层嵌套查询,即一个子查询还可以嵌套另外一个子查询。特别要注意子查询中不能有 ORDER BY 子句,只有在最外层的最终查询结果才可以使用 ORDER BY 子句进行排序。

嵌套查询一般的求解方法是由里向外处理,即每一个子查询在其上一级查询处理之前求解,子查询结果用于建立其父查询的查询条件。

嵌套查询可以使多个简单查询嵌套成一个复杂的查询,这样通过层层嵌套的方法构造查询,提高 SQL 语言的查询能力。这种层层嵌套的方法正是 SQL 中"结构化"的含义所在。

当目标列中涉及的属性在同一个表中时,就可以使用嵌套查询,需要注意的是连接查询和嵌套查询可以在一个查询中同时出现。

1. 带有 IN 谓词的子查询

在嵌套查询中,子查询的结果往往是一个集合,所以谓词 IN 是嵌套查询中最常用的谓词。

例 4-72　查询计算机类的图书编号及名称。

先分步完成子查询,然后再构造嵌套查询。

① 先确定计算机类图书的编号。

```
SELECT ID
FROM SORTKIND
WHERE NAME = '计算机';
```

② 查找所有图书类型编号为 01 的图书编号及名称。

```
SELECT ID,NAME
FROM PRODUCT
WHERE SORTKIND_ID = '01';
```

将第一步的查询结果嵌套到第二步的查询条件中去,构造嵌套查询,SQL 嵌套查询语句如下:

```
SELECT ID,NAME
FROM PRODUCT
WHERE SORTKIND_ID IN
        (SELECT ID
         FROM SORTKIND
         WHERE NAME = '计算机');
```

以上的嵌套查询也可以用连接查询实现:

```
SELECT ID,NAME
FROM PRODUCT,SORTKIND
WHERE PRODUCT.SORTKIND_ID = SORTKIND.ID AND
      SORTKIND.NAME = '计算机';
```

由此可见,实现同一个查询可以使用不同的方法,但不同的方法其执行效率可能有所不同,也有可能会有很大差别。

例 4-73　查询用户名为'李平'的用户订购的订单编号及订单金额。

```
SELECT ID,COST
FROM USER1_ORDER
WHERE USER1_ID IN
        (SELECT ID
         FROM USER1
         WHERE NAME = '李平');
```

例 4-73 同样可以用连接查询来实现：

```
SELECT ID,COST
FROM USER1_ORDER,USER1
WHERE USER1_ORDER.USER1_ID = USER1.ID AND USER1.NAME = '李平';
```

可以看出，当查询涉及多个关系时，用嵌套实现查询求解，层次清晰，易于构造，具有结构化程序设计的优点。

有些嵌套查询可以用连接查询实现，有些则不行，对于可以用连接查询代替嵌套查询的，最终想用哪种方法实现查询由用户习惯决定。

例 4-73 中子查询结果不依赖于父查询结果，这类查询为不相关子查询，这是最简单的一种查询。

2. 带有比较运算符的子查询

当子查询结果返回的是一个单值时，父查询和子查询之间可以用比较运算符进行连接，可以用>,>=,<,<=,=,!=,<>等比较运算符。

例如，在例 4-30 中，由于计算机类的图书类型编号只有一个，也就是说内查询结果只返回一个值，因此可以用"="代替 IN，其 SQL 语句如下：

```
SELECT ID,NAME
FROM PRODUCT
WHERE SORTKIND_ID =
        (SELECT ID
         FROM SORTKIND
         WHERE NAME = '计算机');
```

需要特别注意的是，子查询结果一定要跟在比较运算符后面，下面的写法是错误的：

```
SELECT ID,NAME                          /*本例是错误语法*/
FROM PRODUCT
WHERE(SELECT ID
    FROM SORTKIND
    WHERE NAME = '计算机') = SORTKIND_ID;
```

例 4-74 查询每个超过订购图书平均订购金额的用户编号及订单编号。

```
SELECT USER1_ID,ID
FROM USER1_ORDER X
WHERE COST > = (SELECT AVG(COST)            /*某个用户的平均订购金额*/
FROM USER1_ORDER Y
WHERE Y.USER1_ID = X.USER1_ID);
```

X 是表 USER1_ORDER 的别名，又称为元组变量，用来表示 USER1_ORDER。内层查询是求一个用户所有订购单的平均订购金额，至于是哪个用户的平均订购金额要看参数 X.USER1_ID 的值，而该值是与父查询有关的，因此这类查询称为相关子查询。

这个语句的一个可能的执行过程是：

① 从外层查询中取出 USER1_ORDER 的一个元组 X，将元组 X 的 USER1_ID 值（001）传送给内层查询。

```
SELECT AVG(COST)
FROM USER1_ORDER Y
WHERE Y.USER1_ID = '001';
```

② 执行内层查询,得到值 24,用该值代替内层查询,得到外层查询:

```
SELECT USER1_ID, ID
FROM USER1_ORDER X
WHERE COST > = 24;
```

③ 执行这个查询,得到一组结果。

④ 外层查询取出下一个元组重复做上述步骤①~③,直到外层的 USER1_ORDER 元组全部处理完毕,得到查询的全部结果。

求解相关子查询不像求解不相关子查询那样,一次将子查询求解出来,然后求解父查询。内查询由于与外查询有关,因此必须反复求值。

3. 带有 ANY 和 ALL 谓词的子查询

单独使用比较运算符时,要求子查询结果返回的结果必须为单值。若子查询结果返回的是一个集合时,就要使用带有 ANY 和 ALL 谓词的比较运算符。其语义组合如表 4-6 所示。

表 4-6 带有 ANY 和 ALL 谓词的比较运算符及其语义

比较运算符	语 义
> ANY	大于子查询结果中的某个值
> ALL	大于子查询结果中的所有值
>=ANY	大于等于子查询结果中的某个值
>=ALL	大于等于子查询结果中的所有值
!=(或<>)ANY	不等于子查询结果中的某个值
!=(或<>)ALL	不等于子查询结果中的任何一个值
< ANY	小于子查询结果中的某个值
< ALL	小于子查询结果中的所有值
<= ANY	小于等于子查询结果中的某个值
<= ALL	小于等于子查询结果中的所有值
= ANY	等于子查询结果中的某个值
=ALL	等于子查询结果中的所有值(通常没有实际意义)

实际上用聚集函数实现子查询通常比直接使用 ANY 或 ALL 查询效率要高,ANY、ALL 谓词与聚集函数、IN 谓词的等价转换关系如表 4-7 所示。

表 4-7 ANY(或 SOME),ALL 谓词与聚集函数、IN 谓词的等价转换关系

	<	<=	=	<>或!=	>	>=
ANY	<MAX	<=MAX	IN	——	>MIN	>= MIN
ALL	<MIN	<= MIN	——	NOT IN	>MAX	>= MAX

4.4.4 集合查询

SELECT 语句的查询结果是元组的集合,所以多个 SELECT 语句的结果可以进行集合操作。集合操作的种类主要有并操作 UNION、交操作 INTERSECT、差操作 EXCEPT,参加集合操作的各查询结果的列数必须相同;对应项的数据类型也必须相同。

例 4-75 查询 01 类的图书或价格在 30 元以上的图书编号及其图书名称。

```
SELECT ID,NAME
FROM PRODUCT
WHERE SORTKIND_ID = '01'
UNION
SELECT ID,NAME
FROM PRODUCT
WHERE PRICE > 30;
```

本查询实际上是求 01 类的图书和 30 元以上的图书的并集。使用 UNION 将多个查询结果结合起来时,系统会自动去掉重复元组。如果要保留重复元组则用 UNION ALL 操作符。

例 4-75 可以用复合条件查询实现:

```
SELECT ID,NAME
FROM PRODUCT
WHERE SORTKIND_ID = 01 OR PRICE > 30;
```

例 4-76 查询 01 类的图书价格在 30 元以上的图书的详细信息。

```
SELECT *
FROM PRODUCT
WHERE SORTKIND_ID = '01'
INTERSECT
SELECT *
FROM PRODUCT
WHERE PRICE > 30;
```

例 4-76 可以用复合条件查询实现:

```
SELECT *
FROM PRODUCT
WHERE SORTKIND_ID = '01' AND PRICE > 30;
```

例 4-77 查询 01 类的图书与价格在 30 元以上的图书的差集。

```
SELECT *
FROM PRODUCT
WHERE SORTKIND_ID = '01'
EXCEPT
SELECT *
FROM PRODUCT
WHERE PRICE > 30;
```

例 4-77 可以用复合条件查询实现：

```
SELECT *
FROM PRODUCT
WHERE SORTKIND_ID = '01' PRICE <= 30;
```

4.4.5 SELECT 语句的一般格式

SELECT 语句是 SQL 的核心语句，4.4.4 节中的例子可以看到其语句成分丰富多样，下面总结它们的一般格式。

SELECT 语句的一般格式：

```
SELECT [ALL | DISTINCT] <目标列表达式> [别名] [,<目标列表达式> [别名]] …
FROM <表名或视图名> [别名] [,<表名或视图名> [别名]] …
[WHERE <条件表达式>]
[GROUP BY <列名 1>
[HAVING <条件表达式>]]
[ORDER BY <列名 2> [ASC | DESC]
```

(1) 目标列表达式格式：

① *

② <表名>.*

③ COUNT ([DISTINCT | ALL] *)

④ [<表名>.]<属性列名表达式>[,[<表名>.]<属性列名表达式>] …

其中<属性列名表达式>可以由属性列、作用于属性列的集函数和常量的任意算术运算(＋,－,*,/)组成的运算公式。

(2) 集函数的一般格式为：

$$\left\{\begin{array}{l} COUNT \\ SUM \\ AVG \\ MAX \\ MIN \end{array}\right\}([DISTINCT | ALL] <列名>)$$

(3) 条件表达式格式：

① <属性列名> $\theta \left\{\begin{array}{l} <属性列名> \\ <常量> \\ [ANY | ALL] (SELECT 语句) \end{array}\right\}$

② <属性列名> [NOT] BETWEEN $\left\{\begin{array}{l} <属性列名> \\ <常量> \\ (SELECT 语句) \end{array}\right\}$ AND $\left\{\begin{array}{l} <属性列名> \\ <常量> \\ (SELECT 语句) \end{array}\right\}$

③ <属性列名> [NOT] IN $\left\{\begin{array}{l} (<值 1>[,<值 2>] …) \\ (SELECT 语句) \end{array}\right\}$

④ <属性列名> [NOT] LIKE <匹配串>

⑤ <属性列名> IS [NOT] NULL

⑥ [NOT] EXISTS (SELECT 语句)

⑦ <条件表达式>$\left\{ {AND \atop OR} \right\}$<条件表达式>$\left(\left\{ {AND \atop OR} \right\} \text{<条件表达式>} \right)$ …

4.4.6 SQL Server 中数据查询的实现

例 4-78 查询图书名为 DB_DESIGN 的价格和作者。

```
SELECT PRICE, ZUOZHE
FROM PRODUCT
WHERE NAME LIKE 'DB\_DESIGN' ESCAPE '\ ';
```

在 SQL SERVER 中"\"可以同时换为其他符号,只要前后一致即可。

例 4-79 查询地址为空的用户名及用户编号。

```
SELECT NAME, ID
FROM USER1
WHERE ADDRESS IS NULL;
```

例 4-80 查询刘歌的地址。

```
SELECT ADDRESS
FROM USER1
WHERE NAME = '刘歌';
```

例 4-81 查询价格高于 50 元,或 03 类的图书名称。

```
SELECT NAME
FROM PRODUCT
WHERE PRICE > 50 OR SORTKIND_ID = '03';
```

例 4-82 将订单条目表中的信息进行排序,首先按订单编号升序排序,订单编号相同按图书编号降序排序。

```
SELECT *
FROM ORDER_ITEM
ORDER BY ORDER_ID, PRODUCT_ID DESC;
```

例 4-83 查询订单表中各用户的订单总金额,将总金额大于 3000 元的用户编号及总金额输出。

```
SELECT USER1_ID, SUM(COST)
FROM USER1_ORDER
GROUP BY USER1_ID;
HAVING SUM(COST)> 3000;
```

例 4-84 查询用户的订购图书的信息,没有订购图书的用户其订购信息为空。

```
SELECT USER1.ID, USER1.NAME, USER1_ORDER.ID, USER1_ORDER.COST, USER1_ORDER.DATE
FROM USER1 LEFT OUTER JOIN USER1_ORDER ON (USER1.ID = USER1_ORDER.USER1_ID);
```

用右外连接实现上例中的查询:

```
SELECT USER1.ID, USER1.NAME, USER1_ORDER.ID, USER1_ORDER.COST, USER1_ORDER.DATE
```

```
FROM USER1_ORDER RIGHT OUTER JOIN USER1 ON (USER1.ID = USER1_ORDER.USER1_ID);
```

例 4-85 查询订购数量小于 10 的图书的名称及类别名称。

```
SELECT PRODUCT.NAME,SORTKIND.NAME
FROM ORDER_ITERM,PRODUCT,SORTKIND
WHERE ORDER_ITERM.PRODUCT_ID = PRODUCT.ID AND PRODUCT.SORTKIND_ID = SORTKIND.ID AND ORDER_
ITERM.AMOUNT < 10;
```

例 4-86 查询用户名为"李平"的用户的订单编号及订单金额。

```
SELECT ID,COST
FROM USER1_ORDER
WHERE USER1_ID IN
        (SELECT ID
         FROM USER1
         WHERE NAME = '李平');
```

例 4-87 查询每个超过订购图书平均订购金额的用户编号及订单编号。

```
SELECT USER1_ID, ID
FROM USER1_ORDER X
WHERE COST > = (SELECT AVG(COST)                    / * 某个用户的平均订购金额 * /
FROM USER1_ORDER Y
WHERE Y.USER1_ID = X.USER1_ID);
```

例 4-88 查询 01 类的图书价格在 30 元以上的图书的详细信息。

```
SELECT *
FROM PRODUCT
WHERE SORTKIND_ID = '01' AND PRICE > 30;
```

在 SQL 语言中没有 INTERSECT 集合操作符。

例 4-89 查询 01 类的图书与价格在 30 元以上的图书的差集。

```
SELECT *
FROM PRODUCT
WHERE SORTKIND_ID = '01'PRICE < = 30;
```

在 SQL 语言中没有 EXCEPT 集合操作符。

4.5　SQL 数据控制功能

数据控制亦称为数据保护，包括数据的安全性控制、完整性控制、并发控制和恢复。SQL 语言提供数据控制功能，能够在一定程度上保证数据库中数据的完全性、完整性，并提供了一定的并发控制及恢复能力。这里主要介绍 SQL 语言的安全性控制功能即如何控制用户对数据的存取权限问题。

DBMS 实现数据安全性保护的过程：用户或 DBA 把授权决定告知系统，这是由 SQL 的 GRANT 和 REVOKE 语句完成。DBMS 把授权的结果存入数据字典。当用户提出操作请求时，DBMS 根据授权定义进行检查，以决定是否执行操作请求。

4.5.1 授权操作

GRANT 语句的一般格式：

```
GRANT <权限>[,<权限>]…
[ON <对象类型> <对象名>]
TO <用户>[,<用户>]…
[WITH GRANT OPTION];
```

其语义是将指定操作对象的指定操作权限授予指定的用户。发出该 GRANT 语句的可以是 DBA，也可以是该数据库对象的创建者（基表的属主），也可以是已经拥有该权限的用户。该授权的用户可以是一个或多个具体用户，也可以是 PUBLIC，即全体用户。

如果指定了 WITH GRANT OPTION 子句，则获得某种权限的用户还可以把这种权限再授予别的用户，但不许循环授权，即被授权者不能再把权限授回给授权者或其祖先，如图 4-3 所示。

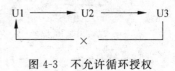

图 4-3　不允许循环授权

对不同类型的操作对象有不同的操作权限，常见的操作权限如表 4-8 所示。

表 4-8　不同对象类型的操作权限

对象	对象类型	操 作 权 限
属性列	TABLE	SELECT,INSERT,UPDATE,DELETE,ALL PRIVIEGES
视图	TABLE	SELECT,INSERT,UPDATE,DELETE,ALL PRIVIEGES
基本表	TABLE	SELECT,INSERT,UPDATE,DELETE ALTER,INDEX,ALL PRIVIEGES
数据库	DATABASE	CREATETABLE

例 4-90　把查询 USER1 表权限授给用户 U1。

```
GRANT SELECT
ON USER1
TO U1;
```

例 4-91　把对 USER1 表和 PRODUCT 表的全部权限授予用户 U2 和 U3。

```
GRANT ALL PRIVILIGES
ON USER1, PRODUCTSE
TO U2, U3;
```

例 4-92　把对表 SORTKIND 的查询权限授予所有用户。

```
GRANT SELECT
ON SORTKIND
TO PUBLIC;
```

例 4-93　把查询 USER1_ORDER 表和修改订单编号的权限授给用户 U4。

```
GRANT UPDATE(ID), SELECT
ON USER1_ORDER
TO U4;
```

例 4-94 把对表 USER1_ORDER 的 INSERT 权限授予 U5 用户,并允许他再将此权限授予其他用户。

```
GRANT INSERT
ON USER1_ORDER
TO U5
WITH GRANT OPTION;
```

执行例 4-94 后,U5 不仅拥有了对表 USER1_ORDER 的 INSERT 权限,还可以传播此权限:

```
GRANT INSERT
ON USER1_ORDER
TO U6
WITH GRANT OPTION;
```

同样,U6 还可以将此权限授予 U7:

```
GRANT INSERT
ON USER1_ORDER
TO U7;
```

但 U7 不能再传播此权限了。

U5→ U6→ U7

例 4-95 DBA 把在网上书店数据库中建立表的权限授予用户 U8。

```
GRANT CREATE TABLE
TO U8;
```

4.5.2 收回权限操作

用户被授予的权限可由 DBA 或其他授权者用 REVOKE 语句收回,REVOKE 语句的一般格式为:

```
REVOKE <权限>[,<权限>]…
[ON <对象类型> <对象名>]
FROM <用户>[,<用户>]…;
```

例 4-96 把用户 U4 修改订单编号的权限收回。

```
REVOKE UPDATE(ID)
ON USER1_ORDER
FROM U4;
```

例 4-97 收回所有用户对表 SORTKIND 的查询权限。

```
REVOKE SELECT
ON SORTKIND
FROM PUBLIC;
```

例 4-98 把用户 U5 对 USER1_ORDER 表的 INSERT 权限收回。

```
REVOKE INSERT
ON USER1_ORDER
FROM U5 CASCADE;
```

将用户 U5 的 INSERT 权限收回的时候必须级联(CASCADE)收回,系统只收回直接或间接从 U5 处获得的权限,不然系统将拒绝(RESTRICT)执行此命令。

权限的级联回收,系统将收回直接或间接从 U5 处获得的对 USER1_ORDER 表的 INSERT 权限:

→U5→U6→U7

收回 U5、U6、U7 获得的对 USER1_ORDER 表的 INSERT 权限:←U5←U6←U7,SQL 提供了非常灵活的授权机制。DBA 拥有对数据库中所有对象的所有权限,并可以将权限根据需要授予不同用户。

4.5.3 SQL Server 中数据控制的实现

例 4-99 把对 PRODUCT 表的全部权限授予用户 U1 和 U2。

```
GRANT ALL PRIVILIGES
ON PRODUCTSE
TO U1, U2;
```

例 4-100 把对表 SORTKIND 的查询权限授予所有用户。

```
GRANT SELECT
ON SORTKIND
TO PUBLIC;
```

例 4-101 把查询 USER1 表和修改订单编号的权限授给用户 U4,并允许他再将此权限授予其他用户。

```
GRANT UPDATE(ID),SELECT
ON USER1
TO U4
WITH GRANT OPTION;
```

例 4-102 DBA 把在数据库网上书店中建立表的权限授予用户 U3。

```
GRANT CREATE TABLE
TO U3;
```

例 4-103 把查询 USER1_ORDER 表和修改订单编号的权限从用户 U4 收回。

```
REVOKE T UPDATE(ID),SELECT
ON USER1_ORDER
FROM U4;
```

4.6 视　图

视图是从一个或几个基本表(或视图)导出的表,与基本表不同,是一个虚表。数据库中只存放视图的定义,而不存放视图对应的数据,这些数据仍然存放在原来的基本表中,所以基本表数据发生变化,视图中的数据也会随之发生变化,从这个意义上讲,视图是数据库的一个窗口,透过视图可以看见数据库中的数据及其变化情况。

视图一经定义,就可以和基本表一样被查询、被删除。也可以在视图上再定义视图,但对视图的更新操作会有一定的限制。

4.6.1 视图定义

1. 创建视图

在 SQL 语言中用 CREATE VIEW 命令建立视图,其一般语句格式为:

```
CREATE VIEW
<视图名> [(<列名> [,<列名>]…)]
AS <子查询>
[WITH CHECK OPTION];
```

其中,子查询可以是任意复杂的 SELECT 语句,但通常不能含有 ORDER BY 子句和 DISTINCT 短语。WITH CHECK OPTION 透过视图进行增删改操作时,不得破坏视图定义中的谓词条件(即子查询中的条件表达式)。

DBMS 执行 CREATE VIEW 语句时只是把视图的定义存入数据字典,并不执行其中的 SELECT 语句。当对视图查询时,按视图的定义从基本表中将数据查出。

组成视图的属性列名或全部省略或全部指定。如果省略了视图的各个属性列名,则隐含该视图由子查询中 SELECT 目标列中的诸字段组成。但下面 4 种情况必须明确指定视图的所有列名:

(1) 某个目标列是集函数或列表达式。

(2) 目标列为 * 。

(3) 多表连接时选出了几个同名列作为视图的字段。

(4) 需要在视图中为某个列启用新的更合适的名字。

① 行列子集视图。

若一个视图是从一个基本表导出,并且只是去掉了基本表中的若干行和若干列,但保留了码,称这类视图为行列子集视图。

例 4-104 建立 01 类图书的视图。

```
CREATE VIEW IS_PRODUCT
AS
SELECT ID,NAME,PRICE,SORTKIND_ID
FROM PRODUCT
WHERE SORTKIND_ID = '01';
```

② WITH CHECK OPTION 的视图。

例 4-105 建立 01 类图书的视图,并要求透过该视图进行的更新操作只涉及 01 类图书。

```
CREATE VIEW IS_PRODUCT1
AS
```

```
SELECT ID,NAME,PRICE,SORTKIND_ID
FROM PRODUCT
WHERE SORTKIND_ID = '01'
WITH CHECK OPTION;
```

由于定义视图时加上了 WITH CHECK OPTION 子句,以后对该视图进行更新时 DBMS 自动加上 SORTKIND_ID＝'01'的条件。

③ 基于多个基表的视图。

例 4-106　建立计算机类的图书视图。

```
CREATE VIEW IS_P1(ID,NAME,ORTKIND_NAME,SORTKINDE_ID, PRICE)
AS
SELECT PRODUCT.ID,PRODUCT.NAME,SORTKIND.ID,SORTKIND.NAME,
       PRODUCT.PRICE
FROM PRODUCT,SORTKIND
WHERE SORTKIND.NAME = '计算机'AND
      PRODUCT.SORTKIND_ID = SORTKIND.ID;
```

④ 基于视图的视图。

例 4-107　建立计算机类且图书价格大于 20 元的视图。

```
CREATE VIEW IS_P2
AS
SELECT ID,NAME,SORTKIND_NAME,SORTKINDE_ID,PRICE
FROM IS_P1
WHERE PRICE > 20;
```

⑤ 带表达式的视图。

例 4-108　定义一个反映图书 9 折价格的视图。

```
CREATE VIEW SALE_PRICE (ID,NAME,SALE_PRICE)
AS
SELECT ID,NAME,PRICE * 0.9
FROM PRODUCT;
```

设置一些派生属性列,也称为虚拟列 SALE_PRICE,带表达式的视图必须明确定义组成视图的属性列名。

⑥ 分组视图。

例 4-109　将图书的类型编号及其平均价格定义为一个视图。

```
CREAT VIEW P_G(SORTKIND_ID,AVGPRICE)
AS
SELECT SORTKIND_ID,AVG(PRICE)
FROM PRODUCT
GROUP BY SORTKIND_ID;
```

以 SELECT * 方式创建的视图可扩充性差,应尽可能避免创建此类视图。

例 4-110　建立 01 类图书的视图。

```
CREATE VIEW IS_P3(ID,NAME,DESCRIPTION,PRICE,IMG,ZUOZHE,SORTKIND_ID)
```

```
AS
SELECT *
FROM PRODUCT
WHERE SORTKIND_ID = '01';
```

修改基表 PRODUCT 的结构后,PRODUCT 表与 IS_P3 视图的映像关系被破坏,导致该视图不能正确工作。

```
CREATE VIEW IS_P3(ID,NAME,DESCRIPTION,PRICE,IMG,ZUOZHE,SORTKIND_ID)
AS
SELECT ID,NAME,DESCRIPTION,PRICE,IMG,ZUOZHE,SORTKIND_ID
FROM PRODUCT
WHERE SORTKIND_ID = '01';
```

为 SELECT 查询增加基表 PRODUCT 增加属性列不会破坏 PRODUCT 表与 IS_P3 视图的映像关系。

2. 删除视图

在 SQL 语言中用 DROP VIEW 语句删除视图,其一般语句格式为:

```
DROP VIEW <视图名>;
```

该语句从数据字典中删除指定的视图定义,由该视图导出的其他视图定义仍在数据字典中,但已不能使用,必须显式删除。当删除基表时,由该基表导出的所有视图定义仍在数据字典中,但已无法使用,都必须显式删除。

例 4-111 删除视图 IS_PRODUCT。

```
DROP VIEW IS_PRODUCT;
```

4.6.2 视图查询

视图定义后,用户可以像查询基本表一样查询视图,DBMS 实现视图查询的方法一般有两种:实体化视图(View Materialization)和视图消解法(View Resolution)。

实体化视图,首先进行有效性检查:检查所查询的视图是否存在,如果存在则取出并执行视图定义,将视图临时实体化,生成临时表,进而将查询视图转换为查询临时表,查询完毕删除被实体化的视图(临时表)。

视图消解法,首先进行有效性检查,检查查询的表、视图等是否存在。如果存在,则从数据字典中取出视图的定义,把视图定义中的子查询与用户的查询结合起来,转换成等价的对基本表的查询,最后执行修正后的查询。

例 4-112 在 01 类图书的视图中找出价格小于 20 元的图书。

```
SELECT ID,NAME,SORTKIND_ID
FROM IS_PRODUCT
WHERE PRICE < 20;
IS_PRODUCT 视图的定义(视图定义例 1):
CREATE VIEW IS_PRODUCT
AS
```

```
SELECT ID,NAME,PRICE,SORTKIND_ID
FROM PRODUCT
WHERE SORTKIND_ID = '01';
```

视图消解法转换后的查询语句为：

```
SELECT ID,NAME
FROM IS_PRODUCT
WHERE PRICE < 20 AND SORTKIND_ID = '01';
```

例 4-113　查询 01 类图书的类型名称。

```
SELECT IS_PRODUCT.SORTKIND_ID,SORTKIND.NAME
FROM IS_PRODUCT,SORTKIND
WHERE IS_PRODUCT. SORTKIND_ID = SORTKIND.ID;
```

视图消解法的局限，有些情况下，视图消解法不能生成正确查询。采用视图消解法的 DBMS 会限制这类查询。

例 4-114　在 P_G 视图中查询平均价格在 30 元以上的图书类型编号。

```
SELECT SORTKIND_ID
FROM P_G
WHERE AVGPRICE > 30;
```

P_G 视图定义为：

```
CREATE VIEW P_G (SORTKIND_ID,AVGPRICE)
AS
SELECT SORTKIND_ID,AVG(PRICE)
FROM PRODUCT
GROUP BY SORTKIND_ID;
```

错误的视图：

```
SELECT SORTKIND_ID
FROM PRODUCT
WHERE AVG(PRICE)> 30
GROUP BY SORTKIND_ID;
```

正确转换为：

```
SELECT SORTKIND_ID
FROM PRODUCT
GROUP BY SORTKIND_ID
HAVING AVG(PRICE)> 30;
```

4.6.3　视图更新

从用户角度来看，更新视图与更新基本表相同。更新视图指通过视图插入、删除和修改数据。

由于视图是不实际存储数据的表，所以对视图的更新，最终要转换为对基本表的更新。像查询视图那样，对视图的更新操作也可以通过视图消解，转换为对基本表的更新操作。

为了防止用户通过视图将不属于视图范围的基本表数据进行操作,可以在定义视图时加上 WITH CHECK OPTION 子句。这样当视图上更新视图时,RDBMS 会检查视图定义中的条件,若不满足条件,则拒绝执行该操作。

例 4-115 将 01 类图书视图中图书编号为 9787040243789 的图书名称改为"习题册"。

```
UPDATE IS_PRODUCT1
SET NAME = '习题册'
WHERE ID = '978704024378';
```

转换后的语句:

```
UPDATE IS_PRODUCT1
SET NAME = '习题册'
WHERE ID = '78704024378'AND SORTKIND_ID = '01';
```

例 4-116 向 01 类图书视图 IS_PRODUCT1 中插入一个新的图书记录:9787111070177,数据结构算法与应用,49.00。

```
INSERT
INTO IS_PRODUCT1
VALUES('9787111070177','数据结构算法与应用',49.00);
```

转换为对基本表的更新:

```
INSERT
INTO IS_PRODUCT1
VALUES('9787111070177','数据结构算法与应用',49.00,'01');
```

例 4-117 删除视图 01 类图书视图 IS_PRODUCT1 中图书编号为 978704024378 的记录。

```
DELETE
FROM IS_PRODUCT1
WHERE ID = '978704024378';
```

转换为对基本表的更新:

```
DELETE
FROM IS_PRODUCT1
WHERE ID = '978704024378' AND SORTKIND_ID = '01';
```

一些视图是不可更新的,因为对这些视图的更新不能唯一地有意义地转换成对相应基本表的更新。例如,图书平均价格的视图是不可更新的。

```
CREATE VIEW P_G(SORTKIND_ID,AVGPRICE)
AS
SELECT SORTKIND_ID,AVG(PRICE)
FROM PRODUCT
GROUP BY SORTKIND_ID;
```

对于如下更新语句:

```
UPDATE P_G
SET AVGPRICE = 20
WHERE SORTKIND_ID = '01';
```

无论实体化法还是消解法都无法将其转换成对基本表 PRODUCT 的更新。

视图的优点：视图能够简化用户的操作、视图使用户能以多种角度看待同一数据、视图对重构数据库提供了一定程度的逻辑独立性、视图能够对机密数据提供安全保护。

实际系统允许对行列子集视图进行更新，对其他类型视图的更新不同系统有不同限制。DB2 对视图更新的限制：

（1）若视图是由两个以上基本表导出的，则此视图不允许更新。

（2）若视图的字段来自字段表达式或常数，则不允许对此视图执行 INSERT 和UPDATE 操作，但允许执行 DELETE 操作。

（3）若视图的字段来自集函数，则此视图不允许更新。

（4）若视图定义中含有 GROUP BY 子句，则此视图不允许更新。

（5）若视图定义中含有 DISTINCT 短语，则此视图不允许更新。

（6）若视图定义中有嵌套查询，并且内层查询的 FROM 子句中涉及的表也是导出该视图的基本表，则此视图不允许更新。

（7）一个不允许更新的视图上定义的视图也不允许更新。

4.6.4　SQL Server 中的视图操作

例 4-118　建立计算机类的图书视图。

```
CREATE VIEW IS_P1(ID,NAME,SORTKIND_NAME,SORTKINDE_ID,PRICE)
AS
SELECT PRODUCT.ID,PRODUCT.NAME,SORTKIND.ID,SORTKIND.NAME,
       RODUCT.PRICE
FROM PRODUCT,SORTKIND
WHERE SORTKIND.NAME = '计算机' AND
PRODUCT.SORTKIND_ID = SORTKIND.ID
```

例 4-119　定义一个反映图书 8 折价格的视图。

```
CREATE VIEW SALE_PRICE(ID,NAME,SALE_PRICE)
AS
SELECT ID,NAME,PRICE * 0.8
FROM PRODUCT
```

例 4-120　在 SALE_PRICE 视图中查询价格在 30 元以上的图书类型编号。

```
SELECT SORTKIND_ID
FROM SALE_PRICE
WHERE SALE_PRICE > 30
```

例 4-121　删除视图 IS_PRODUCT。

```
DROP VIEW IS_PRODUCT;
```

4.7 嵌入式 SQL

4.6 节介绍的 SQL 语言是作为独立语言在终端交互方式下使用的,是面向集合的描述性语言,是非过程化的。而许多事务处理应用都是过程化的,需要根据不同的条件执行不同的任务,因此单纯用 SQL 语言是很难实现的。

为了解决这一问题,SQL 提供了另一种使用方式,即将 SQL 语言嵌入到某种高级语言中使用,利用高级语言的过程性结构来弥补 SQL 语言实现复杂应用方面的不足。这种方式下使用的 SQL 语言称为嵌入式 SQL(Embedded SQL,ESQL),而嵌入 SQL 的高级语言称为主语言或宿主语言。

SQL 语言的特点之一就是在两种使用方式下,SQL 语言的语法结构基本上是一致的。当然细节上会有许多差异,在程序设计的环境下,SQL 语句要做一些必要的扩充。

4.7.1 嵌入式 SQL 概述

SQL 语言提供了两种不同的使用方式:交互式和嵌入式。这两种方式细节上有差别,在程序设计的环境下,SQL 语句要做某些必要的扩充。对 ESQL,RDBMD 一般采用预编译方法处理即由 RDBMS 的预处理程序对源程序进行扫描,识别出 SQL 语句,把它们转换成主语言调用语句,以使主语言编译程序能识别,最后由主语言的编译程序将整个源程序编译成目标码。为了区分 SQL 语句与主语言语句,需要在所有 SQL 语句前加前缀 EXEC SQL,其结束标志随主语言的不同而不同。

嵌入 SQL 的应用程序的执行过程,如图 4-4 所示。

以 C 为主语言的嵌入式 SQL 语句的一般形式如下:

EXEC SQL <SQL 语句>;

例如:

EXEC SQL DROP TABLE PRODUCT;

以 COBOL 作为主语言的嵌入式 SQL 语句的一般形式如下:

EXEC SQL <SQL 语句> END - EXEC

例如:

EXEC SQL DROP TABLE PRODUCT END - EXEC

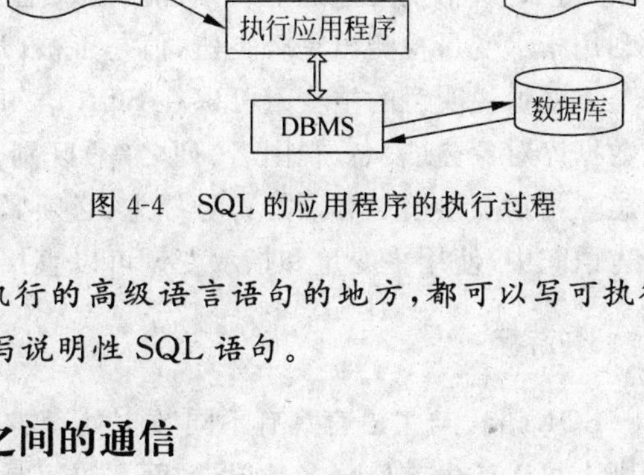

图 4-4 SQL 的应用程序的执行过程

注意:根据嵌入式 SQL 语句作用不同,分为可执行语句和说明性语句。允许出现可执行的高级语言语句的地方,都可以写可执行 SQL 语句,允许出现说明语句的地方,都可以写说明性 SQL 语句。

4.7.2 嵌入式 SQL 语句与主语言之间的通信

将 SQL 嵌入到高级语言中混合编程,SQL 语言中描述性的面向集合的语句负责操纵数据库,高级语言中过程性面向记录的语句负责控制程序流程。

数据库工作单元和源程序工作单元之间的通信主要包括:

(1) 向主语言传递 SQL 语句的执行状态信息,使主语言能够据此控制程序流程,主要用 SQL 通信区(SQL Communication Area,SQLCA)实现。

(2) 主语言向 SQL 语句提供参数,主要由主变量(Host Variable)实现。

(3) 将 SQL 语句查询数据库的结果交主语言进一步处理,主要由主变量和游标(Cursor)实现。

1. SQL 通信区

SQL 语句执行后,DBMS 反馈给应用程序若干信息主要包括描述系统当前工作状态和描述运行环境。这些信息将送到 SQLCA 中,应用程序从 SQLCA 中取出这些状态信息,依此决定接下来执行的语句。

SQLCA 的内容与所执行的 SQL 语句有关,与该 SQL 语句的执行情况有关。

如在执行删除语句 DELETE 后,SQLCA 中有不同的结果:违反数据保护规则,操作拒绝;没有满足条件的行,没有删除;成功删除,显示删除的行数;无条件删除警告信息;由于各种原因,执行出错等。

SQLCA 是一个数据结构,其使用方法:首先定义 SQLCA,即用 EXEC SQL INCLUDE SQLCA 加以定义;SQLCA 中有一个存放每次执行 SQL 语句后返回代码的变量 SQLCODE;如果 SQLCODE 等于预定义的常量 SUCCESS,则表示 SQL 语句成功,否则表示出错;应用程序每执行一条 SQL 语句之后都应该测试一下 SQLCODE 的值,以了解该 SQL 语句执行情况并做相应处理。

2. 主变量

在 SQL 语句中使用的主语言程序变量简称为主变量(Host Variable),嵌入式 SQL 语句中可以用主变量输入或输出数据。根据其作用不同主变量分为两种类型:输入主变量,由应用程序对其赋值,SQL 语句引用;输出主变量,由 SQL 语句赋值或设置状态信息,返回给应用程序。有时一个主变量有可能既是输入主变量又是输出主变量。

一个主变量可以附带一个指示变量(Indicator Variable)。指示变量是一个整型变量,用来"指示"所指主变量的值或条件。输入主变量可以利用指示变量赋空值。输出主变量可以利用指示变量检测出是否空值,值是否被截断。

主变量说明后的主变量可以在 SQL 语句中任何一个能够使用表达式的地方出现,为了与数据库对象名(表名、视图名、列名等)区别,SQL 语句中的主变量名前要加冒号":"作为标志。指示变量前也必须加冒号标志,必须紧跟在所指主变量之后。在 SQL 语句之外(主语言语句中)使用主变量和指示变量可以直接引用,不必加冒号。

3. 游标

SQL 语言与主语言具有不同数据处理方式。SQL 语言是面向集合的,一条 SQL 语句原则上可以产生或处理多条记录,而主语言是面向记录的,一组主变量一次只能存放一条记录,仅使用主变量并不能完全满足 SQL 语句向应用程序输出数据的要求。嵌入式 SQL 引入了游标(CURSOR)的概念,用来协调这两种不同的处理方式。

游标是系统为用户开设的一个数据缓冲区,存放 SQL 语句的执行结果,每个游标区都有一个名字,用户可以用 SQL 语句逐一从游标中获取记录,并赋给主变量,交由主语言进一步处理。

例如,下面是带有嵌入式 SQL 的一段 C 程序。

```
    ...
EXEC SQL INCLUDE SQLCA;                          /* (1) 定义 SQL 通信区 */
EXEC SQL BEGIN DECLARE SECTION;                  /* (2) 说明主变量 */
        INT USER1_ID;
        CHAR ADDRESS(100);
        CHAR HPHONE;
EXEC SQL END DECLARE SECTION;
MAIN()
    {
        EXEC SQL DECLARE C1 CURSOR FOR
                SELECT ID,ADDRESS,HOME_PHONE FROM USER1;
            /* (3) 游标操作(定义游标) */
            /* 从 USER1 表中查询 ID, ADDRESS, HOME_PHONE */
        EXEC SQL OPEN C1;
            /* (4) 游标操作(打开游标) */
FOR(;;)
    {
        EXEC SQL FETCH C1 INTO:USER1_ID, :ADDRESS, :HPHONE;
        /* (5) 游标操作(将当前数据放入主变量并推进游标指针) */
        IF (SQLCA.SQLCODE <> SUCCESS)
        /* (6) 利用 SQLCA 中的状态信息决定何时退出循环 */
            BREAK;
            PRINTF("USER1ID: % D,ADDRESS: % S ,HOMEPHONE: % D", :USER1_ID, :ADDRESS, :HPHONE);
                                        /* 输出查询结果 */
    }
    EXEC SQL CLOSE C1;
            /* (7) 游标操作(关闭游标) */
}
```

4.7.3 不使用游标的 SQL 语句

不使用游标的语句有:
- 说明性语句;
- 数据定义语句;
- 数据控制语句;
- 查询结果为单记录的 SELECT 语句;
- 非 CURRENT 形式的 UPDATE 语句;
- 非 CURRENT 形式的 DELETE 语句;
- INSERT 语句。

所有的说明性语句及数据定义与控制语句都不需要使用游标。它们是嵌入式 SQL 中最简单的一类语句,不需要返回结果数据,也不需要使用主变量。在主语言中嵌入说明性语句及数据定义与控制语句,只要给语句加上前缀 EXEC SQL 和语句结束符即可。

INSERT 语句也不使用游标,但通常使用主变量。

1. 说明性语句

说明性语句是专为在嵌入式 SQL 中说明主变量、SQLCA 等而设置的。

(1) 主要有两条语句说明主变量:

```
EXEC SQL BEGIN DECLARE SECTION;
EXEC SQL END DECLARE SECTION;
```

两条语句必须配对出现,相当于一个括号,两条语句中间是主变量的说明。

(2) 说明 SQLCA:

```
EXEC SQL INCLUDE SQLCA
```

2. 数据定义语句

建立一个"用户"表 USER1:

```
EXEC SQL CREATE TABLE USER1
(
ID VARCHAR(16) PRIMARY KEY,                    /* 列级完整性约束条件,ID 为主键 */
NAME VARCHAR(16) NOT NULL,
PASSWORD CHAR(16) NOT NULL,
ADDRESS VARCHAR(100),
POSTCODE CHAR(10),
EMAIL VARCHAR(32),
HOMEPHONE CHAR(32),
CELLPHONE CHAR(32),
OFFICEPHONE CHAR(32)
);
```

数据定义语句中不允许使用主变量。例如,下列语句是错误的:

```
EXEC SQL DROP TABLE :USER1_NAME;
```

3. 数据控制语句

把查询 STUDENT 表权限授给用户 U1:

```
EXEC SQL GRANT SELECT ON TABLE USER1 TO U1;
```

4. 查询结果为单记录的 SELECT 语句

在嵌入式 SQL 中,查询结果为单条记录的 SELECT 需要用 INTO 子句指定查询结果的存放位置。该语句格式为:

```
EXEC SQL SELECT [ALL|DISTINCT] <目标列表达式>[,<目标列表达式>] …
INTO <主变量>[<指示变量>][,<主变量>[<指示变量>]] …
FROM <表名或视图名>[,<表名或视图名>] …
[WHERE <条件表达式>]
```

```
[GROUP BY <列名1> [HAVING <条件表达式>]]
[ORDER BY <列名2> [ASC|DESC]];
```

该语句对交互式 SELECT 语句的扩充就是多了一个 INTO 子句。把从数据库中找到的符合条件的记录,放到 INTO 子句指出的主变量中。其他子句含义不变。使用该语句的注意事项有以下几点:

(1) INTO 子句、WHERE 子句的条件表达式、HAVING 短语的条件表达式均可以使用主变量。

(2) 查询返回的记录中,可能在某些列上会有空值 NULL。如果 INTO 子句中主变量后面跟有指示变量,则当查询得出的某个数据项为空值时,系统会自动将相应主变量后面的指示变量置为负值,但不向该主变量执行赋值操作,即主变量值仍保持执行 SQL 语句前的值。所以当发现指示变量值为负值时,不管主变量为何值,均应认为主变量值为 NULL。指示变量只能用于 INTO 子句中。

(3) 如果数据库中没有满足条件的记录,即查询结果为空,则 DBMS 将 SQLCODE 的值置为 100。

(4) 查询结果为多条记录,但程序出错,DBMS 会在 SQLCA 中返回错误信息。

例 4-122 根据订单编号查询订单信息。

假设已将要查询的订单编号赋给了主变量 GIVEID。

```
EXEC SQL SELECT ID, STATUS, COST, DATE, USER1_ID
INTO :HID, :HSTATUS, :HCOST, :HDATE, :HUSER1_ID
FROM USER1_ORDER
WHERE ID = :GIVENID;
```

HID, HSTATUS, HCOST, HDATE, HUSER_ID 和 GIVENID 均是主变量,并均已在前面的程序中说明过了。

例 4-123 查询某个用户的某个订单信息表。

假设已将要查询的用户编号赋给了主变量 GIVENUNO,将订单编号赋给了主变量 GIVENONO。

```
EXEC SQL SELECT ID,STATUS,COST,DATE,USER1_ID
INTO :HID,:HSTATUS,:HCOST:COSTID,:HDATE,:HUSER1_ID
FROM USER1_ORDER
WHERE USER1_ID = :GIVENUNO AND ID = :GIVENONO;
```

从提高应用程序的数据独立性角度考虑,SELECT 语句在任何情况下都应该使用游标。对于仅返回一行结果数据的 SELECT 语句虽然可以不使用游标,但如果以后数据库改变了,该 SELECT 语句可能会返回多行数据,这时该语句就会出错。

5. 非 CURRENT 形式的 UPDATE 语句

非 CURRENT 形式的 UPDATE 语句中 SET 子句和 WHERE 子句均可以使用主变量,其中,SET 子句还可以使用指示变量。非 CURRENT 形式的 UPDATE 语句可以一次操作多条元组。

例 4-124 将 01 类图书的价格打几折。假设折扣已赋给主变量 RAISE。

```
EXEC SQL UPDATE PRODUCT
SET PRICE = PRICE * :RAISE
WHERE SORTKIND_ID = '01';
```

例 4-125　将 01 类图书的图书描述置 NULL 值。

```
DESCRIPTIONID = - 1;
EXEC SQL UPDATE PRODUCT
SET DESCRIPTION = :RAISE:DESCRIPTIONID
WHERE SORTKIND_ID = '01';
```

将指示变量 DESCRIPTION ID 赋一个负值后,无论主变量 RAISE 为何值,DBMS 都会将 01 类所有记录的 DESCRIPTION 属性置空值。它等价于:

```
EXEC SQL UPDATE STUDENT
SET DESCRIPTION = NULL
WHERE SORTKIND_ID = '01';
```

6. 非 CURRENT 形式的 DELETE 语句

非 CURRENT 形式的 DELETE 语句的 WHERE 子句可以使用主变量指定删除条件。非 CURRENT 形式的 DELETE 语句可以一次操作多条元组。

例 4-126　某个用户退出网上书店系统,现要将有关他的所有订单信息删除。

假设该用户的姓名已赋给主变量 HNAME。

```
EXEC SQL DELETE
FROM USER1_ORDER
WHERE USER1_ID =
        (SELECT ID
         FROM USER1
         WHERE NAME = :HNAME);
```

7. INSERT 语句

非 CURRENT 形式的 INSERT 语句的 VALUES 子句可以使用主变量和指示变量。非 CURRENT 形式的 INSERT 语句一次只能输入一条元组。

例 4-127　某个图书类型信息的有关记录插入 SORTKIND 表,假设图书类型号已赋给主变量 HID,类型名已赋给主变量 HNAME。

```
EXEC SQL INSERT
INTO SORTKIND (ID,NAME)
VALUES(:HID, :HNAME);
```

4.7.4　使用游标的 SQL 语句

必须使用游标的 SQL 语句有:查询结果为多条记录的 SELECT 语句、CURRENT 形式的 UPDATE 语句、CURRENT 形式的 DELETE 语句。

1. 查询结果为多条记录的 SELECT 语句

一般情况下,SELECT 语句查询结果是多条记录,因此需要使用游标,将多条记录一次一条送主程序处理,从而将对集合的操作转换为对单个记录的处理。

使用游标的步骤:说明游标,打开游标,移动游标指针,取当前记录,关闭游标。

(1)说明游标,使用DECLARE语句定义游标。语句格式如下:

```
EXEC SQL DECLARE <游标名> CURSOR FOR < SELECT 语句>;
```

注意:定义游标,仅是一条说明性语句,此时DBMS并不执行SELECT指定的查询操作。

(2)打开游标,使用OPEN语句将定义的游标打开。语句格式如下:

```
EXEC SQL OPEN <游标名>;
```

其功能是打开游标,实际上是执行相应的SELECT语句,把所有满足查询条件的记录从指定表取到缓冲区中,这时游标处于活动状态,指针指向查询结果集中第一条记录前。

(3)移动游标指针,然后取当前记录。使用FETCH语句,推进游标,然后取出当前记录。语句格式:

```
EXEC SQL FETCH [[NEXT|PRIOR|FIRST|LAST] FROM] <游标名>
INTO <主变量>[<指示变量>] [,<主变量>[<指示变量>]]… ;
```

其功能是指定方向推动游标指针,然后将缓冲区中的当前记录取出来送至主变量供主语言进一步处理。

注意:先移动游标指针,再取数据。

NEXT|PRIOR|FIRST|LAST:指定推动游标指针的方式。

NEXT:向前推进一条记录。

PRIOR:向后退一条记录。

FIRST:推向第一条记录。

LAST:推向最后一条记录。

缺省值为NEXT。

注意:

① 主变量必须与SELECT语句中的目标列表达式具有一一对应关系。

② FETCH语句通常用在一个循环结构中,通过循环执行FETCH语句逐条取出结果集中的行进行处理。

③ 为进一步方便用户处理数据,现在一些关系数据库管理系统对FETCH语句进行了扩充,允许用户向任意方向以任意步长移动游标指针。

(4)关闭游标,使用CLOSE语句关闭游标。

语句格式:

```
EXEC SQL CLOSE <游标名>;
```

其功能是关闭游标,释放结果集占用的缓冲区及其他资源。

注意:游标被关闭后,就不再和原来的查询结果集相联系,被关闭的游标可以再次被打开,与新的查询结果相联系。

例4-128 查询某类图书的信息(图书编号、图书名称、图书价格)。要查询的类别编号由用户在程序运行过程中指定,放在主变量 SORTKINDID 中。

```
    ...
    EXEC SQL INCLUDE SQLCA;
    EXEC SQL BEGIN DECLARE SECTION;
    ...
            /* 说明主变量 SORTKINDID,HID,HNAME,HPRICE */
    EXEC SQL END DECLARE SECTION;
    ...
    GETS(SORTKINDID);                              /* 为主变量 SORTKINDID 赋值 */
    ...
    EXEC SQL DECLARE PC CURSOR FOR
            SELECT ID, NAME, PRICE
            FROM PRODUCT
            WHERE SORTKIND_ID = : SORTKINDID;      /* 说明游标 */
      EXEC SQL OPEN PC                             /* 打开游标 */
    FOR(;;)                                        /* 用循环结构逐条处理结果集中的记录 */
      {
          EXEC SQL FETCH PC INTO :HID, :HNAME, :PRICE;
     /* 将游标指针向前推进一行,然后从结果集中取当前行,送相应主变量 */
    IF (SQLCA.SQLCODE <> SUCCESS)
            BREAK;
     /* 若所有查询结果均已处理完或出现 SQL 语句错误,则退出循环 */
     /* 由主语言语句进行进一步处理 */
        ...
      };
    EXEC SQL CLOSE PC;                             /* 关闭游标 */
    ...
```

2. CURRENT 形式的 UPDATE 语句和 DELETE 语句

非 CURRENT 形式的 UPDATE 语句和 DELETE 语句是面向集合的操作,一次修改或删除所有满足条件的记录,而 CURRENT 形式的 UPDATE 语句和 DELETE 语句可以做到如果只想修改或删除其中某个记录,用带游标的 SELECT 语句查出所有满足条件的记录,从中进一步找出要修改或删除的记录,用 CURRENT 形式的 UPDATE 语句和 DELETE 语句修改或删除之。

(1) 具体操作步骤如下:

① DECLARE 说明游标。

② OPEN 打开游标,把所有满足查询条件的记录从指定表取至缓冲区。

③ FETCH 推进游标指针,并把当前记录从缓冲区中取出来送至主变量。

④ 检查该记录是否是要修改或删除的记录,是则处理之。

⑤ 重复第③和第④步,用逐条取出结果集中的行进行判断和处理。

⑥ CLOSE 关闭游标,释放结果集占用的缓冲区和其他资源。

(2) 为 UPDATE 语句说明游标。

语句格式如下:

```
EXEC SQL DECLARE <游标名> CURSOR FOR < SELECT 语句> FOR UPDATE OF <列名>;
```

注意：FOR UPDATE OF <列名>短语用于指明检索出的数据在指定列上是可修改的，以便 DBMS 进行并发控制。

（3）为 DELETE 语句说明游标。

语句格式：

```
EXEC SQL DECLARE <游标名> CURSOR FOR <SELECT 语句> FOR UPDATE;
```

FOR UPDATE 短语提示 DBMS 进行并发控制。

修改或删除当前记录，经检查缓冲区中记录是要修改或删除的记录，则用 UPDATE 语句或 DELETE 语句修改或删除该记录。

语句格式如下：

```
< UPDATE 语句> WHERE CURRENT OF <游标名>
< DELETE 语句> WHERE CURRENT OF <游标名>
```

WHERE CURRENT OF <游标名>子句表示修改或删除的是该游标中最近一次取出的记录。

注意：当游标定义中的 SELECT 语句带有 UNION 或 ORDER BY 子句时，或该 SELECT 语句相当于定义了一个不可更新的视图时，不能使用 CURRENT 形式的 UPDATE 语句和 DELETE 语句。

例 4-129 根据用户的要求修改某地区用户信息的 HOME_PHONE 字段。

思路：查询某个地区的所有用户信息（要查询的地名由主变量 HADDRESS 指定），然后根据用户的要求修改其中某些记录的 HOME_PHONE 字段。

```
   ...
EXEC SQL BEGIN DECLARE SECTION;
       ⋮
     / * 说明主变量 HADDRESS,HID,HNAME,NEWPHONE * /
       ⋮
EXEC SQL END DECLARE SECTION;
   ⋮
GETS(HADDRESS);                                  / * 为主变量 HADDRESS 赋值 * /
   ⋮
EXEC SQL DECLARE UC CURSOR FOR
          SELECT ID,NAME,ADDRESS
          FROM USER1
          WHERE ADDRESS = : HADDRESS
          FOR UPDATE OF ADDRESS;                 / * 说明游标 * /
EXEC SQL OPEN UC                                 / * 打开游标 * /
FOR(;;) {                                        / * 用循环结构逐条处理结果集中的记录 * /
       EXEC SQL FETCH UC INTO :HID, :HNAME,:HADDRESS;
     / * 将游标指针向前推进一行,然后从结果集中取当前行,送相应主变量 * /
IF (SQLCA.SQLCODE <> SUCCESS)
            BREAK;
     / * 若所有查询结果均已处理完或出现 SQL 语句错误,则退出循环 * /
       PRINTF("USER1 ID % D,USER1 NAME % S,USER1 ADDESS % S,",HID, HNAME,HADDRESS);
                                          / * 显示该记录 * /
       PRINTF("UPDATE PHONE ? ");              / * 问用户是否要修改 * /
```

```
            SCANF(" % C", &YN);
    IF (YN = 'Y' OR YN = 'Y')                          /* 需要修改 */
            {
                    PRINTF("INPUT NEW PHONE: ");
                    SCANF(" % S", & NEWPHONE);          /* 输入新电话 */
                      EXEC SQL UPDATE PRODUCT
                        SET HOME_PHON = : NEWPHONE
                        WHERE CURRENT OF UC;            /* 修改当前记录的电话字段 */
            };
        ⋮
      };
    EXEC SQL CLOSE UC;                                  /* 关闭游标 */
    ⋮
```

例 4-130　对某个地区的用户信息,根据要求删除其中某些人的记录。

```
    ⋮
    EXEC SQL INCLUDE SQLCA;
    EXEC SQL BEGIN DECLARE SECTION;
        ⋮
        /* 说明主变量 HADDRESS,HID,HNAME,NEWPHONE */
        ⋮
    EXEC SQL END DECLARE SECTION;
    ⋮
    GETS(HADDRESS);                                     /* 为主变量 HADDRESS 赋值 */
    ⋮
    EXEC SQL DECLARE UC CURSOR FOR
            SELECT ID, NAME, ADDRESS
            FROM USER1
            WHERE ADDRESS = : HADDRESS
            FOR UPDATE;                                 /* 说明游标 */
    EXEC SQL OPEN UC                                    /* 打开游标 */
    FOR(;;) {                                           /* 用循环结构逐条处理结果集中的记录 */
        EXEC SQL FETCH UC INTO :HID, :HNAME, :HADDRESS;
            /* 将游标指针向前推进一行,然后从结果集中取当前行,送相应主变量 */
    IF (SQLCA.SQLCODE <> SUCCESS)
            BREAK;
        /* 若所有查询结果均已处理完或出现 SQL 语句错误,则退出循环 */
        PRINTF("USER1 ID % D, USER1 NAME % S, USER1 ADDESS % S,", HID, HNAME, HADDRESS);   /* 显示
该记录 */
        PRINTF("DELETE ? ");                            /* 问用户是否要修改 */
        SCANF(" % C", &YN);
    IF (YN = 'Y' OR YN = 'Y')                           /* 需要删除 */
            {
                    EXEC SQL DELETE
    FROM PRODUCT
                        WHERE CURRENT OF UC;
                            /* 删除当前记录 */
            };
        ⋮
      };
```

```
EXEC SQL CLOSE UC;                          /* 关闭游标 */
    ⋮
```

4.7.5 动态 SQL 简介

前面介绍的嵌入式 SQL 语句,可以在程序运行过程中,根据实际需要输入 WHERE 子句或 HAVING 子句中某些变量的值。语句中主变量的个数与数据类型在预编译时都是确定的,只有主变量的值是在程序运行过程中动态输入的。这类嵌入式 SQL 语句为静态 SQL 语句。

但这类静态 SQL 语句提供的编程灵活性在许多情况下仍显得不足,不能编写更为通用的程序。例如,查询条件是不确定的,要查询的属性列也是不确定的,这时就无法用一条静态 SQL 语句实现了。

动态 SQL 方法允许在程序运行过程中临时"组装"SQL 语句。当 SQL 语句正文、主变量个数、主变量的数据类型、SQL 语句中引用的数据库对象(列、索引、基本表、视图等)不确定时,一般应用动态 SQL。

(1) 语句可变,临时构造完整的 SQL 语句。

(2) 条件可变,WHERE 子句中的条件及 HAVING 短语中的条件。

(3) 数据库对象、查询条件均可变,SELECT 子句中的列名、FROM 子句中的表名或视图名、WHERE 子句中的条件、HAVING 短语中的条件。

常用动态 SQL 语句:EXECUTE IMMEDIATE、PREPARE、EXECUTE、DESCRIBE。

1. 动态 SQL 语句的划分

(1) 没有参数、没有返回结果的 SQL 语句,这类语句主要是建立数据库对象的语句,如动态生成的 CREATE TABLE 语句。

(2) 有参数,但没有返回结果的 SQL 语句,这类语句主要是完成数据库操作的语句,如动态生成的 INSERT、UPDATE 和 DELETE 语句。

(3) 有参数、有返回结果的 SQL 语句,这类语句主要是对数据库进行动态查询的语句,也称作动态游标(DYNAMIC CURSOR)语句。

2. 动态 SQL 语句一般格式

```
EXECUTE IMMEDIATE SQLSTATEMENT
```

其中,SQLSTATEMENT 是构成合法 SQL 语句的字符串(一般应该是变量)。

3. 动态 SQL 语句的动态操作功能

这种格式的动态 SQL 语句实际包含了两条语句:第一条是准备 SQL 的语句,PREPARE SQLSA FROM SQLSTATEMENT;第二条是执行 SQLSA 中准备好的 SQL 语句,EXECUTE SQLSA USING {PARAMETERLIST}。

其中,SQLSA 是类似于 SQLCA 的系统对象变量;SQLSTATEMENT 含有合法 SQL 语句的字符串;PARAMETERLIST 传递参数的主变量表。

4. 动态查询功能一般格式

（1）说明动态游标的语句

DECLARE CURSOR DYNAMIC CURSOR FOR SQLSA;

（2）为动态游标准备 SQL 语句

PREPARE SQLSA FROM SQLSTATEMENT;

（3）打开动态游标的语句

OPEN DYNAMIC CURSOR {USING PARAMETERLIST};

（4）从游标读记录的语句

FETCH CURSOR INTO HOSTVARIABLELIST;

（5）关闭游标的语句

CLOSE CURSOR;

使用动态 SQL 技术更多的是涉及程序设计方面的知识,而不是 SQL 语言本身。这里就不详细介绍了,感兴趣的读者可以参阅有关书籍。

4.8　本　章　小　结

SQL 是关系数据库的标准语言,已广泛地应用在商业系统中。SQL 语言主要由数据定义、数据操纵、数据控制、嵌入式 SQL 4 部分组成。

SQL 的数据定义包括对基本表、视图、索引的创建、修改和撤销。

SQL 数据操纵包括数据查询及数据更新两部分。

SQL 的数据查询使用 SELECT 语句实现,兼有关系代数和元组演算的特点。SQL 语言的查询功能是最丰富的,也是最复杂的,读者应加强练习。

SQL 数据更新包括数据的插入、删除和修改等三种操作。

SQL 数据控制包括权限的授予及收回。

嵌入式 SQL 涉及 SQL 语言的宿主语言程序中的使用规定,以解决两种语言间的不一致和相互联系的问题,同时还介绍动态 SQL 语句。

习　题　4

1. 试述 SQL 语言的特点。
2. 什么是基本表? 什么是视图? 两者的区别和联系是什么?
3. 简述视图的优点。
4. 所有的视图是否都可以更新? 为什么?
5. 根据下列给定的关系模式:

STUDENT(XH,XM,ZY,NJ,NL)学生(学号,姓名,专业,年级,年龄)
COURSE(KCH,KCM,RKJS,XS,XF)课程(课程号,课程名,任课教师,学时,学分)
SEL_COURSE(XH,KH,CJ)选课(学号,课号,成绩)

（1）创建以上 3 张表。

（2）查询 2001 级、2003 级、2005 级和 2007 级学生的姓名和学号。

（3）查询软件专业 2007 级学生的姓名。

（4）查询 1 号课程的学生姓名及成绩。

（5）查询软件专业的学号和姓名。

（6）查询 1 号课成绩不低于 90 分的同学的学号和成绩,并按成绩由高到低排序。

（7）查询成绩在 60~80 分之间的选课情况。

（8）查询选修数据结构课程的学生的学号。

（9）查询选修数据库课程的学生的姓名。

（10）查询课程的名称,平均分,最高分,最低分及选课人数。

（11）查询 2007 级计算机专业学生的学号及姓名。

（12）查询选修 3 门课程以上的学生的姓名。

（13）查询 1 号课程成绩比 4 号课成绩高的学生学号及成绩。

（14）查询没有选修数据库课程的学生的学号及姓名。

（15）查询所有学生的学号及平均分,并按平均分由低到高排序。

（16）查询选修软件专业的学生数量。

（17）查询选修 4 门课程以上且平均分高于 70 的学生的姓名。

（18）查询选修数据库或离散数学课程的学生的姓名(不能重复)。

（19）查询既选修数据库又选修软件工程课程的学生姓名。

（20）查询姓李的学生的学号及姓名。

（21）查询张平同学的平均分。

第5章

关系数据库设计理论

本章主要内容

本章是关系模型的理论基础,该理论是指导数据库设计的重要依据。本章将揭示关系数据中的一些特性——函数依赖、多值依赖,以及由此引起的诸多异常,如插入异常、删除异常、冗余及更新异常等,通过理论引入,对关系模式的规范化、数据依赖的公理系统以及关系模式的分解进行系统阐述。

通过本章的学习,应该得到这样的重要启示,即避免关系模式异常的出现,在设计关系模式之时,应使每一个关系模式所表达的概念单一化。

本章学习目标

* 了解数据冗余和更新异常产生的根源;
* 理解函数依赖、多值依赖的基本概念;
* 重点掌握关系模式规范化的方法;
* 理解函数依赖的公理系统;
* 重点掌握关系模式分解的方法。

5.1 基 本 概 念

数据库设计的一个最基本的问题是怎样建立一个合理的数据库模式,使数据库系统无论是在数据存储方面,还是在数据操作方面都具有较好的性能。什么样的模型是合理的模型,什么样的模型是不合理的模型,应该通过什么标准去鉴别和采取什么方法改进,这是在进行数据库设计之前必须明确的问题。

为使数据库设计合理可靠、简单实用,长期以来,形成了关系数据库设计理论,即规范化理论。它是根据现实世界存在的数据依赖而进行的关系模式的规范化处理,从而得到一个合理的数据库设计效果。

现实系统的数据及语义,通过高级语义数据模型(如实体关系数据模型、对象模型)抽象后得到相应的数据模型。为了通过关系数据库管理系统实现,该数据模型需要向关系模型转换,变成相应的关系模式。然而,这样得到的关系模式,还只是初步的关系模式,可能存在这样或那样的问题。因此,需要对这类初步的关系模式,利用关系数据库设计理论进行规范化,以逐步消除其存在的异常,从而得到一定规范程度的关系模式,这就是本章所要讲述的内容。

5.1.1 规范化问题的提出

前面已经讨论了数据库系统的一般概念,介绍关系数据库的基本概念、关系模型的3个部分以及关系数据库的标准语言 SQL。但是还有一个很基本的问题尚未涉及,针对一个具体问题,应该如何构造一个适合于它的数据模式,即应该构造几个关系模式,每个关系由哪些属性组成等。这是数据库设计的问题,确切地讲是关系数据库逻辑设计问题。

实际上,设计任何一种数据库应用系统,不论是层次的、网状的还是关系的,都会遇到如何构造合适的数据模式即逻辑结构的问题。由于关系模型有严格的数学理论基础,并且可以向其他数据模型转换,因此,人们就以关系模型为背景讨论这个问题,形成了数据库逻辑设计的一个有力工具——关系数据库的规范化理论。规范化理论虽然是以关系模型为背景,但是对于一般的数据库逻辑设计同样具有理论上的意义。

已知现实系统中数据间的语义,需要通过完整性维护。例如,每个用户都应该是唯一区分的实体,这可以通过主键完整性保证。不仅如此,数据间的语义,还会对关系模式的设计产生影响。因此,数据的语义不仅可以从完整性方面体现出来,还可以从关系模式的设计方面体现出来,使人感觉到它的具体,而不再那么抽象。

数据语义在关系模式中的具体表现是,在关系模式中的属性间存在一定的依赖关系,即数据依赖(Data Dependency)。

数据依赖有很多种,其中最重要的是函数依赖(Functional Dependency,FD)和多值依赖(Multivalued Dependency,MVD)。

函数依赖普遍地存在于现实生活中。例如,结合网上书店系统项目描述一个图书的关系,可以有图书编号(ProductId)、图书名称(ProductName)、图书价格(Price)等几个属性。由于一个图书编号只对应一个图书名称,一个图书名称只有一种价格。因而,当"图书编号"值确定后,图书名称及所对应图书价格的值也就被唯一地确定了。类似的有 ProductName = f(ProductId),Price = f(ProductId),即 ProductId 函数决定 ProductName 和 Price,或说 ProductName 和 Price 函数地依赖于 ProductId,记做 ProductId→ProductName,ProductId→Price。

例 5-1 针对高校管理系统,设有一个关于教学管理的关系模式 $R(U)$,其中 U 由属性 Sno、Sname、Ssex、Sdept、Cname、Tname 和 Grade 组成的属性集合,其中 Sno 的含义为学生学号,Sname 为学生姓名,Ssex 为学生性别,Sdept 为学生所在系别,Cname 为学生所选的课程名称,Tname 为任课教师姓名,Grade 为学生选修该门课程的成绩。若将这些信息设计成一个关系,则关系模式为:

Teaching(Sno,Sname,Ssex,Sdept,Cname,Tname,Grade)

选定此关系的主键为(Sno,Cname)。Teaching 关系部分数据如表 5-1 所示。

由该关系的部分数据,不难看出,该关系存在着如下问题:

1. 数据冗余(Data Redundancy)

每一个系名对该系的学生人数乘以每个学生选修的课程门数重复存储。

每一个课程名均对选修该门课程的学生重复存储。

每一个教师都对其所教的学生重复存储。

表 5-1　Teaching 关系部分数据

Sno	Sname	Ssex	Sdept	Cname	Tname	Grade
0450301	张三恺	男	计算机系	高等数学	李刚	83
0450301	张三恺	男	计算机系	英语	林弗然	71
0450301	张三恺	男	计算机系	数字电路	周斌	92
0450301	张三恺	男	计算机系	数据结构	陈长树	86
0450302	王薇薇	女	计算机系	高等数学	李刚	79
0450302	王薇薇	女	计算机系	英语	林弗然	94
0450302	王薇薇	女	计算机系	数字电路	周斌	74
0450302	王薇薇	女	计算机系	数据结构	陈长树	68
0450302	王薇薇	女	计算机系	C 语言	张树理	78
⋮	⋮	⋮	⋮	⋮	⋮	⋮
0420131	陈杰西	男	园林系	高等数学	吴相舆	97
0420131	陈杰西	男	园林系	英语	林弗然	79
0420131	陈杰西	男	园林系	植物分类学	花裴基	93
0420131	陈杰西	男	园林系	素描	丰茹	88

2. 更新异常（Update Anomalies）

由于存在数据冗余，就可能导致数据更新异常，这主要表现在以下几个方面：

（1）插入异常（Insertion Anomalies）：由于主键中元素的属性值不能取空值，如果新分配来一位教师或新成立一个系，则这位教师及新系名就无法插入；如果一位教师所开的课程无人选修或一门课程列入计划但目前不开课，也无法插入。

（2）更新异常（Update Anomalies）：由于数据冗余，当更新数据库中的数据时，系统要付出很大的代价维护数据库的完整性，否则会面临数据不一致的危险。例如，如果更改一门课程的任课教师，则需要修改多个元组。如果仅部分修改，部分不修改，就会造成数据的不一致性。同样的情形，如果一个学生转系，则对应此学生的所有元组都必须修改，否则，也出现数据的不一致性。

（3）删除异常（Deletion Anomalies）：如果某系的所有学生全部毕业，又没有在读生及新生，当从表中删除毕业学生的选课信息时，则连同此系的信息将全部丢失。同样地，如果所有学生都退选一门课程，则删除退选学生将导致该课程的相关信息也同样丢失了。

由此可知，上述的教学管理关系尽管看起来能满足一定的需求，但存在的问题很多，因而它并不是一个合理的关系模式。

事实上，异常现象产生的根源，就是由于关系模式中属性间存在的这些复杂的依赖关系。一般，一个关系至少有一个或多个码，其中之一为主键。主键值不能为空，且唯一，决定其他属性值，码的值不能重复。当设计关系模式时，如果将各种有关联的实体数据集中于一个关系模式中，不仅造成关系模式结构冗余、包含的语义过多，也使得其中的数据依赖变得错综复杂，不可避免地要违背以上某个或多个限制，从而产生异常。

不合理的关系模式最突出的问题是数据冗余。而数据冗余的产生有着较为复杂的原因。虽然关系模式充分地考虑到文件之间的相互关联而有效地处理了多个文件间的联系所产生的冗余问题。但在关系本身内部数据之间的联系还没有得到充分的解决,如例 5-1 中,同一关系模式中各个属性之间存在着某种联系,如学生与系、课程与教师之间存在依赖关系的事实,才使得数据出现大量冗余,引发各种操作异常。这种依赖关系称之为数据依赖(Data Independence)。

关系系统当中数据冗余产生的重要原因就在于对数据依赖的处理,从而影响到关系模式本身的结构设计。解决数据间的依赖关系常常采用对关系的分解来消除不合理的部分,以减少数据冗余。

在例 5-1 中,将 Teaching 关系分解为三个关系模式来表达:Student(Sno,Sname,Ssex,Sdept),Course(Cno,Cname,Tname)及 Score(Sno,Cno,Grade),其中 Cno 为学生选修的课程编号;分解后的部分数据如表 5-2~表 5-4 所示。

表 5-2 Student 关系部分数据

Sno	Sname	Ssex	Sdept
0450301	张三恺	男	计算机系
0450302	王薇薇	女	计算机系
⋮	⋮	⋮	⋮
0420131	陈杰西	男	园林系

表 5-3 Course 关系部分数据

Cno	Cname	Tname
GS01101	高等数学	李刚
YY01305	英语	林弗然
SD05103	数字电路	周斌
SJ05306	数据结构	陈长树
SJ05307	C 语言	张树理
⋮	⋮	⋮
GS01102	高等数学	吴相舆
ZF02101	植物分类学	花裴基
SM02204	素描	丰茹

表 5-4 Score 关系部分数据

Sno	Cno	Grade
0450301	GS01101	83
0450301	YY01305	71
0450301	SD05103	92
0450301	SJ05306	86
0450302	GS01101	79
0450302	YY01305	94
0450302	SD05103	74
0450302	SJ05306	68
0450302	SJ05307	78
⋮	⋮	⋮
0420131	GS01102	97
0420131	YY01305	79
0420131	ZF02101	93
0420131	SM02204	88

对教学关系进行分解后,可知:

(1) 数据存储量减少。

设有 n 个学生,每个学生平均选修 m 门课程,则表 5-1 中 Student 就有 $4nm$ 之多。经过改进后 Student 及 Score 表中,学生的信息仅为 $3n+mn$。学生信息的存储量减少了 $3(m-1)n$。显然,学生选课数绝不会是 1,因而,经过分解后数据量要少得多。

(2) 更新方便。

① 插入问题部分解决:对一位教师所开的无人选修的课程可方便地在 Course 表中插入。但是,新分配来的教师、新成立的系或列入计划但目前不开课的课程,还是无法插入。

要解决无法插入的问题,还可继续将系名与课程作分解来解决。

② 更新方便:原关系中对数据更新所造成的数据不一致性,在分解后得到了很好的解决,改进后,只需要更新一处。

③ 删除问题也部分解决:当所有学生都退选一门课程时,删除退选的课程不会丢失该门课程的信息。值得注意的是,系的信息丢失问题依然存在,解决的方法还需继续进行分解。

虽然改进后的模式部分地解决了不合理的关系模式所带来的问题,但同时,改进后的关系模式也会带来新的问题,如当查询某个系的学生成绩时,就需要将两个关系连接后进行查询,增加了查询时关系的连接开销,而关系的连接代价却又是很大的。

此外,必须说明的是,不是任何分解都是有效的。若将表 5-1 分解为(Sno, Sname, Ssex, Sdept)、(Sno, Cno, Cname, Tname)及(Sname, Cno, Grade),不但解决不了实际问题,反而会带来更多的问题。

下面给出 4 个存在异常的关系模式及其语义,并且在其后的内容中分别加以引用。

(1) 示例模式 1

Order(Id, Amount, Product_Id, Name, Price, Order_Id, Cost)

该关系模式根据网上书店系统项目建立,用来存放图书名称,图书价格,图书数量和订单金额信息。其中,Order 为关系模式名,Id 为订单的条目编号,Amount 为图书数量,Product_Id 为图书号,Name 为图书名,Price 为单价,Order_Id 为订单号,Cost 为总金额。

假定该关系模式包含如下数据语义。

① 订单与订单条目之间是 $1:n$ 的联系,即一个订单可有多个订单条目,但一个订单条目只能属于一个订单。

② 图书与订单条目之间是 $1:n$ 的联系,即一种图书可以有多个订单条目,但一个订单条目只能有一种图书。

③ 图书与订单之间是 $m:n$ 的联系,即一种图书可以属于多个订单,一个订单可以有多种图书。

由上述语义,可以确定该关系模式的主键为(Id, Product_Id, Order_Id)。

(2) 示例模式 2

Students(Sno, Sname, Sdept, Mname, Cno, CName, Grade)

在高校管理系统中,该关系模式用来存放学生及其所在的系和选课信息。其中,Students 为关系模式名,Sno 为学生的学号,Sname 为学生姓名,Sdept 为学生所在系的名称,Mname 为学生所在系的系主任,Cno 为学生所选修课程的课程号,CName 为课程号对应的课程名,Grade 为学生选修该课程的成绩。

假定该关系模式包含如下数据语义。

① 系与学生之间是 $1:n$ 的联系,即一个系有多名学生,而一名学生只属于一个系。

② 系与系主任之间是 $1:1$ 的联系,即一个系只有一名系主任,一名系主任也只在一个系任职。

③ 学生与课程之间是 $m:n$ 的联系,即一名学生可选修多门课程,而每门课程有多名学生选修,且该联系有一描述学生成绩的属性。

由上述语义,可以确定该关系模式的主键为(Sno, Cno)。

同时还假定,学生与学生所在的系及系主任姓名均存放在此关系模式中,且无单独的关系模式分别存放学生和系及系主任等信息。

(3) 示例模式 3

STC(Sno,Tno,Cno)

在高校管理系统中,该关系模式用来存放学生、教师及课程信息。其中,STC 为关系模式名,Sno 为学生的学号,Tno 为教师的编号,Cno 为学生所选修的、由某教师讲授课程的课程号。

假定该关系模式包含如下数据语义。

① 课程与教师之间是 $1:n$ 的联系,即一门课程可由多名教师讲授,而一名教师只讲授一门课程。

② 学生与课程之间是 $m:n$ 的联系,即一名学生可选修多门课程,而每门课程有多名学生选修。

由上述语义可知,该关系模式的码为(Sno,Cno)和(Sno,Tno)。

(4) 示例模式 4

Teach(Cname,Tname,Rbook)

在高校管理系统中,该关系模式用来存放课程、教师及课程参考书信息。其中,Teach 为关系模式名,Cname 为课程名,Tname 为教师名,Rbook 为某课程的参考书名。

假定该关系模式包含如下数据语义。

① 课程与教师之间是 $m:n$ 的联系,即一门课程由多名教师讲授,而一名教师可讲授多门课程。

② 课程与参考书之间是 $m:n$ 的联系,即一门课程使用多本参考书,一本参考书可用于多门课程。

③ 以上两个 $m:n$ 联系是分离的,即讲授课程的教师与课程的参考书之间是彼此独立的。换句话说,讲授某一课程的教师必须使用该门课程所有的参考书。

由上述语义可知,该关系模式的主键为(Cname,Tname,Rbook)。

在关系数据库的设计中,不是随便一种关系模式设计方案都"合适",更不是任何一种关系模式都可以投入应用的。由于数据库中的每一个关系模式的属性之间需要满足某种内在的必然联系,设计一个好的数据库的根本方法是先要分析和掌握属性间的语义关联,然后再依据这些关联得到相应的设计方案。在理论研究和实际应用中,人们发现,属性间的关联表现为一个属性子集对另一个属性子集的"依赖"关系。按照属性间的对应情况可以将这种依赖关系分为两类,一类是"多对一"的依赖,一类是"一对多"的。"多对一"的依赖最为常见,研究结果也最为整齐,这就是本章着重讨论的"函数依赖"。"一对多"依赖相当复杂,就目前而言,人们认识到属性之间存在两种有用的"一对多"情形,一种是多值依赖关系,另一种是连接依赖关系。基于对这三种依赖关系在不同层面上的具体要求,人们又将属性之间的这些关联分为若干等级,这就形成了所谓的关系的规范化(Relation Normalization)。由此看来,解决关系数据库冗余问题的基本方案就是分析研究属性之间的联系,按照每个关系中属性间满足某种内在语义条件,以及相应运算当中表现出来某些特定要求,也就是按照属性间联系所处的规范等级构造关系。由此产生的一整套有关理论称之为关系数据库的规范化理论。

5.1.2　函数依赖

现实世界是随着时间的变化而不断变化的,因而,反映现实世界的关系也会变化,但现实世界的已有事实限定了关系的变化必须满足一定的完整性约束条件。这些约束通过对属性取值范围的限定,或通过属性值间的相互关联(主要体现为值是否相等)反映出来。后者称为数据依赖。数据依赖,是现实系统中实体属性间相互联系的抽象,是数据内在的性质,是语义的体现。它是数据模式设计的关键。数据依赖极为普遍地存在于现实世界中,可分为多种类型,其中最重要的是函数依赖。函数依赖用于说明在一个关系中属性之间的相互作用情况。

为便于定义描述,先给出如下约定。

约定 5-1　设 R 是一个关系模式,U 是 R 的属性集合,X、$Y \subseteq U$,r 是 R 的一个关系实例,元组 $t \in R$。则用 $t[X]$ 表示元组 t 在属性集合 X 上的值。同时,将关系模式和关系实例统称为关系,XY 表示 X 和 Y 的并集(实际上是 $X \cup Y$ 的简写)。

定义 5-1　设 R 是一个关系模式,U 是 R 的属性集合,X 和 Y 是 U 的子集。对于 R 的任意实例 r,r 中任意两个元组 t_1 和 t_2,如果 $t_1[X] = t_2[X]$,则 $t_1[Y] = t_2[Y]$,那么称 X **函数确定** Y 或 Y **函数依赖于** X,记作:$X \rightarrow Y$,X 称为**决定子**(Determinant)或**决定属性集**。

说明:

① 属性间的这种依赖关系,类似于数学中的函数 $y = f(x)$,即给定 x 值,y 值也就确定了。这也是取名函数依赖的原因。

② 函数依赖同其他数据依赖一样是语义范畴的概念。只能根据语义来确定一个函数依赖。例如,"姓名→年龄"这个函数依赖只有在没有同名的条件下成立。如果允许有同名,则"年龄"就不再函数依赖于"姓名"了。设计者也可以对现实世界作强制的规定。例如,规定不允许同名人出现,因而使"姓名→年龄"函数依赖成立。这样,当插入某个元组时,这个元组上的属性值必须满足规定的函数依赖,若发现有同名存在,则拒绝插入该元组。

③ 函数依赖不是指关系模式 R 的某个或某些关系实例满足的约束条件,而是指 R 的所有关系实例均要满足的约束条件,不能部分满足。

④ 函数依赖关心的问题是一个或一组属性的值决定其他属性(组)的值。

⑤ 如果 Y 不依赖于函数 X,则记为 $X \nrightarrow Y$。

既然函数依赖是由语义决定,从前面对示例关系模式的语义描述看,数据间的语义大多表示为:某实体与另一实体间存在 1 : 1(或 1 : n、m : n)的联系。那么,由这种表示的语义,如何变成相应的函数依赖呢?

一般,对于关系模式 R,U 为其属性集合,X、Y 为其属性子集,根据函数依赖定义和实体间联系的定义,可以得出如下变换方法:

① 如果 X 和 Y 之间是 1 : 1 的联系,则存在函数依赖 $X \rightarrow Y$ 和 $Y \rightarrow X$;

② 如果 X 和 Y 之间是 1 : n 的联系,则存在函数依赖 $Y \rightarrow X$;

③ 如果 X 和 Y 之间是 m : n 的联系,则 X 和 Y 之间不存在函数依赖关系。

例如,在示例模式 1(即 Order 关系模式)中,图书号与图书名之间是 1 : 1 的联系,故有 Product_Id→Name 和 Name→Product_Id 函数依赖;图书与订单条目之间是 1 : n 的联系,所以有函数依赖 Id→Name;图书与订单之间是 m : n 的联系,所以 Product_Id 与 Order_Id

之间不存在函数依赖。

下面给出几个常用的概念和记号。

函数依赖可分为以下几种：平凡函数依赖（Trivial FD）、非平凡函数依赖（Nontrivial FD）、完全函数依赖（Full FD）、部分函数依赖（Partial FD）和传递函数依赖（Transitive FD）。

约定 5-2 如果 $Y \subseteq X$，显然 $X \to Y$ 成立，则称函数依赖 $X \to Y$ 为**平凡函数依赖**。平凡函数依赖不反映新的语义，因为 $Y \subseteq X$ 本来就包含有 $X \to Y$ 的语义。

如果 $X \to Y$，且 Y 不是 X 的子集，则称函数依赖 $X \to Y$ 是**非平凡函数依赖**。若不特别声明，本章总是讨论非平凡函数依赖。

如 $X \to Y$，且 $Y \to X$，则 X 与 Y 一一对应，即 X 与 Y 等价，记作 $X \leftrightarrow Y$。

定义 5-2 设 R 是一个具有属性集合 U 的关系模式，如果 $X \to Y$，并且对于 X 的任何一个真子集 Z，$Z \to Y$ 都不成立，则称 Y **完全函数依赖**于 X，记作 $X \xrightarrow{f} Y$，简记为 $X \to Y$。若 $X \to Y$，但 Y 不完全函数依赖于 X，则称 Y **部分函数依赖**于 X，记作 $X \xrightarrow{p} Y$。

例 5-2 在示例模式 1（Order）中，（Id，Product_Id，Order_Id）为主键，Product_Id 与 Name 之间为完全函数依赖关系，即 Product_Id $\xrightarrow{f}$ Name，而（Id，Product_Id）与 Name 之间则为部分函数依赖关系，即（Id，Product_Id）$\xrightarrow{p}$ Name，因为 Name 只需 Product_Id 决定即可，不需要由 Id 和 Product_Id 共同决定。

说明：如果函数依赖的决定子只有一个属性，则该函数依赖肯定是完全函数依赖，部分函数依赖只有在决定子含有两个或两个以上属性时才可能存在。

决定子含有多个属性的情况，一般是针对由多个属性组成的主键或码，因为只有对这类主键或候选码，来谈它们与其他属性间的完全或部分函数依赖才有意义。例如，示例模式 1 中的（Id，Product_Id，Order_Id）是主键，找该主键与其他属性间的函数依赖关系是有意义的，如果在关系模式中随意将属性进行组合，再来找与其他属性间的函数依赖，则没有太大意义。何况，如果关系模式中的属性个数比较多时，则任意组合关系模式中的属性所得到的组合个数也是非常大的。

因此，寻找关系模式中的函数依赖时，一般先确定那些语义上非常明显的函数依赖。然后，寻找以主键或候选码为决定子的函数依赖。

定义 5-3 设 R 是一个具有属性集合 U 的关系模式，$X \subseteq U$，$Y \subseteq U$，$Z \subseteq U$，X、Y、Z 是不同的属性集。如果 $X \to Y$，$Y \to X$ 不成立，$Y \to Z$，则称 Z **传递地函数依赖**于 X。

说明：在上述关于传递函数依赖定义中，加上条件"$Y \to X$ 不成立"，因为如果 $Y \to X$ 成立，则 X 与 Y 等价，相当于 Z 是直接依赖于 X，而不是传递函数依赖于 X。

例 5-3 示例模式 1 中 Id $\to$ Product_Id，Product_Id $\to$ Name 成立，所以 Id $\xrightarrow{传递}$ Name。

5.1.3 码

码是关系模式中一个重要概念。在前面章节中已给出了有关码的若干定义。这里用函数依赖的概念定义码。

定义 5-4 设 K 为关系模式 $R(U,F)$ 中的属性或属性集合。若 $K \to U$，则 K 称为 R 的

一个超码(Super Key)。

定义 5-5 设 K 为关系模式 $R(U,F)$ 中的属性或属性集合。若 $K \xrightarrow{f} U$,则 K 称为 R 的一个候选码(Candidate Key)。候选码一定是超码,而且是"最小"的超码,即 K 的任意一个真子集都不再是 R 的超码。候选码有时也称为"候选键"或"码"。

说明:

① 候选码可以唯一地识别关系的元组。

② 一个关系模式可能具有多个候选码,可以指定一个候选码作为识别关系元组的**主键**(Primary Key)或主码。

③ 包含在任何一个候选码中的属性称为**主属性**(Prime Attribute)或键属性(Key Attribute),而不包含在任何候选码中的属性则称为非主属性(Nonprime Attribute)或**非键属性**(Non-key Attribute)。

④ 最简单的情况下,候选码只包含一个属性。

⑤ 最复杂的情况下,候选码包含关系模式的所有属性,称为**全码**(All-key)。

例 5-4 关系模式 Product(Product_Id, Name, Price)中单个属性 Product_Id 是码,用下划线表示。Order_Item(Id, Product_Id, Amount)中属性组合(Id, Product_Id)是码。

例 5-5 关系模式 $R(P,W,A)$,属性 P 表示演奏者,W 表示作品,A 表示听众。假设一个演奏者可以演奏多个作品,某一作品可被多个演奏者演奏。听众也可以欣赏不同演奏者的不同作品,这个关系模式的码为 (P,W,A),即全码。

定义 5-6 设 X 是关系模式 R 的属性子集合。如果 X 是另一个关系模式的候选码,则称 X 是 R 的**外部码**(Foreign key),简称**外码**。

如在关系模式 Order_Item(Id, Product_Id, Amount)中,Product_Id 不是码,但 Product_Id 是关系模式 Product(Product_Id, Name, Price)的码,则 Product_Id 是关系模式 Order_Item 的外码。

主码与外码提供了一个表示关系间联系的手段。如例 5-4 中关系模式 Product 与 Order_Item 的联系就是通过 Product_Id 体现的。

例 5-6 教师(教师号,姓名,性别,职称,部门号)

部门(部门号,部门名,电话,负责人)

其中,教师关系中的"部门号"就是教师关系的一个外码。

在此需要注意,在定义中说 X 不是 R 的码,并不是说 X 不是 R 的主属性,X 不是码,但可以是码的组成属性,或者是任一候选码中的一个主属性。

例 5-7 学生(学号,姓名,性别,年龄,…)

课程(课程号,课程名,任课老师,…)

选课(学号,课程号,成绩)

在选课关系中,(学号,课程号)是该关系的码,学号、课程号又分别是组成主码的属性(但单独不是码),它们分别是学生关系和课程关系的主码,所以是选课关系的两个外码。

关系间的联系,可以通过同时存在于两个或多个关系中的主码和外码的取值建立。如要查询某个职工所在部门的情况,只需查询部门表中的部门号与该职工部门号相同的记录即可。所以,主码和外码提供了一个表示关系间联系的途径。

5.2 范　　式

在关系数据库中,将满足不同要求的关系等级称为范式(Normal Form,NF)。满足最低要求的叫第一范式,简称 1NF。在 1NF 中满足进一步要求的为第二范式,简称 2NF 其余以此类推。

E. F. Codd 于 1971～1972 年系统地提出 1NF、2NF、3NF 的概念,讨论了规范化的问题。1974 年,Codd 和 Boyce 又共同提出了一个新范式,即 Boyce-Codd 范式,简称 BC 范式(BCNF)。1976 年,Fagin 又提出了 4NF。后来又有人提出了 5NF。

所谓"第几范式",是表示关系的某一种级别。所以经常称某一关系模式 R 为第几范式。现在把范式这个概念理解成符合某一种级别的关系模式的集合,则 R 为第几范式就可以写成 $R \in x$NF。

各种范式之间的联系有:1NF⊃2NF⊃3NF⊃BCNF⊃4NF⊃5NF 成立,如图 5-1 所示。

一个低一级范式的关系模式,通过模式分解(Schema Decomposition)可以转换为若干个高一级范式的关系模式的集合,这种过程就叫规范化(Normalization)。关系模式

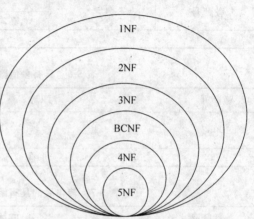

图 5-1　各种范式之间的联系

的规范化过程实质上是以结构更简单、更规则的关系模式逐步取代原有关系模式的过程。关系模式规范化的目的在于控制数据冗余、避免插入和删除异常的操作,从而增强数据库结构的稳定性和灵活性。

说明:

① 1NF 级别最低,5NF 级别最高。

② 高级别范式可看成是低级别范式的特例。

③ 一般说来,1NF 是关系模式必须满足的最低要求。

范式级别与异常问题的关系是:级别越低,出现异常的程度越高。

5.2.1　1NF

第一范式(First Normal Form)是最基本的规范形式,即关系中每个属性都是不可再分的简单项。

定义 5-7　设 R 是一个关系模式。如果 R 的每个属性的值域,都是不可分的简单数据项的集合,则称 R 为第一范式,简称 1NF,记作 $R \in$ 1NF。

把满足 1NF 的关系称为规范化关系。在关系数据库系统中只讨论规范化的关系,凡是非规范化的关系模式必须转化成规范化的关系。因此,1NF 是关系模式应具备的最起码的条件。在非规范化的关系中去掉组合项就能转化成规范化的关系。

第一范式规定一个关系中的属性值必须是"原子"的,它排斥了属性值为元组、数组或某

种复合数据的可能性,使得关系数据库中所有关系的属性值都是"最简形式",这样要求的意义在于可能做到起始结构简单,为以后复杂情形讨论带来方便。一般而言,每一个关系模式都必须满足第一范式,1NF 是对关系模式的起码要求。

如表 5-5 和表 5-6 所示,由于具有组合数据项或多值数据项,因而说,它们都不是规范化的关系。

非规范化关系转化为 1NF 的方法很简单,当然也不是唯一的,对表 5-5 和表 5-6 分别进行横向和纵向展开,即可转化为如表 5-7 和表 5-8 所示的符合 1NF 的关系。

表 5-5 具有组合数据项的非规范化关系

教师号	姓名	工资		
		基本工资	职务工资	工龄工资

表 5-6 具有多值数据项的非规范化关系

教师号	姓名	职称	系名	学历	毕业年份
10002	张三	教授	计算机	大学	1983
				研究生	1992
10008	李四	讲师	计算机	大学	1993

表 5-7 转化后的具有组合数据项的非规范化关系

教师号	姓名	基本工资	职务工资	工龄工资
10002	张三	2000	800	200
10008	李四	1800	400	150

表 5-8 转化后的具有多值数据项的非规范化关系

教师号	姓名	职称	系名	学历	毕业年份
10002	张三	教授	计算机	大学	1983
10002	张三	教授	计算机	研究生	1992
10008	李四	讲师	计算机	大学	1993

但是满足第一范式的关系模式并不一定是一个好的关系模式,例如,关系模式如下:
SLC(Sno,Sdept,Sloc,Cno,Grade)

其中,Sloc 为学生住处,假设每个学生住在同一地方,SLC 的码为(Sno,Cno),函数依赖包括:

$$(Sno,Cno) \xrightarrow{f} Grade$$

$$Sno \rightarrow Sdept$$

$$(Sno,Cno) \xrightarrow{p} Sdept$$

$$Sno \rightarrow Sloc$$

$$(Sno,Cno) \xrightarrow{p} Sloc$$

$$Sdept \rightarrow Sloc(因为每个系只住一个地方)$$

显然,SLC 满足第一范式。这里 Sno 和 Cno 两个属性决定 Grade(Sno,Cno),也决定 Sdept 和 Sloc。但实际上仅 Sno 决定 Sdept 和 Sloc。因此非主属性 Sdept 和 Sloc 部分函数依赖于码(Sno,Cno)。

SLC 关系存在以下 3 个问题。

(1) 插入异常

假若要插入一个 Sno='1002',Sdept='IS',Sloc='N',但还未选课的学生,即这个学生无 Cno,这样的元组不能插入 SLC 中,因为插入时必须给定码值,而此时码值的一部分为空,因而该学生的信息无法插入。

(2) 删除异常

假定某个学生只选修了一门课,如 1024 号学生只选修了 3 号课程,现在连 3 号课程他也不选修了,那么 3 号课程这个数据项就要删除。课程 3 是主属性,删除了课程号 3,整个元组就不能存在了,也必须跟着删除,从而删除了 1024 号学生的其他信息,产生了删除异常,把不应删除的信息也删除了。

(3) 数据冗余度大

如果一个学生选修了 10 门课程,那么他的 Sdept 和 Sloc 值就要重复存储 10 次。并且当某个学生从数学系转到信息系,这本来只是一件事,只需要修改此学生元组中的 Sdept 值。因为关系模式 SLC 还含有系的住处 Sloc 属性,学生转系将同时改变住处,所以还必须修改元组中 Sloc 的值。另外,如果这个学生选修了 10 门课,由于 Sdept、Sloc 重复存储了 10 次,当数据更新时必须无遗漏地修改 10 个元组中全部 Sdept、Sloc 信息,这就造成了修改的复杂化,存在破坏数据一致性的隐患。

因此,SLC 不是一个好的关系模式。

关系模式仅满足 1NF 是不够的,仍可能出现插入异常、删除异常、冗余及更新异常。因为在关系模式中,可能存在部分函数依赖与传递函数依赖。例如,本章给出的 4 个示例模式都是 1NF,但它们仍存在异常。

下面以示例模式 1 为例,了解 1NF 关系模式的异常情况。

例 5-8 1NF 异常情况。

根据 1NF 定义可知,示例模式 1:

$$Order(Id, Amount, Product\_Id, Name, Price, Order\_Id, Cost)$$

为 1NF 关系模式。其中的函数依赖关系有 $\{Id \rightarrow Amount, Product\_Id \rightarrow Name, Product\_Id \rightarrow Price, Order\_Id \rightarrow Cost, (Id, Product\_Id) \xrightarrow{p} Name, (Id, Product\_Id) \xrightarrow{f} Price, (Id, Order\_Id) \xrightarrow{f} Cost\}$。

该关系模式存在以下异常:

(1) 插入异常。插入订单,但订单中没有该图书,则不能插入,因为主键为(Id,Product_Id,Order_Id),Product_Id 为空值(NULL)。这就是插入异常的第一种表现,即元组插不进去。

(2) 删除异常。如某订单只选了一种图书,现要删除该订单所对应的图书,则该订单的信息也被删除。此为删除异常的第一种表现,即删除时,删掉了其他信息。

(3) 冗余。如某订单有多种图书,则存在有多行多个字段值的重复存储。因此该订单的订单信息,会多次重复存储。

(4) 更新异常。由于存在前面所说的冗余,故如果某订单要修改,则要修改多行。

5.2.2 2NF

定义 5-8 若关系模式 R 是 1NF,而且每一个非主属性都完全函数依赖于 R 的码,则称 R 为第二范式(Second Normal Form,2NF),记作 $R \in 2NF$。

2NF 的实质是不存在非主属性"部分函数依赖"于码的情况。

非 2NF 关系或 1NF 关系向 2NF 的转换方法是:消除其中的部分函数依赖,一般是将一个关系模式分解成多个 2NF 的关系模式。即将部分函数依赖于码的非主属性及其决定属性移出,另成一关系,使其满足 2NF。

关系模式 SLC 出现上述问题的原因是 Sdept,Sloc 对码的部分函数依赖。为了消除这些部分函数依赖,可以采用投影分解法,把 SLC 分解为两个关系模式:

SC(Sno,Cno,Grade)

SL(Sno,Sdept,Sloc)

其中,SC 的码为(Sno,Cno),SL 的码为 Sno。

显然,在分解后的关系模式中,非主属性都完全函数依赖于码了。从而使上述 3 个问题在一定程度上得到部分的解决。

(1) 在 SL 关系中可以插入尚未选课的学生。

(2) 删除学生选课情况涉及的是 SC 关系,如果一个学生所有的选课记录全部删除,只是 SC 关系中没有关于该学生的记录,不会牵涉到 SL 关系中关于该学生的记录。

(3) 由于学生选修课程的情况与学生的基本情况是分开存储在两个关系中的,因此不论该学生选多少门课程,对 Sdept 和 Sloc 值都只存储了 1 次。这就大大降低了数据冗余程度。

当学生从数学系转到信息系时,只须修改 SL 关系中该学生元组的 Sdept 值和 Sloc 值,由于 Sdept、Sloc 并未重复存储,因此简化了修改操作。

2NF 就是不允许关系模式的属性之间有这样的依赖 $X \rightarrow Y$,其中 X 是码的真子集,Y 是非主属性。显然,码只包含一个属性的关系模式,如果属于 1NF,那么它一定属于 2NF,因为它不可能存在非主属性对码的部分函数依赖。

例 5-8 中的 SC 关系和 SL 关系都属于 2NF。可见,采用投影分解法将一个 1NF 的关系分解为多个 2NF 的关系,可以在一定程度上减轻原 1NF 关系中存在的插入异常、删除异常、数据冗余度大等问题。

但是将一个 1NF 关系分解为多个 2NF 的关系,并不能完全消除关系模式中的各种异常情况和数据冗余。也就是说,属于 2NF 的关系模式并不一定是一个好的关系模式。

例如,2NF 关系模式 SL(Sno,Sdept,Sloc)中有下列函数依赖:

Sno→Sdept

Sdept→Sloc

Sno→Sloc

由上可知,Sloc 传递函数依赖于 Sno,即 SL 中存在非主属性对码的传递函数依赖,SL 关系中仍然存在插入异常、删除异常和数据冗余度大的问题。

（1）删除异常：如果某个系的学生全部毕业了，在删除该系学生信息的同时，把这个系的信息也丢掉了。

（2）数据冗余度大：每一个系的学生都住在同一个地方，关于系的住处的信息却重复出现，重复次数与该系学生人数相同。

（3）修改复杂：当学校调整学生住处时，如信息系的学生全部迁到另一地方住宿，由于关于每个系的住处信息是重复存储的，修改时必须同时更新该系所有学生的 Sloc 属性值。

所以，SL 存在操作异常问题，仍然不是一个好的关系模式。

例 5-9　1NF 分解示例。

（1）以订单明细表为例

OrderDetail(OrderId, ProductId, ProductName, Price, Amount)

已知在一个订单中可以订购多种图书，所以单独一个 OrderId 是不足以成为主键的，主键应该是（OrderId, ProductId）。显而易见，Amount（图书数量）完全依赖（取决）于主键（OderId, ProductId），而 Price、ProductName 只依赖于 ProductId。所以 OrderDetail 表不符合 2NF。不符合 2NF 的设计容易产生冗余数据。

可以把 OrderDetail 表拆分为 Order_Item(OrderId, ProductId, Amount) 和 Product (ProductId, ProductName, Price) 来消除原订单表中 Price, ProductName 多次重复的情况。

（2）以示例模式 2 为例

Students(Sno, Sname, Sdept, Mname, Cno, Cname, Grade)

将其分解为 3 个 2NF 关系模式，各自的模式及函数依赖分别如下：

① Student(Sno, Sname, Sdept, Mname)

　　{Sno→Sname, Sno→Sdept, Sdept→Mname, Sno→Mname}

② Score(Sno, Cno, Grade)

　　$\{(Sno, Cno) \xrightarrow{f} Grade\}$

③ Course(Cno, Cname)

　　{Cno→Cname}

这时，分解出的 3 个 2NF 关系模式的函数依赖关系，不再存在非主属性"部分函数依赖"于码的情况了。

但是，2NF 关系仍可能存在插入异常、删除异常、冗余和更新异常。因为，还可能存在"传递函数依赖"。

例 5-10　2NF 异常情况。

以例 5-9 分解出的第一个 2NF 关系模式为例：

Student(Sno, Sname, Sdept, Mname)

该关系模式的主键为 Sno，其中的函数依赖关系有

{Sno→Sname, Sno→Sdept, Sdept→Mname, Sno→Mname}

该关系模式存在以下异常：

（1）插入异常。插入尚未招生的系时，不能插入，因为主码是 Sno，而其值为 NULL。

（2）删除异常。如某系学生全毕业了，删除学生则会删除系的信息。

（3）冗余。由于系有众多学生，而每个学生均带有系信息，故冗余。

（4）更新异常。由于存在冗余，所以在修改一个系信息时，须修改多行。

5.2.3　3NF

定义 5-9　若关系模式 R 是 2NF，而且 R 的任何一个非主属性都不传递依赖于 R 的任何候选码，则称 R 为第三范式（Third Normal Form，3NF），记作 $R \in 3NF$。

另一个等效的定义是，在一关系模式 R 中，对任一非平凡函数依赖 $X \to A$，如满足下列条件之一：

① X 是超码（super key，含有码的属性集）。

② A 是码的一部分。

则此关系 R 属于 3NF。

3NF 是从 1NF 消除非主属性对码的部分函数依赖、从 2NF 消除传递函数依赖而得到的关系模式。2NF 关系向 3NF 转换的方法是，消除传递函数依赖，将 2NF 关系分解成多个 3NF 关系模式。

关系模式 SL 出现上述问题的原因是 Sloc 传递函数依赖于 Sno。为了消除该传递函数依赖，可以采用投影分解法，把 SL 分解为两个关系模式：

SD（Sno，Sdept）

DL（Sdept，Sloc）

其中，SD 的码为 Sno，DL 的码为 Sdept。

显然，在关系模式中既没有非主属性对码的部分函数依赖，也没有非主属性对码的传递函数依赖，基本上解决了上述问题：

（1）DL 关系中可以插入无在校学生系别的信息。

（2）某个系的学生全部毕业了，只是删除 SD 关系中的相应元组，DL 关系中关于该系的信息仍然存在。

（3）关于系的住处的信息只在 DL 关系中存储一次。

（4）当学校调整某个系的学生住处时，只需修改 DL 关系中一个相应元组的 Sloc 属性值。

3NF 不允许关系模式的属性之间有这样的非平凡函数依赖：$X \to Y$，其中 X 不包含码，Y 是非主属性。X 不包含码有两种情况：一种情况 X 是码的真子集，这也是 2NF 不允许的；另一种情况 X 含有非主属性，这是 3NF 进一步限制的。

例 5-10 中的 SD 关系和 DL 关系都属于 3NF。可见，采用投影分解法将一个 2NF 的关系分解为多个 3NF 的关系，可以在一定程度上解决原 2NF 关系中存在的插入异常、删除异常、数据冗余度大、修改复杂等问题。

但是将一个 2NF 关系分解为多个 3NF 的关系后，并不能完全消除关系模式中的各种异常情况和数据冗余。也就是说，属于 3NF 的关系模式虽然基本上消除大部分异常问题，但解决得并不彻底，仍然存在不足。

例如，模式 SC（Sno，Sname，Cno，Grade）。

如果姓名是唯一的，模式存在两个候选码：（Sno，Cno）和（Sname，Cno）。

模式 SC 只有一个非主属性 Grade，对两个候选码（Sno，Cno）和（Sname，Cno）都是完全函数依赖，并且不存在对两个候选码的传递函数依赖。因此 SC $\in$ 3NF。

但是当学生如果退选了全部课程,元组被删除时也失去学生学号与姓名的对应关系,因此仍然存在删除异常的问题;并且由于学生选课很多,姓名也将重复存储,造成数据冗余。因此 3NF 虽然已经是比较好的模式,但仍然存在改进的余地。

例 5-11 2NF 分解示例。

(1) 以一个订单表为例:

Order (OrderId, OrderDate, UserId, UserName, UserAddress, Postcode) 主键是(OrderId)。

其中 OrderDate,UserId,UserName,UserAddress,Postcode 等非主键列都完全依赖于主键(OrderId),所以符合 2NF。不过问题是 UserName,UserAddress,Postcode 直接依赖的是 UserId(非主键列),而不是直接依赖于主键,它是通过传递才依赖于主键,所以不符合 3NF。

通过拆分 Order 为 User_Order(OrderId,OrderDate,UserId) 和 User(UserId,UserName,UserAddress,Postcode)从而达到 3NF。

(2) 以例 5-10 分解出的第一个 2NF 关系模式为例:

Student(Sno,Sname,Sdept,Mname)

在该关系模式的函数依赖关系中存在有一传递函数依赖:

{Sno→Sname,Sdept→Mname,Sno→Mname}

通过消除该传递函数依赖,将其分解为两个 3NF 关系模式,各自的模式及函数依赖分别如下:

① Student(Sno,Sname,Sdept)

{Sno→Sname,Sno→Sdept}

② Dept(Sdept,Mname)

{Sdept→Mname,Mname→Sdept}

这时,分解出的两个 3NF 关系模式的函数依赖关系,不再存在非主属性"传递函数依赖"于码的情况了。

3NF 关系仍可能存在插入异常、删除异常、冗余和更新异常。因为,还可能存在"主属性"、"部分函数依赖"或"传递函数依赖"的情况。

第二范式(2NF)和第三范式(3NF)的概念很容易混淆,区分它们的关键点在于,2NF:非主键列是完全依赖于主键,还是依赖于主键的一部分;3NF:非主键列是直接依赖于主键,还是直接依赖于非主键列。

例 5-12 3NF 异常情况。

以示例模式 3 为例:

STC(Sno,Tno,Cno)

该关系模式的候选码为(Sno,Cno)和(Sno,Tno),其中的函数依赖关系如下:

$\{(Sno,Cno)\xrightarrow{f} Tno, Tno\rightarrow Cno, (Sno,Tno)\xrightarrow{p} Cno\}$

该关系模式尽管存在一个部分函数依赖关系,但它是主属性 Cno(因为 Cno 是其中一个候选码中的属性)部分函数依赖于候选码(Sno,Tno)的情况,而不是非主属性部分函数依赖于码。因此,该关系模式属第三范式。

该关系模式存在以下异常：

（1）插入异常。插入尚未选课的学生时，不能插入；或插入没有学生选课的课程时，不能插入，因为该关系模式有两个候选码，无论哪种情况的插入，都会出现候选码中的某个主属性值为 NULL，故不能插入。

（2）删除异常。如选修某课程的学生全毕业了，删除学生，则会删除课程的信息。

（3）冗余。每个选修某课程的学生均带有教师的信息，故冗余。

（4）更新异常。由于存在冗余，故如修改某门课程的信息，则要修改多行。

5.2.4　BCNF

BCNF(Boyce Codd Normal Form)范式是由 Boyce 和 Codd 提出的，故称 BCNF 范式，亦被认为是增强的第三范式，有时也称为扩充的第三范式。

定义 5-10　若关系模式 R 是 1NF，如果对于 R 的每个函数依赖 $X \rightarrow Y(Y \notin X)$，$X$ 必为候选码，则 R 为 BCNF 范式，记作 $R \in$ BCNF。

每个 BCNF 范式具有以下 3 个性质：

（1）所有非主属性都完全函数依赖于每个候选码。

（2）所有码属性都完全函数依赖于每个不包含它的候选码。

（3）没有任何属性完全函数依赖于非码的任何一组属性。

说明：

①　由于 BCNF 的每一个非平凡函数依赖的决定子必为候选码，故不会出现 3NF 中决定子可能不是候选码的情况。

②　3NF 与 BCNF 之间的区别在于，对一个函数依赖 $X \rightarrow Y$，3NF 允许 Y 是主属性，而 X 不为候选码。但 BCNF 要求 X 必为候选码。因此，3NF 不一定是 BCNF，而 BCNF 一定是 3NF。

③　3NF 和 BCNF 常常都是数据库设计者所追求的关系范式。有些文献在不引起误解的情况下，统称它们为第三范式。

④　如果一个关系数据库的所有关系模式都属于 BCNF，那么在函数依赖范畴内，它已达到了最高的规范化程度（但不是最完美的范式），在一定程度上消除了插入异常、删除异常、冗余和更新异常。

3NF 关系向 BCNF 转换的方法：消除主属性对码的部分和传递函数依赖，即可将 3NF 关系分解成多个 BCNF 关系模式。

经过研究后，认为 BCNF 比 3NF 更为严格。下面的定理给出了这个回答。

定理 5-1　关系模式 $R(U)$ 若满足 BCNF，则必定满足 3NF。

如果关系模式 $R \in$ BCNF，由定义可知，R 中不存在任何属性传递函数依赖于或部分依赖于任何候选码，所以必定有 $R \in$ 3NF。但是，如果 $R \in$ 3NF，R 未必属于 BCNF。这只要用一例即可说明。

例 5-13　在高校管理系统中，设有关系模式 $R(S, C, T)$，其中 S 表示学生，C 表示课程，T 表示教师，R 有下列语义信息：

（1）每个教师仅上一门课。

（2）学生与课程确定后，教师即唯一确定。

这样,R 就有如下函数依赖关系:

$$(S,C) \to T$$
$$T \to C$$

这个关系模式满足 3NF,因为它的主属性集为 (S,C),非主属性集为 (T),而 T 完全依赖于 (S,C) 且不存在传递依赖。但这个关系模式不满足 BCNF,因为 T 是决定子,但 T 不是关键字。

可以看出,实际上第三范式也避免不了异常性,如某课程本学期不开设,则无学生选修,此时有关教师固定开设某课程的信息就无法表示。因此。要避免此种异常性,还需要进一步将关系模式分解成 BCNF。如在此例中可将 R 进一步分解成:

$$R1(S,T)$$
$$R2(T,C)$$

而 $R1,R2$ 则为 BCNF 范式,这两个模式均不会产生异常现象。

可以看出,BCNF 比 3NF 更为严格,它将关系模式中的属性分成两类:一类是决定因素集;另一类是非决定因素集。非决定因素集中的属性均完全、不传递地依赖于决定因素集中的每个决定因素。

至此,由函数依赖所引起的异常现象,只要分解成 BCNF 即可获得解决。在 BCNF 中每个关系模式内部的函数依赖均比较单一和有规则,它们紧密依赖而构成一个整体,从而可以避免异常现象出现以及冗余量过多的现象。

BCNF 是对 3NF 的改进,但是在具体实现时有时是有问题的,如下面的模式 SJT(U,F) 中:

$$U = STJ, F = \{SJ \to T, ST \to J, T \to J\}$$

码是 ST 和 SJ,没有非主属性,所以 STJ $\in$ 3NF。

但是非平凡的函数依赖 $T \to J$ 中 T 不是码,因此 SJT 不属于 BCNF。

当用分解的方法提高规范化程度时,将破坏原来模式的函数依赖关系,这对于系统设计来说是有问题的。这个问题涉及模式分解的一系列理论问题,在这里不再做进一步的探讨。

在信息系统的设计中,普遍采用的是"基于 3NF 的系统设计"方法,就是由于 3NF 是无条件可以达到的,并且基本解决了"异常"的问题,因此这种方法目前在信息系统的设计中仍然被广泛地应用。

如果仅考虑函数依赖这一种数据依赖,属于 BCNF 的关系模式已经很完美了。如果考虑其他数据依赖。例如,多值依赖,属于 BCNF 的关系模式仍存在问题,不能算是一个完美的关系模式。

例 5-14 3NF 分解示例。

以示例模式 3 为例:

$$STC(Sno, Tno, Cno)$$

该关系模式的候选码为 (Sno, Cno) 和 (Sno, Tno)。由例 5-12 可知,该关系模式属第三范式,且存在一个主属性 Cno 部分函数依赖于候选码 (Sno, Tno) 的情况。

通过消除主属性 Cno 的部分函数依赖,将其分解为如下两个 BCNF 关系模式:ST(Sno, Tno) 和 TC(Tno, Cno)。

这时,分解出的两个 BCNF 关系模式,不再存在主属性部分函数依赖于码的情况了。

下面用几个例子说明属于 3NF 的关系模式有的属于 BCNF,但有的不属于 BCNF。

例 5-15 关系模式 P(Id,Name,Description,Price),它只有一个码 Id,这里没有任何属性对 Id 部分依赖或传递依赖,所以 P∈3NF。同时 P 中 Id 是唯一的决定因素,所以 P∈BCNF。

例 5-16 关系模式 S(Sno,Sname,Sdept,Sage),假定 Sname 也具有唯一性,那么 S 就有两个码,这两个码都由单个属性组成、彼此不相交。其他属性不存在对码的传递依赖与部分依赖,所以 S∈3NF。同时 S 中除 Sno,Sname 外没有其他决定因素,所以 S 也属于 BCNF。

例 5-17 关系模式 SJP(S,J,P)中,S 是学生,J 表示课程,P 表示名次。每一个学生选修每门课程的成绩有一定的名次,每门课程中每一名次只有一个学生(即没有并列名次)。由语义可得到下面的函数依赖:

$$(S,J) \rightarrow P; (J,P) \rightarrow S$$

所以(S,J)与(J,P)都可以作为候选码。这两个码各由两个属性组成,而且它们是相交的。这个关系模式中显然没有属性对码传递依赖或部分依赖。所以 SJP∈3NF,而且除(S,J)与(J,P)以外没有其他决定因素,所以 SJP∈BCNF。

例 5-18 关系模式 STJ(S,T,J)中,S 表示学生,T 表示教师,J 表示课程。每一教师只教一门课。每门课有若干教师,某一学生选定某门课,就对应一个固定的教师。由语义可得到如下的函数依赖。

$$(S,J) \rightarrow T, (S,T) \rightarrow J$$

是第三范式,但是存在 T→J,而 T 不是码,所以不是 BCNF 范式。

关系模式设计得好坏直接影响数据库数据逻辑组织的合理性,而这又与数据的冗余度、数据的一致性以及数据库的维护等问题有关。要设计好的关系数据模型,其基础是了解各属性间的函数依赖特性,而函数依赖特性又取决于属性的具体语义。作为数据库设计必须正确周到地理解和描述这些语义所包含的意思,而不能由具体关系中一些元组属性值而匆忙做出决定。

在关系数据库中,对关系模式的基本要求就是要满足第一范式,这样的关系模式就是合法的、容许的。在发现有些关系模式存在数据冗余、数据操作容易出现异常等问题时,就必须对这些关系模式进行规范化。关系模式规范化过程就是采用投影分解的方法,将低一级的关系模式转换成高一级的关系模式,这种投影分解的结果不是唯一的,但必须保证关系模式在分解前后应具有等价性,分解后的关系模式应能更好地反映客观现实中对数据处理的要求。

在范式中,常用的是 3NF 和 BCNF。在设计数据库时要综合考虑,因为尽管分解关系模式可以减少数据冗余,也可以克服数据操作容易出现异常等问题,但随之而来的,将是数据库操作的复杂性被提高,系统在进行多关系表操作时所付出的开销也更大。

3NF 和 BCNF 是在函数依赖的条件下对模式分解所能达到的分离程度的测度。一个模式中的关系模式如果都属于 BCNF,那么在函数依赖范畴内,它已实现了彻底的分离,已消除了插入和删除的异常。3NF 的"不彻底"性表现在可能存在主属性对码的部分依赖和传递依赖。

5.2.5　多值依赖与4NF

1. 概况

对于属于 BCNF 范式的关系模式,仍可能存在异常。其原因是由于存在多值依赖情况。

在对多值依赖描述之前,有必要理顺各个数据依赖所讨论(或关注)问题的思路,这对于明确问题的实质有帮助。

各个数据依赖所讨论问题的范围如下:

(1) 函数依赖讨论的是元组内属性与属性间的依赖或决定关系对属性取值的影响,即属性级的影响,如属性值是否可以插入或保留等。

(2) 多值依赖讨论的是对元组级的影响,即讨论元组内属性间的依赖关系对元组级的影响,即某一属性取值在插入与删除时,是否影响多个元组。

(3) 函数依赖和多值依赖在冗余及更新异常时的表现是相同的。关于冗余和更新异常的表现,参见 5.1 节。

2. BCNF 范式异常示例

以示例模式 4 为例:

Teach(Cname,Tname,Rbook)

该关系模式的主码为(Cname,Tname,Rbook),由 BCNF 范式的定义及性质可知,此模式属于 BCNF 范式。

然而,该关系模式仍然存在以下异常:

(1) 插入异常。插入某课程授课教师,因该课程有多本参考书,需插入多个元组。这是插入异常的表现之一。

(2) 删除异常。删除某门课程的一本参考书,因该课程授课教师有多名,故需删除多个元组。此为删除异常表现之二。

(3) 冗余。每门课程的参考书,由于有多名授课教师,故需存储多次,有大量冗余。

(4) 更新异常。修改一门课程的参考书,因该课程涉及多名教师,故需修改多个元组。

问题的根源在于参考书的取值与教师的取值,彼此独立、毫无关系,它们都取决于课程名。此即多值依赖之表现。由于该关系模式不存在非平凡函数依赖,已经达到函数依赖范畴内的最高范式——BCNF 范式,因此为消除其存在的异常,不能再利用函数依赖进一步分解了。

3. 多值依赖定义

例 5-19　在高校管理系统中,学校中某一门课程由多个教员讲授,他们使用相同的一套参考书,每个教员可以讲授多门课程,每种参考书可以供多门课程使用。下列是用一个非规范化的表来表示教员 T、课程 C 和参考书 B 之间的关系,如表 5-9 所示。

把表 5-9 变换成一张规范化的二维表 Teaching,如表 5-10 所示。从这个关系中可以看出两点。

表 5-9 非规范化关系示例

课程 C	教员 T	参考书 B
物理	李勇 王军	普通物理学 光学原理 物理习题集
数学	李勇 张平	数学分析 微分方程 高等代数
计算数学	张平 周峰	数学分析 计算数学

表 5-10 Teaching

课程 C	教员 T	参考书 B	课程 C	教员 T	参考书 B
物理	李勇	普通物理学	数学	李勇	高等代数
物理	李勇	光学原理	数学	张平	数学分析
物理	李勇	物理习题集	数学	张平	微分方程
物理	王军	普通物理学	数学	张平	高等代数
物理	王军	光学原理	计算数学	张平	数学分析
物理	王军	物理习题集	计算数学	张平	计算数学
数学	李勇	数学分析	计算数学	周峰	数学分析
数学	李勇	微分方程	计算数学	周峰	计算数学

(1) 这个关系的数据冗余很大。

(2) 这个关系的属性间有一种有别于函数依赖的依赖关系存在,这种特殊依赖关系有两个特点:

- 设如 $R(U)$ 中 X 与 Y 有这种依赖关系,则当 X 的值一经确定后可以有一组 Y 值与之对应。如确定 C 为物理,则有一组 T 的值:李勇,王军与之对应。同样 C 与 B 也有类似的依赖。

- 当 X 的值一经确定后,其所对应的一组 Y 值与 $U-X-Y$ 无关。如在 C 中,对应物理课的一组教师与此课程的参考书毫无关系,这就表示 C 与 T 有这种依赖,则 T 的值的确定与 $U-C-T=B$ 无关。

关系模式 Teaching(C,T,B)的码是(C,T,B),即 All-key。因而 Teaching∈BCNF。按照上述语义规定,当某门课程增加一名讲课教员时,就要向 Teaching 表中增加与相应参考书等数目的元组。同样,某门课程要去掉一本参考书时,则必须删除相应数目的元组。

对数据的增、删、改很不方便,数据的冗余也十分明显。上述这种依赖显然不是函数依赖,称之为多值依赖(Multi-valued Dependency),如 Y 多值依赖于 X,则可记为 $X \rightarrow\rightarrow Y$。

从所描述的多值依赖 $X \rightarrow\rightarrow Y$ 的特点看,其第一个特点表示 X 与 Y 的对应关系是很随便的,X 的一个值对应的 Y 值的个数可不作任何强制性规定,即 Y 的值可以是从 0 到任意多个,其主要起强制性约束的是第二个条件,即 X 所对应的 Y 取值与 $U-X-Y$ 无关,说得确切些,如有 $R(U)$ 且若存在 $X \rightarrow\rightarrow Y$,则对 $R(U)$ 的任何一个关系 R,如有元组 $s,t \in R$,有 $s[X]=t[X]$(表示 s 与 t 在 X 的投影相等),如将它们在 $U-X-Y$ 的投影(记为 $s[U-X-$

$Y]$，$t[U-X-Y])$，交换后所得元组称为 u,v，则必有 $u,v\in R$。

多值依赖如表 5-11 所示。

对多值依赖有了充分了解后，对它定义如下：

定义 5-11 设 R 是一个具有属性集合 U 的关系模式，X、Y 和 Z 是 U 上的子集，并且 $Z=U-X-Y$，当且仅当对 R 的任一关系 r，r 在 (X,Z) 上的每个值对应一组 Y 的值，这组值仅仅决定于 X 值而与 Z 值无关，则称 Y **多值依赖**于 X，或称 X **多值决定** Y，记为 $X\rightarrow\rightarrow Y$。

表 5-11 多值依赖示意

X	Y	$U-X-Y$
$ss[X]$	$tt[X]$	$s[Y]$
$t[Y]$	$s[U-X-Y]$	$t[U-X-Y]$
$s[X]$	$t[X]$	$s[Y]$
$t[Y]$	$t[U-X-Y]$	$s[U-X-Y]$
⋮	⋮	⋮

如果关系 R 满足

条件 1：X 是 Y 的一个子集。条件 2：$X\cup Y=U$。

则 R 中的多值依赖 $X\rightarrow\rightarrow Y$ 称作**平凡多值依赖**。否则，既不满足"条件 1"也不满足"条件 2"的多值依赖则为**非平凡多值依赖**。

例 5-20 多值依赖示例。

以示例模式 4 为例：

Teach(Cname,Tname,Rbook)

其上的多值依赖关系有：{Cname$\rightarrow\rightarrow$Tname,Cname$\rightarrow\rightarrow$Rbook}。

因为每组(Cname,Rbook)上的值，对应一组 Tname 值，且这种对应只与 Cname 值有关（或只依赖于 Cname 的值），而与 Rbook 的值无关。同样，每组(Cname,Tname)上的值，对应一组 Rbook 值，且这种对应只与 Cname 的值有关，而与 Tname 的值无关。

可以看出，多值依赖是一种一般化的函数依赖，即每一个函数依赖都是多值依赖。因为 $X\rightarrow Y$ 表示每个 X 值决定一个 Y 值，而 $X\rightarrow\rightarrow Y$ 则表示每个 X 值决定的是一组 Y 值（当然要求这组 Y 值与关系中的另一个 Z 值无关），所以从更一般的意义上说，如果 $X\rightarrow Y$，则一定有 $X\rightarrow\rightarrow Y$；反之，则不正确。

另外，一般说来，多值依赖是成对出现的。例如，对于一个关系模式 $R(X,Y,Z)$，多值依赖 $X\rightarrow\rightarrow Y$ 存在，当且仅当多值依赖 $X\rightarrow\rightarrow Z$ 也存在。这时，可用 $X\rightarrow\rightarrow Y|Z$ 这种形式表示。

多值依赖具有以下性质：

(1) 多值依赖具有对称性。即若 $X\rightarrow\rightarrow Y$，则 $X\rightarrow\rightarrow Z$，其中 $Z=U-X-Y$。

(2) 多值依赖的传递性。即若 $X\rightarrow\rightarrow Y$，$Y\rightarrow\rightarrow Z$，则 $X\rightarrow\rightarrow Z-Y$。

(3) 函数依赖可以看作是多值依赖的特殊情况。即若 $X\rightarrow Y$，则 $X\rightarrow\rightarrow Y$。这是因为当 $X\rightarrow Y$ 时，对 X 的每一个值 x，Y 有一个确定的值 y 与之对应，所以 $X\rightarrow\rightarrow Y$。

(4) 若 $X\rightarrow\rightarrow Y$，$X\rightarrow\rightarrow Z$，则 $X\rightarrow\rightarrow YZ$。

(5) 若 $X\rightarrow\rightarrow Y$，$X\rightarrow\rightarrow Z$，则 $X\rightarrow\rightarrow Y\cap Z$。

(6) 若 $X\rightarrow\rightarrow Y$，$X\rightarrow\rightarrow Z$，则 $X\rightarrow\rightarrow Y-Z$，$X\rightarrow\rightarrow Z-Y$。

多值依赖的公理与推论将在 5.3 节介绍。

4. 多值依赖与函数依赖间的区别

(1) 多值依赖的有效性与属性集的范围有关。若 $X\rightarrow\rightarrow Y$ 在 U 上成立则在 $W(XY\subseteq$

$W \subseteq U$）上一定成立；反之则不然，即 $X \rightarrow\rightarrow Y$ 在 $W(W \subseteq U)$ 上成立，在 U 上并不一定成立。这是因为多值依赖的定义中不仅涉及属性组 X 和 Y，而且涉及 U 中其余属性 Z。

一般地，在 $R(U)$ 上若有 $X \rightarrow\rightarrow Y$ 在 $W(W \subseteq U)$ 上成立，则称 $X \rightarrow\rightarrow Y$ 为 $R(U)$ 的嵌入型多值依赖。

但是在关系模式 $R(U)$ 中函数依赖 $X \rightarrow Y$ 的有效性仅决定于 X,Y 这两个属性集的值。只要在 $R(U)$ 的任何一个关系 r 中，元组在 X 和 Y 上的值满足定义 5-1，则函数依赖 $X \rightarrow Y$ 在任何属性集 $W(XY \subseteq W \subseteq U)$ 上成立。

（2）若函数依赖 $X \rightarrow Y$ 在 $R(U)$ 上成立，则对于任何 $Y' \subset Y$ 均有 $X \rightarrow Y'$ 成立。然而，多值依赖 $X \rightarrow\rightarrow Y$ 若在 $R(U)$ 上成立，却不能断言对于任何 $Y' \subset Y$ 有 $X \rightarrow\rightarrow Y'$ 成立。

5. 4NF

定义 5-12 设 R 是一个关系模式，D 是 R 上的多值依赖集。如果 R 的每个非平凡多值依赖 $X \rightarrow\rightarrow Y$（$Y$ 非空且不是 X 的子集，XY 不包含 R 的全部属性），X 一定含有 R 的候选码，那么称 R 是第四范式关系模式，记为 $R \in$ 4NF。

BCNF 关系向 4NF 转换的方法是，消除非平凡多值依赖，以减少数据冗余，即将 BCNF 关系分解成多个 4NF 关系模式。

例 5-21 BCNF 分解示例。

以例 5-20 的示例模式 4 为例：

Teach(Cname,Tname,Rbook)

其中，存在非平凡多值依赖关系 Cname$\rightarrow\rightarrow$Tname,Cname$\rightarrow\rightarrow$Rbook。按 4NF 定义，尽管 Tname 和 Rbook 都不是 Cname 的子集，Tname 与 Cname 的并集（或 Rbook 与 Cname 的并集）也没有包含全部属性，但 Cname 不是该关系模式的候选码，故该关系模式不属 4NF。通过消除非平凡多值依赖，可将 Teach 分解为如下两个 4NF 关系模式：CT(Cname,Tname)和 CB(Cname,Rbook)。

分解后的两个关系模式 CT 和 CB，都不再存在多值依赖关系了，因为它们都只有两个属性，不满足多值依赖定义。

BCNF 分解的一般方法是：若在关系模式 $R(X,Y,Z)$ 中存在 $X \rightarrow\rightarrow Y | Z$，则 R 可分解为 $R_1(X,Y)$ 和 $R_2(X,Z)$ 两个 4NF 关系模式。

4NF 就是限制关系模式的属性之间不允许有非平凡且非函数依赖的多值依赖。因为根据定义，对于每一个非平凡的多值依赖 $X \rightarrow\rightarrow Y$，$X$ 都含有候选码，于是就有 $X \rightarrow Y$，所以 4NF 所允许的非平凡的多值依赖实际上是函数依赖。

函数依赖和多值依赖是两种最重要的数据依赖。如果只考虑函数依赖，则属于 BCNF 的关系模式规范化程度已经是最高的了。如果考虑多值依赖，则属于 4NF 的关系模式规范化程度是最高的。事实上，数据依赖中除函数依赖和多值依赖之外，还有其他数据依赖。例如，有一种连接依赖。函数依赖是多值依赖的一种特殊情况，而多值依赖实际上又是连接依赖的一种特殊情况。但连接依赖不像函数依赖和多值依赖可由语义直接导出，而是在关系的连接运算时才反映出来。存在连接依赖的关系模式仍可能遇到数据冗余及插入、更新、删除异常等问题。如果消除了属于 4NF 的关系模式中存在的连接依赖，则可以进一步达到 5NF 的关系模式。这里不再讨论连接依赖和 5NF，有兴趣的读者可以参阅有关书籍。

5.2.6　规范化小结

在关系数据库中,对关系模式的基本要求是满足第一范式。这样的关系模式就是合法的、允许的。但是,人们发现有些关系模式存在插入、删除异常,修改复杂,数据冗余等问题。人们寻求解决这些问题的方法,这就是规范化的目的。

规范化的基本思想是逐步消除数据依赖中不合适的部分,使模式中的各关系模式达到某种程度的"分离",即"一事一地"的模式设计原则。让一个关系描述一个概念、一个实体或实体间的一种联系。若多于一个概念就把它"分离"出去。因此所谓规范化实质上是概念的单一化。

规范化工作是将给定的关系模式按范式级别,从低到高,逐步分解为多个关系模式。实际上,在前面的叙述中,分别介绍了各低级别的范式向其高级别范式的转换方法,人们认识这个原则是经历一个过程的。从认识非主属性的部分函数依赖的危害开始,2NF,3NF,BCNF,4NF 的提出是这个认识过程逐步深化的标志,图 5-2 所示为关系模式的规范化过程。

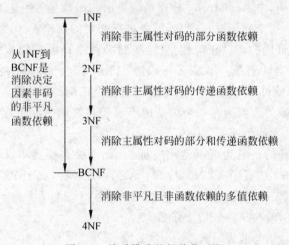

图 5-2　关系模式的规范化过程

关系模式的规范化过程是通过对关系模式的分解实现的。把低一级的关系模式分解为若干个高一级的关系模式,这种分解不是唯一的。下面就将进一步讨论分解后的关系模式与原关系模式"等价"的问题以及分解的算法。

5.3　函数依赖的公理系统

数据依赖的公理系统是模式分解算法的理论基础,1974 年,W. W. Armstrong 总结了各种推理规则,把其中最主要、最基本的作为公理,这就是著名的 Armstrong 推理规则系统,又称 Armstrong 公理(或阿氏公理)。研究函数依赖是解决数据冗余的重要课题,其中首要的问题是在一个给定的关系模式中,找出其中的各种函数依赖。对于一个关系模式来说,在理论上总有函数依赖存在,例如平凡函数依赖和候选码确定的函数依赖;在实际应用中,人们通常也会制定一些语义明显的函数依赖。这样,一般总有一个作为问题展开的初始基础的函数依赖集 F。下面首先讨论函数依赖的一个有效而完备的公理系统——

Armstrong 公理系统。

定义 5-13　对于满足一组函数依赖 F 的关系模式 $R<U,F>$，其任何一个关系 r，函数依赖 $X{\rightarrow}Y$ 都成立（即 r 中任意两元组 t,s，若 $t[X]=s[X]$，则 $t[Y]=s[Y]$），则称 F **逻辑蕴涵** $X{\rightarrow}Y$。

为了求得给定关系模式的码，要从一组函数依赖求得蕴涵的函数依赖，如已知函数依赖集 F，要问 $X{\rightarrow}Y$ 是否为 F 所蕴涵，就需要一套推理规则，这组推理规则是由 Armstrong 提出来的。

Armstrong 公理系统（Armstrong's axiom）设 U 为属性集总体，F 是 U 上的一组函数依赖，于是有关系模式 $R<U,F>$。对 $R<U,F>$ 来说有以下的推理规则：

- 自反律（Reflexivity Rule）：若 $Y{\subseteq}X{\subseteq}U$，则 $X{\rightarrow}Y$ 为 F 所蕴涵。
- 增广律（Augmentation Rule）：若 $X{\rightarrow}Y$ 为 F 所蕴涵，且 $Z{\subseteq}U$，则 $XZ{\rightarrow}YZ$ 为 F 所蕴涵。
- 传递律（Transitivity Rule）：若 $X{\rightarrow}Y$ 及 $Y{\rightarrow}Z$ 为 F 所蕴涵，则 $X{\rightarrow}Z$ 为 F 所蕴涵。

基于函数依赖集 F，由 Armstrong 公理系统推出的函数是否一定在 R 上成立，或说，这个公理系统是否正确，这个问题并不明显，需要进行必要的讨论。

由于公理是不能证明的，其"正确性"只能按照某种途径进行间接的说明。人们通常按照这样的思路考虑正确性问题：如果 $X{\rightarrow}Y$ 是基于 F 而由 Armstrong 公理系统推出，则 $X{\rightarrow}Y$ 一定属于 F，则就可认为 Armstrong 公理系统是正确的。由此可知：

（1）自反律是正确的。因为在一个关系中不可能存在两个元组在属性 X 上的值相等，而在 X 的某个子集 Y 上的值不等。

（2）增广律是正确的。因为可以使用反证法，如果关系模式 $R(U)$ 中的某个具体关系 r 中存在两个元组 t 和 s 违反了 $XZ{\rightarrow}YZ$，即 $t[XZ]=s[XZ]$，而 $t[YZ]{\neq}s[YZ]$，则可以知道 $t[Y]{\neq}s[Y]$ 或 $t[Z]{\neq}s[Z]$。此时可以分为两种情形：

如果 $t[Y]{\neq}s[Y]$，就与 $X{\rightarrow}Y$ 成立矛盾。

如果 $t[Z]{\neq}s[Z]$，则与假设 $t[XZ]=s[XZ]$ 矛盾。

这样假设就不成立，所以增广律公理正确。

（3）传递律是正确的，还是使用反证法。假设 $R(U)$ 的某个具体关系 r 中存在两个存在两个元组 t 和 s 违反了 $X{\rightarrow}Z$，即 $t[X]=s[X]$，但 $t[Z]{\neq}s[Z]$。此时分为两种情形讨论：

如果 $t[Y]{\neq}s[Y]$，就与 $X{\rightarrow}Y$ 成立矛盾。

如果 $t[Y]=s[Y]$，而 $t[Z]{\neq}s[Z]$，就与 $X{\rightarrow}Z$ 成立矛盾。

由此可以知道传递律公理是正确的。

注意：由自反律所得到的函数依赖均是平凡的函数依赖，自反律的使用并不依赖于 F。

定理 5-2　Armstrong 推理规则是正确的。

下面从定义出发证明推理规则的正确性。

证明：

（1）设 $Y{\subseteq}X{\subseteq}U$。

对 $R<U,F>$ 的任一关系 r 中的任意两个元组 t,s：

若 $t[X]=s[X]$，由于 $Y{\subseteq}X$，有 $t[Y]=s[Y]$，

所以 $X{\rightarrow}Y$ 成立，自反律得证。

（2）设 $X{\to}Y$ 为 F 所蕴涵，且 $Z{\subseteq}U$。

设 $R{<}U,F{>}$ 的任一关系 r 中的任意两个元组 t,s：

若 $t[XZ]=s[XZ]$，则有 $t[X]=s[X]$ 和 $t[Z]=s[Z]$；

由 $X{\to}Y$，于是有 $t[Y]=s[Y]$，所以 $t[YZ]=s[YZ]$，所以 $XZ{\to}YZ$ 为 F 所蕴涵，增广律得证。

（3）设 $X{\to}Y$ 及 $Y{\to}Z$ 为 F 所蕴涵。

对 $R{<}U,F{>}$ 的任一关系 r 中的任意两个元组 t,s：

若 $t[X]=s[X]$，由于 $X{\to}Y$，有 $t[Y]=s[Y]$；

再由 $Y{\to}Z$，有 $t[Z]=s[Z]$，所以 $Y{\to}Z$ 为 F 所蕴涵，传递律得证。

根据这 3 条推理规则可以得到下面 3 条很有用的推理规则：

- 合并规则（Union Rule）：由 $X{\to}Y,X{\to}Z$，有 $X{\to}YZ$。
- 伪传递规则（Pseudo Transitivity Rule）：由 $X{\to}Y,WY{\to}Z$，有 $XW{\to}Z$。
- 分解规则：由 $X{\to}Y$ 及 $Z{\subseteq}Y$，有 $X{\to}Z$。

证明：

（1）证合并规则：由已知 $X{\to}Y$，得 $X{\to}YZ$（由增广律）。

由已知 $X{\to}Z$，得 $XY{\to}YZ$（由增广律）。

又由 $X{\to}XY,XY{\to}YZ$，可得 $X{\to}YZ$（由传递律）。

（2）证伪传递规则：由已知 $X{\to}Y$，得 $XW{\to}YW$（由增广律）。

由 $XW{\to}YW$ 及已知的 $YW{\to}Z$，得 $XW{\to}Z$（由传递律）。

（3）证分解规则：因为 $Y{\subseteq}YZ$、$Z{\subseteq}YZ$，得 $YZ{\to}Y$、$YZ{\to}Z$（由自反律）。再根据已知的 $X{\to}YZ$ 及推出的 $YZ{\to}Y$、$YZ{\to}Z$，可得 $X{\to}Y$、$X{\to}Z$（由传递律）。

根据合并规则和分解规则，很容易得到这样一个重要事实：

引理 5-1 $X{\to}A_1A_2{\cdots}A_k$ 成立的充分必要条件是 $X{\to}A_i$ 成立（$i=1,2,{\cdots},k$）。

定义 5-14 在关系模式 $R{<}U,F{>}$ 中为 F 所逻辑蕴涵的函数依赖的全体叫做 F 的闭包（Closure），记为 F^+。

人们把自反律、传递律和增广律称为 Armstrong 公理系统。Armstrong 公理系统是有效的、完备的。Armstrong 公理的有效性指的是：由 F 出发根据 Armstrong 公理推导出来的每一个函数依赖一定在 F^+ 中；完备性指的是 F^+ 中的每一个函数依赖，必定可以由 F 出发根据 Armstrong 公理推导出来。

要证明完备性，就首先要解决如何判定一个函数依赖是否属于由 F 根据 Armstrong 公理推导出来的函数依赖的集合。当然，如果能求出这个集合，问题就解决了。但不幸的是，这是一个 NP 完全问题。例如，从 $F=X{\to}\{A_1,{\cdots},X{\to}A_n\}$ 出发，至少可以推导出 2^n 个不同的函数依赖。为此引入了下面的概念：

定义 5-15 设 F 为属性集 U 上的一组函数依赖，$X{\subseteq}U$，$X_F^+=\{A|X{\to}A$ 能由 F 根据 Armstrong 公理导出$\}$，X_F^+ 称为属性集 X **关于函数依赖集 F 的闭包。**

由引理 5-1 容易得出：

引理 5-2 设 F 为属性集 U 上的一组函数依赖，$X,Y{\subseteq}U$，$X{\to}Y$ 能由 F 根据 Armstrong 公理导出的充分必要条件是 $Y{\subseteq}X_F^+$。

于是，判定 $X{\to}Y$ 是否能由 F 根据 Armstrong 公理导出的问题，就转化为求出 X_F^+，判

定 Y 是否为 X_F^+ 的子集的问题。这个问题由算法 5-1 解决了。

算法 5-1 求属性集 $X(X\subseteq U)$ 关于 U 上的函数依赖集 F 的闭包 X_F^+。

输入：X,F。

输出：X_F^+。

步骤如下：

(1) 令 $X^{(0)}=X,i=0$。

(2) 求 B，这里 $B=\{A|(\exists V)(\exists W)(\exists W)(V\rightarrow W\in F \wedge V\subseteq X^{(i)} \wedge A\in W)\}$。

(3) $X^{(i+1)}=B\bigcup X^{(i)}$。

(4) 判断 $X^{(i+1)}=X^{(i)}$ 吗？

(5) 若相等或 $X^{(i)}=U$ 则 $X^{(i)}$ 就是 X_F^+，算法终止。

(6) 若否，则 $i=i+1$，返回第(2)步。

例 5-22 已知关系模式 $R<U,F>$，其中 $U=\{A,B,C,D,E\}$；$F=\{AB\rightarrow C,B\rightarrow D,C\rightarrow E,EC\rightarrow B,AC\rightarrow B\}$。

求 $(AB)_F^+$。

解：

由算法 5-1，设 $X^{(0)}=AB$；

计算 $X^{(1)}$；逐一地扫描 F 集合中各个函数依赖，找左部为 A,B 或 AB 的函数依赖。得到两个：$AB\rightarrow C,B\rightarrow D$。于是 $X^{(1)}=AB\bigcup CD=ABCD$。

因为 $X^{(0)}\neq X^{(1)}$，所以再找出左部为 $ABCD$ 子集的那些函数依顿，又得到 $C\rightarrow E,AC\rightarrow B$，于是 $X^{(2)}=X^{(1)}\bigcup BE=ABCDE$。

因为 $X^{(2)}$ 已等于全部属性集合，所以 $(AB)_F^+=ABCDE$。

对于算法 5-1，令 $a_i=|X^{(i)}|$，$\{a_i\}$ 形成一个步长大于 1 的严格递增的序列，序列的上界是 $|U|$，因此该算法最多 $|U|-|X|$ 次循环就会终止。

定理 5-3 Armstrong 公理系统是有效的、完备的。

Armstrong 公理系统的有效性可由定理 5-2 得到证明。这里给出完备性的证明。

证明完备性的逆否命题，即若函数依赖 $X\rightarrow Y$ 不能由 F 从 Armstrong 公理导出，那么它必然不为 F 所蕴涵，它的证明分三步。

(1) 若 $V\rightarrow W$ 成立，且 $V\subseteq X_F^+$，则 $W\subseteq X_F^+$。

证：因为 $V\subseteq X_F^+$，所以有 $X\rightarrow V$ 成立；于是 $X\rightarrow W$ 成立（因为 $X\rightarrow V,V\rightarrow W$），所以 $W\subseteq X_F^+$。

表 5-12 关系 r

X_F^+ 中的属性	$U-X_F^+$ 中的属性
11…1	11…1
11…1	00…0

(2) 构造一张二维表 r，如表 5-12 所示。它由下列两个元组构成，可以证明 r 必是 $R<U,F>$ 的一个关系，即 F 中的全部函数依赖在 r 上成立。

若 r 不是 $R<U,F>$ 的关系，则必由于 F 中有某一个函数依赖 $V\rightarrow W$ 在 r 上不成立所致。由 r 的构成可知，V 必定是 X_F^+ 子集，而 W 不是 X_F^+ 的子集，可是由第(1)步，$W\subseteq X_F^+$，矛盾。所以 r 必是 $R<U,F>$ 的一个关系。

(3) 若 $X\rightarrow Y$ 不能由 F 从 Armstrong 公理导出，则 Y 不是 X_F^+ 的子集，因此必有 Y 的子集 Y' 满足 $Y'\subseteq U-X_F^+$，则 $X\rightarrow Y$ 在 r 中不成立，即 $X\rightarrow Y$ 必不为 $R<U,F>$ 蕴涵。

Armstrong 公理的完备性及有效性说明了"导出"与"蕴含"是两个完全等价的概念。于是 F^+ 也可以说成是由 F 出发借助 Armstrong 公理导出的函数依赖的集合。

从蕴涵(或导出)的概念出发,又引出了两个函数依赖集等价和最小依赖集的概念。

例 5-23 设有关系模式 $R<U,F>$,其中 $U=\{A,B,C\}$;$F=\{A{\to}B,B{\to}C\}$,则上述关于函数依赖集闭包计算公式,可以得到 F^+ 由 43 个函数依赖组成。例如,由自反性公理可以知道,$A{\to}\varnothing,B{\to}\varnothing,C{\to}\varnothing,A{\to}A,B{\to}B,C{\to}C$;由增广性公理可以推出 $AC{\to}BC,AB{\to}B,A{\to}AB$ 等;由传递性公理可以推出 $A{\to}C,\cdots$。为了清楚起见,列举了 F 的闭包 F^+,如表 5-13 所示。

表 5-13 F 的闭包 F^+

$A{\to}\varnothing$	$AB{\to}\varnothing$	$AC{\to}\varnothing$	$ABC{\to}\varnothing$	$B{\to}\varnothing$	$C{\to}\varnothing$
$A{\to}A$	$AB{\to}A$	$AC{\to}A$	$ABC{\to}A$	$B{\to}B$	$C{\to}C$
$A{\to}B$	$AB{\to}B$	$AC{\to}B$	$ABC{\to}B$	$B{\to}C$	$\varnothing{\to}\varnothing$
$A{\to}C$	$AB{\to}C$	$AC{\to}C$	$ABC{\to}C$	$B{\to}BC$	
$A{\to}AB$	$AB{\to}AB$	$AC{\to}AB$	$ABC{\to}AB$	$BC{\to}\varnothing$	
$A{\to}AC$	$AB{\to}AC$	$AC{\to}AC$	$ABC{\to}AC$	$BC{\to}B$	
$A{\to}BC$	$AB{\to}BC$	$AC{\to}BC$	$ABC{\to}BC$	$BC{\to}C$	
$A{\to}ABC$	$AB{\to}ABC$	$AC{\to}ABC$	$ABC{\to}ABC$	$BC{\to}BC$	

由此可见,一个小的具有两个元素函数依赖集 F 常常会有一个大的具有 43 个元素的闭包 F^+,当然 F^+ 中会有许多平凡函数依赖,如 $A{\to}\varnothing$、$AB{\to}B$ 等,这些并非都是实际中所需要的。

定义 5-16 关系模式 $R(U)$ 的两个函数依赖集 F 和 G,如果 $G^+=F^+$,就说函数依赖集 F **覆盖** G(F 是 G 的覆盖,或 G 是 F 的覆盖),或 F 与 G 等价。

引理 5-3 $F^+=G^+$ 的充分必要条件是 $F\subseteq G^+$ 和 $G\subseteq F^+$。

证必要性显然,只证充分性。

(1) 若 $F\subseteq G^+$,则 $X_F^+\subseteq X_G^+$。

(2) 任取 $X{\to}Y\in F^+$,则有 $Y\subseteq X_F^+\subseteq X_{G^+}^+$。

所以 $X{\to}Y\in(G^+)^+$。即 $F^+\subseteq G^+$。

(3) 同理可证 $G^+\subseteq F^+$,所以 $F^+=G^+$。

而要判定 $F\subseteq G^+$,只需逐一对 F 中的函数依赖 $X{\to}Y$,考察 Y 是否属于 X_G^+ 就行了。因此引理 5-3 给出了判断两个函数依赖集等价的可行算法。

例 5-24 有 F 和 G 有两个函数依赖集,$F=\{A{\to}B,B{\to}C\}$,$G=\{A{\to}BC,B{\to}C\}$,判断 F 和 G 是否等价。

解:

(1) 检查 F 中的每一个函数依赖是否属于 F^+。

因为 $A_G^+=ABC$,所以 $BC\subseteq A_F^+$,所以 $A{\to}BC\in F^+$;又因为 $B_F^+=BC$,所以 $C\subseteq B_F^+$,所以 $B{\to}C\in F^+$,故 $G\subseteq F^+$。

(2) 检查 G 中的每一个函数依赖是否属于 G^+。

因为 $A_F^+=ABC$,所以 $B\subseteq A_F^+$,所以 $A{\to}B\in G^+$;又因为 $B_G^+=BC$,所以 $C\subseteq B_G^+$,所以 $B{\to}C\in G^+$,故 $F\subseteq G^+$。

由(1)和(2)可得 F 和 G 等价。

定义 5-17　如果函数依赖集 F 满足下列条件,则称 F 为一个极小函数依赖集。亦称为**最小依赖集**或最小覆盖(Minimal Cover)。

(1) F 中任一函数依赖的右部仅含有一个属性。

(2) F 中不存在这样的函数依赖 $X \rightarrow A$,使得 F 与 $F - \{X \rightarrow A\}$ 等价。

(3) F 中不存在这样的函数依赖 $X \rightarrow A$,X 有真子集 Z 使得 $F - \{X \rightarrow A\} \bigcup \{Z \rightarrow A\}$ 与 F 等价。

例 5-25　考察 5.1 节中的关系模式 $S < U, F >$,其中:

$U = \{Sno, Sdept, Mname, Cno, Grade\}$,

$F = \{Sno \rightarrow Sdept, Sdept \rightarrow Mname, (Sno, Cno) \rightarrow Grade\}$

设 $F' = \{Sno \rightarrow Sdept, Sno \rightarrow Mname, Sdept \rightarrow Mname,$

$(Sno, Cno) \rightarrow Grade, (Sno, Sdept) \rightarrow Sdept\}$

根据定义 5-18 可以验证 F 是最小覆盖,而 F' 不是。因为 $F' - \{Sno \rightarrow Mname\}$ 与 F' 等价,$F' - \{(Sno, Sdept) \rightarrow Sdept\}$ 与 F' 等价。

定理 5-4　每一个函数依赖集 F 均等价于一个极小函数依赖集 F_m。F_m 称为 F 的最小依赖集。

证明:

这是一个构造性的证明,分三步对 F 进行"极小化处理",找出 F 的一个最小依赖集来。

(1) 逐一检查 F 中各函数依赖 FD_i:$X \rightarrow Y$,若 $Y = A_1 A_2 \cdots A_k, k > 2$,则用 $\{X \rightarrow A_j | j = 1, 2, \cdots, k\}$ 来取代 $X \rightarrow Y$。

(2) 逐一检查 F 中各函数依赖 FD_i:$X \rightarrow A$,令 $G = F - \{X \rightarrow A\}$,若 $A \in X_G^+$,则从 F 中去掉此函数依赖(因为 F 与 G 等价的充要条件是 $A \in X_G^+$)。

(3) 逐一取出 F 中各函数依赖 FD_i:$X \rightarrow A$,设 $X = B_1 B_2 \cdots B_m$,逐一考查 $B_i (i = 1, 2, \cdots, m)$,若 $A \in (X - B_i)_F^+$,则以 $X - B_i$ 取代 X(因为 F 与 $F - \{X \rightarrow A\} \bigcup \{Z \rightarrow A\}$ 等价的充要条件是 $A \in Z_F^+$,其中 $Z = X - B_i$)。

最后剩下的 F 就一定是极小依赖集,并且与原来的 F 等价。因为对 F 的每一次"改造"都保证了改造前后的两个函数依赖集等价。这些证明很显然,请读者自行补上。

应当指出,F 的最小依赖集 F_m 不一定是唯一的,它与对各函数依赖 FD_i 及 $X \rightarrow A$ 中 X 各属性的处置顺序有关。

例 5-26　$F = \{A \rightarrow B, B \rightarrow A, B \rightarrow C, A \rightarrow C, C \rightarrow A\}$

$F_{m1} = \{A \rightarrow B, B \rightarrow C, C \rightarrow A\}$

$F_{m2} = \{A \rightarrow B, B \rightarrow A, A \rightarrow C, C \rightarrow A\}$

这里给出了 F 的两个最小依赖集 F_{m1}、F_{m2}。

若改造后的 F 与原来的 F 相同,说明 F 本身就是一个最小依赖集,因此定理 5-4 的证明给出的极小化过程也可以看成是检验 F 是否为极小依赖集的一个算法。

两个关系模式 $R_1 < U, F >$,$R_2 < U, G >$,如果 F 与 G 等价,那么 R_1 的关系一定是 R_2 的关系。反过来,R_2 的关系也一定是 R_1 的关系。所以在 $R < U, F >$ 中用与 F 等价的依赖集 G 来取代 F 是允许的。

例 5-27　设 F 是关系模式 $R(A, B, C)$ 的函数依赖集,

$F = \{A \rightarrow BC, B \rightarrow C, A \rightarrow B, AB \rightarrow C\}$，求其最小函数依赖集 F_m。

解：

(1) 将 F 中每个函数依赖的右部均变成单属性。则，

$F = \{A \rightarrow B, A \rightarrow C, B \rightarrow C, AB \rightarrow C\}$。

(2) 去掉 F 中各函数依赖左部多余的属性。在 $AB \rightarrow C$ 中，由于 $A^+ = (ABC)$，所以 A^+ 包含属性 C，因此，B 是左部多余的属性可去掉，这样 $AB \rightarrow C$ 简化为 $A \rightarrow C$。则 $F = \{A \rightarrow B, A \rightarrow C, B \rightarrow C\}$。

(3) 去掉 F 中冗余的函数依赖。由于 $A \rightarrow C$ 可由 $A \rightarrow B$ 和 $B \rightarrow C$ 推出，因此，可去掉 $A \rightarrow C$。因此，$F_m = \{A \rightarrow B, B \rightarrow C\}$。

5.4 模 式 分 解

关系模式设计得不好会带来很多问题。为了避免这些问题的发生，需要将一个关系模式分解成若干个关系模式，这就是关系模式的分解。

定义 5-18 关系模式 $R<U, F>$ 的一个分解是指

$$\rho = \{R_1 <U_1, F_1>, R_2 <U_2, F_2>, \cdots, R_n <U_n, F_n>\}$$

其中 $U = \bigcup_{i=1}^{n} U_i$，并且没有 $U_i \subseteq U_j$，$1 \leqslant i, j \leqslant n$，$F_i$ 是 F 在 U_i 上的投影。

定义 5-19 函数依赖集合 $\{X \rightarrow Y \mid X \rightarrow Y \in F^+ \wedge XY \subseteq U_i\}$ 的一个覆盖 F_i 叫做 F 在属性 U_i 上的投影。

5.4.1 模式分解定义

对于一个模式的分解是多种多样的，但是分解后产生的模式应与原模式等价。

人们从不同的角度去观察问题，对"等价"的概念形成了三种不同的定义：

- 分解具有"无损连接性"(Lossless Join)；
- 分解要"保持函数依赖"(Preserve Functional Dependency)；
- 分解既要"保持函数依赖"，又要具有"无损连接性"。

这 3 个定义是实行分解的 3 条不同的准则。按照不同的分解准则，模式所能达到的分离程度各不相同，各种范式就是对分离程度的测度。

本节要讨论的问题如下：

(1) "无损连接性"和"保持函数依赖"的含义是什么？如何判断？

(2) 对于不同的分解等价定义，究竟能达到何种程度的分离，即分离后的关系模式是第几范式。

(3) 如何实现分离，即给出分解的算法。

先来看两个例子，说明按定义 5-19，若只要求 $R<U, F>$ 分解后的各关系模式所含属性的"并"等于 U，这个限定是很不够的。

一个关系分解为多个关系，原来存储在一张二维表内的数据就要分散存储到多张二维表中，要使这个分解有意义，起码的要求是后者不能丢失前者的信息。

例 5-28 在高校管理系统中，已知关系模式 $R<U, F>$，其中 $U = \{$Sno, Sdept,

Mname},F={Sno→Sdept,Sdept→Mname}。$R<U,F>$的元组语义是学生 Sno 正在 Sdept 系学习,其系主任是 Mname。并且一个学生(Sno)只在一个系学习,一个系只有一名系主任。R 的一个关系如表 5-14 所示。

表 5-14 R 的一个关系示例

Sno	Sdep	Mname	Sno	Sdep	Mname
S1	D1	张三	S3	D3	李四
S2	D2	张三	S4	D4	王五

由于 R 中存在传递函数依赖 Sno→Mname,它会发生更新异常。例如,如果 S4 毕业,则 D4 系的系主任王五的信息也就丢掉了。反之,如果一个系 D5 尚无在校学生,那么这个系的系主任是李某的信息也无法插入。于是进行了如下分解:

$$\rho_1 = \{R_1<\text{Sno},\varnothing>,R_2<\text{Sdept},\varnothing>,R_3<\text{Mname},\varnothing>\}$$

分解后诸 R_i 的关系 r_i 是 R 在 U_i 上的投影,即 $r_i=R[U_i]$

$r_1=\{S1,S2,S3,S4\},r_2=\{D1,D2,D3\},r_3=\{张三,李四,王五\}$。

对于分解后的数据库,要回答"S1 在哪个系学习"这样的问题已不可能。

如果分解后的数据库能够恢复到原来的情况,不丢失信息的要求也就达到了。R_i 向 R 的恢复是通过自然连接实现的,这就产生了无损连接性的概念。显然,本例的分解 ρ_1 所产生的诸关系自然连接的结果实际上是它们的笛卡儿积,元组增加了,信息丢失了。

于是对 R 又进行另一种分解:

$$\rho_2 = \{R_1<\{\text{Sno},\text{Sdept}\},\{\text{Sno}\to\text{Sdept}\}>,R_2<\{\text{Sno},\text{Mname}\},\{\text{Sno}\to\text{Mname}\}>\}$$

以后可以证明 ρ_2 对 R 的分解是可恢复的,但是前面提到的插入和删除异常仍然没有解决,原因就在于原来在 R 中存在的函数依赖 Sdept→Mname,现在在 R_1 和 R_2 中都不再存在了。因此人们又要求分解具有"保持函数依赖"的特性。

最后对 R 进行了以下一种分解:

$$\rho_3 = \{R_1<\{\text{Sno},\text{Sdept}\},\{\text{Sno}\to\text{Sdept}\}>,R_2<\{\text{Sdept},\text{Mname}\},\{\text{Sdept}\to\text{Mname}\}>\}$$

可以证明分解 ρ_3 既具有无损连接性,又保持函数依赖。它解决了更新异常,又没有丢失原数据库的信息,这是所希望的分解。

由此,可以看出为什么要提出对数据库模式"等价"的 3 个不同定义的原因。

下面严格地定义分解的无损连接性和保持函数依赖性并讨论它们的判别算法。

5.4.2 分解的无损连接性和保持函数依赖性

先定义一个记号:设 $\rho=\{R_1<U_1,F_1>,\cdots,R_k<U_k,F_k>\}$,是 $R<U,F>$ 的一个分解,r 是 $R<U,F>$ 的一个关系。定义 $m_\rho(r)\overset{k}{\underset{i=1}{\bowtie}}\pi_{R_i}(r)$,即 $m_\rho(r)$ 是 r 在 ρ 中各关系模式上投影的连接。这里 $\pi_{R_i}(r)=\{t,U_i|t\in r\}$。

引理 5-4 设 $R<U,F>$ 是一个关系模式,$\rho=\{R_1<U_1,F_1>,\cdots,R_k<U_k,F_k>\}$ 是 R 的一个分解,r 是 R 的一个关系,$r_i=\pi_{R_i}(r)$,则

(1) $r\subseteq m_\rho(r)$。

(2) 若 $s=m_\rho(r)$,则 $\pi_{R_i}(s)=r_i$。

(3) $m_\rho(m_\rho(r)) = m_\rho(r)$，这个性质称为幂等性(Idempotent)。

证明：

(1) 证明 r 中的任何一个元组属于 $m_\rho(r)$。

任取 r 中的一个元组 t，$t \in r$，设 $t_i = t \cdot U_i (i = 1, 2, \cdots, k)$。对 k 进行归纳可以证明 $t_1 t_2 \cdots t_k \in \mathop{\bowtie}\limits_{i=1}^{k} \pi_{R_i}(r)$，所以 $t \in m_\rho(r)$，即 $r \subseteq m_\rho(r)$。

(2) 由(1)得到 $r \subseteq m_\rho(r)$，已设 $s = m_\rho(r)$，所以，$r \subseteq s$，$\pi_{R_i}(r) \subseteq \pi_{R_i}(s)$ 现只需证明 $\pi_{R_i}(s) \subseteq \pi_{R_i}(r)$，就有 $\pi_{R_i}(s) = \pi_{R_i}(r) = r_i$。

任取 $S_i \in \pi_{R_i}(s)$，必有 S 中的一个元组 v，使得 $v \cdot U_i = S_i$。根据自然连接的定义 $v = t_1 t_2 \cdots t_k$，对于其中每一个 t_i 必存在 r 中的一个元组 t，使得 $t \cdot U_i = t_i$ 由前面 $\pi_{R_i}(r)$ 的定义即得 $t_i \in \pi_{R_i}(r)$。又因 $v = t_1 t_2 \cdots t_k$，故 $v \cdot U_i = t_i$。又由上面证得：$v \cdot U_i = S_i$，$t_i \in \pi_{R_i}(r)$ 故 $S_i \in \pi_{R_i}(r)$。即 $\pi_{R_i}(s) \subseteq \pi_{R_i}(r)$。故 $\pi_{R_i}(s) = \pi_{R_i}(r)$。

(3) $m_\rho(m_\rho(r)) = \mathop{\bowtie}\limits_{i=1}^{k} \pi_{R_i}(m_\rho(r)) \mathop{\bowtie}\limits_{i=1}^{k} \pi_{R_i}(m_\rho(S)) \mathop{\bowtie}\limits_{i=1}^{k} \pi_{R_i}(r) = m_\rho(r)$。

1. 无损连接性

定义 5-20 $\rho = \{R_1 < U_1, F_1 >, \cdots, R_k < U_k, F_k >\}$ 是 $R < U, F >$ 的一个分解，若对 $R < U, F >$ 的任何一个关系 r 均有 $r = m_\rho(r)$ 成立，则称分解 ρ 具有**无损连接性**。简称 ρ 为无损分解；否则称为损失分解。

直接根据定义 5-21 去鉴别一个分解的无损连接性是不可能的，算法 5-2 给出了一个判别的方法。

算法 5-2 判别一个分解的无损连接性。

$\rho = \{R_1 < U_1, F_1 >, \cdots, R_k < U_k, F_k >\}$ 是 $R < U, F >$ 的一个分解，$U = \{A_1, \cdots, A_n\}$，$F = \{FD_1, FD_2, \cdots, FD_\rho\}$，不妨设 F 是一极小依赖集，记 FD_i 为 $X_i \rightarrow A_{1_i}$。

(1) 建立一张 n 列 k 行的表。每一列对应一个属性，每一行对应分解中的一个关系模式。若属性 A_j 属于 U_i，则在 j 列 i 行交叉处填上 a_j，否则填上 b_{ij}。

(2) 对每一个 FD_i 做下列操作：找到 X_i 所对应的列中具有相同符号的那些行。考察这些行中 l_i 列的元素，若其中有 a_{li}，则全部改为 a_{li}；否则全部改为 b_{mli}；m 是这些行的行号最小值。

应当注意的是，若某个 b_{uli} 被更动，那么该表的 l_i 列中凡是 b_{uli} 的符号(不管它是否是开始找到的那些行)均应作相应的更改。

如在某次更改之后，有一行成为 $a_1, a_2, \cdots, a_n$。则算法终止。ρ 具有无损连接性，否则 ρ 不具有无损连接性。

对 F 中 p 个 FD 逐一进行一次这样的处置，称为对 F 的一次扫描。

(3) 比较扫描前后，表有无变化。如有变化，则返回第(2)步，否则算法终止。

如果发生循环，那么前次扫描至少应使该表减少一个符号，表中符号有限，因此循环必然终止。

定理 5-5 如果算法 5-2 终止时，表中有一行为 $a_1, a_2, \cdots, a_n$，则 ρ 为无损连接分解。

例 5-29 设有关系模式 $R(U)$，其中 $U = \{A, B, C\}$，将其分解为关系模式集合 $\rho = \{R_1\{A, B\}, R_2\{A, C\}\}$，如图 5-3 所示。

图 5-3(a)是 R 上一个关系,图 5-3(b)和图 5-3(c)是 r 在模式 $R_1(\{A,B\})$ 和 $R_2(\{A,C\})$ 上的投影 $r1$ 和 $r2$。此时不难得到 $r1 \bowtie r2 = r$,也就是说,在 r 投影、连接之后仍然能够恢复为 r,即没有丢失任何信息,这种模式分解就是无损分解。

A	B	C
1	1	1
1	2	1

(a) 关系r

A	B
1	1
1	2

(b) 关系$r1$

A	C
1	1

(c) 关系$r2$

图 5-3　无损分解

$R(U)$ 的有损分解如图 5-4 所示。在图 5-4 中,图 5-4(a)是 R 上一个关系 r,图 5-4(b)和图 5-4(c)是 r 在关系模式 $R_1(\{A,B\})$ 和 $R_2(\{A,C\})$ 上的投影,图 5-4(d)是 $r1 \bowtie r2$,此时,r 在投影和连接之后比原来 r 的元组还要多(增加了噪声),同时将原有的信息丢失了。该分解就为有损分解。

A	B	C
1	1	4
1	2	3

(a) r

A	B
1	1
1	2

(b) $r1$

A	C
1	4
1	3

(c) $r2$

A	B	C
1	1	4
1	1	3
1	2	4
1	2	3

(d) $r1 \bowtie r2$

图 5-4　有损分解

例 5-30　已知 $R<U,F>$,$U = \{A,B,C,D,E\}$,$F = \{AB \rightarrow C, C \rightarrow D, D \rightarrow E\}$,$R$ 的一个分解为 $R_1(A,B,C)$,$R_2(C,D)$,$R_3(D,E)$。

(1) 首先构造初始表,如图 5-5 所示。

(2) 对 $AB \rightarrow C$,因各元组的第一、二列没有相同的分量,所以表不改变。由 $C \rightarrow D$ 可以把 b_{14} 改为 a_4,再由 $D \rightarrow E$ 可使 b_{15},b_{25} 全改为 a_5。修改后的表如图 5-6 所示。表中第一行成为 a_1,a_2,a_3,a_4,a_5,所以此分解具有无损连接性。

A	B	C	D	E
a_1	a_2	a_3	b_{14}	b_{15}
b_{21}	b_{22}	a_3	a_4	b_{25}
b_{31}	b_{32}	b_{33}	a_4	a_5

图 5-5　例 5-30 的初始表

A	B	C	D	E
a_1	a_2	a_3	a_4	a_5
b_{21}	b_{22}	a_3	a_4	a_5
b_{31}	b_{32}	b_{33}	a_4	a_5

图 5-6　例 5-30 修改后的表

当关系模式 R 分解为两个关系模式 R_1,R_2 时有下面的判定准则。

定理 5-6　对于 $R<U,F>$ 的一个分解 $\rho = \{R_1<U_1,F_1>R_2<U_2,F_2>\}$,如果 $U_1 \cap U_2 \rightarrow U_1 - U_2 \in F^+$ 或 $U_1 \cap U_2 \rightarrow U_2 - U_1 \in F^+$,则 ρ 具有无损连接性。

这个定理的证明可以用算法 5-2 证明。

例 5-31 设有关系模式 $R<U,F>$,其中 $U=\{A,B,C,D,E\}$,

$F=\{A \rightarrow C, B \rightarrow C, C \rightarrow D, (D,E) \rightarrow C, (C,E) \rightarrow A\}$。$R<U,F>$ 的一个模式分解 $\rho=\{R_1(A,D), R_2(A,B), R_3(B,E), R_4(C,D,E), R_5(A,E)\}$。下面使用"追踪"法判断该分解是否为无损分解。

(1) 构造初始表,如表 5-15 所示。

表 5-15 初始表

	A	B	C	D	E
$\{A,D\}$	a1	b12	b13	a4	b15
$\{A,B\}$	a1	a2	b23	b24	b25
$\{B,E\}$	b31	a2	b33	b34	a5
$\{C,D,E\}$	b41	b42	a3	a4	a5
$\{A,E\}$	a1	b52	b53	b54	a5

(2) 重复检查 F 中函数依赖,修改表中元素。

① 根据 $A \rightarrow C$,对表 5-15 行处理,由于第 1、2 和 5 行在 A 分量(列)上的值为 a1(相同),在 C 分量上的值不相同,将属性 C 列的第 1、2 和 5 行上的值 b13、b23 和 b53 必为同一符号 b13。结果如表 5-16 所示。

② 根据 $B \rightarrow C$,考察表 5-16,由于第 2 和第 3 行在 B 列上相等,在 C 列上不相等,将属性 C 列的第 2 和第 3 行中的 b13 和 b33 改为同一符号 b13,结果如表 5-17 所示。

表 5-16 第①次修改结果

	A	B	C	D	E
$\{A,D\}$	a1	b12	b13	a4	b15
$\{A,B\}$	a1	a2	b13	b24	b25
$\{B,E\}$	b31	a2	b33	b34	a5
$\{C,D,E\}$	b41	b42	a3	a4	a5
$\{A,E\}$	a1	b52	b13	b54	a5

表 5-17 第②次修改结果

	A	B	C	D	E
$\{A,D\}$	a1	b12	b13	a4	b15
$\{A,B\}$	a1	a2	b13	b24	b25
$\{B,E\}$	b31	a2	b13	b34	a5
$\{C,D,E\}$	b41	b42	a3	a4	a5
$\{A,E\}$	a1	b52	b13	b54	a5

③ 根据 $C \rightarrow D$,考察表 5-17,由于第 1、2、3 和 5 行在 C 列上的值为 b13(相等),在 D 列上的值不相等,将 D 列的第 1、2、3 和 5 行上的元素 a4,b24,b34,b54 都改为 a4,如表 5-18 所示。

④ 根据 $\{D,E\} \rightarrow C$,考察表 5-18,由于第 3、4 和 5 行在 D 和 E 列上的值为 a4 和 a5,即相等,在 C 列上的值不相等,将 C 列的第 3、4 和 5 行上的元素都改为 a3,结果如表 5-19 所示。

⑤ 根据 $\{C,E\} \rightarrow A$,考察表 5-19,将 A 列的第 3、4 和 5 行的元素都改成 a1,结果如表 5-20 所示。

表 5-18　第③次修改结果

	A	B	C	D	E
{A,D}	a1	b12	b13	a4	b15
{A,B}	a1	a2	b13	a4	b25
{B,E}	b31	a2	b13	a4	a5
{C,D,E}	b41	b42	a3	a4	a5
{A,E}	a1	b52	b13	a4	a5

表 5-19　第④次修改结果

	A	B	C	D	E
{A,D}	a1	b12	b13	a4	b15
{A,B}	a1	a2	b13	a4	b25
{B,E}	b31	a2	a3	a4	a5
{C,D,E}	b41	b42	a3	a4	a5
{A,E}	a1	b52	a3	a4	a5

表 5-20　第⑤次修改结果

	A	B	C	D	E
{A,D}	a1	b12	b13	a4	b15
{A,B}	a1	a2	b13	a4	b25
{B,E}	a1	a2	a3	a4	a5
{C,D,E}	a1	b42	a3	a4	a5
{A,E}	a1	b52	a3	a4	a5

由于 F 中的所有函数依赖已经检查完毕,所以表 5-20 是全 a 行,所以关系模式 $R(U)$ 的分解 ρ 是无损分解。

2. 保持函数依赖性

保持关系模式分解等价的一个重要条件是,原模式所满足的函数依赖在分解后的模式中仍保持不变,这就是保持函数依赖性问题。

定义 5-21　若 $F^+ = \left(\bigcup\limits_{i=1}^{k} F_i \right)^+$,则 $R<U,F>$ 的分解

$\rho = \{R_1<U_1,F_1>,\cdots,R_k<U_k,F_k>\}$ 保持函数依赖。

可以看出,保持函数依赖的分解是把 R 分解为 $R_1,R_2,\cdots,R_k$ 后,函数依赖集 F 应被 F 在这些 R_i 上的投影所蕴涵。因为 F 中的函数依赖实质上是对关系模式 R 的完整性约束,R 分解后也要保持 F 的有效性,否则数据的完整性将受到破坏。

但是,一个无损连接分解不一定是保持函数依赖的。同样,一个保持函数依赖的分解也不一定是无损连接的。

例 5-32　在高校管理系统中,设有关系模式 R(Sno,Dept,Dp),其中属性 Sno,Dept,Dp 分别表示学生学号、所在系别、系办公地点。函数依赖集有 $F = \{Sno \rightarrow Dept, Dept \rightarrow Dp\}$,$R$ 分解成 $\rho = \{R_1(Sno,Dept), R_2(Sno,Dp)\}$。

（1）判断 ρ 是否具有无损连接性。

因为 $R_1 \bigcap R_2$ 为 (Sno, Dept) $\bigcap$ (Sno, Dp) ＝Sno, $R_1 - R_2 =$ (Sno, Dept) $-$ (Sno, Dp) ＝ Dept, 已知 Sno→Dept, 所以, $R_1 \bigcap R_2 \rightarrow (R_1 - R_2)$, 因此, $\rho = \{R_1(\text{Sno}, \text{Dept}), R_2(\text{Sno}, \text{Dp})\}$ 是无损分解。

（2）判断 ρ 是否具有保持函数依赖性。

R_1 上的函数依赖是 Sno→Dept, R_2 上的函数依赖是 Sno→Dp。但从这两个函数依赖推不出在 R 上成立的函数依赖 Dept→Dp, 分解 ρ 把 Dept→Dp 丢失了, 因此, 分解 ρ 不具有保持函数依赖性。

例 5-33 在网上书店系统中, 设有关系模式 $R<U, F>$, 其中 $U = \{$ProductId, ProductName, Price$\}$, ProductId 表示图书编号, ProductName 表示图书名称, Price 表示图书价格; 而 $F = \{$ProductId → ProductName, ProductId → Price$\}$。这里规定, 每一个 ProductId 表示一个图书, 但一种图书可以有多个图书编号（表示多个相同图书名称）, 每种图书只允许有一种价格。

将 R 分解为 $\rho = \{R_1<U_1, F_1>, R_2<U_2, F_2>\}$, 这里, $U_1 = \{$ProductId, ProductName$\}$, $F_1 = \{$ProductId→ProductName$\}$, $U_2 = \{$ProductId, Price$\}$, $F_2 = \{$ProductId→Price$\}$, 不难证明, 模式分解 ρ 是无损分解。但是, 由 R_1 上的函数依赖 ProductId→ProductName 和 R_2 上的函数依赖 ProductId→Price 得不到在 R 上成立的函数依赖 ProductName→Price, 因此, 分解 ρ 丢失了 ProductName→Price, 即 ρ 不保持函数依赖 F。

算法 5-3 判别一个分解的保持函数依赖

由保持函数依赖的定义可知, 检验一个分解是否保持函数依赖, 其实就是检验函数依赖集 $G = \left(\bigcup_{i=1}^{k} F_i \right)^+$ 与 F^+ 是否相等, 也就是检验一个函数依赖 $X \rightarrow Y \in F^+$ 是否可以由 G 根据 Armstrong 公理导出, 即是否有 $Y \subseteq X_G^+$。

按照上述分析, 可以得到保持函数依赖的测试方法。

输入:

（1）关系模式 $R(U)$。

（2）关系模式集合 $\rho = \{R_1<U_1>, R_2<U_2>, \cdots, R_n<U_n>\}$。

输出:

ρ 是否保持函数依赖。

计算步骤:

（1）令 $G = \left(\bigcup_{i=1}^{k} F_i \right)^+$, $F = F - G$, Result＝True。

（2）对于 F 中的第一个函数依赖 $X \rightarrow Y$, 计算 X_G^+, 并令 $F = F - \{X \rightarrow Y\}$。

（3）若 $Y \not\subset X_G^+$, 则令 Result＝False, 转向（4）; 否则, 若 $F \neq \varnothing$, 转向（2）, 否则转向（4）。

（4）若 Result＝True, 则 ρ 保持函数依赖, 否则 ρ 不保持函数依赖。

例 5-34 设有关系模式 $R<U, F>$, 其中 $U = \{A, B, C, D\}$, $F = \{A \rightarrow B, B \rightarrow C, C \rightarrow D, D \rightarrow A\}$。$R<U, F>$ 的一个模式分解 $\rho = \{R_1<U_1, F_1>, R_2<U_2, F_2>, R_3<U_3, F_3>\}$, 其中 $U_1 = \{A, B\}$, $U_2 = \{B, C\}$, $U_3 = \{C, D\}$, $F_1 = \{A \rightarrow B\}$, $F_2 = \{B \rightarrow C\}$, $F_3 = \{C \rightarrow D\}$。

按照上述算法:

(1) $G = \{A \rightarrow B, B \rightarrow A, B \rightarrow C, C \rightarrow B, C \rightarrow D, D \rightarrow C\}$,

$F = F - G = \{D \rightarrow A\}$, Result = True。

(2) 对于函数依赖 $D \rightarrow A$, 即令 $X = \{D\}$, 有 $X \rightarrow Y$,

$F = \{X \rightarrow Y\} = F - \{D \rightarrow A\} = \varnothing$。经过计算可以得到 $X_G^+ = \{A, B, C, D\}$。

(3) 由于 $Y = \{A\} \subseteq X_G^+ = \{A, B, C, D\}$, 转向(4)。

(4) 由于 Result = True, 所以模式分解 ρ 保持函数依赖。

例 5-35 将 $R = (ABCD, \{A \rightarrow B, B \rightarrow C, B \rightarrow D, C \rightarrow A\})$ 分解为关于 $U_1 = AB, U_2 = ACD$ 两个关系, 求 R_1、R_2, 并检验分解的无损连接性和分解的保持函数依赖性。

解: $F_1 = \pi_{R_1}(F) = \{A \rightarrow B, B \rightarrow A\}$, $F_2 = \pi_{R_2}(F) = \{A \rightarrow C, C \rightarrow A, A \rightarrow D\}$

$R_1 = (AB, \{A \rightarrow B, B \rightarrow A\})$, $R_2 = (ACD, \{A \rightarrow C, C \rightarrow A, A \rightarrow D\})$

$U_1 \cap U_2 = AB \cap ACD = A, U_1 - U_2 = AB - ACD = B, A \rightarrow B \in F$, 所以 ρ 是无损分解;

$F_1 \cup F_2 = \{A \rightarrow B, B \rightarrow A, A \rightarrow C, C \rightarrow A, A \rightarrow D\} \equiv \{A \rightarrow B, B \rightarrow C, B \rightarrow D, C \rightarrow A\} = F$, 所以 ρ 是函数依赖保持性。

例 5-36 关系模式 $R(A, B, C, D)$, 函数依赖集 $F = \{A \rightarrow B, C \rightarrow D\}$, $\rho = \{R_1(AB), R_2(CD)\}$, 求 R_1、R_2, 并检验分解的无损连接性和分解的保持函数依赖性。

解: $F_1 = \pi_{R_1}(F) = \{A \rightarrow B\}$, $F_2 = \pi_{R_2}(F) = \{C \rightarrow D\}$ $R_1 = (AB, \{A \rightarrow B\})$, $R_2 = (CD, \{C \rightarrow D\})$ $U_1 \cap U_2 = AB \cap CD = \varnothing$, $U_1 - U_2 = AB, U_2 - U_1 = CD, \varnothing \rightarrow AB F, \varnothing \rightarrow CD F$, 所以 ρ 不是无损分解。

5.4.3　模式分解的算法

对关系模式分解, 使它的模式成为 3NF、BCNF 或 4NF。但这样的分解, 不一定都能保证具有无损连接性和保持函数依赖性。对于任一关系模式, 可找到一个分解达到 3NF, 且具有无损连接性和保持函数依赖性。而对模式的 BCNF 或 4NF 分解, 可以保持无损连接, 但不一定能保证保持函数依赖性。

下面介绍关系模式分解的几个典型算法。

算法 5-4 (合成法)转换为 3NF 的保持函数依赖的分解。

(1) 对 $R < U, F >$ 中的函数依赖集 F 进行"极小化处理"(处理后得到的依赖集仍记为 F)。

(2) 找出不在 F 中出现的属性, 把这样的属性构成一个关系模式。把这些属性从 U 中去掉, 剩余的属性仍记为 U。

(3) 若有 $X \rightarrow A \in F$, 且 $XA = U$, 则 $\rho = \{R\}$, 算法终止。

(4) 否则, 对 F 按具有相同左部的原则分组(假定分为 k 组), 每一组函数依赖 F_i' 所涉及的全部属性形成一个属性集 U_i。若 $U_i \subseteq U_j (i \neq j)$ 就去掉 U_i。由于经过了步骤(2), 故 $U = \bigcup_{i=1}^{k} U_i$, 于是 $\rho = \{R_1 < U_1, F_1 >, \cdots, R_k < U_k, F_k >\}$ 构成 $R < U, F >$ 的一个保持函数依赖的分解, 并且每个 $R_i < U_i, F_i >$ 均属 3NF。这里 F_i 是 F 在 U_i 上的投影, 并且 F_i 不一定与 F_i' 相等, 但 F_i' 一定被 F_i 所包含, 因此分解 ρ 保持函数依赖是显然的。

下面证明每一个 $R_i < U_i, F_i >$ 一定属于 3NF。

设 $F_i' = \{X \rightarrow A_1, X \rightarrow A_2, \cdots, X \rightarrow A_k\}$, $U_i = \{X, A_1, A_2, \cdots, A_k\}$

(1) $R_i<U_i,F_i>$一定以 X 为码。

(2) 若 $R_i<U_i,F_i>$不属于 3NF,则必存在非主属性 $A_m(l\leqslant m\leqslant k)$ 及属性组合 $Y,A_m\notin Y$,使得 $X\rightarrow Y,Y\rightarrow A_m\in F_i^+$,而 $Y\rightarrow X\notin F_i^+$。

若 $Y\subset X$,则与 $X\rightarrow A_m$ 属于最小依赖集 F 相矛盾,因而 $Y\subseteq X$。不妨设 $Y\cap X=X_1,Y-X=\{A_1,\cdots,A_p\}$,令 $G=F-\{X\rightarrow A_m\},Y\subseteq X_G^+$,即 $X\rightarrow Y\in G^+$。

可以断言 $Y\rightarrow A_m$ 也属于 G^+。因为 $Y\rightarrow A_m\in F_i^+$,所以 $A_m\in Y_F^+$;若 $Y\rightarrow A_m$ 不属于 G^+,则在求 Y_F^+ 的算法中,只有使用 $Y\rightarrow A_m$ 才能将 A_m 引入。于是按算法 5-1 必有 j,使得 $X\subseteq Y^{(j)}$,于是 $Y\rightarrow X$ 成立是矛盾的。

于是 $Y\rightarrow A_m$ 属于 G^+,与 F 是最小依赖集相矛盾。所以 $R_i<U_i,F_i>$一定属于 3NF。

算法 5-5 转换为 3NF 既有无损连接性又保持函数依赖的分解。

(1) 设 X 是 $R<U,F>$ 的码。$R<U,F>$已由算法 5-4 分解为 $\rho=\{R_1<U_1,F_1>,R_2<U_2,F_2>,\cdots,R_k<U_k,F_k>\}$,令 $\tau=\rho\cup\{R^*<X,F_x>\}$。

(2) 若有某个 $U_i,X\subseteq U_i$,将 $R^*<X,F_x>$从 τ 中去掉。

(3) τ 就是所求的分解。

$R^*<X,F_x>$显然属于 3NF,而 τ 保持函数依赖也很显然,只要判定 τ 的无损连接性就行了。

由于 τ 中必有某关系模式 $R(T)$ 的属性组 $T\supseteq X$。由于 X 是 $R<U,F>$ 的码,任取 $U-T$ 中的属性 B,必存在某个 i,使 $B\in T^{(i)}$(按算法 5-1)。对 i 施行归纳法可以证明由算法 5-2,表中关系模式 $R(T)$ 所在的行一定可成为 $a_1,a_2,\cdots,a_n$。τ 的无损连接性得证。

算法 5-6 (分解法)转换为 BCNF 的无损连接分解。

(1) 令 $\rho=\{R<U,F>\}$。

(2) 检查 ρ 中各关系模式是否均属于 BCNF。若是,则算法终止。

(3) 设 ρ 中 $R_i<U_i,F_i>$不属于 BCNF,那么必有 $X\rightarrow A\in F_i^+(A\notin X)$,且 X 非 R_i 的码。因此,XA 是 U_i 的真子集。对 R_i 进行分解:$\sigma=\{S_1,S_2\},U_{S1}=XA,U_{S2}=U_i-\{A\}$,以 σ 代替 $R_i<U_i,F_i>$返回第(2)步。

由于 U 中属性有限,因而有限次循环后算法 5-6 一定会终止。

这是一个自顶向下的算法。它自然地形成一棵对 $R<U,F>$ 的二叉分解树。应当指出,$R<U,F>$的分解树不一定是唯一的。这与步骤(3)中具体选定的 $X\rightarrow A$ 有关。

算法 5-6 最初令 $\rho=\{R<U,F>\}$,显然 ρ 是无损连接分解,而以后的分解则由下面的引理 5-5 保证了它的无损连接性。

引理 5-5 若 $\rho=\{R_1<U_1,F_1>,R_2<U_2,F_2>,\cdots,R_k<U_k,F_k>\}$是 $R<U,F>$的一个无损连接分解,$\sigma=\{S_1,S_2,\cdots,S_m\}$是 ρ 中 $R_i<U_i,F_i>$的一个无损连接分解,那么

$$\rho'=\{R_1,R_2,\cdots,R_{i-1},S_1\cdots,S_m,R_{i+1},\cdots,R_k\},$$

$$\rho''=\{R_1,\cdots,R_k,R_{k+1},\cdots,R_n\}$$(ρ''是 $R<U,F>$包含 ρ 的关系模式集合的分解),均是 $R<U,F>$的无损连接分解。

证明的关键是自然连接的结合律,给出结合律的证明,其他部分留给读者。

引理 5-6 $(R_1\bowtie R_2)\bowtie R_3=R_1\bowtie(R_2\bowtie R_3)$

证明：

设 r_i 是 $R_i<U_i,F_i>$ 的关系, $i=1,2,3$,

设 $U_1\cap U_2\cap U_3=V$;

$U_1\cap U_2-V=X$;

$U_2\cap U_3-V=Y$;

$U_1\cap U_3-V=Z$(如图 5-7 所示)。

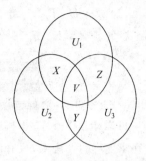

图 5-7　引理 5-6 三个关系
属性的示意图

容易证明 t 是 $(R_1\bowtie R_2)\bowtie R_3$ 中的一个元组的充要条件是:

T_{R_1}、T_{R_2}、T_{R_3} 是 t 的连串, 这里 $T_{R_i}\in r_i$ $(i=1,2,3)$,
$T_{R_1}[V]=T_{R_2}[V]=T_{R_3}[V]$, $T_{R_1}[X]=T_{R_2}[X]$, $T_{R_1}[Z]=$
$T_{R_3}[Z]$, $T_{R_2}[Y]=T_{R_3}[Y]$。而这也是 t 为 $R_1\bowtie(R_2\bowtie R_3)$ 中
的元组的充要条件。于是有 $(R_1\bowtie R_2)\bowtie R_3=R_1\bowtie(R_2\bowtie R_3)$。

在 5.2.5 小节中已经指出, 一个关系模式中若存在多值依赖(指非平凡的非函数依
赖的多值依赖), 则数据的冗余度大而且存在插入、修改、删除异常等问题。为此要消除
这种多值依赖, 使模式分离达到一个新的高度 4NF。下面讨论达到 4NF 的具有无损连接
性的分解。

定理 5-7　关系模式 $R<U,F>$ 中, D 为 R 中函数依赖 FD 和多值依赖 MVD 的集合。

则 $X\rightarrow\rightarrow Y$ 成立的充要条件是 R 的分解 $\rho=\{R_1(X,Y),R_2(X,Z)\}$ 具有无损连接性, 其
中 $Z=U-X-Y$。

证明：

先证充分性。

若 ρ 是 R 的一个无损连接分解, 则对 $R<U,F>$ 的任一关系 r 有:

$$r=\pi_{R_1}(r)\bowtie\pi_{R_2}(r)$$

设 $t,s\in r$, 且 $t[X]=s[X]$, 于是 $t[XY],s[XY]\in\pi_{R_1}(r),t[XZ],s[XZ]\in\pi_{R_2}(r)$。由于
$t[X]=s[X]$, 所以 $t[XY]\cdot s[XZ]$ 与 $t[XZ]\cdot s[XY]$ 均属于作 $\pi_{R_1}(r)\bowtie\pi_{R_2}(r)$, 也即属于
r。令 $u=t[XY]\cdot s[XZ],v=t[XZ]\cdot s[XY]$, 就有 $u[X]=v[X]=t[X]$, $u[Y]=t[Y]$,
$u[Z]=s[Z],v[Y]=s[Y],v[Z]=t[Z]$, 所以 $X\rightarrow\rightarrow Y$ 成立。

再证必要性。

若 $X\rightarrow\rightarrow Y$ 成立, 对于 $R<U,D>$ 的任一关系 r, 任取 $\omega\in\pi_{R_1}(r)\bowtie\pi_{R_2}(r)$, 则必有 t,
$s\in r$, 使得 $\omega=t[XY]\cdot s[XZ]$, 由于 $X\rightarrow\rightarrow Y$ 对 $R<U,D>$ 成立, ω 应当属于 r, 所以 ρ 是无
损连接分解。

定理 5-8　给出了对 $R<U,D>$ 的一个无损的分解方法。若 $R<U,D>$ 中 $X\rightarrow\rightarrow Y$ 成
立, 则 R 的分解 $\rho=\{R_1(X,Y),R_2(X,Z)\}$ 具有无损连接性。

算法 5-7　达到 4NF 的具有无损连接性的分解。

首先使用算法 5-6, 得到 R 的一个达到了 BCNF 的无损连接分解 ρ。然后对某一
$R_i<U_i,D_i>$, 若不属于 4NF, 则可按定理 5-7 的作法进行分解。直到每一个关系模式均属
于 4NF 为止。定理 5-7 和引理 5-5 保证了最后得到的分解的无损连接性。

关系模式 $R<U,D>$, U 是属性总体集, D 是 U 上的一组数据依赖(函数依赖和多值依
赖), 对于包含函数依赖和多值依赖的数据依赖有一个有效且完备的公理系统。

(1) 自反律。若 $Y\subseteq X\subseteq U$, 则 $X\rightarrow Y$。

（2）增广律。若 $X{\rightarrow}Y$，且 $Z{\subseteq}U$，则 $XZ{\rightarrow}YZ$。

（3）传递律。若 $X{\rightarrow}Y$，$Y{\rightarrow}Z$，则 $X{\rightarrow}Z$。

（4）多值依赖增广律。若 $X{\rightarrow}{\rightarrow}Y$，$V{\subseteq}W{\subseteq}U$，则 $XW{\rightarrow}{\rightarrow}YV$。

（5）多值依赖互补律。若 $X{\rightarrow}{\rightarrow}Y$，则 $X{\rightarrow}{\rightarrow}U-X-Y$。

（6）多值依赖传递律。若 $X{\rightarrow}{\rightarrow}Y$，$Y{\rightarrow}{\rightarrow}Z$，则 $X{\rightarrow}{\rightarrow}Z-Y$。

（7）替代律。若 $X{\rightarrow}Y$，则 $X{\rightarrow}{\rightarrow}Y$。

（8）聚集律。若 $X{\rightarrow}{\rightarrow}Y$，$Z{\subseteq}Y$，$W\cap Y=\varnothing$，$W{\rightarrow}Z$，则 $X{\rightarrow}Z$。

公理系统的有效性是指从 D 出发根据 8 条公理推导出的函数依赖或多值依赖一定为 D 蕴涵；完备性是指凡 D 所蕴涵的函数依赖或多值依赖均可以从 D 根据 8 条公理推导出来。

也就是说，在函数依赖和多值依赖的条件下，"蕴涵"与"导出"仍是等价的。

前 3 个有效性在 5.3 节已证明，其余的有效性证明，留给读者。

由上述 8 条公理，可以得到如下推理规则：

（1）多值依赖合并律。若 $X{\rightarrow}{\rightarrow}Y$，$X{\rightarrow}{\rightarrow}Z$，则 $X{\rightarrow}{\rightarrow}YZ$。

（2）多值依赖伪传递律。若 $X{\rightarrow}{\rightarrow}Y$，$WY{\rightarrow}{\rightarrow}Z$，则 $WX{\rightarrow}{\rightarrow}Z-WY$。

（3）多值依赖分解律。若 $X{\rightarrow}{\rightarrow}Y$，$X{\rightarrow}{\rightarrow}Z$，则 $X{\rightarrow}{\rightarrow}Y\cap Z$，$X{\rightarrow}{\rightarrow}Y-Z$，$X{\rightarrow}{\rightarrow}Z-Y$。

（4）混合伪传递律。若 $X{\rightarrow}{\rightarrow}Y$，$XY{\rightarrow}Z$，则 $X{\rightarrow}Z-Y$。

5.5　本章小结

本章由关系模式的存储异常问题引出了函数依赖的概念，其中包括平凡函数依赖、非平凡函数依赖、完全函数依赖、部分函数依赖和传递函数依赖，这些概念是规范化理论的依据和规范化的准则。规范化就是对原关系进行投影，消除决定属性不是候选码的任何函数依赖。一个关系只要其分量都是不可分的数据项，就可称作规范化的关系，也称作 1NF。消除 1NF 关系中非主属性对码的部分函数依赖，得到 2NF；消除 2NF 关系中非主属性对码的传递函数依赖，得到 3NF；消除 3NF 关系中主属性对码的部分函数依赖和传递函数依赖，便可得到一组 BCNF 关系。在规范化过程中，可逐渐消除存储异常，使数据冗余尽量小，便于插入、删除和更新。

关系数据库设计理论的核心是数据间的函数依赖，衡量的标准是关系规范化的程度及分解的无损连接和保持函数依赖性。

最后应当强调的是，规范化理论为数据库设计提供了理论的指南和工具，但仅仅是指南和工具，并不是规范化程度越高，模式就越好，而必须结合应用环境和现实世界的具体情况合理地选择数据库模式。

习　题　5

1．理解并给出下列术语的定义：

函数依赖、平凡函数依赖、非平凡函数依赖、部分函数依赖、完全函数依赖、传递函数依赖、候选码、主码、外码、全码、1NF、2NF、3NF、BCNF、多值依赖、4NF。

2. 建立一个关于系、学生、班级、学会等诸信息的关系数据库。

描述学生的属性有学号、姓名、出生年月、系名、班号、宿舍区。

描述班级的属性有班号、专业名、系名、人数、入校年份。

描述系的属性有系名、系号、系办公室地点、人数。

描述学会的属性有学会名、成立年份、地点、人数。

学生参加某学会的时间。

有关语义如下：一个系有若干专业，每个专业每年只招一个班，每个班有若干学生。一个系的学生住在同一宿舍区。每个学生可参加若干学会，每个学会有若干学生。

(1) 请给出关系模式，写出每个关系模式的最小函数依赖集，指出是否存在传递函数依赖，对于函数依赖左部是多属性的情况讨论函数依赖是完全函数依赖，还是部分函数依赖。

(2) 指出各关系的候选码、外部码，有没有全码存在？

3. 指出下列关系模式是第几范式，并说明理由。

(1) $R(X, Y, Z)$　$F\{XY \rightarrow Z\}$

(2) $R(X, Y, Z)$　$F\{Y \rightarrow Z, XZ \rightarrow Y\}$

(3) $R(X, Y, Z)$　$F\{Y \rightarrow Z, Y \rightarrow X, X \rightarrow YZ\}$

(4) $R(X, Y, Z)$　$F\{X \rightarrow Y, X \rightarrow Z\}$

(5) $R(W, X, Y, Z)$　$F\{X \rightarrow Z, WX \rightarrow Y\}$

4. 下面的结论哪些是正确的？哪些是错误的？对于错误的请给一个反例说明。

(1) 任何一个二元关系是属于 3NF。

(2) 任何一个二元关系是属于 BCNF。

(3) 任何一个二元关系是属于 4NF。

5. 证明如下给出的关于 FD 和 MVD 公理系统。

(1) 若 $X \rightarrow \rightarrow Y, V \subseteq W \subseteq U$，则 $XW \rightarrow \rightarrow YV$。

(2) 若 $X \rightarrow \rightarrow Y, Y \rightarrow \rightarrow Z$，则 $X \rightarrow \rightarrow Z - Y$。

(3) 若 $X \rightarrow \rightarrow Y, X \rightarrow \rightarrow Z$，则 $X \rightarrow \rightarrow YZ$。

(4) 若 $X \rightarrow \rightarrow Y, XY \rightarrow Z$，则 $X \rightarrow Z - Y$。

6. 设有关系模式 $R<U, F>$，其中，$U = \{A, B, C, D, E, F\}$，

$F = \{D \rightarrow F, C \rightarrow A, CD \rightarrow E, A \rightarrow B\}$

(1) 求出 R 的所有候选码。

(2) 求出 F 的最小函数依赖集 F_m。

(3) 将 R 分解为 3NF，并具有保持依赖性。

7. 设 F 是关系模式 $R(A, B, C)$ 的函数依赖集，$F = \{A \rightarrow BC, B \rightarrow C, A \rightarrow B, AB \rightarrow C\}$，求其最小函数依赖集 F_m。

8. 设有如下的函数依赖集 F_1, F_2, F_3，判断它们是否为最小函数依赖集。

(1) $F_1 = \{AB \rightarrow CD, BE \rightarrow C, C \rightarrow G\}$。

(2) $F_2 = \{A \rightarrow D, B \rightarrow A, A \rightarrow C, B \rightarrow D, D \rightarrow C\}$。

(3) $F_3 = \{A \rightarrow D, AC \rightarrow B, D \rightarrow C, C \rightarrow A\}$。

案例5 关系数据库规范化应用

现对一个学生成绩管理数据库,如表5-21所示学生成绩登录表。其函数依赖关系为:学号→(姓名,性别,专业,年级);课程号→(课程名,学分,学时,教师号);(学号,课程号)→成绩;教师号→教师。根据上述关系模式讨论分析其规范化过程。

表 5-21 学生成绩登记表

学号	姓名	性别	专业	年级	课程成绩						
					课程号	课程名	学时	学分	教师号	教师	成绩
S1	张丽	女	CS	98	C1	DB	60	3	M1	赵	90
					C2	DS	60	3	M9	钱	70
					C3	OS	80	4	M4	孙	85
					C4	MA	120	6	M7	李	90
					C5	PH	90	5	M2	周	87
2	李准	男	CS	99	C1	DB	60	3	M1	赵	96

具体步骤如下:

1. 学生(学号,姓名,性别,专业,年级,课程成绩)不属于1NF。

2. 消去可分的数据项。

(1) 学生(学号,姓名,性别,专业,年级,课程号,课程名,学分,学时,教师,教师号,成绩)

(2) 码(学号,课程号)

(3) 属于1NF

3. 消去部分函数依赖。

(1) 部分依赖有:

① (学号,课程号)→(姓名,性别,专业,年级)

② (学号,课程号)→(课程名,学分,学时,教师号,教师)

(2) 消去部分依赖后函数依赖

① (学号)→(姓名,性别,专业,年级)

② (课程号)→(课程名,学分,学时,教师号,教师)

③ (学号,课程号)→成绩

(3) 投影分解成三个子关系模式

① 学生(学号,姓名,性别,专业,年级)

② 课程(课程号,课程名,学分,学时,教师号,教师)

③ 成绩(学号,课程号,成绩)

(4) 属于2NF

4. 消去传递函数依赖。

(1) 课程关系中传递依赖

① 课程号→教师号

② 教师号→教师

③ 课程号→教师

（2）消去传递依赖后函数依赖

① （课程号）→（课程名,学分,学时,教师号）

② （教师号→教师）

（3）投影分解成两个子关系模式

① 课程（课程号,课程名,学分,学时,教师号）

② 教师（教师号,教师）

（4）属于 3NF

5. 最后投影结果。

（1）学生（学号,姓名,性别,专业,年级）

（2）课程（课程号,课程名,学分,学时,教师号）

（3）教师（教师号,教师）

（4）成绩（学号,课程号,成绩）

第6章

数据库设计

本章主要内容

数据库设计是根据某一特定的用户需求及一定的计算机软硬件环境,设计并优化数据库的逻辑结构和物理结构,建立高效、安全的数据库,为数据库应用系统的开发和运行提供良好的平台。数据库设计是数据库应用系统开发的核心问题,是数据库在应用领域的主要研究课题。数据库设计的好与坏直接影响着整个数据库应用系统的效率和质量。

本章详细地介绍了设计一个数据库应用系统需经历的 6 个阶段:需求分析、概念设计、逻辑结构设计、物理结构设计、数据库实施、数据库运行及维护。其中,概念结构设计和逻辑结构设计是本章的重点,也是掌握本章内容的难点所在。

本章学习目标

- 理解数据库设计基本概念;
- 掌握数据库设计步骤;
- 理解并掌握数据库设计具体内容;
- 熟练掌握数据库设计的概念设计和逻辑设计。

6.1　数据库设计概述

数据库技术是研究如何对数据进行统一、有效的组织、管理和加工处理的计算机技术,该技术已应用于社会的方方面面,大到一个国家的信息中心,小到私人小企业,都会利用数据库技术对数据进行有效的管理,以提高生产效率和决策水平。目前,一个国家的数据库建设规模、数据库的信息量大小和使用频度已成为衡量这个国家信息化程度的重要标志之一。

广义地讲,数据库设计是数据库及其应用系统的设计,即设计整个的数据库应用系统;狭义地讲就是设计数据库,即设计数据库的各级模式并建立数据库,这是数据库应用系统设计的一部分。本书的重点是讲解狭义的数据库设计。当然设计一个好的数据库与设计一个好的数据库应用系统是密不可分的。数据库结构是应用系统的基础。特别在实际的系统开发项目中两者更是密切相关、并行进行的。

数据库设计指对于给定的应用环境,构造最优的数据库模式,建立数据库及其应用系统,使之能有效地存储数据,满足用户的信息要求和处理要求,即把现实世界中的数据,根据应用处理的要求,合理组织,满足各种用户的应用需求,包括信息管理要求和数据操作要求。

利用已有的 RDBMS 建立能够实现系统目标的数据库。在数据库领域内，一般把使用数据库的各类系统统称为数据库应用系统。

信息管理要求指在数据库中应该存储和管理哪些数据对象；数据操作要求指对数据对象需要进行哪些操作，如查询、增、删、改和统计等操作。

数据库设计的目标是为用户和各种应用系统提供一个信息基础设施和高效率的运行环境。高效率的运行环境包括数据库数据的存取效率、数据库数据的利用率、数据库系统运行管理的效率等都是高的。

数据库是大多数应用系统的重要组成部分，开发数据库系统最重要的就是数据库的设计。数据库设计的质量影响着应用系统的功能及性能。数据库设计与一般应用程序的设计既有其共同点，又有其不同。本节对数据库设计的一般方法步骤进行介绍。

6.1.1　数据库设计特点

大型数据库的设计和开发是一项庞大的工程，是涉及多学科的综合性技术。数据库建设是指数据库应用系统从设计、实施到运行与维护的全过程。数据库建设和一般的软件系统的设计、开发和运行与维护有许多相同之处，更有其自身的一些特点。

1. 数据库建设的基本规律

"三分技术，七分管理，十二分基础数据"是数据库设计的特点之一。

在数据库建设中不仅涉及技术，还涉及管理。要建设一个数据库应用系统，开发技术固然重要，但是相比之下管理更加重要。这里的管理不仅仅包括数据库设计作为一个大型的工程项目本身的项目管理，而且还包括该企业的业务管理。

企业的业务管理更加复杂，也更重要，对数据库结构的设计有直接影响。这是因为数据库结构（即数据库模式）是对企业中业务部门的数据以及各个业务部门之间数据联系的描述和抽象。业务部门数据以及各个业务部门之间数据的联系是和各个部门的职能、整个企业的管理模式密切相关的。人们在数据库建设的长期实践中深刻认识到一个企业数据库建设的过程是企业管理模式的改革和提高的过程。只有把企业的管理创新做好，才能实现技术创新，才能建设好一个数据库应用系统。

十二分基础数据则强调了数据的收集、整理、组织和不断更新是数据库建设中的重要环境。人们往往不重视基础数据在数据库建设中的地位和作用。基础数据的收集、入库是数据库建立初期工作量最大、最烦琐、最细致的工作。在以后数据库运行过程中更需要不断地把新的数据加到数据库中，使数据库成为一个"活库"，否则就成了"死库"。数据库一旦成了"死库"，系统也就失去了应用价值，原来的投资也就失败了。

2. 结构（数据）设计和行为（处理）设计相结合

数据库设计应与数据库应用系统设计相结合，即整个设计过程中要把数据库结构设计和对数据的处理设计密切结合起来。这是数据库设计的特点之二。

在早期的数据库应用系统开发过程中，常常把数据库设计和应用系统的设计分离开来，如图 6-1 所示。由于数据库设计有专门的技术和理论，因此需要专门讲解数据库设计。但这并不等于数据库设计和在数据库之上开发应用系统是相互分离的。相反，在设计过程中必须强调数据库设计和应用程序设计是密不可分的，这也是数据库设计的重要特点。

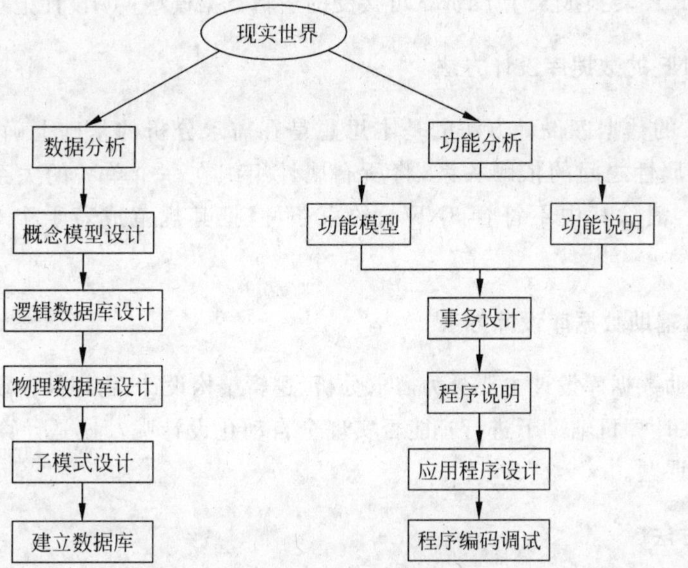

图 6-1　结构和行为分离的设计

传统的软件工程忽视对应用中数据语义的分析和抽象。例如,结构化设计(Structure Design,SD)方法和逐步求精的方法着重于处理过程的特性,只要可能就尽量推迟数据结构设计的决策。这种方法对于数据库应用系统的设计显然是不当的。

早期的数据库设计致力于数据模型和数据库建模方法的研究,着重结构特性的设计而忽略了行为设计对结构设计的影响,这种做法也不是完善的。而现在强调在数据库设计中要把结构特性和行为特性结合起来。

6.1.2　数据库设计方法

早期数据库设计主要采用手工与经验相结合的方法。设计的质量往往与设计人员的经验与水平有直接的关系。数据库设计是一种技艺,缺乏科学理论和工程方法的支持,设计质量难以保证。常常是数据库运行一段时间后又不同程度地发现各种问题,需要进行修改甚至重新设计,增加了系统维护的代价。为此,人们努力探索,提出了各种数据库设计方法。

1. 新奥尔良方法

比较著名的有新奥尔良(New Orleans)法,它是目前公认的比较完整和权威的一种规范设计法,它将数据库设计分为 4 个阶段:需求分析(分析用户需求)、概念设计(信息分析和定义)、逻辑设计(设计实现)和物理设计(物理数据库设计)。S. B. Yao 等又将数据库设计分为 5 个步骤。目前大多数设计方法都起源于新奥尔良法,并在设计的每个阶段采用一些辅助方法具体实现,新奥尔良方法属于规范设计法。规范设计法从本质上看仍然是手工设计方法,其基本思想是过程迭代和逐步求精。

2. 基于 E-R 模型的数据库设计方法

E-R 方法的基本步骤是:①确定实体类型;②确定实体联系;③画出 E-R 图;④确定

属性；⑤将 E-R 图转换成某个 DBMS 可接受的逻辑数据模型；⑥设计记录格式。

3. 基于 3NF 的数据库设计方法

基于 3NF 的数据库设计方法的基本思想是在需求分析的基础上确定数据库模式中的全部属性与属性之间的依赖关系，将所有属性组织在一个单一的关系模式中，然后再将其投影分解，消除其中不符合 3NF 的约束条件，把其规范成若干个 3NF 关系模式的集合。

4. 计算机辅助数据库设计方法

计算机辅助数据库设计主要分为需求分析、逻辑结构设计、物理结构设计几个步骤。设计中，哪些可在计算机辅助下进行？能否实现全自动化设计呢？这是计算机辅助数据库设计需要研究的课题。

5. ODL 方法

ODL(Object Definition Language)方法是面向对象的数据库设计方法。该方法用面向对象的概念和术语说明数据库结构。ODL 可以描述面向对象数据库结构设计，可以直接转换为面向对象的数据库。

6.1.3　数据库设计步骤

按照规范化的设计方法，以及数据库应用系统开发过程，数据库的设计过程可分为以下 6 个设计阶段：(如图 6-2 所示)系统需求分析阶段、概念结构设计阶段、逻辑结构设计阶段、物理结构设计阶段、数据库实施阶段、数据库运行与维护阶段。

数据库设计中，前两个阶段是面向用户的应用要求，面向具体的问题，中间两个阶段是面向数据库管理系统，最后两个阶段是面向具体的实现方法。前 4 个阶段可统称为"分析和设计阶段"，后面两个阶段统称为"实现和运行阶段"。在数据库设计过程中，需求分析和概念设计可以独立于任何数据库管理系统进行。逻辑设计和物理设计与选用的 DBMS 密切相关。

数据库设计之前需要一些准备工作，首先选定参加设计的人员，包括数据库分析设计人员、程序员、数据库管理员和用户。数据库分析设计人员是数据库设计的核心人员，自始至终参与数据库设计，其水平决定了数据库系统的质量。用户和数据库管理员在数据库设计中也很重要，主要参加需求分析和数据库的运行维护，他们的积极参与不但能加速数据库设计，也能提高数据库设计的质量。程序员参与系统实施阶段，负责编制程序。

1. 需求分析阶段

进行数据库设计首先必须准备了解与分析用户需求(包括数据与处理)。需求分析是整个设计过程的基础，是最困难、最费时、最复杂的一步，但也是最重要的一步。作为基础的需求分析是否做得充分与准确，决定了在其上构建数据库的速度与质量。需求分析做得不好，甚至会导致整个数据库设计返工。

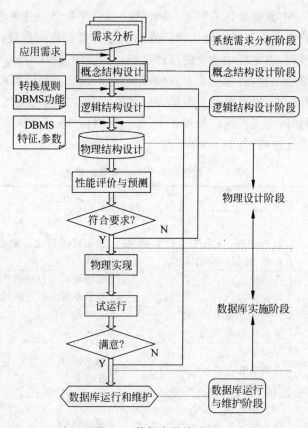

图 6-2　数据库设计过程

2.概念结构设计阶段

概念结构设计指对用户的需求进行综合、归纳与抽象,形成一个独立于具体 DBMS 的概念模型,是整个数据库设计的关键。

3.逻辑结构设计阶段

逻辑结构设计是指将概念模型转换成某个 DBMS 所支持的数据模型,并对其进行优化。

4.物理设计阶段

物理设计指为逻辑数据模型选取一个最适合应用环境的物理结构(包括存储结构和存储方法)。

5.数据库实施阶段

数据库实施指建立数据库,编制与调试应用程序,组织数据入库,并进行试运行。

6.数据库运行与维护阶段

数据库运行与维护指对数据库系统实际正常运行使用,并时时进行维护。

可以看出,设计一个数据库是不可能一蹴而就的,它往往是上述各个阶段的不断反复。以上 6 个阶段是从数据库应用系统设计和开发的全过程考察数据库设计的问题。因此,它既是数据库的设计过程,也是应用系统的设计过程。在设计过程中,努力使数据库设计和系统其他部分的设计紧密结合,将这两个方面的需求分析、抽象、设计、实现在各大个阶段同时进行,相互参照,相互补充,以完善两方面的设计。事实上,如果不了解应用环境对数据的处理要求,或没有考虑如何去实现这些处理要求,是不可能设计一个良好的数据库结构的。设计过程各个阶段的设计描述,如表 6-1 所示。

表 6-1 数据库各个设计阶段的描述

设计各阶段	设计描述	
	数　据	处　理
需求分析	数据字典,全系统中数据项、数据流、数据存储的描述	数据流图核定表数据字典重处理过程的描述
概念结构设计	概念模型 数据字典	系统说明书包括新系统要求、方案和概图,反映新系统信息的数据流图
逻辑结构设计	某种数据模型 关系模型	系统结构图 模块结构图
物理设计	存储安排 存取方法选择 存取路径建立	模块设计 IPO 表
数据库实施	编写模式 装入数据 数据库试运行	程序编码 编译联结 测试
数据库运行与维护	性能测试,转储/恢复数据库重组和重构	新旧系统转换、运行、维护(修正性、适应性、改善性维护)

表 6-1 的有关处理特性的设计描述中,其设计原理、采用的设计方法、工具等在软件工程和信息系统设计的课程中有详细介绍,这里不再讨论。这里主要讲数据特性的描述以及如何在整个设计过程中参照处理特性的设计完善数据模型设计等问题。

如图 6-3 所示,需求分析阶段,综合各个用户的应用需求;在概念设计阶段独立于计算机,独立于各个 DBMS 产品的概念模型;在逻辑设计阶段将 E-R 图转换成具体的数据库产

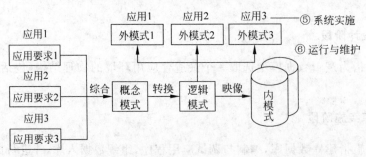

图 6-3 数据库设计过程与数据库各级模式

品支持的数据模型,如关系模型中的关系模式;然后根据用户处理的要求、安全性完整性要求的考虑等,在基本表的基础上再建立必要的视图,即外模式;在物理设计阶段,根据DBMS特点和处理性能等的需要,进行物理结构的设计,形成数据库内模式;实施阶段开发设计人员基于外模式,进行系统功能模块的编码与调试;若设计成功即可进入系统的运行与维护阶段。

下面以图 6-2 的设计过程为主线,讨论数据库设计各个阶段的设计内容、设计方法和工具,并以网上书店系统和高校管理系统为例介绍数据库设计 6 个步骤的具体内容。

6.2 需 求 分 析

需求分析简单地说是分析用户的要求,需求分析是设计数据库的起点,需求分析的结果是否准确地反映了用户的实际需求,将直接影响到后面的各个阶段的设计,并影响到设计结果是否合理与实用。也就是说如果这一步走得不对,获取的信息或分析结果就有误,那么后面的设计即使再好也只能前功尽弃。因此,必须高度重视数据库系统的需求分析。

需求分析的任务是通过详细调查现实世界中要处理的对象(组织、部门、学校、企业等),通过对原对象的工作概况的充分了解,明确用户的各种需求,然后在此基础上确定新系统的功能。并且新系统还必须考虑数据库运行与维护阶段的扩充和变更,不能仅仅考虑当前需求来设计数据库。

需求分析调查的重点是"数据"和"处理",通过调查、收集与分析,获得用户对数据库如下要求:

(1) 信息要求。指用户需要从数据库中获得信息的内容与性质,由信息要求可以导出各种数据要求,即需要分析在数据库中存放哪些数据。

(2) 处理要求。指用户有什么处理要求,最终要实现什么处理功能。

除此之外,数据库的安全性与完整性对数据库来说也必须考虑。具体而言,需求分析阶段的任务包括以下方面:

1. 分析用户需求,确定系统边界,为建立系统概念模型做准备

具体的做法如下:

(1) 调查组织机构情况。包括了解该组织的部门组成情况、各部门的职责及权限等。

(2) 调查各部门的业务活动情况,包括了解各部门输入和使用什么数据,如何加工处理这些数据? 输出什么信息? 输出到什么部门? 谁可以处理这些信息? 输出结果的格式是什么? 这是调查的重点,否则会出现不可预计的严重问题。

(3) 在熟悉业务的基础上,明确用户对新系统的各种要求,如信息要求,处理要求,完全性和完整性要求,这些内容的明确与否直接决定了数据库系统的功能与要求是否满足用户最终需求。

(4) 确定系统边界。即确定哪些活动由计算机完成,哪些只能由人工完成。由计算机完成的功能是新系统应该实现的功能。这里还要注意,一定要确定哪些是数据库应用系统应该实现的,哪些不是这个系统应该实现的,否则会使数据库设计人员陷入无限的维护与功能扩充的被动局面。

　　确定用户的最终需求是一件很困难的事，这是因为一方面用户缺少计算机知识，开始时无法确定计算机究竟能为自己做什么，不能做什么，因此往往不能准确地表达自己的需求，所提出的需求往往不断地变化。另一方面，设计人员缺少用户的专业知识，不易理解用户的真正需求，甚至误解用户的需求。因此设计人员必须不断深入地与用户交流，才能逐步确定用户的实际需求。

　　在调查过程中，可以根据不同的问题和条件，使用不同的调查方法。常用的调查方法有：

　　(1) 跟班作业。通过亲身参加业务工作来了解业务活动的情况。

　　(2) 开调查会。通过与用户座谈来了解业务活动情况及用户需求。

　　(3) 请专人介绍。

　　(4) 询问。对某些调查中的问题，可以找专人询问。

　　(5) 设计调查表请用户真写。如果调查表设计得合理，这种方法是很有效的。

　　(6) 查阅记录。查阅与原系统有关的数据记录。

　　需求调查时，往往需要同时采用上述多种方法。但无论使用何种调查方法，都必须有用户的积极参与和配合，否则无法进行。

　　调查了解了用户需求以后，还需要进一步分析和表达用户的需求。在分析方法中，结构化分析(Structured Analysis，SA)方法是一种简单实用的方法。SA 方法从最上层的系统组织机构入手，采用自顶向下、逐层分解的方式分析系统。SA 方法把任何一个系统都抽象为图 6-4 所示的形式。

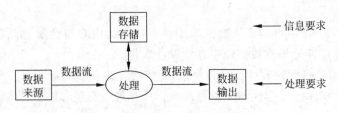

图 6-4　系统最高层数据抽象图

　　图 6-4 给出的只是最高层次抽象的系统概貌，要反映更详细的内容，可将处理功能分解为若干子功能，每个子功能还可以继续分解，直到把系统工作过程表达清楚为止。在处理功能逐步分解的同时，它们所用的数据也逐级分解，形成若干层次的数据流图。

　　数据流图表达了数据和处理过程的关系。在 SA 方法中，处理过程的处理逻辑常常借助判定表或判定树描述。系统中的数据则借助在数据字典(Data Dictionary，DD)描述。对用户需求进行分析与表达后，必须提交给用户，征得用户的认可。

2. 编写系统需求分析说明书

　　系统需求分析说明书也称系统需求规范说明书，是系统分析阶段的最后工作，是对需求分析阶段的一个总结，编写系统需求分析说明书是一个不断反复、逐步完善的过程。系统需求分析说明书一般应包括如下内容：

　　(1) 数据库系统概况，包括系统的背景、目标、范围、历史和现状及参考资料用户群体等。

（2）数据库系统的原理和技术。

（3）数据库系统总体结构和子系统结构说明、接口定义。

（4）数据库系统总体功能和子系统功能说明。

（5）数据库系统数据处理概述、工程项目体制和设计阶段划分。

（6）数据库系统方案及技术、经济、实施方案可行性等。

（7）系统验收标准。

系统需求分析说明书提供以下附件：

（1）系统的软硬件支持环境的选择及规格要求。

（2）组织机构图、组织之间联系图和各机构功能业务一览图。

（3）数据流程图、功能模块图和数据字典等图表。

（4）非功能性需求描述如适用性、可靠性、性能、可维护性、可扩展性、安全性需求描述和接口定义。

3. 数据字典

数据字典是系统中各类数据描述的集合，是各类数据结构和属性的清单。它与数据流图互为解释，数据字典贯穿于数据库需求分析直到数据库运行的全过程，在不同的阶段其内容形式和用途各有区别，在需求分析阶段，它通常包含以下 5 个部分内容。

（1）数据项。数据项是不可再分的数据单位。对数据项的描述通常可以包括以下内容：

数据项描述＝{数据项名，数据项含义说明，别名，数据类型，长度，取值范围，取值含义，与其他数据项的逻辑关系，数据项之间的联系}

其中，取值范围、与其他数据项的逻辑关系定义了数据的完整性约束条件。数据项是数据的最小组成单位。可以以关系规范化理论为指导，用数据依赖的概念分析和表示数据项之间的联系。即按实际语义，写出每个数据项之间的数据依赖，它们是数据库逻辑设计阶段数据模型优化的依据。

（2）数据结构。数据结构反映了数据之间的组合关系。一个数据结构可以由若干个数据项组成，也可以由若干个数据结构组成，或由若干个数据项和数据结构混合组成。对数据结构的描述通常包括以下内容：

数据结构描述＝{数据结构名，含义说明，组成：{数据项或数据结构}}

数据字典通过对数据项和数据结构的定义描述数据流、数据存储的逻辑内容。

（3）数据流。数据流是数据结构在系统内部传输的路径。对数据流的描述通常包括以下内容：

数据流描述＝{数据流名，说明，数据流来源，数据流去向，组成：{数据结构}，平均流量，高峰期流量}

其中，数据流来源是说明该数据流来自哪个过程，数据流去向是说明该数据流将到哪个过程去，平均流量指在单位时间（每天、每周、每月等）里的传输次数，高峰期流量指在高峰时期的数据流量。

（4）数据存储。数据存储是数据结构停留或保存的地方，也是数据流的来源和去向之

一。它可以是手工文档或手工凭单,也可以是计算机文档。对数据存储的描述通常包括以下内容:

数据存储描述＝{数据存储名,说明,编号,流入的数据流,流出的数据流,组成:{数据结构},数据量,存取方式}

其中,流入的数据流:指出数据来源。流出的数据流:指出数据去向。数据量:每次存取多少数据,每天(或每小时、每周等)存取几次等信息,存取方法:批处理/联机处理;检索/更新;顺序检索/随机检索。

(5) 处理过程。处理过程的具体处理逻辑一般用判定表或判定树描述。数据字典中只需要描述处理过程的说明性信息,通常包括以下内容:

处理过程描述＝{处理过程名,说明,输入:{数据流},输出:{数据流},处理:{简要说明}}

其中该处理过程的功能及处理要求:功能指该处理过程用来做什么,处理要求指处理频度要求(如单位时间里处理多少事务,多少数据量);响应时间要求等,这是物理设计的输入及性能评价的标准。

可见,数据字典是关于数据库中数据的描述,即元数据,而不是数据本身。数据字典是在需求分析阶段建立,在数据库设计过程中不断修改、充实、完善的。明确地把需求收集和分析作为数据库设计的每一阶段是十分重要的。这一阶段收集到的基础数据(用数据字典表达)和一组数据流程图是概念设计的基础。最后,要强调两点:

(1) 需求分析阶段的一个重要而困难的任务是收集将来应用所涉及的数据,设计人员应充分考虑到可能的扩充和改变,使设计易于更改,系统易于扩充,这是第一点。

(2) 必须强调用户的参与,这是数据库应用系统设计的特点。数据库应用系统和广泛的用户有密切的联系,许多人要使用数据库。数据库的设计和建立又可能对更多人的工作环境产生重要影响。因此用户的参与是数据库设计不可分割的一部分。在数据分析阶段,任何调查没有用户的积极参与是寸步难行的。设计人员应该和用户取得共同的语言,帮助不熟悉计算机的用户建立数据库环境下的共同概念,并对设计工作的最后结果承担共同的责任。

4. 数据流图

数据流图(Data Flow Diagram,DFD)表达了数据与处理的关系。

数据流图中的基本元素有:

(1) 圆圈表示处理,其中注明处理的名称。输入数据在此进行变换产生输出数据。

(2) 矩形描述一个输入源点或输出汇点,其中注明源点或汇点的名称。

(3) 命名的箭头描述一个数据流。被加工的数据及其流向,流线上注明数据名称,箭头代表数据流动方向。

最终形成的数据流图和数据字典为"系统需求分析说明书"的主要内容,这是进行概念设计的基础。

例 6-1 针对网上书店系统做需求分析。

网上书店的需求主要从两个方面进行分析,这两方面分别为网上书店的用户和后台管理人员。用户的需求主要表现为:查询网上书店所存储的图书、查看图书详情、个人购买情况、历史订单记录以及个人信息的修改等。后台管理人员的需求主要表现为：对图书和图书类型进行管理，其中包括输入、删除、修改、检索，以及管理订单和管理网上用户等方面。

　　用户进入本网站后可直接查看图书情况。图书购买者根据本人用户名和密码登录系统，还可以进行本人购书情况的查询和维护部分个人信息。一般情况下，图书购买者只能够查询和维护本人的买书情况和个人信息，若查询和维护其他购买者的购书情况和个人信息，就要知道其他购书者的用户名和密码。所以该系统不但满足了图书购买者的要求，还保护了图书购买者的个人隐私。

　　后台管理人员能实现对图书信息和用户信息进行管理、统计查看及维护。后台管理人员可以浏览、添加、删除、统计用户的基本信息；浏览、查询、添加、删除、修改、统计图书的基本信息。但是，删除某类图书类型时，要相应实现对该类所有图书的级联删除；删除某条图书购买者基本信息记录时，同时应实现对该图书订单记录的级联删除。

图6-5　系统总体功能模块图

　　网站系统采用结构化设计思想。首先将整个系统划分为两大模块，即用户使用的前台购书系统和管理员使用的后台管理系统，然后再将这两个部分划分为若干个小模块，如用户注册、图书查询、在线购书、图书管理、订单管理、用户管理等。本系统的总体功能模块图如图6-5所示。

　　前台购书系统模块图如图6-6所示。

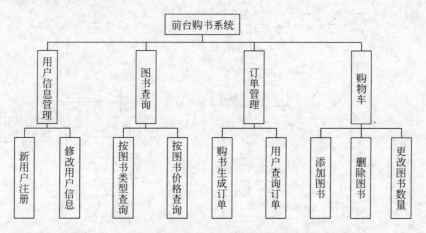

图6-6　前台购书系统模块图

　　① 用户信息管理功能包括新用户注册、用户登录、修改用户信息。
　　② 购物车功能包括向购物车添加图书、删除图书、更改图书数量等。
　　③ 图书查询功能包括按图书价格查询、按图书类型查询等。
　　④ 订单管理功能包括购书生成订单、用户查询订单等。
　　后台管理系统模块图如图6-7所示。
　　① 用户管理模块包括查询用户信息、删除用户。
　　② 图书管理模块包括对图书的查询、增加、删除、修改；对图书类型的查询、增加、删除、修改等。
　　③ 后台订单管理模块包括查询未处理订单、处理订单等。

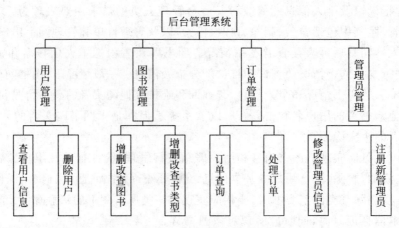

图 6-7　后台管理系统模块图

④ 管理员管理模块包括管理员登录、修改信息、注册新管理员。

根据需求分析结果,网上购书系统主要实现用户登录本网站后,购买图书的一系列功能操作。用户购买图书的业务流程如图 6-8 所示。

用户购买的图书都会添加到购物车中,如果用户不打算购买该图书或想更改该图书的数量等,这些操作都可以在购物车中完成。购物车的业务流程如图 6-9 所示。

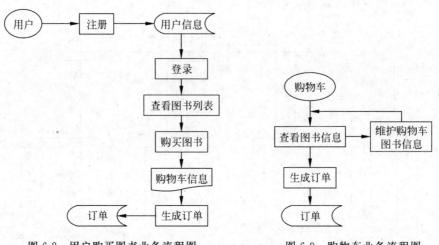

图 6-8　用户购买图书业务流程图　　　　图 6-9　购物车业务流程图

数据流程分析是将数据在网站系统内部的流动情况抽象地独立出来,舍去具体组织机构、信息载体、处理工作、物资、材料等内容,单从数据流动过程考察实际业务的数据处理模式。数据流程分析主要包括对信息的流动、传递、处理、存储等过程分析。

网站系统的数据流程分析主要把数据在信息系统中的流动过程抽象出来,用来专门考虑业务处理中的数据处理模式。

例 6-2　高校管理系统的需求分析。

某高校为加强信息化管理,准备设计与开发一个管理信息系统,该系统包括教学管理、工资及福利管理、教材管理、办公管理等子系统。为了简便,下面仅给出其中的教学管理和工资及福利管理两个子系统的信息需求(两个子系统的数据流图和数据字典略)。

1. 教学管理子系统的信息需求

（1）子系统主要管理的对象。教学管理子系统主要管理的对象是学生、班级、教师、课程、专业和系，需存储的信息如下：

① 学生。包括学号、姓名、性别和年龄等信息，通过学号进行标识。

② 班级。包括班级号、班级名和人数等信息，通过班级号进行标识。

③ 教师。包括教师号、姓名、性别、职称、E-mail 地址、电话号码和家庭地址等信息。同一个教师可以有多个 E-mail 地址，教师通过教师号来标识。

④ 课程。包括课程号、课程名、学分、周学时、课程类型等信息。课程类型与上课周数有关。该学校的课程类型分为共同限选课、专业选修课和必修课 3 种。其中，共同限选课和专业选修课属于选修课。共同限选课是不分专业、面向全校学生的先修课，某一专业的学生只能选修自己专业的专业选修课。每个专业都规定了学生可以选修的专业选修课的门数，不同专业所规定的选修课门数是不同的。受教学资源、教师人数和教学成本的限制，每门选修课都有一个选修人数上限和下限。另外，为了保证必修课的教学质量，每门必修课都有一个课程负责人。

⑤ 专业。包括专业号、专业名、选修门数等信息。

⑥ 系。包括系号、系名等信息。

（2）子系统中各对象间的联系。教学管理子系统中各对象间的联系如下：

① 每个学生都属于一个班级，而一个班级可以有多个学生。

② 每个班级属于一个专业，一个专业可以有多个班级。

③ 一个专业属于一个系，一个系可以有多个专业。

④ 每个教师可以讲授多门课程，同一门课程可以有不同的教师讲授。但是，同一教师不能重复讲授某门课程，如果选修同一教师所讲授的某门课程的学生特别多，可以用大教室上课。教师在固定的时间和教室讲授某门具体的课程。

⑤ 一个教师属于一个系，一个系可以有多个教师。

⑥ 每个学生可以修读若干门课程（选修课或必修课），每门课程可以有多个学生修读。并且，假设对任何课程学生都可以申请免修不免考，即学生可以不听课而直接参加考试。

⑦ 某个具体的学生参加了某门课程的学生，应该有一个固定的教师。

2. 工资及福利管理子系统

（1）子系统主要管理的对象。工资及福利管理子系统主要负责管理教师的工资、岗位津贴、养老金、公积金、课时奖金、住房贷款以及医疗费报销等。涉及的对象有教师、职称、课程等，需存储的信息如下：

① 教师。包括教师编号、姓名、性别、工龄、职称、基本工资、养老金、公积金等信息。

② 课程。包括课程号、课程名、总课时等信息。

③ 职称。包括职称号、职称名、岗位津贴和住房贷款额等信息。

（2）子系统中各对象间的联系。工资及福利管理子系统中各对象间的联系如下：

① 每个教师可以讲授多门课程，同一门课程可以有不同的教师讲授，但同一个教师不能讲授两门相同的课程。假设教师在每个学期末都要接受学生的评估，而教师的课时奖金

与评教等级有关。

② 每个教师当前被聘任的职称是唯一的,而不同的教师可以被聘同一职称。

6.3 数据库概念设计

6.3.1 概念结构设计的必要性

将需求分析得到的用户需求抽象为概念模型的过程就是概念结构设计。概念结构是各种数据模型的共同基础,与数据模型相比更独立于机器、更抽象,更稳定,是整个数据库设计的关键。

当进行功能数据库设计时,如果将现实世界中的客观对象直接转换为机器世界中的对象,就会感到比较复杂,注意力往往被牵扯到更多的细节方面,而不能集中在最重要的信息的组织结构和处理模式上。因此,通常是将现实世界中的客观对象首先抽象为不依赖任何DBMS 支持的概念模型。因此概念模型可以看成是现实世界到机器世界的一个过渡的中间层次。将概念结构设计从设计过程中独立出来,具有的优点如下:

(1) 任务相对单一化,降低了数据库设计的复杂程度,更便于管理。

(2) 概念模式不受具体的 DBMS 的限制,独立于存储结构和效率方面的考虑,因此更稳定。

(3) 概念模型不含具体 DBMS 所附加的技术细节,便于被用户理解,因而更能准确地反映用户的信息需求,是用户和专业设计人员之间的桥梁纽带,如图 6-10 所示。

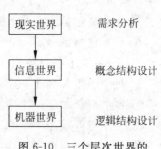

图 6-10 三个层次世界的对应关系

6.3.2 概念模型设计的特点

概念结构设计的特点有以下几点:

(1) 能真实、充分地反映现实世界,包括事物和事物之间的联系,能满足用户对数据的处理要求。是对现实世界的一个真实抽象。

(2) 易于更改,当应用环境和应用要求改变时,容易对概念模型维护和扩充。

(3) 易于理解,可以用概念模型与不熟悉计算机的用户交换意见,用户的积极参与是数据库的设计成功的关键。

(4) 易于向其他数据模型转换。

6.3.3 概念结构的设计方法和步骤

1. 概念结构的设计方法

(1) 自顶向下。首先定义全局概念结构的框架,然后逐步细化,如图 6-11 所示。

(2) 自底向上。首先定义各局部应用的概念结构,然后将它们集成起来,得到全局概念结构,如图 6-12 所示。

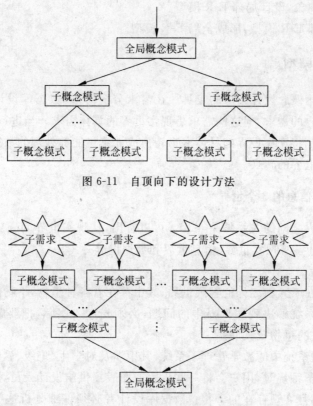

图 6-11 自顶向下的设计方法

图 6-12 自底向上的设计方法

（3）逐步扩张。首先定义最重要的核心概念结构，然后向外扩充，以滚雪球的方式逐步生成其他概念结构，直至总体概念结构，如图 6-13 所示。

（4）混合策略。将自顶向下和自底向上相结合，用自顶向下策略设计一个全局概念结构的框架，以它为骨架集成；用自底向上策略设计各局部的概念结构。

最常用的方法是自底向上设计概念结构。即自顶向下地进行需求分析，再自底向上地设计概念模式结构。

2．概念结构设计的步骤

对于自底向上的设计方法来说，概念结构的步骤分为两步，如图 6-14 所示。

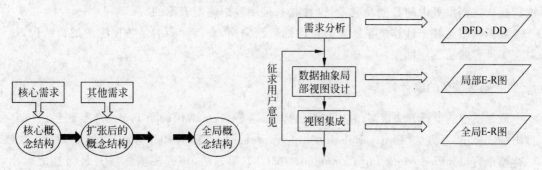

图 6-13 逐步扩张的设计方法

图 6-14 自底向上方法的设计步骤

（1）进行数据抽象，设计局部 E-R 模型。

（2）集成各局部 E-R 模型，形成全局 E-R 模型。

6.3.4 概念模型

概念模型是表达概念设计结果的工具。在需求分析阶段，数据库设计人员在充分调查的基础上描述了用户的需求，但这些需求是现实世界的具体需求。当进行数据库设计时，设计人员面临的任务是将现实世界的具体事物转换成计算机能够处理的数据。这就涉及现实世界与计算机数据世界的转换。

1. 概念模型与信息的 3 个世界

信息的 3 个世界之间的关系见图 6-10。可以看出，从现实世界问题到数据模型实际上经历了信息的 3 个世界：现实世界、信息世界和数据世界。

（1）现实世界

现实世界指存在于人脑之外的客观世界，其中存在着各种事物，事物间又具有不同的联系。为了用数据库系统解决现实世界中的问题，必须先深入实际，把要解决的问题调查清楚，分析与问题有关的事物及其联系。

例如，高校管理系统中的教学管理子系统，其中涉及对学生、班级、教师、课程、专业和系的管理。在设计该子系统时，用户会将一些报表或图表提供给设计人员，这些报表或图表都是原始的数据，它们是客观存在的事物。数据库设计者必须仔细分析这些报表或图表所表示的含义，理解它们之间所具有的各种联系。

（2）信息世界

信息世界指现实世界在人的头脑中的反映。例如，在设计前面提到的教学管理子系统时，数据库设计者必须对用户所提供的原始数据进行综合，抽象出数据库系统所要研究的数据，将现实世界中的事物及其联系转换成信息世界中的实体及其联系。

实体及其相互间的联系是用概念模型描述的。概念模型是一种独立于计算机系统的数据模型，是按用户的观点描述某个企业或组织所关心的信息结构，是对现实世界的第一层抽象。

（3）数据世界

数据世界指信息世界中的信息在计算机中的数据存储。信息世界中的实体及其联系将被转换成数据世界中的数据及联系，这种联系是用数据模型表示的。

数据模型是基于计算机系统和数据库的数据模型，直接面向的是数据库的逻辑结构，是对现实世界的第二层抽象。

2. 概念模型的设计方法

概念模型的设计方法很多，其中较早出现的、最著名、最常用的是 P. P. S. Chen 于 1976 年提出的实体-联系方法（Entity-Relationship Approach），也称为 E-R 方法，除此之外，就是统一建模语言（Unified Modeling Language，UML）类图方法，该方法虽然在 E-R 方法之后出现，但却很快获得了广泛的应用。下面将分别介绍这两种方法。

6.3.5 实体-联系方法

E-R 方法是被广泛采用的概念模型设计方法，它直接从现实世界抽象出实体型及其相互间的联系。实体-联系图（Entity-Relationship Diagram）也称为 E-R 图，用来表示概念模型，称为 E-R 模型。E-R 模型是一种语义模型，旨在表达数据的含义，因此在很多数据库设计工具中都采用了这种模型。

1. E-R 模型的表示方法

在高校管理系统中，假设课程实体具有课程号、课程名、学分和周学时等属性，该实体及其属性的表示方法如图 6-15 所示，其中带下画线的属性"课程号"是实体集的键。

创设教师实体具有教师号、姓名、性别、职称、E-mail 地址、电话号码和家庭地址等属性，该实体的表示方法如图 6-16 所示。其中"E-mail 地址"属性是一个多值属性，故用双椭圆形框表示，而"家庭地址"属性是一个复合属性，所以在"家庭地址"属性的下面还有城市、区、街道和邮政编码等 4 个成员属性与其相连。

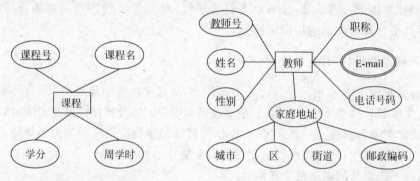

图 6-15　课程实体及属性　　　　　　图 6-16　教师实体及属性

在高校管理系统中，班级实体、学生实体及其联系可以用如图 6-17 所示的 E-R 模型表示。其中，学生实体具有学号、姓名、性别和年龄等属性，班级实体具有班级号、班级名和人数等属性。"学号"和"班级号"分别是学生实体和班级实体的键，因此其属性名带有下画线，而"人数"属性是派生属性。故用虚椭圆形框表示。班级实体和学生实体之间的"属于"联系是一对多的，所以"属于"联系的班级实体端标有 1，而学生实体端标有 n。另外，由于参与者

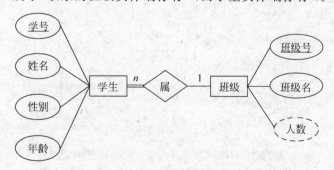

图 6-17　班级和学生实体及相互间的一对多联系

学生在"属于"联系中是全部的,因此用双线将其与"属于"联系相连。

观察如图 6-18 所示的 E-R 模型,该模型描述了课程实体、教师实体及相互间的多对多联系。

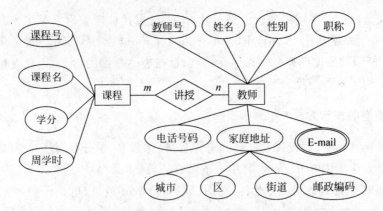

图 6-18　课程和教师实体集及相互间的多对多联系

可以看出,E-R 模型是数据库设计人员与用户进行交互的最有效工具。用 E-R 模型描述概念模型非常接近人的思维,容易被人们所理解,而且 E-R 模型与具体的计算机系统无关,易被不具备计算机知识的用户所接受。

2. E-R 模型的设计问题

在进行数据库 E-R 模型的设计过程中,当人们从现实世界中抽象出来体型、属性和实体间的联系,并用 E-R 模型描述它们时,必须要准确地确定实体及其属性以及实体间的联系。

(1) 确定实体和属性。一般来说,可以作为属性的事物应符合如下两条原则:

① 除了复合属性,其他属性都不能具有需要描述的特性。

② 属性不能与其他实体发生联系。

符合上述原则的事物应作为属性,其余的应作为实体。如图 6-19 所示,对课程实体来说,课程号、课程名、学分和周学时毫无疑问应该作为它的属性,但是如果课程类型还与课程的上课周数有关,则应该把"课程类型"作为一个实体,而将"周数"作为它的属性。

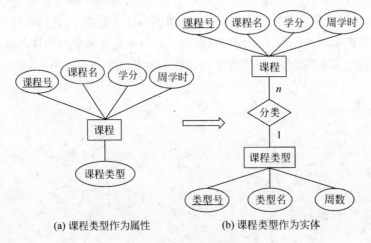

(a) 课程类型作为属性　　　　(b) 课程类型作为实体

图 6-19　课程和课程类型

（2）确定实体间的联系。从如图 6-18 所示的 E-R 模型中可以得到以下信息：课程信息、教师信息以及某位教师讲授哪几门课，某门课程是由哪几个教师讲授的。但人们不能了解教师讲授课程时，是在什么时间、什么教室讲授的，哪些学生选修该课程。如果这些都是用户所关心的问题，就必须在 E-R 模型中体现出来。假设教师不能重复教某门课程，如果选修同一教师所讲授某门课程的学生特别多，即用大教室上课；每个学生可以选修多门课程，每门课程都由一个具体的教师讲授，同一门课程也可以被不同的学生选修。因此，需要给原来 E-R 模型的"讲授"联系增加"时间"和"教室号"两个属性，另外还需要增加一个"学生"实体，该实体具有学号、姓名、性别、年龄系别等属性，并且还需增加一个课程、教师和学生间的多对多"上课"联系。修改后的 E-R 模型如图 6-20 所示。

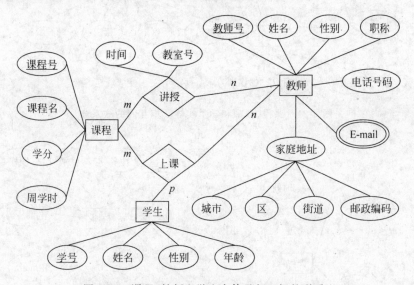

图 6-20 课程、教师和学生实体及相互间的联系 1

此时，不能将如图 6-20 所示的 E-R 模型中的"讲授"和"上课"联系合并成如图 6-21 所示的 E-R 模型中的"讲授"联系，因为这样会产生冗余信息。一个教师在某个时间某间教室可以给不同的学生上课，学生数目有多少，时间和教室号就需要重复存放很多次。

现在将学生的考试成绩在 E-R 模型中表示出来。显然"成绩"是一个属性，该属性是在如图 6-20 所示的 E-R 模型的"上课"联系中增加一个"成绩"属性，还是在学生和课程实体间增加一个"考试"联系，然后将"成绩"作为"考试"联系的属性？假设对任何课程，学生都可以申请免修不免考（即学生可以申请参加某门课程的考试，而不需要到教室去上课）。显然，如图 6-22 所示准确地表达该语义。

可见，在建立 E-R 模型时，必须根据具体的应用环境决定图中包含的实体，实体间的联系，联系具有的属性等内容。

（3）二元联系和 n 元联系问题。任何一个 $n(n>2)$ 元联系都可以用一组二元联系来代替。在此，简单地设 $n=3$。实体 A、B、C 之间存在着一个三元联系 R，现用实体 E 代替联系 R，联系 R 的属性即为实体 E 的属性（若联系 R 本身没有属性，则需为实体 E 设置一个标识属性），这样就可以用联系 R_A（联系实体 E 和实体 A）、R_B（联系实体 E 和实体 B）和 R_C（联系实体 E 实体 C）来代替原来的联系 R，如图 6-23 所示。

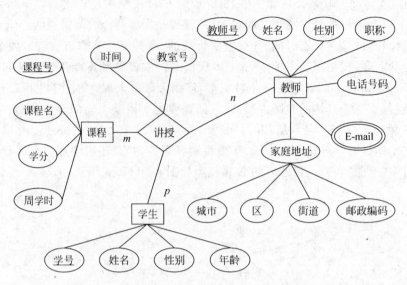

图 6-21   课程、教师和学生实体及相互间的联系 2

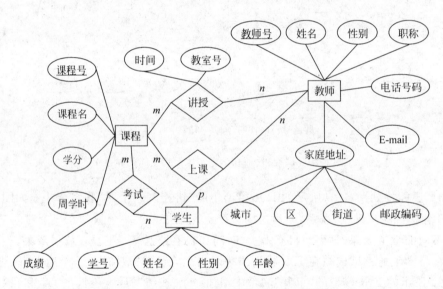

图 6-22   课程、教师和学生实体及相互间的联系 3

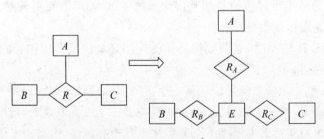

图 6-23   三元联系转换为二元联系

例如,如图 6-22 所示的 E-R 模型中教师、课程和学生实体之间的三元联系"上课"就可以转换成如图 6-24 所示的 3 个二元联系"上课 1"、"上课 2"和"上课 3"。在该 E-R 模型中,新增加了一个"上课"实体,以代替原来的"上课"联系,由于原"上课"联系没有自己的属性,因此在新的"上课"实体中增加了一个标识属性"上课号"。

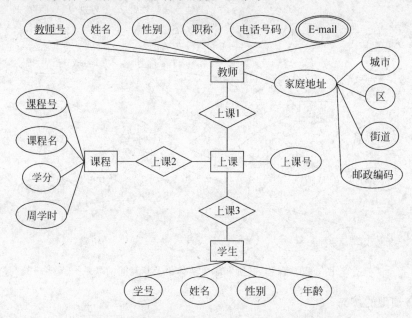

图 6-24　教师、课程、学生和上课实体及其二元联系

虽然任何一个 $n(n>2)$ 元联系都可以用一组二元联系来代替,但并不是说一定要转换成一组二元联系。在设计 E-R 模型时应根据实际情况决定是否要转换。例如,尽管如图 6-22 所示的 E-R 模型中教师、课程和学生实体之间的三元联系,可以转换成如图 6-24 所示的 3 个二元联系,但其实还是不要转换为好。因为本来用三元联系"上课"表示教师、课程和学生实体之间的联系是很自然且很容易让人理解的,但转换成 3 个二元联系"上课 1"、"上课 2"、"上课 3"以后,反而把问题复杂化了。

3 个实体间的三元联系(见图 6-25(a))能否转换成实体间的两两联系(见图 6-25(b))? 考虑如图 6-22 所示的 E-R 模型,能否将其中教师、课程和学生之间的"上课"联系拆成教师、课程和学生之间的两两联系,而用图 6-26 来代替图 6-22? 答案是否定的。因为在图 6-26 的 E-R 模型中,只能得知某个学生修读了哪几个教师讲授的课程。但是,却不知道某个学

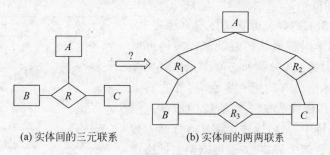

(a) 实体间的三元联系　　　(b) 实体间的两两联系

图 6-25　实体间的三元联系和两两联系

生在学习某门课时的教师是谁,而此问题在图 6-22 所示的 E-R 模型中是可以回答的。可见,3 个实体之间的三元联系不能用实体间的两两联系代替。这个结论可以推广为 n 个实体之间的 n 元联系不能用 n 个实体间的两两联系来代替。

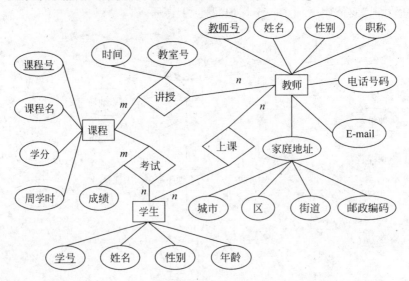

图 6-26   课程、教师和学生实体集及相互间的联系

3. E-R 模型的扩充

尽管在大部分情况下,使用前面介绍的基本 E-R 模型已经可以满足数据库建模的需要,即可以将现实世界中的事物及其相互间的联系描述清楚。但是,在有些时候却还不尽如人意。因此,需要对基本的 E-R 模型进行扩充。本节将先引入弱实体(Weak Entity)的概念,再介绍特殊化(Specialization)和概括(Generalization)。

(1) 弱实体。在现实世界中,有些实体的存在必须依赖于其他实体,这样的实体称为弱实体,其他实体则被称为常规实体。

例如,教师的子女依赖于教师而存在,因此子女实体就是弱实体;又如,单元住宅与建筑物之间也存在着依赖关系,单元住宅的存在依赖于建筑物的存在,因此单元住宅是弱实体;再如,软件产品与其发行版之间同样存在着依赖关系,发行版是弱实体。

在 E-R 模型中,弱实体用双线框表示。与弱实体的联系,用双菱形框表示。上面的子女与教师、单元住宅与建筑物、发行版与软件产品之间的依赖关系如图 6-27 所示。

(2) 特殊化和概括

① 特殊化的相关内容。课程实体具有课程号、课程名、学分和周学时等属性。假设课程实体可以进一步划分为两大类:选修课和必修课。这两类课程都具有课程实体所具有的所有属性,另外它们也分别具有区别于其他课程的一些独特的属性。例如,在高校管理系统中,每门选修课都具有选修人数上限和下限,根据这两个值,一方面可以限制选修课程的人数;另一方面如果选修人数太少,也可以取

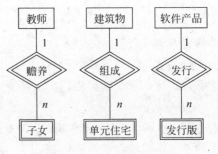

图 6-27   弱实体

消某门选修课的上课计划。因此,选修课实体还具有人数上限和人数下限属性,而这些属性是必修课所没有的;同样,每门必修课都具有一个课程负责人,而该属性也是选修课所不具有的。在实体内部进行分组的过程称为特殊化。对课程实体进行特殊化可以产生如下实体:选修课,具有人数上限和人数下限属性;必修课,具有课程负责人属性。

选修课还可以分成共同限选课和专业选修课两类,其中共同限选课是面向全校学生开设的选修课,共分 5 大模块,每个模块包含若干门共同限选课,因此每门共同限选课都有一个模块号。而专业选修课是面向某个专业学生的选修课,因此每门专业选修课都属于某个专业,并且不同专业对可以选修的课程数目有不同的规定。例如,计算机系可能允许学生最多选修 8 门专业选修课,而贸易经济系也许仅允许学生选修 5 门专业选修课。这样,对选修课实体进行特殊化可以产生如下实体。共同限选课:具有模块号属性。专业选修课:不具有模块号属性,但每门专业选修课都属于某个专业。相关专业允许学生可以选修的专业选修课的门数在专业实体中描述。

经过特殊化后的课程实体可以用如图 6-28 所示的 E-R 模型表示,其中的课程实体是选修课和必修课实体的高层实体,选修课和必修课实体是课程实体的低层实体。同样,选修课实体是共同限选课和专业选修课的高层实体,而共同限选课和专业选修课是选修课实体的低层实体。

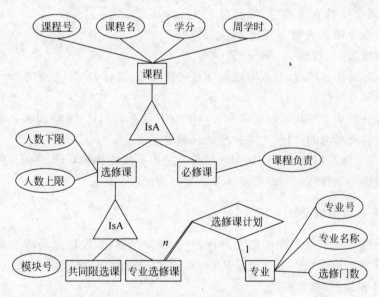

图 6-28　IsA 的特殊联系

特殊化后产生的低层实体可以具有高层实体所不包含的属性,也可以参与到不适用于高层实体中所有实体的联系中。例如,在图 6-28 所示的 E-R 模型中,选修课的低层实体专业选修课就参与到了其高层实体所不适用的与专业之间的"选修课计划"联系中,该联系主要用于表达专业选修课实体中的实体属于那个专业。

② 概括的相关内容。特殊化的过程是一个自顶向下的设计过程,在该过程中对高层实体进行分组可以产生若干个低层实体。而概括则是特殊化过程的逆过程。例如,假设先设计出了选修课和必修课实体,其中选修课实体具有课程号、课程名、学分、周学时、人数上限

和人数下限等属性,而必修课实体具有课程号、课程名、学分、周学时和课程负责人等属性。就所具有的属性而言,选修课和必修课实体间存在着共性,从这种共性中可以概括出课程实体。

可见,概括是一个从低层实体出发设计出高层实体的过程。概括反映高层实体和低层实体间的包含关系,其中的高层实体称为超类(Supertype),低层实体称为子类(Subtype)。超类和子类之间的联系,在 E-R 模型中用一种称做 IsA 的特殊联系来表示,IsA 联系用于一个三角形和两条连向实体的线表示,三角形的尖端指向超类,三角形中还要写上 IsA 的字样,如图 6-28 所示。

在 E-R 模型中,特殊化也使用 IsA 联系来表示。一个实体可以是某个实体的子类,同时又是另一个实体的超类。例如,选修课实体是课程实体的子类,同时又是共同限选课的专业选修课实体的超类。超类和子类间的联系也可以使用两端双线的矩形表示超类,用直线加小圆圈表示超类和子类间的联系,如图 6-29 所示。

③ 属性继承的内容。属性继承指通过特殊化或概括所产生的低层实体将继承高层实体的所有属性。例如,图 6-27 中的低层实体选修课和必修课都继承了课程实体的属性,因此选修课实体具有课程号、课程名、学分、周学时、人数上限和人数下限等属性,必修课实体具有课程号、课程名、学分、周学时

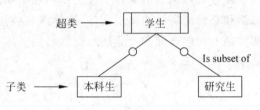

图 6-29　超类与子类间的联系

和课程负责人等属性。同理,共同限选课则具有课程号、课程名、学分、周学时、人数上限、人数下限和模块号等属性。

低层实体还继承参与其高层实体所参与的所有联系。因此,选修课和必修课实体都将参与到课程实体所参与的讲授、上课和考试联系中。

总之,低层实体可以继承其高层实体所具有的所有属性和联系,但是低层实体所特有的属性和联系仅适用于该特定的低层实体及该实体的低层实体。

4. 局部 E-R 模型的设计

利用 E-R 方法进行数据库的概念设计,分为两步。首先,设计出局部 E-R 模型,然后,将各局部 E-R 模型综合成一个全局 E-R 模型。在综合过程中同时对全局 E-R 模型优化,得到最终的 E-R 模型,即概念模型。

(1) 局部 E-R 模型的设计步骤。局部 E-R 模型的设计步骤如图 6-30 所示。

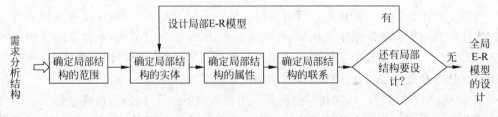

图 6-30　局部 E-R 模型的设计过程

① 根据需求分析所产生的文档,确定每一个局部结构的范围。每个应用系统都可以分成几个子系统,每个子系统又可以进一步划分成更小的子系统。设计局部 E-R 模型的第一步就是选择适当层次的子系统,这些子系统中的每一个都对应了一个局部应用。从这些子系统出发,设计各个局部 E-R 模型。

② 分析每一个局部结构所包含的实体、属性和相互间的联系,设计每一个局部结构的 E-R 模型,直到所有的局部 E-R 模型都设计完成为止。

下面以前面给出的高校管理系统为例,设计局部 E-R 模型,即分别设计教学管理、工资及福利管理、教材管理、办公管理等子系统的 E-R 模型。为了简化,仅给出教学管理子系统和工资及福利管理子系统的 E-R 模型。

(2) 设计教学管理子系统的 E-R 模型。根据教学管理子系统的信息需求,可以得到如图 6-31 所示的 E-R 模型。

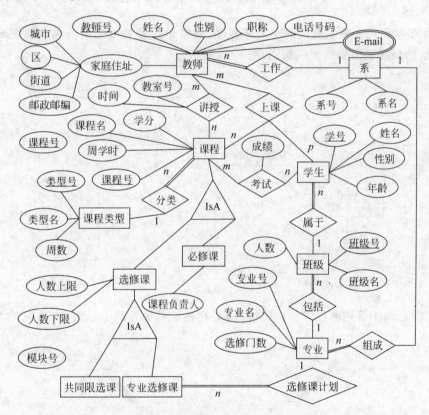

图 6-31 教学管理子系统的 E-R 模型

(3) 设计工资及福利管理子系统的 E-R 模型。根据工资及福利管理子系统的信息需求,可以得到如图 6-32 所示的 E-R 模型。

5. 全局 E-R 模型的设计

各个局部视图即分 E-R 图建立后,还需要对它们进行合并,集成为一个整体的概念数据结构即全局 E-R 图,即视图的集成。视图的集成有两种方式:

(1) 一次集成法。一次集成多个分 E-R 图,通常用于局部视图比较简单,如图 6-33 所示。

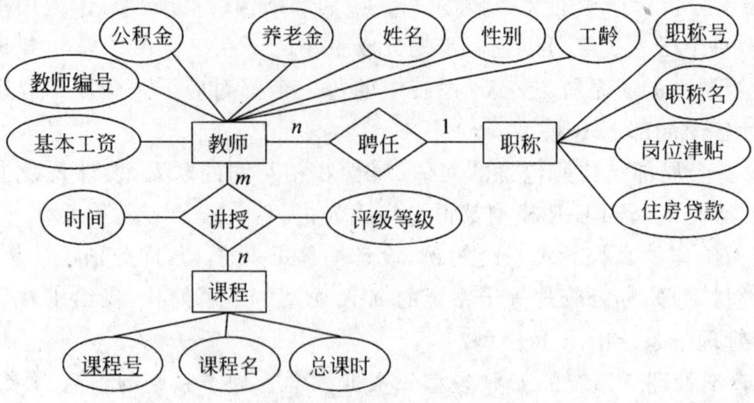

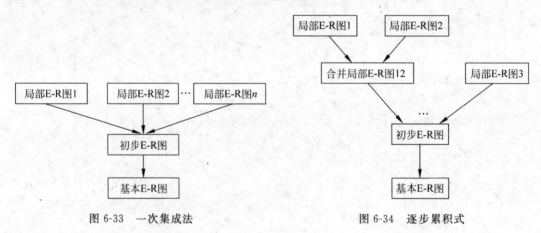

图 6-32　工资及福利管理子系统的 E-R 模型

（2）逐步累积式。首先集成两个局部视图（通常是比较关键的两个局部视图），以后每次将一个新的局部视图集成到一起，如图 6-34 所示。

图 6-33　一次集成法

图 6-34　逐步累积式

由上图可知，不管用哪种方法，集成局部 E-R 图的都分为两个步骤，如图 6-35 所示。

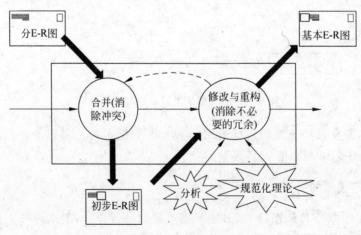

图 6-35　视图的集成

（1）合并。解决各个局部 E-R 图之间的冲突，将各个局部 E-R 图合并起来生成初步 E-R 图。

（2）修改与重构。消除不必要的冗余，生成基本 E-R 图。

全局 E-R 模型的设计过程，如图 6-36 所示。

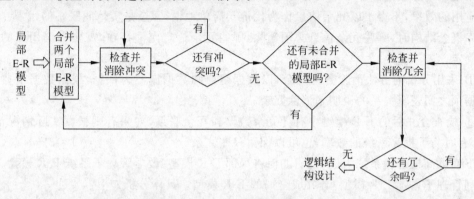

图 6-36　全局 E-R 模型的设计过程

（1）合并分 E-R 图，生成初步 E-R 图。合并分 E-R 图时并不能简单地将各个分 E-R 图画到一起，而是必须着力消除各个分 E-R 图中不一致的地方，以形成一个能为全系统中所有用户共同理解和接受的统一概念模型。合理消除各分 E-R 图的冲突是合并分 E-R 图的关键。

E-R 图中的冲突有三种：属性冲突、命名冲突和结构冲突。

① 属性冲突。属性域冲突即属性值的类型、取值范围或取值集合不同。例如，由于用户编号是数字，因此某些部分用户编号定义为整数形式，而由于用户编号不用参与运算，因此另一些部分将用户编号定义为字符型形式。

② 命名冲突。命名不一致发生在实体名、属性名或联系名之间，其中属性的命名冲突更为常见。一般表现为同名异义或异名同义。同名异义指不同意义的对象在不同的局部应用中具有相同的名字。异名同义（一义多名）指同一意义的对象在不同的局部应用中具有不同的名字。

命名冲突可能发生在属性级、实体级、联系级上，其中属性的命名冲突更为常见。解决命名冲突的方法通常用讨论、协商等行政手段。

③ 结构冲突。结构冲突有三类，分别如下：

• 同一对象在不同应用中具有不同的抽象。

例如，"用户"在某一局部应用中被当作实体在另一局部应用中则被当作属性。

解决方法：通常是把属性变换为实体或把实体变换为属性，使同一对象具有相同的抽象。

• 同一实体在不同局部视图中所包含的属性不完全相同，或属性的排列次序不完全相同。

产生原因：不同的局部应用关心的是该实体的不同侧面。

解决方法：使该实体的属性取各分 E-R 图中属性的并集，再适当设计属性的次序。

• 实体之间的联系在不同局部视图中呈现不同的类型。

解决方法：根据应用语义对实体联系的类型进行综合或调整。

（2）消除不必要的冗余，设计基本 E-R 图。冗余的数据指可由基本数据导出的数据，冗余的联系指可由其他联系导出的联系。冗余数据和冗余联系容易破坏数据库的完整性，给数据库维护增加困难。并不是所有的冗余数据与冗余联系都必须加以消除，有时为了提高某些应用的效率，不得不以冗余信息作为代价。简单地说，冗余是实体间联系的纽带。设计数据库概念结构时，哪些冗余信息必须消除，哪些冗余信息允许存在，需要根据用户的整体需求确定。

① 采用分析的方法消除数据冗余，以数据字典和数据流图为依据，根据数据字典中关于数据项之间逻辑关系的说明来消除冗余。

② 检查合并后的 E-R 模型中有无冗余数据和冗余联系，如果有则根据实际情况消除。当然，有时为了提高系统的效率，也可以保留一些冗余。

下面以高校管理系统为例，说明如何将局部 E-R 模型（教学管理子系统 E-R 模型、工资及福利管理子系统 E-R 模型）合并成全局的 E-R 模型。具体分析如下：

教师的职工号在教学管理子系统 E-R 模型中被取名为“教师号”，而在工资及福利管理子系统 E-R 模型中则被取名为“教师编号”，存在着命名冲突，现统一将其称为“教师号”。

在教学管理子系统 E-R 模型中，教师实体包括教师号、姓名、性别、职称、E-mail 地址、电话号码和家庭住址等属性。而在工资及福利管理子系统 E-R 模型中，教师实体则包括教师编号、姓名、性别、工龄、基本工资、养老金、公积金等属性。教师实体在两个局部 E-R 模型中存在着结构冲突，应将教师实体的属性加以合并，并且去掉教师实体的职称属性，因为某个教师的职称信息可以从教师和职称间的聘任联系获得。这样，教师实体就具有教师号、姓名、性别、E-mail 地址、电话号码、家庭地址、工龄、基本工资、养老金、公积金等属性。

在教学管理子系统 E-R 模型中，课程实体包括课程号、课程名、学分和周学时等属性。在工资及福利管理子系统 E-R 模型中，课程实体包括课程号、课程名和总课时等属性，存在着结构冲突，需进行合并。由于课程的总课时等于周学时×周数，课程的周数是由课程类型决定的，而课程类型可以从课程与课程类型实体间的分类联系中获得。因此，总课时属性是一种冗余的数据，可以删除。这样，课程实体只要包括课程号、课程名、学分和周学时等属性即可。

在教学管理子系统 E-R 模型中，教师和课程实体间的讲授联系具有时间和教室号等属性。而在工资及福利管理子系统 E-R 模型中，讲授联系具有时间和评教等级属性，应加以合并，使讲授联系具有时间，教室号和评教等级等属性。

合并后生成的全局 E-R 模型如图 6-37 所示。

例 6-3 网上书店系统概念设计。

大多数网络应用系统都需要有后台数据库的支持，动态网站应用程序开发过程中很关键的技术就是动态网站数据库的设计与编程，包括数据库的设计、数据源的配置与连接、数据源的操作、数据的获取和 SQL 查询语言的使用等。

利用数据库可以管理后台操作。例如，修改、输入、删除等，对管理员来说更加方便、快捷。同样可以避免非法用户对网站的操作，从而保证了网站的安全性。

依据前台购书系统的需求，对应数据表的设计及功能如下：

用户表：用户编号，用户名，密码，地址，邮编，电子邮件地址，家庭电话，个人电话，办公电话。

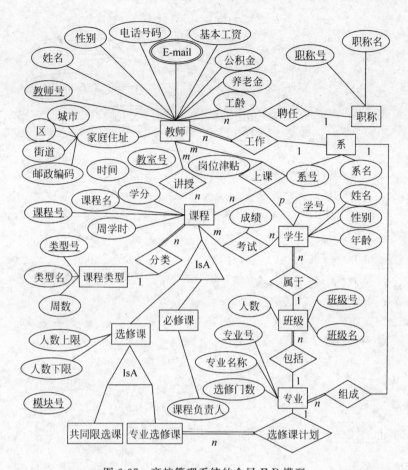

图 6-37 高校管理系统的全局 E-R 模型

图书表：图书编号，图书名称，图书描述，图书价格，图片路径，作者，图书类型编码。

图书类型表：图书类型编号，图书类型名称。

订单表：订单编号，订单状态，订单金额，订单产生时间，用户编号。

订单条目表：条目编号，图书数量，图书编号，订单编号。

上述实体中存在如下联系所示：

（1）一个用户可以有多个订单，一个订单对应一个用户。

（2）一个订单可以有多个订单条目，一个订单条目只对应一个订单。

（3）一个图书只属于一种图书类型，一个图书类型可以有多个图书。

（4）一个订单条目只有一种图书，一种图书可以有多个订单条目。

得到优化后的基本 E-R 模型，如图 6-38 所示。

6.3.6 UML 方法

在关系数据库设计中，用来创建数据库逻辑模型的常用的标准方法是使用 E-R 模型。
E-R 模型仅通过实体和它们之间的关系合理地体现一个组织的数据模型。但这样做似乎对
描述一个组织的信息过于简单化，并且词汇量也远远不足。因此，迫切需要使用更加灵活、

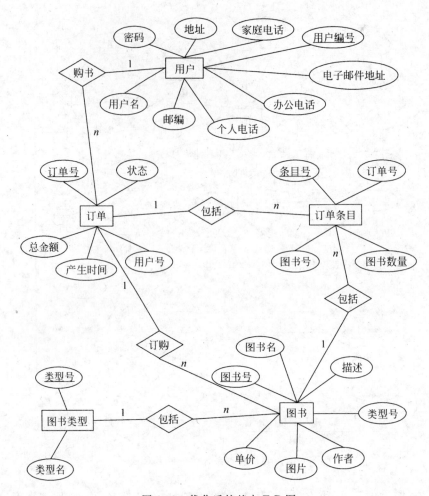

图 6-38 优化后的基本 E-R 图

健壮的模型来代替 E-R 模型。

UML 是由世界著名的面向对象技术专家发起的,是在综合了著名的 Booch 方法(一种面向对象的分析和设计方法)、对象模型技术(Object Modeling Technique,OMT)方法和面向对象软件工程(Object Oriented Software Engineering,OOSE)方法的基础上而形成的一种建模技术,通过用例图、类图、交互图和活动图等模型描述复杂系统的全貌及其相关部件之间的联系。

UML 是一种面向对象的、通用的建模语言,其表达能力很强,综合了各种面向对象方法的优点,自提出之日起就受到了广泛的重视并得到了工业界的支持。UML 统一和概括了软件工程、业务建模和管理、数据库设计等许多方法学。目前,UML 设计在许多领域都很流行,包括数据库设计。本节将介绍 UML 类图(Class Diagram)即 UML 的一个子集,它适用于数据库的概念建模。

1. 用 UML 进行数据库应用设计

许多数据库设计人员和开发人员都在使用 UML 进行数据库建模,并且将其应用于后续的数据库设计阶段。UML 的优点是：尽管其概念基于面向对象技术，但所得到的结构模型和行为模型既可以用于设计关系数据库，也可以用于设计面向对象数据库以及对象-关系数据库。

UML 方法的最重要贡献之一是将传统的数据库建模人员、分析与设计人员及软件开发人员集合到一起。UML 能够提供一种通用的、可以被上述人员采纳的表示元模型，并根据不同人员的需要有所调整。

2. UML 类图与 E-R 图

在 E-R 方法中，用 E-R 图表示概念模型，在 UML 方法中用 UML 类图（对象模型）表示概念模型。UML 对象模型实质上是一种扩展的 E-R 模型。当设计数据库概念模型时，既可以采用 E-R 模型，也可以采用 UML 对象模型以类似的方式设计概念模型。与 E-R 模型相比，UML 模型具有更强的表达能力。

UML 类图类似于 E-R 图。通过显示各个类的类名、属性和操作，UML 类图以面向对象的方式提供了数据库模式的一个结构规范。UML 类图的一般用途是：描述数据对象及其相互关系的集合，这一点与概念数据库设计的目标是一致的。

（1）UML 类图与 E-R 图中术语的区别。类图描述了系统的静态结构，包括类和类间的联系。类图与 E-R 图有许多类似的地方，但所用的术语和符号有所不同。表 6-2 所示为类图与 E-R 图中所用的术语。

（2）类图中的基本成分。基本成分是类和关系。

① 类被表示为由 3 个部分组成的方框，如图 6-39 所示。

表 6-2　类图与 E-R 图中的术语

E-R 图中的术语	UML 图中的术语
实体集（Entity Set）	类（Class）
实体（Entity）	对象（Object）
联系（Relationship）	关联（Association）
实体基数（Cardinality）	重复度（Multiplicity）

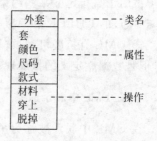

图 6-39　UML 类图的例子

上面部分给出了类的名称。中间部分给出了该类的单个对象的属性。下面部分给出了对象的约束条件以及一些可以应用到这些对象的操作（程序）。

② 关联及与关联有关的内容。关联是对类的实例之间联系的命名，相当于 E-R 模型中的联系类型。与关联有关的内容如下：

- 关联元数：与关联有关的类的个数，也称为关联的度。
- 关联角色：关联的端部，即与关联相连的类，称为关联角色。角色名可以重新命名，也可以默认类的名字作为角色名。
- 重复度：重复度指在一个续写的联系中有多少对象参与，即关联角色的重复度。

重复度类似于 E-R 模型中实体基数的概念，但是两个相反的概念。实体基数指与一个实体有联系的另一端实体数目的最小、最大值、基数应写在这一端实体的边上。而重复度指参与关联的这一端对象数目的最小、最大值,应写在这一端类的边上。重复度可用整数区间来表示:下界..上界,此区间是一个闭区间。

（3）重复度的表示方法。实际上,最常用的重复度是 0..1、* 和 1.。

① 重复度 0..1。表示最小值是 0,最大值是 1(随便取一个)。

② *(或 0..*)。表示范围从 0 到无穷大(随便多大)。

③ 单个 1。代表 1..1,表示关联中参与的对象数目恰好是 1(强制是 1)。

实际应用时,可以使用单个数值(如用 2 表示桥牌队的成员数目)、范围(如用 11..14 表示参与足球比赛队伍的人数)或数值与范围的离散集(如用 3、5、7 表示委员会成员人数,用 20..32、35..40 表示每个职工的周工作量)。

3．用 UML 类图表示实体和关联

UML 是一种面向对象的建模语言,因此实体在这里被称为类。在 UML 类图中,类被表示为方形,同 E-R 方法中的一样。类图和 E-R 图之间的主要区别在于,E-R 图中的实体属性出现在附加在方形之上的椭圆中,而在类图中,属性直接出现在方形中。

UML 类以多种方式扩展 E-R 实体。

① UML 类包含在属于这些类的对象(即实体)上操作的方法。图 6-39 的底部显示了操作外套对象的一些方法。对这些方法的包含使得设计者定义在由类产生的实体上可执行的操作。这对于面向对象数据库,优点非常突出。在关系数据库中,也可以用方法表示事务,这些事务被认为是与某些表密切相关的。

② UML2.0 包括对象约束语言(Object Constraint Language,OCL)。在 UML 图中,它可被用于直接定义某些约束类。这些约束可以立刻在单个类或多个类上引入限制,这样就与 SQL 的 CHECK 和 ASSERTION 约束类似。

③ UML 有扩展机制,被用于向语言中增加额外特性,从而使语言更适用于数据库设计,但是数据库定义的扩展现在还不是很明确。

4．在 UML 中表示联系

在 UML 中联系被称为关联,联系类型被称为关联类型(Association Type)。一般来说,UML 图为关联类型附加了比通常在 E-R 图中可以找到的更丰富的语义。

（1）不带属性的关联。同 E-R 方法一样,对象(即实体)之间通过关联(即联系)相关,这些对象可能在关联中扮演不同的角色。当人们不能确定或期望看得更清楚时,可以为角色显式命名。对于二元关联类型,UML 简单地用一条线将关联中涉及的类连接起来。当涉及的类超过两个时,UML 像 E-R 图一样用一个菱形表示它。图 6-40 所示为一些联系类型的 UML 版本。

下面以大学、教师、上课教材等信息组成的数据库为例,了解如何用 UML 类图表示实体和实体联系。先画出其 E-R 图,如图 6-41 所示;再画出 UML 类图,如图 6-42 所示。

对 UML 类图 6-42 所示的类图可以解释如下:

① 图中有 4 个类:University、Faculty、Coursetext 和 Person。在每个类的方框中,指出了类名、对象的属性和操作。其中,Faculty 是 Person 的子类,在超类的端点处标以空心三角形。

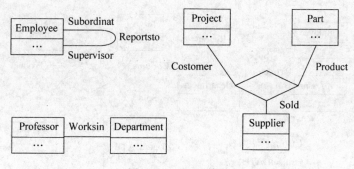

图 6-40　UML 关联

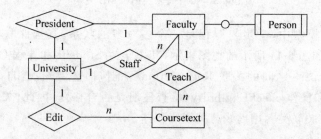

图 6-41　大学、教师、上课教材等信息的 E-R 图

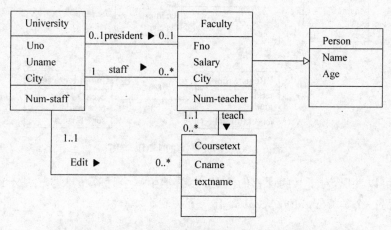

图 6-42　大学、教师、上课教材等信息的 UML 图

② 图中有 4 个关联：President(1:1)、Staff(1:N)、Edit(1:N)和 Teach(1:N)，这 4 个关联都是二元关联。虽然在类图中关联名可以沿着一个方向读(在关联名上加一个实心三角形明确表示方向)，但是二元关联是固有的双向联系。例如，Staff 关联可以读成从 University 到 Faculty 的关联，但隐含着 Staff 一个相反的遍历 Works-for，表示一个 Faculty 必须要为某个 University 服务。这两个遍历的方向提供了同样的基本关联：关联名可直接建立在一个方向上。

(2) 关联类。在图 6-40 和图 6-42 所示类图中的关联未提及属性。像 E-R 模型中的联系可以有属性一样，类图中关联本身也可以有属性或自己的操作，此时将关联表示成"关联类"。一个关联类与一个常规类相似，但是它以一种特殊方法(用一条虚线)连到一个关联上，这意味着用类的属性描述关联。图 6-43 所示为附加了关联类的联系。

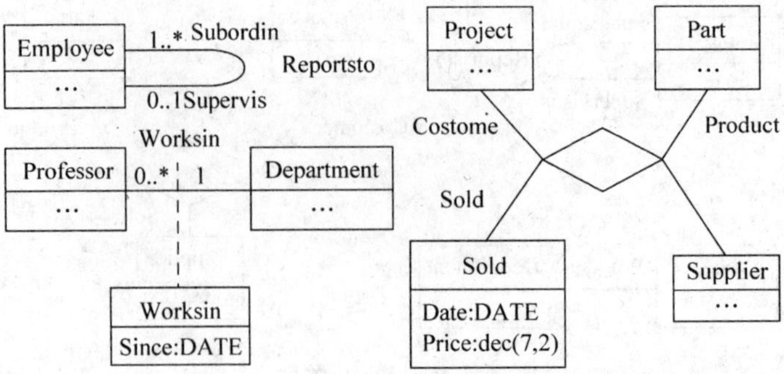

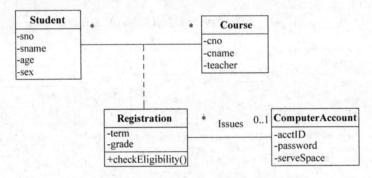

图 6-43   带有关联类的 UML 关联

例如,在 E-R 模型中,学生与课程是一个多对多的联系,其选课联系有一个属性"成绩"。现在可以用如图 6-44 所示的类图表示,其中学生 Student 和课程 Course 表示成两个类。Student 和 Course 之间的关联 Registration(注册,即选课)也有自己的属性 term(学期)、grade(成绩)和操作 checkEligibility(检查注册是否合格)。因此,关联 Registration 应表示成一个类,即"关联类",用虚线与关联线相连。

图 6-44   表达关联类的 UML 类图

此外还可以发现,对于某门课程的注册,会给学生一个计算机账号。基于此,这个关联类还可以与另一个类 ComputerAccount 有一个关联。

5. 在 UML 中表示概括/特殊化

先来看一个概括/特殊化的类图例子,如图 6-45 所示。其中,每个类只标出类名和属性,未标出操作。

图中职员有 3 种:计时制职员(HourlyEmp),月薪制职员(SalariedEmp)和顾问(Consultant)。这 3 种职员都共享的特征在 Employee 超类中,而自己特有的特征存储在其相应的子类中。表示概括路径时,从子类的超类画一条实线,在实线的一端带空心的三角形指向超类。也可以对给定超类的一组概括路径表达成一棵与单独子类相联系的多分支树,共享部分用指向超类的空心三角形表示。例如,在图 6-46 中,从出院病人(Outpatient)到病人(Patient)和从住院病人(ResidentPatient)到病人(Patient)的两条概括路径结合成带指向 Patient 的三角形的共享部分。此外,还指出这个概括是动态的,表示一个对象有可能要改变子类型。

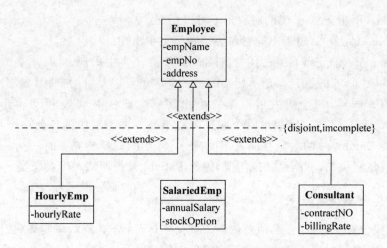

图 6-45 带有三个子类的 employee 超类

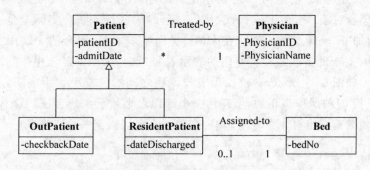

图 6-46 带有两个具体子类的抽象的 patient 类

下面介绍一下类图中与概括/特殊化有关的内容。

（1）鉴别器。可以在紧靠路径处设置一个鉴别器（Discriminator）指出概括的基础。在图 6-45 中，可以在职员类型（计时制、月薪制、顾问）的基础上鉴别出职员类别。在图 6-46 中，一组概括联系，只需设置一次鉴别器。

（2）概括表示了继承性联系。子类的对象也是超类的对象，因此概括是"一个"联系，子类继承了超类的所有性质。继承性是使用面向对象模型的一个主要优点，继承性可以使代码具有重用性（Reuse）：程序员不必编写已在超类中编写过的代码，只需对那些作为已存在类的新的、被精练的子类编写不重复的代码。

（3）抽象类和具体类。抽象类（Abstrat Class）是一种没有直接对象，但其子孙可以有直接对象的类。在类图中，抽象类应在类名下面用一对花括号并写上 abstract 字样（在图 6-46 所示的类 Patient 中已标出）。也可以将类名用斜体表示。有直接对象的类，称为具体类（Concrete Class）。在图 6-46 中，Outpatient 和 ResidentPatient 都可以有直接对象，但 Patient 不能有自己的直接对象。

（4）子类的语义约束。在图 6-45 和图 6-46 中 complete、incomplete 和 disjoint 等放在大括号内，靠近概括。这些单词表示了子类之间的语义约束。这些约束主要有 4 种，其意义如下：

① Overlapping（重叠）：子类的对象集可以相交。

② Disjoint(不相交)：子类的对象集不可以相交。

③ Complete(完备)：超类中的对象必须在子类中出现。

④ Imcomplete(非完备)：超类中的对象可以不在子类中出现。

图 6-45 和图 6-46 的概括都是不相交的。一个职员可以是计时制、月薪制或顾问，但不可以同时兼有。同样，一个病人可以是一个出院病人或住院病人，但不能同时是两者。图 6-45 中的概括是非完备的，表示一个职员可以不是 3 种类型中的任何一个，此时这个职员作为具体类 Employee 的对象存储。相反，图 6-46 中的概括是完备的，表示一个病人必须是出院病人或住院病人，不能是其他情况，因此 Patient 被说明成一个抽象类。

6. 在 UML 中表示弱实体

弱实体(成分对象)的存在必须要依赖于其父实体(聚合对象)，弱实体(成分对象)和父实体(聚合对象)之间的联系类型之一是聚合，即使整体——父实体(聚合对象)被破坏，部分——弱实体(成分对象)仍然可以独立存在。聚合(Aggregation)表达了弱实体(成分对象)和父实体(聚合对象)之间的"is part of"(一部分)的联系。联合实际上是一种较强形式的关联联系(附加"is part of"语义)。在 UML 类图中表示时，聚合的一端用空心菱形表示(在 E-R 模型中，对于此类联系没有专门的表示符号)。与 UML 聚合相伴随的经常是适当的重复度约束。如图 6-47 所示，学校课程表与课程之间的重复度约束表明，一个课程可以与任意数目(包括 0)的课程表相关，但任何一个课程表必须至少包含三门课程。同样，重复度约束表明每辆汽车一定有 4 个轮子，其一个轮子至多可以是一辆汽车的一部分。

图 6-47　关于聚合的 UML 类图

弱实体(成分对象)和父实体(聚合对象)之间的另一种联系是组合，即指弱实体(成分对象)在父实体(聚合对象)之外是不能存在的，即当父实体(聚合对象)被破坏时，弱实体(成分对象)也会被破坏。组合表达了弱实体(成分对象)和父实体(聚合对象)之间的这种联系。组合可以被看做为一个特殊的聚合，用一端带有实心菱形的线表示。图 6-48 所示为两个组合的例子，在组合中一部分对象只属于一个整体对象，与整体对象共存亡，即聚合对象的删除将引起它的成分对象一起删除。有可能在聚合对象消亡前就删除了其中一部分对象。大楼与房间就属于这样的联系。

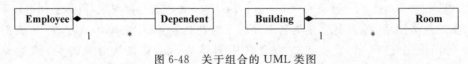

图 6-48　关于组合的 UML 类图

6.4　数据库逻辑设计

概念结构是独立于任何一种数据模型的信息结构。概念结构是各种数据模型的共同基础。为了能够用某一 DBMS 实现用户需求，还必须将概念结构进一步转化为相应的数据模型,这正是数据库逻辑结构设计所要完成的任务。

概念结构是独立于任何一种数据模型的信息结构。逻辑结构设计的任务就是把概念结构设计阶段设计的基本 E-R 图转换为与选用 DBMS 产品所支持的数据模型相符合的逻辑结构。如果选择的是关系型 DBMS 产品,逻辑结构的设计指设计数据库中所应包含的各关系模式的结构,包括各关系模式的名称、每一个关系模式中各属性的名称、数据类型、取值范围等内容。

从理论上讲,设计逻辑结构应该选择最适于相应概念结构的数据模型,然后对支持这种数据模型的各种 DBMS 进行比较,从中选出最合适的 DBMS。实际情况往往是已给定了某种 DBMS,设计人员没有选择的余地。目前,DBMS 产品一般支持关系、网状、层次 3 种模型中的某一种。对某一种数据模型,各个机器系统又有许多不同的限制,提供不同的环境与工具。一般的逻辑结构设计分为以下 3 个步骤,如图 6-49 所示。

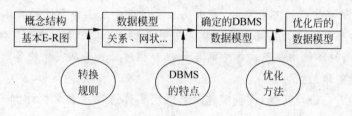

图 6-49 逻辑结构设计 3 个步骤

(1) 将概念结构转化为数据模型。

(2) 将转化来的关系模型向特定 RDBMS 支持下的数据模型转换。

(3) 对数据模型进行优化。

目前,新设计的数据库应用系统大都采用支持关系数据模型的 RDBMS,所以在此只介绍 E-R 图向关系数据模型的转换的原则与方法。

6.4.1 E-R 模式向关系模式转换

E-R 模型向关系模型转换要解决的问题是如何将实体型和实体间的联系转换为关系模式,如何确定这些关系模式的属性和键。

关系模型的逻辑结构是一组关系模式的集合。E-R 模型则是由实体型、实体的属性和实体型之间的联系 3 个要素组成的。因此,将 E-R 模型转换为关系模型实际上就是要将实体型、实体的属性和实体型之间的联系转换为关系模式,这种转换一般要遵循一定的原则进行。

1. 全局 E-R 模型转换为关系模型的规则

下面以图 6-37 中的高校管理系统的 E-R 模型为例,说明全局 E-R 模型转换成初始关系模型的规则:

(1) E-R 模型中的一个常规实体转换为一个关系模式。该关系模式的属性由原实体中的各属性组成,关系模式的主键就是原实体的主键。

由常规实体班级、学生、职称、课程类型、专业、系和教师转换成的关系模式如下:

班级(<u>班级号</u>,班级名,人数)
学生(<u>学号</u>,姓名,性别,年龄)
职称(<u>职称号</u>,职称名,岗位津贴,住房贷款金额)
课程类型(<u>类型号</u>,类型名,周数)
专业(<u>专业号</u>,专业名称,选修门数)
系(<u>系号</u>,系名)
教师(<u>教师号</u>,姓名,性别,电话号码,城市,区,街道,邮政编码,工龄,基本工资,养老金,公积金)

教师实体中的 E-mail 地址属性是多值属性,转换方法参见规则(3)。

(2) E-R 模型中的一个 IsA 联系的转换方法如下:为高层实体创建一个关系模式,该关系模式的属性由原实体中的各属性组成,关系模式的主键也就是原实体的主键。为每个低层实体创建一个关系模式,该关系模式的属性由低层实体中的各属性和相对应的高层实体的主键组成,关系模式的主键就是高层实体的主键。

注意:如果低层实体是不相交的,每个高层实体至少属于一个低层实体,那么还可以采用另一种表示方法。即不为高层实体创建任何关系模式,只为每个低层实体创建一个关系模式,此关系模式的属性由低层实体中的各属性和相对应的高层实体的各属性组成,关系模式的主键是高层实体的主键。

使用第一种方法进行转换,课程实体及其低层实体选修课和必修课间的 IsA 联系可以转换成如下的 3 个关系模式:

课程(<u>课程号</u>,课程名,学分,周学时)
选修课(<u>课程号</u>,人数上限,人数下限)
必修课(<u>课程号</u>,课程负责人)

另外,对选修课实体及其低层实体共同限选课和专业选修课间的 IsA 联系进行转换,还可以增加以下两个关系模式:

共同限选课(<u>课程号</u>,模块号)
专业选修课(<u>课程号</u>)

使用第二种方法进行转换,图 6-37 所示的 E-R 模型中与课程有关的所有低层实体都是不相交的,每个高层实体至少属于一个低层实体,因此课程实体及其低层实体选修课和必修课间的 IsA 联系可以转换成如下的两个关系模式:

选修课(<u>课程号</u>,课程名,学分,周学时,人数上限,人数下限)
必修课(<u>课程号</u>,课程名,学分,周学时,课程负责人)

而选修实体及其低层实体共同限选课和专业选修课间的 IsA 联系则可以转换成以下两个关系模式:

共同限选课(<u>课程号</u>,课程名,学分,周学时,人数上限,人数下限,模块号)
专业选修课(<u>课程号</u>,课程名,学分,周学时,人数上限,人数下限)

前面的选修课关系模式已包含在共同限选课和专业选修课关系模式中,因此采用第二种方法转换成的关系模式分别是必修课、共同限选课和专业选修课关系模式。

在实际应用中,应根据需要采用相应的方法进行转换。本例采用由第一种方法转换成的各关系模式。

(3) E-R 模型中的多值属性转换为一个关系模式。此关系模式的属性由多值属性及其相应实体的键组成。教师实体中的 E-mail 地址属性转换成的关系模式如下：

E-mail(教师号,E-mail 地址)

(4) E-R 模型中的一个联系(非 IsA 联系)转换为一个关系模式。该关系模式的属性由与该联系相连的各实体的主键和联系的属性组成,此关系模式的主键则应根据实体间的联系的不同类型分别进行考虑。

如果联系是 1∶1 的,则与此联系相连的各实体的键均可作为关系模式的主键。

如果联系是 1∶n 的,则关系模式的主键应是 n 端实体的主键。

如果联系是 $m∶n$ 的,则关系模式的主键由与此该联系相连的各实体的主键组合而成。

由聘任、讲授、上课、考试、分类、工作、属于、包括、组成、选修课计划等联系转换成的关系模式如下：

聘任(教师号,职称号)
讲授(教师号,课程号,时间,教室号,评教等级)
上课(学号,课程号,教师号)
考试(学号,课程号,成绩)
分类(课程号,类型号)
工作(教师号,系号)
属于(学号,班级号)
包括(班级号,专业号)
组成(专业号,系号)
选修课计划(课程号,专业号)

(5) 根据实际情况,将具有相同键的关系模式合并。

班级(班级号,班级名,人数)和包括(班级号,专业号)关系模式合并成以下关系模式：

班级(班级号,班级名,人数,专业号)

学生(学号,姓名,性别,年龄)和属于(学号,班级号)关系模式合并成以下关系模式：

学生(学号,姓名,性别,年龄,班级号)

教师(教师号,姓名,性别,电话号码,城市,区,街道,邮政编码,工龄,基本工资,养老金,公积金)、工作(教师号,系号)和聘任(教师号,职称号)关系模式合并成以下关系模式：

教师(教师号,姓名,性别,电话号码,城市,区,街道,邮政编码,工龄,基本工资,养老金,公积金,系号,职称号)

专业(专业号,专业名称,选修门数)和组成(专业号,系号)关系模式合并成如下关系模式：

专业(专业号,专业名称,选修门数,系号)

选修课计划(课程号,专业号)和专业选修课(课程号)关系模式合并成以下关系模式：

专业选修课(课程号,专业号)

选修课(课程号,人数上限,人数下限)、共同限选课(课程号,模块号)和专业选修课(课

程号,专业号)关系模式合并成以下关系模式:

共同限选课(课程号,模块号,人数上限,人数下限)
专业选修课(课程号,专业号,人数上限,人数下限)

2. 转换得到的关系模式

经过前面的处理,图 6-37 所示的 E-R 模型总共转换出了以下 16 个关系模式:

班级(<u>班级号</u>,班级名,人数,专业号)
学生(<u>学号</u>,姓名,性别,年龄,班级号)
教师(<u>教师号</u>,姓名,性别,电话号码,城市,区,街道,邮政编码,工龄,基本工资,养老金,公积金,系号,职称号)
E-mail(<u>教师号</u>,<u>E-mail 地址</u>)
职称(<u>职称号</u>,职称名,岗位津贴,住房贷款额)
系(<u>系号</u>,系名)
专业(<u>专业号</u>,专业名称,选修门数,系号)
课程类型(<u>类型号</u>,类型名,周数)
分类(<u>课程号</u>,<u>类型号</u>)
课程(<u>课程号</u>,课程名,学分,周学时)
必修课(<u>课程号</u>,模块号,人数上限,人数下限)
共同限选课(<u>课程号</u>,模块号,人数上限,人数下限)
专业选修课(<u>课程号</u>,专业号,人数上限,人数下限)
讲授(<u>教师号</u>,<u>课程号</u>,时间,教室号,评教等级)
上课(<u>学号</u>,<u>课程号</u>,教师号)
考试(<u>学号</u>,<u>课程号</u>,成绩)

经过分析,上述 16 个关系模式都是规范化程度很高的范式,因此不再需要进行规范化处理。

上面介绍了全局 E-R 模型转换成初始关系模型的规则,在实际使用时,可根据需要利用其中的若干规则进行转换。

例 6-4 在网上书店系统中,以图 6-38 为例将 5 个实体分别转换为关系模式(带下画线的为主键)。

用户表(<u>用户编号</u>,用户名,密码,地址,邮编,电子邮件地址,家庭电话,个人电话,办公电话)
图书表(<u>图书编号</u>,图书名称,图书描述,图书价格,图片路径,作者,图书类型编码)
图书类型表(<u>图书类型编号</u>,图书类型名称)
订单表(<u>订单编号</u>,订单状态,订单金额,订单产生时间,用户编号)
订单条目表(<u>条目编号</u>,图书数量,图书编号,订单编号)

用户表(user1)用于存储网上书店中注册的用户的信息,包括用户的姓名、密码、联系方式等信息。各表之间的联系如图 6-50 所示。

其各表字段设置如表 6-3 所示。

图书表(product)用来存储网上书店中每一种图书基本信息的数据表,是显示、维护及管理图书数据的依据。其字段设置如表 6-4 所示。

图书类型表(sortkind)用来存储网上书店中所有图书的类型信息,以便对图书的信息进行分类显示。其字段设置如表 6-5 所示。

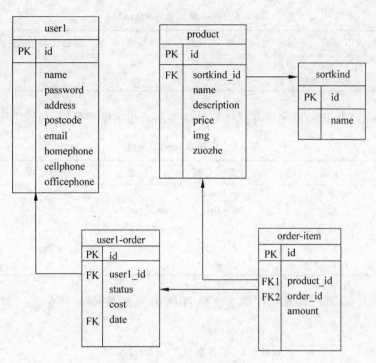

图 6-50 各表间对应关系图

表 6-3 用户表(user1)

字段名	描　述	类　型	长度	是否允许为空	是否主键
id	用户编号	varchar	16	N	Y
name	用户名	varchar	16	N	N
password	密码	varchar	16	N	N
address	地址	varchar	100	Y	N
postcode	邮编	varchar	10	Y	N
email	电子邮件地址	varchar	32	Y	N
homephone	家庭电话	varchar	32	Y	N
cellphone	个人电话	varchar	32	Y	N
officephone	办公电话	varchar	32	Y	N

表 6-4 图书表(product)

字段名	描　述	类　型	长度	是否允许为空	是否主键
id	图书编号	varchar	16	N	Y
name	图书名称	varchar	32	N	N
description	图书描述	varchar	200	Y	N
price	图书价格	double	8	N	N
img	图书图片路径	varchar	60	Y	N
zuozhe	作者	varchar	30	Y	N
sortkind_id	图书类型编码	varchar	16	N	N

表 6-5　图书类型表(sortkind)

字段名	描　述	类　型	长度	是否允许为空	是否主键
id	图书类型编号	varchar	16	N	Y
name	图书类型名称	varchar	32	N	N

订单表(user1_order)用来保存具体订单的信息。其字段设置如表 6-6 所示。

表 6-6　订单表(user1_order)

字段名	描　述	类　型	长度	是否允许为空	是否主键
id	订单编号	varchar	16	N	Y
status	订单状态	varchar	16	N	N
cost	订单金额	double	10	N	N
date	订单产生时间	datetime	16	N	N
user1_id	用户编号	varchar	16	N	N

订单条目表(order_item)用来存放与订单相关的具体条目信息。其字段设置如表 6-7 所示。

表 6-7　订单条目表(order_item)

字段名	描　述	类　型	长度	是否允许为空	是否主键
id	条目编号	varchar	16	N	Y
amount	图书数量	int		N	N
product_id	图书编号	varchar	16	N	N
order_id	订单编号	varchar	16	N	N

6.4.2　UML 模型向关系模型的映射

1. 主键的生成

在一般情况下,应为每张表定义一个主键,所有的外键最好都设计为对主键的引用,而不是设计对其他候选键的引用。在将 UML 模型(即 UML 类图)中的类映射成数据库中的表时,可用以下两种方法来定义其对应的主键。

(1)将对象标识符映射为主键。在将 UML 中的类映射为关系数据库中的表时,每张表中都增加一个对象标识符列,该对象标识符列作为表的主键。在将 UML 模型中关联关系映射为关系数据库中的关联表(Association Table)时,关联表的主键由与该关联关系相关的类的标识符组成。

对象标识符简化了关系数据库的主键方案。主键只由表中的一个属性构成,各表的主键具有相同的大小。尽管对象标识符并未完全解决对象间的浏览问题,但它确实简化了操作。如果人们不愿意使用遍历的方法读取聚合对象的成员(如发票与发票中的条目),也可以使用表关联实现。使用对象标识符的另一个好处是在开发时就考虑到对象间关系的可维护性。当所有表的主键都采用相同类型的列实现时,程序人员就非常容易编写使用该特性的通用代码。该方法唯一缺点是在维护数据库时很难看出基于对象标识符的主键具有什么内在的含义。

（2）将对象的某些属性映射为主键。将对象的某些属性映射为主键就是将类的某些属性映射为关系数据库中表的主键。这种方法得到的主键具有一定的内在含义，从而为数据库的调试和维护提供了方便。但这种主键的修改比较困难，可能要涉及许多外键的修改。

在一般情况下，如果一个数据库应用程序的 UML 模型中有 30 个以上的类，则最好使用第一种方法得到关系数据库中表的主键。对较小的数据库应用而言，两种映射方案都可以。

2. 属性类型到域的映射

属性类型是 UML 术语，对应于数据库中的域，域的使用不仅增强了设计的一致性，而且也提高了应用程序的可移植性。简单域非常容易实现，只需要定义相应的数据类型和大小，并且每个使用了域的属性，在映射时都可能需要为每个域约束加入一条 SQL 的 check 查询子句表示在域上的约束，如限定域的取值范围等。简单域的例子如名字（Name）和电话号码（Phone-Number）等。

枚举域限定了域所能取值的范围。枚举域的实现比简单域的实现要复杂，各种实现方法的比较如表 6-8 所示。

表 6-8　枚举域各种实现方法比较

实现方法	优点	缺点	建议
枚举表：在表中存放枚举值，可采用为每个枚举定义表或共用单个表的方法	有效地控制了数量大的枚举值。可以在不改变应用代码的前提下扩充枚举值	有些笨拙，必须编写通用的软件阅读枚举表或枚举值	适用于枚举值较多的情况
枚举字符串：通过定义 SQL 约束来限定取值	简单	数据量较大时不适用	常用的实现方法
为每个枚举值定义标志：为每个枚举值定义布尔型属性	解决了命名的问题	冗长，每个取值均需要一个属性	当枚举值不是互相排斥并且多个值可能同时应用时使用
枚举值编码：将枚举值编码为有序的数字	节省磁盘空间，有助于用多种语言进行处理	维护和调试比较复杂	仅在处理多语言应用程序下使用

3. 类的属性到列的映射

UML 模型中类的属性映射为关系数据库表中的零列或几列。一般来说，可将类的属性直接映射成表的一个字段，但要注意以下两种特殊情况。

（1）并不是类中的所有属性均是永久的。例如，发票中的"合计"属性可由计算所得而不需要保存在数据库中，此时该类属性（称为派生属性）不需要将其映射为数据库表中的列。

（2）当 UML 类的一个属性本身就是对象，即是一个多值属性时（如类 Customer 中包含一个作为其属性的 Address 对象），就要将其映射为数据库表中的几列（Address 类实际上有可能映射为一张或多张表）。当然，也可将几个属性映射成数据库表中的一个列。例如，代表身份证号码的类至少包含 3 个数据属性（属地，出生年月日，在同一天内的顺序编号），每个属性都表示身份证号码中的一部分，而身份证号码可以在地址表中作为单独的列存储。

4．类到表的映射

当将类映射为关系数据库中的表时，需要对类之间的继承关系进行处理。继承关系的处理方法取决于在数据库中怎样组织类中被继承的属性。不同的处理方式对系统的设计有着不同的影响。除了非常简单的数据库之外，一般不会把类一一对应地映射为数据库表。在映射时，可采取如下 4 种方法来处理类之间的继承关系。

（1）所有的类均映射为数据库中的表。为每个超类和子类都创建一张表，这些表共享一个公共的主键。这种方法很好地体现了面向对象的概念，能够很好地支持多态性。对于对象可能充当的每个角色，只需在合适的表中保存相应的记录即可。修改超类和添加新的子类也非常容易，因为只需要修改或添加一张表，但这种方法也存在如下一些缺点：

① 由于每个类都被映射为一张表，从而导致数据库中包含有大量的表。

② 由于经常需要访问多张表，因此数据的读取和写入时间比较长。如果通过将层次结构中的每个表存放在不同的物理磁盘（假设每个磁盘驱动器磁头都单独操作）中智能地组织数据库，则可缓解这个问题。

③ 除非添加一些视图模拟所需的表，否则生成数据库的报表会很困难。

（2）具有属性的类映射为数据库表。在这种方法中，除无属性的类外的所有类，即所有具有属性的类才映射为数据库表，无属性的类不进行映射。与上一种方法相比，这种方法减少了数据库表的数量，其他方面与方法（1）大致相同。因此，该方法同样有方法（1）所存在的问题。

（3）将超类的属性下移。在这种方法中，每个子类对应的数据库表中既包含该子类中的属性，也包含该子类所继承的属性。超类不映射为数据库表，这样就减少了数据库表的数据。这种方法的优点是能容易地生成报表，因为所需的有关各类的所有数据都存储在同一张表中，但也有如下几个缺点：

① 当修改某个类时，必须修改其对应的表和所有子类对应的表。

② 很难在支持多个角色的同时仍维护数据的完整性。

（4）将子类的属性上移。在使用这种方法时，需将所有子类的属性都存放在超类所对应的数据库表中，换言之，一个完整的类层次结构只映射为一张数据库表，而层次结构中所有类的所有属性都存储在这张数据库表中。这样，避免了将众多的子类映射为数据库表，从而减少了数据库表的数量。

这种方法的优点是简单，因为所需的所有数据以在一张表中找到。另外，报表的生成也非常简单。

这种方法的缺点是每次在类层次结构的任何地方添加一个新属性时都必须将一个新属性添加到表中，增加了类层次结构中的耦合性，即如果在添加一个属性时出现了任何错误，那么除获得新属性的类的子类外，还可能影响到层次结构中的所有类。此外，这种映射方法还可能浪费数据库中的许多空间。这种映射方法在人们具有单一角色时很有效，但是如果它们同时充当多个角色，则会带来一定的问题。

以上这 4 种映射方法各有其优缺点，没有一种方法是十全十美的。各种映射方法的比较如表 6-9 所示。

表 6-9 各种映射方法的比较

考虑因素	每个类对应 为一张表	每个有属性的类 对应一张表	超类的 属性下移	子类的属性 上移
报表	中等/困难	中等/困难	中等	容易
实现	困难	中等/困难	中等	容易
数据访问	中等/容易	中等/容易	容易	容易
耦合性	低	低	高	非常高
访问速度	中等/快	中等/快	快	快
对多态的支持	高	高	低	中等

5. 关联关系的映射

当将 UML 模型向关系数据库映射时,不仅需要将对象映射至数据库,而且还要将对象之间的关系映射至数据库。对象之间有 4 种类型的关系:继承、关联、聚合和组合。要有效地映射这些关系,就必须理解它们之间的不同点。在前面类到表的映射中已讨论了继承关系的处理,因此这里只讨论关联、聚合和组合关系的处理。

(1) 关联、聚合和组合之间的差异。从数据库的角度看,关联、聚合与组合三者之间的区别主要表现在对象相互之间的耦合程度。对于聚合和组合,在数据库中对整体所做的操作通常需要同时对其组成部分进行操作,关联则不然。

(2) 关联关系的实现。关系数据库中的关系是通过外键维护的。外键是在一张表中出现的一个或多个数据属性,可以是另一张表的主键的一部分,或是另一张表的主键。外键可以使一张表中的一行与另一张表中的一行相关联。如果要实现一对一和一对多的关系,则只需要将一张表包含另一张表的主键。

① 多对多关联的实现。为实现多对多的关联关系,通常需要引入关联表。关联表是一张独立的表,用于在关系数据库中维护两张或多张表之间的关联。在关系数据库中,关联表中包含的属性通常是关系中涉及的表中主键的组合。关联的表名通常是所关联表名的组合,或它实现关联的名。

② 一对多关联的实现。在实现一对多关联时,可将外键放置在“多”的一方,角色作为外键属性名的一部分。外键的空与非空由对 1 的强制性决定。

此外,对于一对多类型的关联,也可以用关联表实现。使用关联表可使数据库应用程序具有更好的扩展性。但另一方面,关联表还增加了关系数据库中表的数目,但不能将一方的最小重复性强制为 1。

③ 零或一对一关联的实现。在实现这种关联时可将外键放置在“零或一”的一端,该外键不能为空值。

④ 其他一对一关联的实现。在实现这种关联时,可将外键放置在任意一边,具体情况依赖于性能等因素。

(3) 应避免的映射情况。在关系数据库中实现关联关系时,开发人员有时可能会做出错误的映射。例如,应避免以下几种错误的映射。

① 合并。不要将多个类和相应的关联合并成一张数据库表。尽管这样做减少了关系数据库中表的数目,但违背了数据库的第 3 范式。

② 实现一对一关联时将外键放置在两张表中。两张表中都包含外键,即外键出现了两

次。多余的外键并没有改善数据库的性能。

③ 并行属性。不要在数据表中实现具有并行属性的关联的多个角色。并行属性增加了程序设计的复杂性,也阻碍了数据库应用程序的扩展性。

6. 引用完整性及关系约束检查

在 UML 模型中建立类的关联时,有 4 种类间的约束,分别是可选对可选约束($0..1:0..*$)、强制对可选约束($1:0..*$)、可选对强制约束($0..*:1$)、强制对强制约束($1..*:1..*$)。当类映射为数据库表时,每种约束必须体现在相应的引用完整性中。可选对可选约束相对较弱,对于父子表间没有限制。对于强制对可选约束,当修改子表数据时,必须检测父表相关数据的存在或在父表中创建新的数据。对于可选对强制约束,当修改父表数据时,必须保证子表中相应的数据存在或者至少修改子表相应的一个键值。对于强制对强制约束,在父表创建新值的同时,在子表中至少生成一个新数据,而当子表创建新值时,必须检测父表中是否具有相应的值。

1) 父表操作的约束

(1) 关联关系。关联是一种较弱的关系,它体现了实体间的联系。如果关系较松散,就可能不需要映射,具体表现为不需要保存对方的引用,而仅仅在方法上有交互;如果在数据上有耦合关系存在,就可能需要映射。此时,父表上操作的约束如下:

① 父表的插入操作。对强制对可选约束,父表中的记录可以不受任何约束地添加到表中,因为这种约束中的父亲不一定必须有子女。

② 父表的键值修改操作。只有在子表中其所有子女的对应值均做修改后,它才能修改。一般采用级联更新的方法,实现的步骤如下:

- 插入新的父记录,将子表中原对应记录的外键更新,删除原父记录,对该操作进行封装。
- 采用数据库提供的级联更新方法。

③ 父表的删除。只有在其所有子女均被删除或重新分配之后该父亲才能被删除。实现的步骤如下:

- 删除子记录,再删除父记录。
- 先更改子记录的外键,再删除父记录。
- 采用数据库提供的级联删除操作。

此时,父表上操作的约束为理论上可以进行任何修改。

(2) 聚合关系。聚合是关联的一种特殊形式,它指定了整体与部分之间的关系。此时,父表中操作的约束如下:

① 父表的插入操作。对可选对强制约束,一个父亲只有在至少有一个子女被加入或至少已经存在一个合法的子女时,才能被加入。实现的步骤如下:

- 先加入主表记录,再修改子表的外键。
- 同时加入主表、子表记录(次序无关),再更新子表的外键。

注意:如果先加入子表记录,则可能在关系数据库中无法保存加入子记录的数据集。

② 父表的键值修改操作。只有当一个子女被创建或已经有一名子女存在时才可以进行这种操作。实现的步骤如下:

- 修改的同时将子表外键置空。
- 子表需要级联修改（所谓级联修改指从父亲到儿子再到孙子等的依次修改）。

③ 父表的删除。理论上删除父亲是没有限制的。实际上，在删除主表记录时，不采用级联删除子表的方案（所谓级联删除指从父亲到儿子再到孙子等的依次删除），而采用将子表外键置空的方案。该方法与聚合的语义是相一致的。

（3）组合关系。组合是具有强主从关系和一致性的一种聚合关系。一旦创建成员，它就与组合对象具有相同的生命期。成员可以在组合对象终止之前显式地删除，组合关系可以递归。此时，对父表上操作的约束如下：

① 父表的插入操作。可能随后需要生成子女，即在子表中创建新的行，也可能通过对子表的重新分配来实施完整性约束。

② 父表的键值修改操作。只有在子表对应的外键的值修改成新值时才能执行。根据组合关系的定义，有可能是先创建新的父表记录，然后修改子表所有对应的记录，使其与父表的新记录关联，最后删除原父表记录。

③ 父表的删除。只有在子表中所有相关的行全部删除或重新分配之后，才能删除父表中的记录。同样，根据组合的定义，一般对子表进行删除操作。

对于对象之间的各种关系，表 6-10 所示为父表上操作的约束。

表 6-10　父表的约束

对象关系	关系类型	插　　入	更　　新	删　　除
关系	数据无耦合关系则不映射			
	可选对可选	无限制	无限制，子表中的外键可能需要附加的处理	无限制，一般将子女的外键置空
	强制对可选	无限制	修改所有子女（如果存在）相匹配的键值	删除所有子女或对所有子女进行重新分配
聚合	可选对强制	插入新的子女或合适的子女已存在	至少修改一个子女的键值或合适的子女已存在	无限制，一般将子女的外键置空
组合	强制对强制	对插入进行封闭，插入父记录的同时至少能生成一个子女	修改所有子女相匹配的键值	删除所有子女或对所有的子女进行重新分配

2）子表的约束

施加子表约束主要是为了防止碎片的产生。在有些情况下，一个子女（子表中的记录）只有在当其兄弟存在时才能被删除或被修改。例如，在可选对强制、强制对强制约束中，最后一个子女是不能被删除或修改的。此时，可以对父记录进行即时更新或者禁止该操作。子表约束可以通过的数据库中加入触发器实现，更合理、可行的方法是在业务层中实现对子表一方的约束。对于对象之间的各种关系，表 6-11 所示为子表上操作约束。

表 6-11　子表的约束

对象关系	关系类型	插　入	更　新	删　除
关联	数据无耦合关系则一般不映射			
	可选对可选	无限制	无限制	无限制
	强制对可选	父亲存在或创建一个父亲	具有新值的父亲存在或创建父亲	无限制
聚合	可选对强制	无限制	兄弟存在	兄弟存在
组合	强制对强制	父亲存在或创建一个父亲	具有新值的父亲存在（或创建父亲）并且兄弟存在	兄弟存在

应用程序在执行数据约束时有很重要的作用。如前所述，一共存在 4 类约束：强制对强制、强制对可选、可选对强制、可选对可选。键值的修改可能会改变表之间的关系，而且可能违反一些约束。违反约束的操作是不允许的，前面的规则仅为具体实现提供了可能性。具体的应用必须根据实际的要求和商业规则进行适当的选择，当在设计和开发时，必须考虑所分析的约束。

7. 其他相关问题

（1）索引。实现数据库结构的最后一步是为其添加索引以优化数据库的性能。

在一般情况下，需要为每一个主键和候选键定义唯一性索引（大多数 DBMS 在定义主键、候选键约束的同时都要创建唯一性索引）。同时，还需要为主键和候选键约束未包括的外键定义索引。

索引的重要性显而易见。主键和外键上的索引能加速对象模型中的访问。实际上，索引用于两个目的——加速数据库的访问和为主键和候选键强制唯一性。实现数据库时必须添加索引，以保证良好的性能。在数据库设计的早期，就应考虑索引。

（2）存储过程。存储过程是运行在关系数据库服务器端上的函数/过程。尽管 SQL 代码通常是存储过程的主要组成部分，但大多数厂商都使用自己特有的程序设计语言，这些语言各有优缺点。典型的存储过程都要运行一些 SQL 代码，进行数据处理，然后以零行或多行的形式返回，或显示错误信息。存储过程是现代关系数据库的一个非常强大的工具。

在将 UML 模型映射为关系数据库时，如果没有使用持久层并且遇到以下两种情况，就有必要使用存储过程：

① 建立快速的、简陋的、随后将遗弃的原型。

② 必须使用已有的数据库，而且不适合用面向对象的方法设计该数据库。在这种情况下，可以使用存储过程用类似于对象的方法读写记录。

注意：存储过程并不是唯一的方法。当然，可以使用其他语言编写程序，并在数据库外运行代码（可能仍在服务器端，以避免不必要的网络流量）。

另一方面，当将 UML 映射为关系数据库时，也有很多理由不使用存储过程：首先，如果使用存储过程，则服务器端很快就成为性能的瓶颈。当某个简单的存储过程被频繁地调用时，它会极大地降低数据库的性能。其次，存储过程一般采用特定厂商的程序设计语言编写。当在不同的数据库之间进行移植，或在对相同数据库的不同版本进行移植时，都会出现很多不可预见的问题。最后,存储过程极大地增加了与数据库之间的耦合性,降低了数据库管理的灵活性。当修改数据库时,有时需要重写存储过程,从而增加了维护的工作量。

(3)触发器。触发器实质上是一种存储过程,当对表进行特定的操作时就会自动激活。在通常情况下,可为表定义插入触发器、更新触发器和删除触发器。这样,当对表中的记录进行插入、更新和删除操作时,相应的触发器就会自动激活。触发器必须成功地运行,否则相应的操作就会失败。触发器通常用来保证数据库的引用完整性。

与存储过程一样,触发器通常用特定厂商的语言编写,因而它们的可移植性较差。许多建模工具都能利用数据模型中定义的关系信息自动生成触发器,因此在不修改所生成代码的前提下,只要从数据模型中重新生成触发器即可实现跨厂商移植。

8. 功能到 SQL 语句的映射

在设计关系数据库应用时,UML 模型主要起着 3 个方面的作用。

(1)定义关系数据库的结构。UML 模型定义了数据库应用中包含的各种对象及这些对象之间的关系,从而定义了关系数据的结构。

(2)定义关系数据库的约束。UML 模型也对所存储的数据上的重要约束进行了说明,当将对象模型映射为关系数据库模型时,所得到的数据库必须实现这些约束,才能保证数据的引用完整性。

(3)指定关系数据库的功能。UML 模型也指定了关系数据库可能实现的功能,即从模型上可以看出:在该关系数据库上可执行哪种类型的查询以及如何构造这些查询语句。

可以看出,UML 模型不仅提供了关系数据库的结构,而且在一定程度上表明了数据库应用程序所具有的功能。通过对象模型的遍历就可以看出数据库应用程序所具有的功能,这一点对关系数据库应用程序非常重要,因为用来说明对象模型遍历过程的遍历表达式可直接映射为 SQL 代码。

对象模型的遍历表达式可用 UML 对象约束语言 OCL 说明。小圆点表示从一个对象定位到另一个对象,或表示从对象定位到属性;方括号用来说明对象集合上的过滤条件。此外,遍历表达式中还用冒号表示泛化关系的遍历。显示地遍历泛化关系是有益处的,其原因是关系数据库中通常用多张表实现泛化关系。

综上所述,UML 不仅可以完成 E-R 图所能做的所有建模工作,而且可以描述 E-R 图所不能表示的关系。UML 模型到关系数据库的映射归纳起来主要涉及两个方面的问题:模型结构的映射和模型功能的映射。面向对象建模可以让人们比较深入地考虑问题,关系数据库可为面向对象模型提供一种非常优秀的实现方法。

6.4.3 数据模型的优化

数据库逻辑设计的结果不是唯一的。为了进一步提高数据库应用系统的性能,还应该根据应用需要适当的修改、调整数据模型的结构,这就是数据模型的优化。关系数据模型的优化通常以规范化理论为指导,具体方法如下:

(1)确定数据依赖。以关系规范化理论为指导,用数据依赖的概念分析和表示数据项之间的联系、写出每个数据项之间的数据依赖。按需求分析阶段所得到的语义,分别写出每个关系模式内部各属性之间的数据依赖以及不同关系模式属性之间的数据依赖。

（2）对于各关系模式之间的数据依赖进行极小化处理,消除冗余的联系,具体方法可参见第(5)条。

（3）按照数据依赖的理论对关系模式逐一进行分析,考察是否存在部分函数依赖、传递函数依赖、多值依赖等,确定此关系模式分别属于第几范式。

（4）按照需求分析阶段得到的处理要求,分析对于这样的应用环境这些模式是否合适,确定是否要对某些模式进行合并或分解。

必须注意的是,并不是规范化程度越高的关系就越好。例如,当查询经常涉及两个或多个关系模式的属性时,系统经常进行联接运算。联接运算的代价是相当高的,可以说关系模型低效的主要原因就是联接运算引起的。此时,可以考虑将这几个关系合并为一个关系。因此,在这种情况下,第二范式甚至第一范式也许更加合适。

又如,非 BCNF 的关系模式虽然从理论上分析会存在不同程度的更新异常或冗余,但如果在实际应用中对此关系模式只是查询,并不执行更新操作,就不会产生实际影响。因此,对于一个具体应用来说,到底规范化什么程度,需要权衡响应时间和潜在问题两者的利弊来决定。

（5）对关系模式进行必要的分解,提高数据操作的效率和存储空间的利用率。常用的两种分解方法是水平分解和垂直分解。

水平分解是把(基本)关系的元组分为若干子集合,定义每个子集合为一个子关系,以提高系统的效率。根据“80/20 原则”,一个大关系中,经常被使用的数据只是关系的一部分,约占 20%,可以把经常使用的数据分解出来,形成一个子关系。如果关系 R 上具有 n 个事务,而且多数事务存取的数据不相交,则 R 可分解为少于或等于 n 个子关系,使每个事务存取的数据对应一个关系。

垂直分解是把关系模型 R 的属性分解为若干子集合,形成若干子关系模式。垂直分解的原则是,经常在一起使用的属性从 R 中分解出来形成一个子关系模式。垂直分解可以提高某些事务的效率,但也可能使另一些事务不得不执行连接操作,从而降低了效率。因此,是否进行垂直分解取决于分解后 R 上的所有事务的总效率是否得到了提高。垂直分解需要确保无损连接性和保持函数依赖,即保证分解后的关系具有无损连接并保持函数依赖性。可以用模式分解算法对需要分解的关系模式进行分解和检查。

规范化理论为数据库设计人员判断关系模式优劣提供了理论标准,可用来预测模式可能出现的问题,使数据库设计工作有了严格的理论基础。

6.4.4　设计外模式

将概念模型转换为全局逻辑模型后,还应该根据局部应用需求,结合具体 DBMS 的特点。设计外模式又称用户模式。

目前,RDBMS 一般都提供了视图概念,可以利用这一功能设计更符合局部用户需要的用户模式。

定义数据库全局模式主要是从系统的时间效率、空间效率、易维护等角度出发。由于用户外模式与模式是相对独立的,因此在定义用户外模式时可以注重考虑用户的习惯与方便。

1．使用更符合用户习惯的别名

当合并各 E-R 图时，曾做了消除命名冲突的工作，以使数据库系统中同一关系和属性具有唯一的名字，这在设计数据库整体结构时非常必要。用视图机制可以在设计用户视图时重新定义某些属性名，使其与用户习惯一致，以方便使用。

2．可以对不同级别的用户定义不同的视图，以保证系统的安全性

假设有关系模式产品(产品号，产品名，规格，单价，生产车间，生产负责人，产品成本，产品合格率，质量等级)可以在产品关系上建立两个视图：

为一般顾客建立视图：

产品 1(产品号，产品名，规格，单位)

为产品销售部门建立视图：

产品 2(产品号，产品名，规格，单价，车间，生产负责人)

顾客视图中只包含允许顾客查询的属性；销售部门视图中只包含允许销售部门查询的属性；生产领导部门则可以查询全部产品数据。这样，就可以防止用户非法访问本来不允许他们查询的数据，保证了系统的安全性。

3．简化用户对系统的使用

如果某些局部应用中经常要使用某些很复杂的查询，为了方便用户，可以将这些复杂查询定义为视图，用户每次只对定义好的视图里进行查询，大大简化了用户的使用。

6.5　数据库物理设计

数据库在物理设备上的存储结构与存取方法称为数据库的物理结构，它依赖于给定的计算机系统。为一个给定的逻辑数据模型选取一个最适合应用环境的物理结构的过程，就是数据库的物理设计。

数据库物理设计的任务是为上一阶段得到的数据库逻辑模式，即数据库的逻辑结构选择合适的应用环境的物理结构，有效地实现逻辑结构模式的数据库存储模式，确定在物理设备上所采用的存储结构和存取方法，然后对该存储模式进行性能评价、修改设计，经过多次反复，最后得到一个性能较好的存储模式。数据库物理设计通常分为如下 3 步，如图 6-51所示。

（1）确定数据库的物理结构。

（2）对物理结构进行评价，评价的重点是时间和空间效率。

（3）如果评价结果满足原设计要求则可进入到物理实施阶段；否则，就需要重新设计或修改物理结构，有时甚至要返回逻辑设计阶段修改数据模型。

6.5.1　数据库物理设计的内容和方法

不同的数据库产品所提供的物理环境、存取方法和存储结构都有很大差异，能供设计者

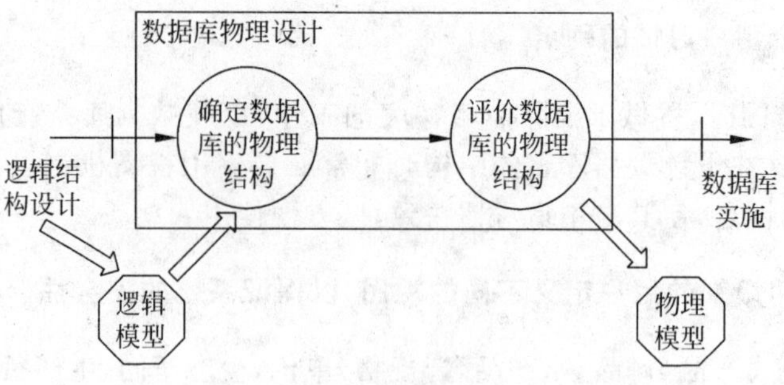

图 6-51　数据库物理设计步骤

使用的参数范围、变量也不同,因此没有通用的物理设计方法可遵循,只能给出一般的设计内容和原则。通常要明确设计物理数据库结构的准备工作,首先要充分了解应用环境,详细分析要运行的事务,以获得选择物理数据库设计所需参数;然后充分了解所用 RDBMS 的内部特征,特别是系统提供的存取方法和存储结构。

数据库物理设计内容包括记录存储结构的设计、存储路径的设计和记录集簇的设计。

(1) 记录存储结构的设计。记录存储结构的设计是设计存储记录的结构形式,涉及不定长数据项的表示。

(2) 关系模式的存取方法选择。数据库系统是多用户共享的系统,对同一个关系要建立多条存取路径才能满足多用户的多种应用要求。物理设计的第一个任务就是要确定选择哪些存取方法,即建立哪些存取路径。

DBMS 常用存取方法有索引方法、聚簇(Cluster)方法和 HASH 方法。

① 索引方法。索引存取方法的主要内容是对哪些属性列建立索引,对哪些属性列建立复合索引,对哪些索引要设计为唯一索引等。

选择索引存取方法的一般规则:如果一个(或一组)属性经常在查询条件中出现,则考虑在这个(或这组)属性上建立索引(或组合索引);如果一个属性经常作为最大值和最小值等聚集函数的参数,则考虑在这个属性上建立索引;如果一个(或一组)属性经常在连接操作的连接条件中出现,则考虑在这个(或这组)属性上建立索引。关系上定义的索引数过多会带来较多的额外开销:维护索引的开销;查找索引的开销。

② 聚簇。为了提高某个属性(或属性组)的查询速度,把这个或这些属性(称为聚簇码)上具有相同值的元组集中存放在连续的物理块称为聚簇。大大提高按聚簇属性进行查询的效率。

许多关系型 DBMS 都提供了聚簇功能,建立聚簇索引后,基表中数据也需要按指定的聚簇属性值的升序或降序存放,即聚簇索引的索引项顺序与表中元组的物理顺序一致。例如:

```
CREATE CLUSTER INDEX uname ON user1(name);
```

在 user1 表的 name(姓名)列上建立一个聚簇索引,而且 user1 表中的记录将按照 name 值的升序存放。

在一个基本表上最多只能建立一个聚簇索引,对于某些类型的查询,可以提高查询效率。聚簇索引一般应用在很少对基表进行增删操作或很少对其中的变长列进行修改操作的基本表中。

- 聚簇优点。

聚簇大大提高了按聚簇属性进行查询的效率。例如,假设学生关系按所在系建有索引,现在要查询信息系的所有学生名单。如果信息系的 500 名学生分布在 500 个不同的物理块上时,至少要执行 500 次 I/O 操作。如果将同一系的学生元组集中存放,则每读一个物理块可得到多个满足查询条件的元组,从而显著地减少了访问磁盘的次数。聚簇节省存储空间。聚簇以后,聚簇码相同的元组集中在一起了,因而聚簇码值不必在每个元组中重复存储,只要在一组中存一次就行了。

- 聚簇的局限性。

聚簇虽然提高某些特定应用的性能,但建立与维护聚簇的开销相当大,对已有关系建立聚簇,将导致关系中元组移动其物理存储位置,并使此关系上原有的索引无效,必须重建。当一个元组的聚簇码改变时,该元组的存储位置也要做相应移动。

- 聚簇的适用范围。

既适用于单个关系独立聚簇,也适用于多个关系组合聚簇。假设用户经常要按系别查询学生成绩单,这一查询涉及学生关系和选修关系的连接操作,即需要按学号连接这两个关系,为提高连接操作的效率,可以把具有相同学号值的学生元组和选修元组在物理上聚簇在一起。这就相当于把多个关系按"预连接"的形式存放,从而大大提高连接操作的效率。

当通过聚簇码进行访问或连接是该关系的主要应用,与聚簇码无关的其他访问很少或是次要时,可以使用聚簇。尤其当 SQL 语句中包含有与聚簇码有关的 ORDER BY,GROUP BY,UNION,DISTINCT 等子句或短语时,使用聚簇可以省去对结果集的排序操作

- 选择聚簇存取方法。

当设计候选聚簇时,经常在一起进行连接操作的关系可以建立组合聚簇;如果一个关系的一组属性经常出现在相等比较条件中,则该单个关系可建立聚簇;如果一个关系的一个(或一组)属性上的值重复率很高,则此单个关系可建立聚簇。对应每个聚簇码值的平均元组数如果太少了,则聚簇的效果不明显。

检查候选聚簇中的关系,取消其中不必要的关系:从独立聚簇中删除经常进行全表扫描的关系;从独立/组合聚簇中删除更新操作远多于查询操作的关系;从独立/组合聚簇中删除重复出现的关系。当一个关系同时加入多个聚簇时,必须从这多个聚簇方案(包括不建立聚簇)中选择一个较优的,即在这个聚簇上运行各种事务的总代价最小。

③ Hash 方法。当一个关系满足下列两个条件时,可以选择 Hash 存取方法:

- 该关系的大小可预知,且大小不变。
- 该关系的大小动态改变,但所选用的 DBMS 提供了动态 Hash 存取方法。

6.5.2 确定数据库的存储结构

确定数据库物理结构的内容包含确定数据的存放位置和存储结构(关系、索引、聚簇、日志、备份)和确定系统配置。

1. 确定数据的存放位置

硬件环境和应用需求是影响数据存放位置和存储结构的因素。其中,存取时间、存储空间利用率、维护代价这3个方面常常是相互矛盾的。

例如,消除一切冗余数据虽能够节约存储空间和减少维护代价,往往会导致检索代价的增加,必须进行权衡,选择一个折中方案。基本原则是根据应用情况将易变部分与稳定部分和存取频率较高部分与存取频率较低部分分开存放,以提高系统性能。

又如,数据库数据备份、日志文件备份等由于只在故障恢复时才使用,而且数据量很大,可以考虑存放在磁带上。如果计算机有多个磁盘,可以考虑将表和索引分别放在不同的磁盘上,在查询时,由于两个磁盘驱动器分别在工作,因而可以保证物理读写速度比较快。可以将比较大的表分别放在两个磁盘上,以加快存取速度,这在多用户环境下特别有效。可以将日志文件与数据库对象(表、索引等)放在不同的磁盘以改进系统的性能。

2. 确定系统配置

DBMS产品一般都提供一些存储分配参数:同时使用数据库的用户数;同时打开的数据库对象数;使用的缓冲区长度、个数;时间片大小;数据库的大小;装填因子;锁的数目等。系统都为这些变量赋予了合理的默认值。但是这些值不一定适合每一种应用环境,当进行物理设计时,需要根据应用环境确定这些参数值,以使系统性能最优。

当物理设计时,对系统配置变量的调整只是初步的,系统运行时还要根据系统实际运行情况做进一步的调整,以期切实改进系统性能。

6.5.3 评价物理结构

评价内容是对数据库物理设计过程中产生的多种方案进行细致的评价,从中选择一个较优的方案作为数据库的物理结构。可用的评价方法有以下几种:定量估算各种方案(存储空间、存取时间、维护代价)、对估算结果进行权衡、比较,选择出一个较优的合理的物理结构,如果该结构不符合用户需求,则需要修改设计。

网上书店系统所涉及的数据量不大,只是图书种类繁多,基本数据大约有7G,存储空间的需求不是很高。这里不用过多地考虑空间利用率的问题,而是着重考虑事务的响应速度,所以采用建立索引(B^+树)的方法提高存取速度。在那些查询条件所涉及的属性以及连接条件所涉及属性上建立索引。注意,在需要更新的关系或属性上不要随便建立索引。这里对上面提到的关系建立以下索引。

在 user1 上建立 id 的索引,SQL 语句如下:

```
Create unique index user1ed
On user1 (id asc)
With pad_index,
Filltaactor = 20,
Statistics_norecompute;
```

在 product 上建立 id 的索引,SQL 语句如下:

```
Create unique index producted
On product (id asc)
With pad_index,
Filltaactor = 20,
Statistics_norecompute;
```

在 user1_order 上建立 id 的索引,SQL 语句如下:

```
Create unique index user1_ordered
On user1_order (id asc,user1_id desc)
With pad_index,
Filltaactor = 20,
Statistics_norecompute;
```

在网上书店系统中,大量的空间用于存放图书,用户和书店的追求是查询所需图书信息的高效率。因此可使用两块硬盘存储数据库。首先,将关系和索引存放到不同的磁盘上,以提供物理 I/O 的效果和效率,另外由于图书种类繁多,可以将图书中数量较多的不同种类的图书信息存放到不同的磁盘上,比如说,该书店中的学生教材和教辅的种类繁多,数量较大,其他图书的数量则差不多,而且根据实际销售经验可知,学生教材和教辅的访问和购买频繁。此时就可将学生教材、教辅和其他图书存放到不同的磁盘上,不仅可以分散热点数据,而且还可以加快存取速度。一些访问频率较高的视图、表文件和访问频率较低的视图、表文件应该分开存放。为了保证关键数据的访问,缓解瓶颈问题,对于数据字典和数据目录,应将某个磁盘上的盘组固定为其专用的保存地点。在该系统中,可将数据备份和日志文件以及其他一些稳定的部分,如在 SQLServer 中的 4 个系统数据库文件,可存放到同一个磁盘上。为了提高性能和速度,另外还可以使用 CD-RW 刻录机和 CD-R 盘备份数据和日志文件。

在网上书店系统的设计中,根据用户的需求,数据库安全设计主要包括 3 个部分:用户的账户和密码、数据库用户权限管理和数据的权限设置。用户的账户和密码以及数据库用户权限可以通过所使用的数据库管理系统功能完成。另外,在设计时需要对数据库中的数据进行权限设置。如规定:用户只可以察看广告、留言或订货,同时用户还分为 VIP 用户和普通用户,不同身份的用户享受的图书价格不一样;员工根据需求有不同的权限,如送货的员工不能对数据库中的数据进行修改,他只能查看等。可通过对不同的用户建立不同的外模式解决。

例如,为送货员工建立如下视图。

送货员视图(Deliver):(用户地址,图书名称,图书编号,图书数量,应交金额,订货单编号)再将此视图读的权限赋予送货员。

```
Grant select
On view deliver
To cliert1,cliert2,…,cliertn
```

按照以上的方法可以对不同的数据的操作权限进行更为详细的设计,使得数据库的安全性更加完善,从而该数据库系统更加稳定。

6.6 数据库实施与维护

数据库实施指根据逻辑设计和物理设计的结果,在计算机上建立实际的数据库结构,整理并装入数据,进行测试、试运行和维护的过程。数据库实施的工作内容有:用 DDL 定义数据库结构、组织数据入库、编制与调试应用程序、数据库试运行。

6.6.1 数据装载与应用程序调试

数据装载方法有人工方法与计算机辅助数据入库方法两种。

1. 人工方法

适用于小型系统其步骤如下:

(1) 筛选数据。需要装入数据库中的数据通常都分散在各个部门的数据文件或原始凭证中,所以首先必须把需要入库的数据筛选出来。

(2) 转换数据格式。筛选出来的需要入库的数据,其格式往往不符合数据库要求,还需要进行转换。

(3) 输入数据。将转换后的数据输入计算机中。

(4) 校验数据。检查数据是否有误。

2. 计算机辅助数据入库

适用于中大型系统其步骤如下:

(1) 筛选数据。

(2) 输入数据。由录入员将原始数据直接输入计算机中。数据输入子系统应提供输入界面。

(3) 校验数据。数据输入子系统采用多种检验技术检查输入数据的正确性。

(4) 转换数据。数据输入子系统根据数据库系统的要求,从录入的数据中抽取有用成分,对其进行分类,然后转换数据格式。

(5) 综合数据。数据输入子系统对转换后的数据根据系统的要求进一步综合成最终数据。

数据库应用程序的设计应该与数据库设计并行进行。在数据库实施阶段,当数据库结构建立后,就开始编制与调试数据库的应用程序。调试应用程序时由于数据入库尚未完成,可先使用模拟数据。

6.6.2 编制与调试应用程序

程序设计是将处理逻辑转变为可被计算机执行的指令的过程。网上书店系统的功能及设计意图都要通过编程实现,因此编程的质量将会影响到整个网站系统的质量、运行和维护。为了保质保量地完成网站系统的编程工作,就需要对编程工作质量进行衡量。虽然衡量的标准是多方面的,但都会随着信息系统开发技术的不断发展而不断变化和完善。衡量程序设计工作质量的指标主要有：可靠性、规范性、可读性和可维护性。

当程序的各部分相互独立时,在维护过程中可以将牵一发而动全身的现象基本消除或是降低到最低限度,如果程序做到了编程规范、结构清晰和可读性强,那么它的可维护性也是比较好的,否则将会大大增加程序维护的工作量。以下以根据网上书店系统为例介绍数据库实现过程。

1. 系统前台功能模块设计实现

网上书店系统前台功能模块主要包括用户登录、用户注册、图书查询、购物车、生成订单、用户查看订单等功能。

在网上书店系统中,用户的购书操作和管理员的处理操作都会按照特定的流程完成,这里主要介绍用户购书的流程和客户订单的处理流程。根据前面的分析可以知道,只有注册用户才能完成图书的订购,注册用户的购书流程如图 6-52 所示,用户订单的处理流程如图 6-53 所示。

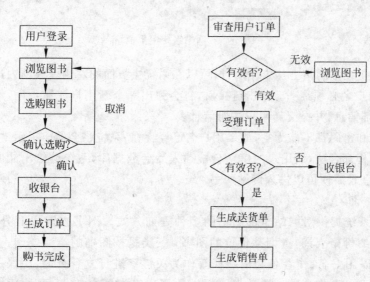

图 6-52 用户购书流程   图 6-53 用户订单处理流程

(1) 用户登录

① 用户在网站系统主页面的左侧登录框内进行登录,如果用户未登录只能浏览图书,而不能购买图书。

② 用户登录时,用户名和密码不能为空,如果填写不完全,系统将会给出错误提示。

③ 如果用户名或密码填写错误,经验证后系统将会给出错误信息。

④ 用户登录后除了可以进行购书外,还可修改自己的资料信息,可以查看以往的订单,并且登录后,用户的信息会被保存在 session 中,以便作为其他操作的验证。

购书系统主页面如图 6-54 所示。

(2) 用户注册

为了统计用户信息,方便管理以及更好地为用户服务,网上书店系统规定只有经过注册用户登录以后才能购买图书。

图 6-54　购书系统主页面

　　① 如果用户在本网站上从未注册过,可以在系统主页面的左侧登录框内进行注册新用户,网站要求用户名必须唯一。单击链接后,将会弹出一个新用户注册页面,用户应按照要求填写所需全部信息,并提交新用户注册信息表。

　　② 用户名和密码都不能为空,如果用户名已经存在,系统将会给出提示重新填写。

　　③ 如果操作都合法,该用户的信息会被插入后台数据库,系统会给出注册成功的提示信息。该用户登录后便可以进入网站购书。

　　(3) 图书查询

　　网上书店系统提供对网站全部图书的多种查询方式。图书查询主要分为以下几类:一类是按图书的价格查询,查询某价位的图书;一类是按图书的类型查询,查询某类别的图书;一类可以用书名、作者名和出版社等作为关键字进行复合查询,确保用户方便快捷地找到自己想要的图书;另一类是为了更方便用户查询图书信息,网站还提供按图书名称的模糊查询功能,模糊查询功能的实现是使用了 Select 语句的 Like 子句。通过查询条件将所需图书检索出来,在每种图书后都有一个“查看”字样,单击便可查看该图书的详细信息。

　　图书查询页面如图 6-55 所示。

　　(4) 购物车

　　购物车是所有购书网站的重点,本网上书店系统当然也不例外。用户对购物车进行操作的功能主要有:修改购买图书数量、删除已选图书、提交购物车、清空购物车以及继续购书。对于已经成功登录的用户方可以使用购物车功能。当用户找到想要购买的图书后,可以使用购物车购书,且每个用户都有自己临时的一个购物车,在浏览图书时可向购物车中添加图书;如果想放弃该图书便可以从购物车中将该图书删除;也可以更改图书的数量等信息。提交购物车,填写订单,修改数据库中已售图书的库存数量。如果想取消本次购书,可以清空购物车,如同在超市中购书一样方便快捷。

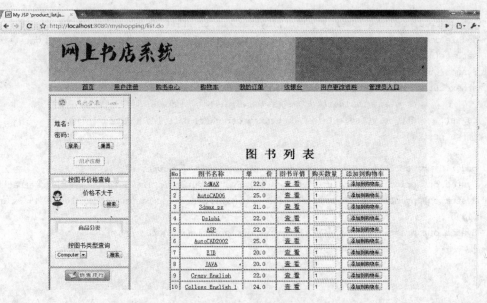

图 6-55　图书查询页面图

实现购物车功能,其中向购物车添加图书,主要部分代码如下:

```
public void addItem(Product product, int number)
{
Item item = (Item)items.get(Integer.valueOf(product.getId()));
if(item = = null){item = new Item();item.setId(product.getId());item.setProduct(product);
item.setCost(product.getPrice() * number);item.setNumber(number);
Integer id = Integer.valueOf(product.getId());items.put(id,item);
}
else
{
item = (Item)items.get(Integer.valueOf(product.getId()));int count = item.getNumber();
number = number + count;item.setCost(product.getPrice() * number);item.setNumber(number);
}
}
```

(5) 生成订单

用户购书后,可以进入收银台,确认购买的图书和个人信息后便可以生成订单。订单生成后,购物车被清空,用户可以继续购书也可以进行其他相关操作。

用户选购图书完毕后,在生成订单时,网站系统不仅要保存用户订单中所购买的图书信息和订单的相关信息,而且需要生成一个可供用户随时查询的订单号。在生成订单的页面中,网站系统会根据用户登录的用户名查询出用户的电话号码、邮编、E-mail、联系地址等信息并自动将其填入页面的用户基本信息中。在提交订单的同时,网站系统会根据用户当前消费的总金额计算出用户的会员等级等信息。

实现产生订单功能,主要部分代码如下:

```
public int generateOrder(Order order)
{
try
```

```
{
int user_id = order. getUser(). getId();System. out. println("user_id = = = = " + user_id);
double cost = order. getCost();System. out. println("cost = = = = " + cost);String date = order.
getDate();
System. out. println("date = = = = " + date);st = con. createStatement();
st. execute("insert into user_order(status,user_id,cost,date)
                values(" + 0 + "," + user_id + "," + cost + ",'" + date + "')");
rs = st. executeQuery("select id from user_order where date = '" + date + "'");
if(rs. next())
{
orderId = rs. getInt(1);System. out. println("orderId = " + orderId);
System. out. println("user_id = " + user_id);System. out. println("date = " + order. getDate());
System. out. println("cost = " + rs. getDouble(3));System. out. println("status = " + rs. getInt
(1));
System. out. println(rs. getInt(2));System. out. println(rs. getDate(4));
}
}
}
```

（6）用户查看订单

用户登录后，便可以查看以往的购书订单。订单查询功能是为了用户查询个人的订单信息以及订单的执行情况而提供的。

用户查看订单页面如图 6-56 所示。

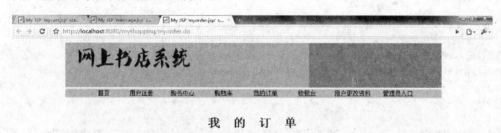

图 6-56　用户查看订单页面图

实现得到指定用户所有订单功能，主要部分代码如下：

```
public Collection getAllOrdersByUserId( int id)
{
try
{
st = con. createStatement();
rs = st. executeQuery("select id,cost,date from user_order where user_id = " + id);
orders = new ArrayList();
while(rs. next())
{
```

```
order order = new Order();order.setId(rs.getInt(1));order.setCost(rs.getDouble(2));
order.setDate(rs.getString(3));orders.add(order);
}
}
}
```

2. 系统后台功能模块设计实现

网上书店系统后台功能模块主要包括管理员登录、注册新管理员、图书管理、订单管理、用户管理等功能。后台管理系统主页面如图 6-57 所示。

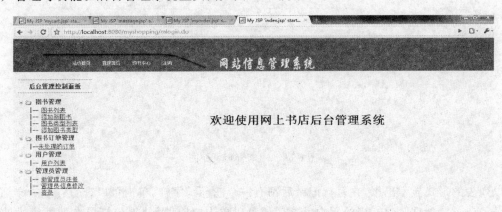

图 6-57　后台管理系统主页面图

(1) 管理员登录

网站系统管理员登录时需要输入管理员姓名、密码进行身份验证。管理员对于用户信息的管理主要是查看用户基本信息和对于违规用户的账号进行封存(用 0 表示)或解封(用 1 表示)的功能。系统管理员没有修改用户信息的权限。访问用户信息页面的功能即是在数据库中查询出所有注册用户的详细信息并列表显示出来。

(2) 注册新管理员

管理员有系统管理员和普通管理员之分,他们的管理权限不同。只有系统管理员才能注册新管理员,注册方式和新用户注册方式基本相同。

(3) 图书管理

图书管理页面如图 6-58 所示。进入图书信息管理页面,会对数据库中的全部图书信息进行查询,并显示出来。图书类型管理包括对图书类型的添加和删除,删除某图书类型后,根据数据库的参照完整性规则,该类型的所有图书都将被一起删除。图书管理包括对图书的增加、删除、修改和查看。

(4) 订单管理

订单管理实现了显示订单信息、执行订单的功能。从后台数据库中检索出未处理的订

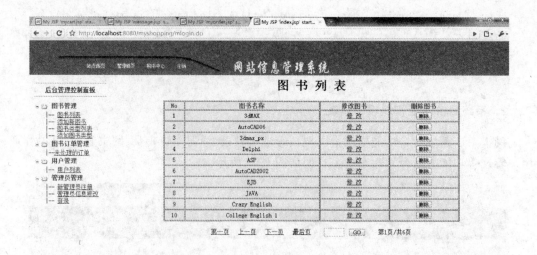

图 6-58　图书管理页面图

单以列表的形式显示出来,在每行记录后都有一个"查看"字样,单击可以查看订单的详细信息,还有一个"处理"字样,当给用户发货后便可以单击"处理",使得该订单在数据库中的状态改变。

实现处理指定订单功能,主要部分代码如下:

```
public int dealWithOrder(int id)
{
con = ConnectionFactory.getConnection();
try
{
st = con.createStatement();
n = st.executeUpdate("update user_order set status = " + 1 + " where id = " + id);
} catch (SQLException e)
{
}
}
```

订单管理页面如图 6-59 所示。

(5) 用户管理

本模块主要是对网站系统注册用户的管理,如果有用户在该网站上进行非法操作,破坏了购书系统的正常运行,管理员可以将该用户从用户表中删除。用户管理页面如图 6-60 所示。

6.6.3　数据库试运行

数据库试运行也称为联合调试,其主要工作包括:

(1) 功能测试

实际运行应用程序,执行对数据库的各种操作,测试应用程序的各种功能。

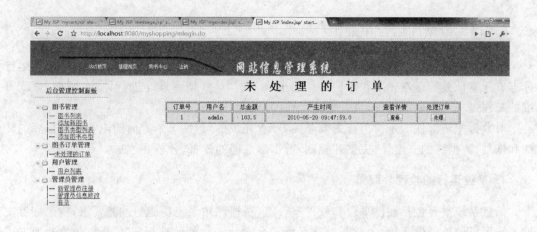

图 6-59 订单管理页面

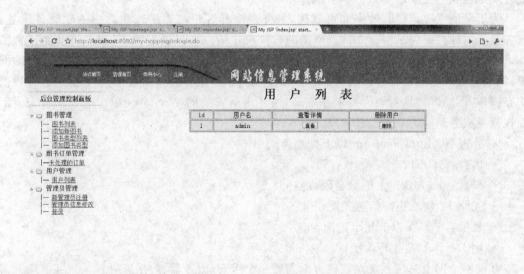

图 6-60 用户管理页面图

（2）性能测试

测量系统的性能指标，分析是否符合设计目标。

重新设计物理结构甚至逻辑结构，会导致数据重新入库。由于数据入库工作量极大，所以可以采用分期输入数据的方法：先输入少量数据供先期联合调试使用；待试运行基本合格后再增加数据输入，逐步增加数据量，逐步完成运行评价。

6.6.4　数据库运行和维护

数据库试运行结果符合设计目标后,数据库就可以真正投入运行了。数据库投入运行标志着开发任务的基本完成和维护工作的正式开始,对数据库设计进行评价、调整、修改等维护工作是一个长期的任务,也是设计工作的继续和提高。

对数据库经常性的维护工作主要是由 DBA 完成的,包括 3 个方面的内容即数据库的转储和恢复,数据库的安全性、完整性控制,数据库性能的监督、分析和改进。

1. 系统运行的软硬件配置

信息系统平台包括硬件平台和软件平台等,根据网站系统功能与性能要求,构建能够支持系统运行的软硬件环境,也就是进行系统平台设计。硬件的选择取决于数据的处理方式和运行的软件种类。各种管理业务对计算机的基本要求是速度快、容量大、通道能力强、操作便捷,然而,计算机的性能越高,其价格也就越贵,因而在硬件的选择上要全面考虑。计算机软件从总体上划分为两类即系统软件与应用软件,前者是用于管理与支持计算机系统资源及操作的程序;后者用于处理特定应用的程序。系统开发过程中,软件工具的选择对系统开发是否顺利至关重要。

为了保证系统运行的效率和可靠性,服务器端和客户端需要选用适中的软硬件配置。服务器端的硬件配置是由建立站点所需的软件决定的。在最低配置下,服务器虽能正常工作,但其性能往往不尽如人意,如果想使站点服务器工作效率更高的话,就得需要更好的配置,特别是服务器的内存应该大些。客户端主要用于游览界面以及与 Web 数据库进行数据交互操作,因而客户端对硬件要求并不高,主要由所安装的 Windows 版本的要求决定。下面仅列举服务器端的最低配置情况:

- 处理器:Intel Pentium 以上处理器;
- 内存:64MB 以上;
- 硬盘:500MB 以上的剩余硬盘空间;
- 光驱:2 倍或更高倍速光驱;
- 显卡:SVGA 以上显示适配器;
- 网卡:ISA 或者 PCI 接口。

开发一个网上书店系统在软件方面需要一个 Web 服务器、数据库管理系统和前端开发工具等。服务器操作系统选用 Windows2000/NT/XP 中文版或更高版本;Web 服务器选用 Tomcat 5.0 版或更高版;数据库选用 Sqlserver2005 版或更高版;程序开发选用 JDK1.4.2 版或更高版,Eclipse 3.1 版或更高版等。

(1) JDK 的安装。运行安装程序 j2sdk-1_4_2-windows-i586.exe 选择安装路径(本网站安装在 C 盘根目录下)后将会自动完成安装。安装完毕后需要配置三个环境变量 JAVA_HOME、PATH 和 CLASSPATH。

(2) Tomcat。Tomcat 是一个免费的开源 Servlet 容器,由 Apache、Sun 和其他一些公司及个人共同研发而成,能在解析 JSP/Servlet 的同时提供 Web 服务,因此选用 Tomcat 做 Web 服务器。可以从其官方网站(http://jakarta.apaehe.org/tomcat/index.html)免费下载。

Tomcat 只要解压 jakarta-tomcat-5.0.12.zip 文件即可使用,本网站解压到 C 盘根目录下,设置环境变量如下:

① CATALINA_HOME。设定 Tomcat 的安装路径,如 C：\jakarta-tomcat-5.0.12。

② PATH。追加<CATALINA_HOME>\bin 目录,如 C：\jakarta-tomcat-5.0.12\bin。

③ 运行 Tomcat 进入<CATALINA_HOME>\bin 目录,启动和关闭 Tomcat 服务器的批处理文件 starup.bat 和 shutdown.bat。

(3) 测试 Tomcat。Tomcat 服务器启动后,就可以通过浏览器访问 http：//localhost：8080/,将出现如图 6-61 页面。

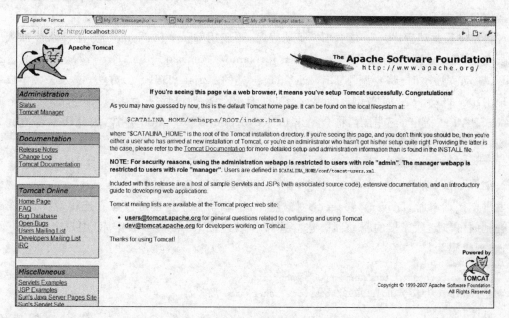

图 6-61　测试 Tomcat

2. 数据库实施

数据库创建后,为下一阶段的应用程序模块设计做准备,需要整体加载数据,加载数据可以手工逐条界面录入,也可设计对各表的数据记录 Insert 命令集,这样执行插入命令集后就建立了表数据,一旦需要重建数据也非常方便。在准备数据过程中一般要注意以下几点:

(1) 尽可能使用真实数据,这样在录入数据中,能发现一些结构设计中可能的不足之处,并能及早更正。

(2) 由于表内或表之间已设置了系统所要求的完整性约束规则,如外码、主码等,为此在加载数据时,可能有时序问题。例如,图书表中的 sortkind_id 与图书类型表中的 id 为相关字段,订单表中的 id 与订单条目表中的 order_id 是相关字段,而订单条目表中的 product_id 与图书表中的 id 相关,用户表中的 id 与订单表中的 user1_id 为相关字段,因此在输入数据时注意先后顺序。

(3) 加载数据应尽可能全面,尽可能反映各种表数据与表数据之间的关系,这样便于模块设计时程序的充分调试。一般在全部数据加载后,对数据库做备份,因为测试中会频繁删除或破坏数据,而建立起完整的测试数据库数据是很费时的。

3. 访问数据库

在网上书店系统中,访问数据库是实现商务动态网站最重要的部分,需要从数据库中提取数据或向数据库中保存数据,JDBC 抽象了数据库进行交互的过程。JDBC 在 java. sql 包中实现,在 Java 程序中要用 importjava. sql. * 语句导入这个包。当 Java 程序需要使用 JDBC 时,首先要登记一个 driver 类,创建一个 java. sql. connection 对象指向数据库。其次要创建一个类,创建的最基本的类是 java. sql. statement,用于执行真正的数据库操作。具体操作步骤如下:

(1) 装载驱动程序。装载 JDBC 驱动程序,要调用 Class. forName()方法显示地加载驱动程序。SQL 数据库实现代码为 Class. forName("com. sql. jdbc. Driver"),当系统装载 JDBC 驱动程序类时,将会调用 DriverManager 类的 registerDriver()方法,该方法会生成和管理 JDBC 驱动程序的实例。如果选用的 JDBC 驱动程序不存在或存在的位置不在 CLASSPATH 指定的范围内,将会抛出 ClassNotFoundException 异常,因此通常要把此句封闭在 try/catch 中。

(2) 建立数据库连接。装载数据库驱动程序后,建立数据库连接。这是通过 DriverManager 类的 getconection()方法完成的,当调用 DriverManager. getconnection()方法发出连接请求时,DriverManager 类将检查每个驱动程序是否可以建立连接,然后将第一个查到的可以建立连接的驱动器类建立连接。以连接 bookstore 数据库,用户名为 root 为例,实现代码为:

```
Connection conn = DriverManager. getConnection
("jdbc:sql://localhost:9999/bookstore?user1 = root");
```

其中,Connection 对象是由 DriverManager 对象的 getConnection()方法创建的。getConnection()方法通常要传递 3 个参数,其中最重要的参数是用来指定数据源的数据库的 URL。

(3) 建立语句。如果已经装载了数据库驱动程序并创建了数据库连接,现在需要一种方式向数据库服务器发送 SQL 语句,可以通过创建 Statement 对象完成。Statement 对象是使用 Connection 对象的 Createstatement()方法创建的。实现代码为 Connection conn; Statement stmt = conn. createStatement();如果需要传递给数据库服务器的 SQL 是带参数的,则要用到 Preparedstatement 对象,该对象是由 Connection 对象的 preparestatement()方法生成的。实现代码为:

```
Connection conn; Preparedstatement stmt = conn. preparestatement("select * from shop_user1
where user1name = ?");
```

问号表示不确定部分,在运行时用 Preparedstatement 对象的 SetXXX 方法设定。

(4) 发送 SQL 语句。创建了 Statement 对象,然后是把 SQL 语句发送到数据库。Statement 对象有两个主要方法用于此目的,使用哪个方法取决于是否需要返回结果。对于需要返回结果集的 Select 语句,应当使用 executeQuery()方法,该方法只有一个字符串参数,用来存放 Select 语句,查询成功则以 Resultset 对象的形式返回查询结果。实现代码为:

```
String sql = "seleet * from shop_user1";
Resultset rs = stmt.executeQuery(sql);
```

如果对数据库系统发送 Insert、Update、Delete 不需返回查询结果的 SQL 语句,则应当采用 executeUpdate()方法。executeUpdate()方法也只有接受 String 类型 SQL 语句为参数,返回类型为 int。如果返回值为 0,则表示 SQL 语句不返回任何数据,或是数据库表受到 Insert、update、Delete 语句影响的数据行数。实现代码为:

```
String sql = "Delete From shop_user1 Where user1name = 'abc'"; int ret = stmt.executeUpdate(sql)。
```

(5) 关闭数据库连接。及时关闭数据库连接就确保及时释放用于连接数据库的相应资源。JDBC 的 Statement 和 Connection 对象都有一个 close()方法用于此目的。实现代码为 rs.close(); stmt.close(); conn.close()。

(6) 查询数据操作。当发送 SQL 语句的 Select 语句时,返回的是 Resultset 对象表示的结果集,它包含了返回数据的行和列。Resultset 对象提供了可以逐行移动的游标。最初,游标位于结果集的第一行的前面,并且可以通过使用 next()方法每次向前移动一行。next()方法的返回类型 boolean,表示游标指向一行数据。随着游标的移动,可以通过 getXXX 方法获取当前行中各个数据列中的数据。根据数据列的数据库类型,采用不同的获取方法。如 getString()、getDate()、getInt()等。这些方法的参数有一个,可以是表示列名的 String 类型,也可以是相应的列号的 int 类型。有了 next()方法和 getXXX 方法,就可以遍历 Resultset 对象中各个数据单元中的数据了。然后可以利用 while 或 for 结构获取各个数据单元的值。

4. 系统测试

(1) 系统测试的目的和意义。系统测试是系统开发过程的重要组成部分,是用来确认一个程序的品质或性能是否符合开发之前所提出的一些要求,是在系统投入运行前,对系统需求分析、设计规格说明和编码的最终复审,是系统质量保证的关键步骤。系统测试是为了发现错误而执行程序的过程。虽然在开发过程中,采用了许多保证系统质量和可靠性的方法分析和设计软件,但在开发中难免会犯错误,这样所开发的软件中就隐藏着许多错误和缺陷。如果不在系统正式运行之前的测试阶段进行纠正,问题迟早会在运行期间暴露出来,这时要纠正错误就会付出更高的代价,甚至造成生命和财产的重大损失。大量统计资料表明,对于一些较大规模的系统来说,系统测试的工作量往往占程序开发总工作量的 40% 以上。

① 确认系统的质量。一方面是确认系统做了所期望的事情,另一方面是确认系统以正确的方式来做了这个事件。

② 提供信息。提供给开发人员或程序经理的反馈信息,为风险评估准备的各种信息。

③ 保证整个系统开发过程是高质量的。系统测试不仅是在测试软件产品的本身,而且还包括系统开发的过程。如果一个软件产品开发完成后发现了很多问题,这说明此软件开发过程很可能是有缺陷的。

(2) 系统测试的原则。系统测试从不同的角度出发会派生出两种不同的测试原则,从用户的角度出发,就是希望通过系统测试能充分暴露系统中存在的问题和缺陷,从而考虑是否可以接受该产品;从开发者的角度出发,就是希望测试能表明软件产品不存在错误,已经正确地实现用户的需求,确立人们对系统质量的信心。

① 制定严格的测试计划,并把测试时间安排得尽量宽松,不要希望在极短的时间内完成一个高水平的测试。一定要注意测试中的错误集中发生现象,这和程序员的编程水平和习惯有很大的关系。

② 程序员应该避免检查自己的程序,测试工作应该由独立的专业的系统测试机构完成。应当把尽早和不断的测试作为系统开发者的座右铭。

③ 设计测试用例时应该考虑到合法的输入和不合法的输入以及各种边界条件,特殊情况要制造极端状态和意外状态,如网络异常中断、电源断电等情况。妥善保存一切测试过程文档,其意义是不言而喻的,测试的重现性往往要靠测试文档。

④ 对测试错误结果一定要有一个确认的过程,一般有 X 测试出来的错误,一定要有一个 Y 确认,严重的错误可以召开评审会进行讨论和分析。回归测试的关联性一定要引起充分的注意,修改一个错误而引起更多的错误出现的现象并不少见。

(3) 系统测试的方法。主要有人工测试和机器测试。

① 人工测试。又称为代码复审,通过阅读程序找错误。其内容主要包括:检查代码和设计是否一致;检查代码逻辑表达是否正确和完整;检查代码结构是否合理。

② 机器测试。计算机测试指在计算机上直接用测试用例运行被测程序,发现程序错误。计算机测试分为黑盒测试和白盒测试两种。

• 黑盒测试。

黑盒测试也称功能测试或数据驱动测试,它是已知产品所应具有的功能,通过测试来检测每个功能是否都能正常使用。在测试时,把程序看作一个不能打开的黑盒子,在完全不考虑程序内部结构和内部特性的情况下,测试者在程序接口进行测试。它只检查程序功能是否按照需求规格说明书的规定正常使用,程序是否能适当地接收输入数据而产生正确的输出信息,并且保持外部信息(如数据库或文件)的完整性。黑盒测试方法主要有等价类划分、边值分析、因果图、错误推测等,主要用于软件确认测试。"黑盒"法着眼于程序外部结构、不考虑内部逻辑结构、针对软件界面和软件功能进行测试。"黑盒"法是穷举输入测试,只有把所有可能的输入都作为测试情况使用,才能以这种方法查出程序中所有的错误。实际上测试情况有无穷多个,人们不仅要测试所有合法的输入,而且还要对那些不合法但是可能的输入进行测试。

• 白盒测试。

白盒测试也称结构测试或逻辑驱动测试,是知道产品内部工作过程,可通过测试检测产品内部动作是否按照规格说明书的规定正常进行,按照程序内部的结构测试程序,检验程序中的每条通路是否都能按预定要求正确工作。白盒测试的主要方法有逻辑驱动、基路测试等,主要用于系统验证。

5. 网站系统测试

网上书店系统测试的步骤如下:

(1) 单元测试。单元测试的对象是软件设计的最小单位模块,其依据是详细设计描述。单元测试应对模块内所有重要的控制路径设计测试用例,以便发现模块内部的错误。本网站系统验证的模块主要包括:用户信息管理模块、购物车模块、图书查询模块、订单管理模块、用户管理模块、图书管理模块、管理员管理模块。

　　本网上书店系统功能模块较多,下面仅以用户注册模块为例进行测试,将采用黑盒测试即数据驱动测试方法。将通过精心设计的 5 组具有代表性的测试用例检测用户注册功能是否能够正常使用,将重点检查程序是否能适当地接收输入数据,并且生成正确的输出信息。具体测试用例如表 6-12 所示。

表 6-12　测试数据

组别	第 1 组	第 2 组	第 3 组	第 4 组	第 5 组
姓名	王一强(3 个字)	李明(2 个字)	欧阳天立(多个字)	张李 REA 德(带字母)	王刚＃＃&(带特殊符号)
密码	＊＊＊＊＊＊(6 位)	＊＊＊＊(少于 6 位)	＊＊＊＊＊＊＊＊(多位)	＊＊＊＊＊(带特殊符号)	＊＊＊＊＊＊＊＊＊
确认密码	＊＊＊＊＊＊(6 位)	＊＊＊＊(少于 6 位)	＊＊＊＊＊＊＊＊(多位)	＊＊＊＊＊(带特殊符号)	＊＊＊＊＊＊＊＊＊
地址	哈尔滨市＊＊＊＊＊	大庆市＊＊＊＊＊	牡丹江市＊＊＊	北京市＊＊＊＊	哈尔滨市＊＊＊
邮编	150010	151600	151800	100866	150018
E-mail	ZQWANG@ SINA. COM	W123@ YAHOO. COM	ABC11@163. NET	WANG@ SINA. COM	123@ YAHOO. COM
家庭电话	0451-55536677	0459-5559567	04535556698	01055597899	045155541236
手机	18845092266	18777992565	18345061236	18945018977	18845669879
办公电话	045155536656	04555529568	04555586697	01055597822	045155541268
备注	喜欢网络购书	对服饰感兴趣等	对计算机图书感兴趣	喜欢运动广告等	关心图书信息

　　用户注册模块页面如图 6-62 所示。

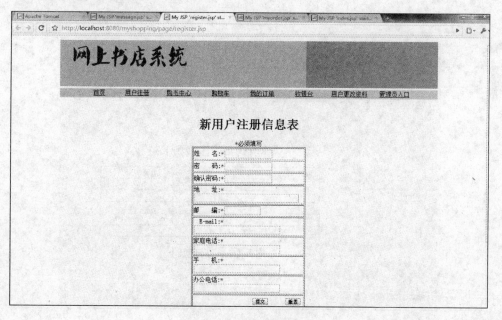

图 6-62　用户注册页面图

在用户注册模块分别输入表 6-12 中的 5 组测试用例,填写页面完全填好后,单击"提交"按钮,将出现"恭喜您,注册成功"的对话框,若输入信息有误,将单击"重置"按钮,重新进行填写,再次提交,直到注册成功为止。在本网上书店系统进行的实际测试中,不仅要测试合法的输入,而且还要对那些不合法但是又可能被输入的数据进行测试,限于篇幅,在此不再赘述。

购物车模块测试,界面如图 6-63 所示。

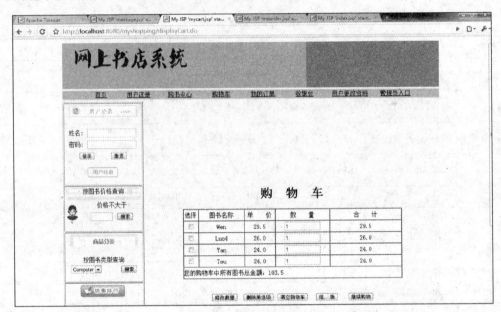

图 6-63　购物车页面图

购书结账模块测试,界面如图 6-64 所示。

图 6-64　购书结账页面图

经测试,结果数据完全正确,均能正常完成模块所包含的功能,各模块满足网站系统要求。

(2) 组装测试。时常有这样的情况发生,每个模块都能单独工作,但这些模块集成在一起后却不能正常工作。主要原因是,模块相互调用时接口会引入许多新问题。例如,数据经过接口可能丢失;一个模块对另一模块可能造成不应有的影响;几个子功能组合起来不能实现主功能;误差不断积累达到不可接受的程度;全局数据结构出现错误。

组装测试把通过单元测试的各个模块组装在一起之后,进行综合测试以便发现与接口有关的各种错误。将已验证过的用户信息管理模块、购物车模块、图书查询模块、订单管理模块组装成前台购书模块;将用户管理模块、图书管理模块、订单管理模块、管理员管理模块组装成后台管理模块。查看组装后的模块是否运行通畅,是否有接口衔接的问题。经测试,组装后的模块满足网站系统要求。

(3) 确认测试。实现软件确认要通过一系列黑盒测试。确认测试同样需要制订测试计划和过程,测试计划应规定测试的种类和测试进度,测试过程则定义一些特殊的测试用例,旨在说明软件与需求是否一致。无论是计划还是过程,都应该着重考虑软件是否满足合同规定的所有功能和性能,文档资料是否完整、准确人机界面和其他方面(例如,可移植性、兼容性、错误恢复能力和可维护性等)是否令用户满意。

确认测试的结果有两种可能,一种是功能和性能指标满足软件需求说明的要求,用户可以接受;另一种是软件不满足软件需求说明的要求,用户无法接受。项目进行到这个阶段才发现严重错误和偏差一般很难在预定的工期内改正,因此必须与用户协商,寻求一个妥善解决问题的方法。本网站系统经测试,软件满足系统要求。

(4) 系统测试。将软件、硬件等系统的各个部分连接起来,对整个系统进行总的功能、性能等方面的测试。将 Tomcat 服务器启动,打开浏览器,在地址栏里输入地址为 http://localhost:8080/online_bookstore 对系统进行总的功能、性能测试。以用户的身份操作前台购书系统,查看是否还存在着问题;以管理员的身份操作后台管理系统,检查是否还存在着问题。经过网站系统测试,完全满足购书网站系统要求。

6.7 本章小结

本章主要讨论数据库设计的方法和步骤,介绍数据库设计的 6 个阶段:系统需求分析、概念结构设计、逻辑结构设计、物理设计、数据库及应用系统的实施、运行与维护。设计过程中往往还会有许多反复。其中重点是概念结构设计和逻辑结构设计,这也是数据库设计过程中最重要的两个环节。

本章以网上书店系统和高校管理系统为例,数据库系统设计步骤为线,将系统最终实现,这也是本书的重要特色之一。为了加深对概念结构设计和逻辑结构设计的理解,同时对高校管理系统也进行了概念结构设计和逻辑结构设计的分析。

网上书店系统是一个面向图书企业,具有一定实用性的网上购书系统,主要完成了对网上书店的一系列管理。本项目较完整地研究开发动态网站的相关技术,实现了用 JSP 和 SQLServer 等技术开发动态网站系统。在网站系统的设计开发过程中,采用结构化设计思想,将整个系统分为两大功能模块,即用户使用的前台和管理员使用的后台,再将这两大模块划分为用户注册、网上查询、在线购书、图书管理、订单管理、用户管理等多个小模块，进而进行电子商务网站系统的设计与实现。针对网上书店的特点和系统的功能需求，对网站做出整体规划，使整个系统流程清晰、逻辑合理，为系统的实现创造了良好的条件。

网上书店系统采用当前流行的 JSP、Struts 和 JDBC 等技术构建，是基于客户机/服务器应用体系结构的一个应用，实现了业务逻辑层、前台页面层和数据存储层的分离，任何一层的变化，不会影响其他两层，使系统更加健壮和灵活，能够适应系统的不断变化和发展。网上书店系统支持的客户端为浏览器，用户可以通过 Internet 实时地在网站系统上进行浏览购书等操作。

习　题　6

1. 数据库设计分为哪几个阶段？每个阶段的主要工作是什么？

2. 在数据库设计中，需求分析阶段的设计目标是什么？调查的内容主要包括哪几个方面？

3. 什么是数据库的概念结构？简述概念结构设计的步骤。

4. 用 E-R 图表示概念模式有什么好处？

5. 局部 E-R 图的集成主要解决什么问题？

6. 简述数据库的逻辑结构设计步骤。

7. 简述数据库物理设计的任务。

8. 简述数据库测试方法。

第7章

数据库管理

本章主要内容

本章首先讨论事务概念和基本性质,接着通过事务的相关技术研究数据恢复和 SQL Server 恢复技术;然后讨论数据库的并发控制和 SQL Sever 并发控制技术;最后探讨数据库的安全性和完整性以及 SQL Server 的安全性管理和完整性策略。

本章学习目标

- 理解并掌握数据库恢复技术;
- 熟练掌握并发控制;
- 理解数据库的安全性;
- 理解数据库的完整性。

7.1　数据库管理概述

数据库管理(Database Administration)是有关建立、存储、修改和存取数据库中信息的技术,指为保证数据库系统的正常运行和服务质量,有关人员须进行的技术管理工作。负责这些技术管理工作的个人或集体称为数据库管理员(DBA)。数据库管理的主要内容有:数据库的建立、数据库的调整、数据库的重组、数据库的重构、数据库的安全控制、数据库的完整性控制和对用户提供技术支持。

在数据库系统正确有效运行的过程中,一个很重要的问题就是如何保障数据库的一致性,这就需要 DBMS 对数据库的各种操作进行监控,因此引入一个在逻辑上“最小”的操作单位以便有效地完成这种监控是十分必要的,这就引入事务概念的必要背景。有了事务概念,对数据库操作的监控就是对数据库事务的管理。数据库事务管理的目标是保证数据一致性。事务的并发操作会引起修改丢失、读“脏”数据和不可重复读等基本问题;数据库故障会引起数据的破坏与损失等严重后果。所有这些都将破坏数据库的一致性,因此,事务并发控制和数据库故障恢复就是数据库事务管理中两项基本课题。

数据库的安全性和完整性也属于数据库管理的范畴,一般而言,数据库安全性是保护数据库以防止非法用户恶意造成的破坏,数据库完整性则是保护数据库以防止合法用户无意中造成的破坏。也就是说,安全性是确保用户被限制在其想做的事情的范围之内,完整性则是确保用户所做的事情是正确的。安全性措施的防范对象是非法用户的进入和合法用户的非法操作,完整性措施的防范对象是不合语义的数据进入数据库。

本章先讨论事务概念和基本性质,然后,研究数据库的并发控制与数据库故障恢复;最后,讨论数据库的安全性和完整性。

7.2　数据库恢复技术

数据库恢复是指数据库管理系统把数据库从错误状态恢复到某一已知的正确状态的功能。数据库恢复中经常使用的技术有数据转储和登录日志文件。本节主要讲解日志文件的内容及作用,登录日志文件所要遵循的原则,以及针对事务故障、系统故障和介质故障等不同故障的恢复策略和恢复方法。最后介绍了具有检查点的恢复技术和数据库镜像功能。

在讨论数据库恢复技术之前先介绍事务的基本概念和事务的性质。

1. 事务的概念

(1) 事务(Transaction)的基本概念

事务是用户定义的一个操作序列,这些操作要么全做,要么全不做,是一个不可分割的工作单位。数据库事务指作为单个逻辑工作单元执行的一系列操作。

设想网上书店系统中购书的一次交易,其付款过程至少包括以下几步数据库操作:

① 更新用户所购图书的库存信息。

② 保存用户付款信息,可能包括与银行系统的交互。

③ 生成订单并且保存到数据库中。

④ 更新用户相关信息,如购书数量等。

正常的情况下,这些操作将顺利进行,最终交易成功,与交易相关的所有数据库信息也成功地更新。但是,如果在这一系列过程中任何一个环节出了差错,如在更新图书库存信息时发生异常,或该顾客银行账户存款不足等,都将导致交易失败。一旦交易失败,数据库中所有信息都必须保持交易前的状态不变,如最后一步更新用户信息时失败而导致交易失败,那么必须保证这笔失败的交易不影响数据库的状态——库存信息没有被更新、用户也没有付款,订单也没有生成。否则,数据库的信息将会一片混乱而后果不可预测。

数据库事务正是用来保证这种情况下交易的平稳性和可预测性的技术。下面再看一个例子:网上书店系统银行转账,事务 T 从 A 账户过户到 B 账户 100 元。

```
Read(A);
A: = A - 100;
Write(A);
Read(B);
B: = B + 100;
Write(B);
```

Read(X):从数据库传递数据项 X 到事务的工作区中。

Write(X):从事务的工作区中待数据项 X 写回数据库。

按照事务的定义,这两个操作要么都执行成功,要么都不执行。

（2）SQL 中事务的定义

在 SQL 语言中,定义事务的语句有以下 3 条:

```
Begin Transaction
Commit
Rollback
```

事务通常是以 Begin Transaction 开始,以 Commit 或 Rollback 结束。

Commit 表示提交,即提交事务的所有操作。具体地说,就是将事务中所有对数据库的更新写回到磁盘上的物理数据库中去,事务正常结束。

Rollback 表示回滚,即在事务运行的过程中发生了某种故障,事务不能继续执行,系统将事务中对数据库的所有已完成的操作全部撤销,回滚到事务开始时的状态。这里的操作指对数据库的更新操作。

例如:定义一个简单的事务。

```
Begin Transaction
Use 图书表
Go
Update 图书表 Set 图书价格 = 图书价格 * 1.1 Where 图书类型编码 = 01
Go
Delete From 图书表 Where 图书编号 = 9787040084894
Commit Transaction
Go
```

从 Begin Transaction 到 Commit Transaction 只有两个操作,按照事务的定义,这两个操作要么都执行成功,要么都不执行。

2. 事务的特性

事务处理可以确保除非事务性单元内的所有操作都成功完成,否则不会永久更新面向数据的资源。通过将一组相关操作组合为一个要么全部成功,要么全部失败的单元,可以简化错误恢复并使应用程序更加可靠。一个逻辑工作单元要成为事务,必须满足所谓的事务的 4 个特性:原子性(Atomicity)、一致性(Consistency)、隔离性(Isolation)和持续性(Durability)。这 4 个特性也简称为 ACID 特性。

（1）原子性

事务必须是原子工作单元,对于其数据修改,要么全都执行,要么全都不执行。通常,与某个事务关联的操作具有共同的目标,并且是相互依赖的。如果系统只执行这些操作的一个子集,则可能会破坏事务的总体目标。原子性消除了系统处理操作子集的可能性。

（2）一致性

事务执行的结果必须是使数据库从一个一致性状态变到另一个一致性状态。当数据库只包含成功事务提交的结果时,就说数据库处于一致性状态。如果数据库系统运行中发生故障,有些事务尚未完成就被迫中断,系统将事务中对数据库的所有已完成的操作全部撤销,回滚到事务开始时的一致状态。例如,上面提到的网上书店系统银行转账中有 A,B 两个账号,现在想从账号 A 中取出 100 元,存入账号 B。那么就可以定义一个事务,该事务包括两个操作,第一个操作是从账号 A 中减去 100 元,第二个操作是向账号 B 中加入 100 元。

这两个操作要么全做,要么全不做。全做或全不做,数据库都处于一致性状态。如果只做一个操作则用户逻辑上就会发生错误,少了 100 元,这时数据库处于不一致状态。可是一致性与原子性是密切相关的。

(3) 隔离性

一个事务的执行不能被其他事务干扰。例如,对任何一对事务 T1 和 T2,在 T1 看来,T2 要么在 T1 开始之前已经结束,要么在 T1 完成之后再开始执行。即一个事务内部的操作及使用的数据对其他并发事务是隔离的,并发执行的各个事务之间不能互相干扰。

(4) 持续性

持续性也称永久性(Permanence),一个事务一旦提交之后,不管 DBMS 发生什么故障,该事务对数据库的所有更新操作都会永远保留在数据库中,不会丢失。

事务是恢复和并发控制的基本单位。保证事务 ACID 特性是事务处理的重要任务。事务 ACID 特性可能遭到破坏的因素有:

① 多个事务并行运行时,不同事务的操作交叉执行。此时,数据库管理系统必须保证多个事务的交叉运行不影响这些事务的原子性。

② 事务在运行过程中被强行停止。数据库管理系统必须保证被强行终止的事务对数据库和其他事务没有任何影响。

这些就是数据库管理系统中恢复机制和并发机制的责任。

7.2.1 数据库恢复基本概念

当前计算机硬、软件技术已经发展到相当高的水平,人们采取了各种保护措施防止数据库的安全性和完整性被破坏,保证并行事务的正确执行。但计算机系统中硬件的故障、系统软件和应用软件的错误、操作员的失误以及恶意的破坏仍然是不可避免的。这些故障轻则造成运行事务非正常中断,影响数据库中数据的正确性,重则破坏数据库,使数据库中全部或部分数据丢失。因此数据库管理系统必须具有把数据全部从错误状态恢复到某一已知的正确状态(亦称为完整状态或一致状态)的功能,这就是数据库的恢复。恢复子系统是数据库管理系统的一个重要组成部分,而且还相当庞大,常常占整个系统代码的百分之十以上。故障恢复是否考虑周到和行之有效,是数据库系统性能的一个重要指标。

事务是数据库的基本工作单位。一个事务中包含的操作要么全部完成,要么全部不做,两者必居其一。如果数据库中只包含成功事务提交的结果,就说此数据库处于一致性状态。保证数据一致性是对数据库的最基本要求。如果数据库系统运行中发生故障,有些事务尚未完成就被迫中断,这些未完成事务对数据库所做的修改有一部分已写入物理数据库。这时数据库就处于一种不正确的状态,或说是不一致状态,就需要 DBMS 的恢复子系统根据故障类型采取相应的措施,将数据库恢复到某种一致状态。

数据库系统中可能发生各种各样的故障,大致可以分为以下几类:

1. 事务故障

事务故障(Task Crash)有些是预期性的,可通过事务程序本身发现,并让事务回滚,撤销错误的修改,恢复数据库到正确状态。但更多的故障是非预期的,如输入数据的错误、运算溢出、违反了某些完整性限制。某些应用程序的错误以及并行事务发生死锁等,使事务未运行至正常终点就夭折了,这类故障称事务故障。

事务故障意味着事务没有达到预期的终点(Commit 或显示 Rollback),因此数据库可能处于不正确状态,系统就要强行回滚此事务,即撤销该事务已经做出的任何对数据库的修改,使得该事务好像根本没有启动一样。

2. 系统范围的故障——软故障

系统在运行过程中,由于某种原因,如操作系统或 DBMS 代码错误、操作员操作失误、特定类型的硬件错误(如 CPU 故障)、突然停电等造成系统停止运行,致使所有正在运行的事务都以非正常方式终止。这时内存中数据库缓冲区的信息全部丢失,但存储在外部存储设备上的数据未受影响,此类型为系统故障。

发生系统故障时,一些尚未完成的事务的结果可能已送入物理数据库,为保证数据的一致性,需要清除这些事务对数据库的所有修改。但由于无法确定究竟哪些事务已更新过数据库,因此系统重新启动后,恢复程序要强行撤销(Undo)所有未完成事务,使这些事务像没有运行过一样。另一方面,发生系统故障时,有些已完成事务提交的结果可能还有一部分甚至全部留在缓冲区,尚未写回到磁盘上的物理数据库中,系统故障使得这些事务对数据库中的修改部分或全部丢失,这也会使数据库处于不一致状态,因此应将这些事务已提交的结果重新写入数据库。同样,由于无法确定哪些事务的提交结果尚未写入物理数据库,所以系统重新启动后,恢复程序除需要撤销所有未完成事务外,还需要重做(Redo)所有已提交的事务,以将数据库真正恢复到一致状态。

3. 介质故障——硬故障

硬故障(Hard Crash)指外存故障,如磁盘损坏、磁头碰撞或操作系统的某种潜在错误,瞬时强磁场干扰等,使存储在外存中的数据部分丢失或全部丢失。这类故障比前两类故障的可能性小得多,但破坏性最大。发生介质故障后,这时需要装入数据库发生介质故障前某个时刻的数据副本,并重做自此时开始的所有成功事务,将这些事务已提交的结果重新记入数据库。

4. 计算机病毒

计算机病毒已成为计算机系统的主要威胁,自然也是数据库系统的主要威胁,为此计算机安全工作者已研制了许多预防病毒的"疫苗",检查、诊断、消灭计算机病毒的软件也在不断发展,但至今还没有一种使得计算机"终生"免疫的疫苗,因此数据库一旦被破坏仍要用恢复技术把数据库加以恢复。

总结各类故障,对数据库的影响存在两种可能:一是数据库本身被破坏;二是数据库没有被破坏,但数据可能不正确,这是因为事务的运行被中止而造成的。恢复的基本原理十分简单,可用一个词来概括,即冗余。这就是说,数据库中的任何一部分的数据都可以根据存储在别处的冗余数据重建。尽管恢复的基本原理很简单,但实现技术的细节却相当复杂。

7.2.2 恢复实现技术

恢复是利用存储在系统其他地方的冗余数据重建数据库中被破坏的或不正确的数据。因此恢复机制涉及的两个关键问题是:第一,如何建立冗余数据;第二,如何利用这些冗余

数据实施数据库恢复。在实现恢复功能时,主要有以下几种技术:

1. 数据转储

转储是数据库恢复中采用的基本技术,即数据库管理员定期地将整个数据库复制到磁带或另一个磁盘上保存起来的过程。这些备用的数据文本称为后备副本或后援副本。当数据库遭到破坏后就可以利用后备副本把数据库恢复。这时,数据库只能恢复到转储时的状态,从那以后的所有更新事务必须重新运行才能恢复到故障时的状态,如图 7-1 所示。

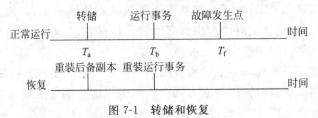

图 7-1　转储和恢复

数据转储按操作可分为静态转储和动态转储,按方式可分为海量转储和增量转储。其定义、优点、缺点分别如表 7-1 所示。

表 7-1　数据转储分类

类别	定　义	优　点	缺　点
静态转储	在系统中无运行事务时的操作,在转储期间不允许(或不存在)对数据库的任何存取、修改活动	简单	转储必须等待用户事务结束才能进行,而新的事务必须等待转储结束才能执行,因此会降低数据库的可用性
动态转储	转储操作与用户事务并发进行,转储期间允许对数据库进行存取或修改	克服静态转储的缺点,不用等待正在运行的用户事务结束,也不影响新事务的运行	不能保证副本中的数据正确有效
海量转储	每次转储全部数据库	恢复时方便简单	大数据库及频繁的事务处理费时、复杂
增量转储	只转储上次转储后更新过的数据	对于大数据库及频繁的事务处理快速有效	不能保证所有的数据正确有效

直观地看,后备副本越接近故障发生点,恢复起来越方便、越省时。也就是说,从恢复方便角度看,应经常进行数据转储,制作后备副本。但另一方面,转储又是十分耗费时间和资源的,不能频繁进行。所以数据库管理员应该根据数据库使用情况确定适当的转储周期和转储方法。例如,每晚进行动态增量转储,每周进行一次动态海量转储,每月进行一次静态海量转储。

2. 登记日志文件

日志文件是用来记录对数据库每一次更新活动的文件。在动态转储方式中必须建立日志文件后援副本和日志文件综合起来才能有效地恢复数据库。在静态转储方式中,也可以建立日志文件当数据库毁坏后可重新装入后援副本,把数据库恢复到转储结束时刻的正确状态,然后利用日志文件,把已完成的事务进行重做处理,对故障发生时尚未完成的事务进行撤销处理,这样不必重新运行那些已完成的事务程序,就可把数据库恢复到故障前某一时刻的正确状态,如图7-2所示。

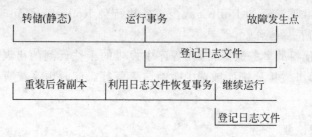

图 7-2 利用日志文件恢复

不同的数据库系统采用的日志文件格式并不完全一样,主要有以记录为单位和以数据块为单位的日志文件。

对于以记录为单位的日志文件,日志文件中需登记内容包括:

(1) 事务标识。

(2) 事务开始标记(Begin Transaction)和结束标记(Commit 或 Rollback)。

(3) 操作的类型(插入、删除或修改)。

(4) 操作对象。

(5) 更新前数据的旧值(对插入操作,此项为空值)。

(6) 更新后数据的新值(对删除操作而言,此项为空值)。

为保证数据库是可恢复的,登记日志文件必须遵循两条原则:

(1) 登记的次序严格按并行事务执行的时间次序。

(2) 必须先写日志文件,后写数据库。

利用日志文件恢复事务的过程分为两步:

(1) 从头扫描日志文件,找出哪些事务在故障发生时已经结束(这些事务有 Begin Transaction 和 Commit 记录),哪些事务尚未结束(这些事务只有 Begin Transaction 记录,无 Commit 记录)。

(2) 对尚未结束的事务进行撤销处理,即反向扫描日志文件,对每个 Undo 事务的更新操作执行反操作。对已经插入的新记录进行删除操作,对已删除的记录重新插入,对修改的数据恢复旧值(用旧值代替新值),对已经结束的事务进行重做处理,即正向扫描文件,重新执行登记操作。

7.2.3 恢复策略

利用后备副本、日志以及事务的撤销和重做可以对不同的数据实行不同的恢复策略。

1. 事务级故障恢复

事务故障指事务在运行至正常终止点前被中止,这时恢复子系统应利用日志文件撤销此事务已对数据库进行的修改。事务故障的恢复是由系统自动完成的,对用户是透明的。小型故障属于事务内部故障,恢复方法是利用事务的重做操作,将事务在非正常终止时利用重做恢复到事务起点。具体有以下两种情况：

(1) 对于可以预料的事务故障，即在程序中可以预先估计到的错误，例如，银行存款余额透支、商品库存量达到最低量等，此时继续取款或发货就会出现问题。因此，可以在事务的代码中加入判断和回滚语句 Rollback，当事务执行到 Rollback 语句时，由系统对事务进行回滚操作，即执行重做操作。

(2) 对于不可预料的事务故障，即在程序中发生的未估计到的错误。例如，运算溢出，数据错误，由并发事务发生死锁而被选中撤销该事务等。此时由系统直接对事务执行重做处理。

2. 系统级故障恢复

系统故障造成数据库不一致状态的原因有两个：一是未完成事务对数据库的更新可能已写入数据库；二是已提交事务对数据库的更新可能还留在缓冲区没来得及写入数据库。因此恢复操作就是要撤销故障发生时未完成的事务，重做已完成的事务。

系统故障的恢复是由系统在重新启动时自动完成的，不需要用户干预。系统的恢复步骤如下：

(1) 正向扫描日志文件（即从头扫描日志文件），找出在故障发生前已经提交事务（这些事务既有 Begin Transaction 记录，也有 Commit 记录），将其事务标识记入重做队列。同时找出故障发生时尚未完成的事务（这些事务只有 Begin Transaction 记录，无相应的 Commit 记录），将其事务标识记入撤销队列。

(2) 对撤销队列中的各个事务进行撤销处理。

进行 Undo 处理的方法是，反向扫描日志文件，对每个 Undo 事务的更新操作执行逆操作，即将日志记录中"更新前的值"写入数据库。

(3) 对重做队列中的各个事务进行重做处理。

进行重做处理的方法是：正向扫描日志文件，对每个重做事务重新执行日志文件登记的操作。即将日志记录中"更新后的值"写入数据库。

3. 介质级故障恢复

发生介质故障后，磁盘上的物理数据和日志文件被破坏，这是最严重的一种故障，恢复方法是重装数据库，然后重做已完成的事务。具体操作如下：

(1) 装入最新的数据库后备副本（离故障发生时刻最近的转储副本），使数据库恢复到最近一次转储时的一致性状态。对于动态转储的数据库副本，还须同时装入转储开始时刻的日志文件副本，利用恢复系统故障的方法（即 Redo＋Undo），才能将数据库恢复到一致性状态。

(2) 装入相应的日志文件副本（转储结束时刻的日志文件副本），重做已完成的事务。首先，扫描日志文件，找出故障发生时已提交的事务的标识，将其记入重做队列。然后正向扫描日志文件，对重做队列中的所有事务进行重做处理。即将日志记录中"更新后的值"写入数据库。这样就可以将数据库恢复至故障前某一时刻的一致状态了。

对于事务级和系统级故障恢复都是由系统重新启动后系统自动完成，不需要用户的涉入；而介质级故障恢复需要 DBA 介入，但 DBA 的基本工作只是需要重新装入最近存储的数据后备副本和有关日志文件副本，然后执行系统提供的恢复命令，而具体恢复操作的实施仍由 DBMS 完成。

7.2.4 数据库镜像

1. 概述

数据库镜像是 SQL Server 2005 用于提高数据库可用性的新技术。数据库镜像将事务日志记录直接从一台服务器传输到另一台服务器,并且能够在出现故障时快速转移到备用服务器。编写客户端程序自动重定向连接信息,这样一旦出现故障转移就可以自动连接到备用服务器和数据库。通常,自动进行故障转移并且使数据损失最小需要昂贵的硬件和复杂的软件。但是,数据库镜像在不丢失已提交数据的前提下进行快速故障转移,无须专门的硬件,并且易于配置和管理。

2. 数据库镜像介绍

在数据库镜像中,一台 SQL Server 2005 实例连续不断地将数据库事务日志发送到另一台备用 SQL Server 实例的数据库副本中。发送方的数据库和服务器担当主角色,而接收方的数据库和服务器担当镜像角色。主服务器和镜像服务器必须是独立的 SQL Server 2005 实例。

在所有 SQL Server 数据库中,在对真正的数据页面进行修改之前,数据改变首先都记录在事务日志中。事务日志记录先被放置在内存中的数据库日志缓冲区中,然后尽快地输出到磁盘(或被硬化)。在数据库镜像中,当主服务器将主数据库的日志缓冲区写入磁盘时,也同时将这些日志记录块发送到镜像实例。

当镜像服务器接收到日志记录块后,首先将日志记录放入镜像数据库的日志缓冲区,然后尽快地将它们硬化到磁盘。稍后镜像服务器会重新执行那些日志记录。由于镜像数据库重新应用了主数据库的事务日志记录,因此复制了发生在主数据库上的数据改变。

主服务器和镜像服务器将对方视为数据库镜像会话中的伙伴。数据库镜像会话包含了镜像伙伴服务器之间的关系。一台给定的伙伴服务器可以同时承担某个数据库的主角色和另一个数据库的镜像角色。

除了两台伙伴服务器(主服务器和镜像服务器),一个数据库会话中可能还包含第三台可选服务器,叫做见证服务器。见证服务器的角色就是启动自动故障转移。当数据库镜像用于高可用性时,如果主服务器突然失败了,镜像服务器通过见证服务器确认了主服务器的失败,那么它就自动承担主服务器角色,并且在几秒钟内就可以向用户提供数据库服务。

数据库镜像中需要注意的一些重要事项:

- 主数据库必须为 Full 还原模型。由于 Bulk-logged 操作而导致的日志记录无法发送到镜像数据库。
- 初始化镜像数据库必须首先使用 Norecovery(完全恢复)还原主数据库,然后再按顺序还原诸数据库事务日志备份。
- 镜像数据库和主数据库名称必须一致。
- 由于镜像数据库处于 Recovering 状态,因此不能直接访问。通过在镜像数据库上创建数据库快照可以间接读取某一个时刻点的镜像数据库。

7.2.5 SQL Server 数据恢复技术

SQL Server 利用事务日志、设置检查点和磁盘镜像等机制进行故障恢复。

在 SQL 数据库中,有关数据库的所有修改都被自动地记录在名为 SYSLOGS(事务日志)的统计表中,每个数据库都有自己专用的 SYSLOGS,当发生故障时系统能利用 SYSLOGS 自动恢复。SQL Server 采用提前写日志的方法实现系统的自动恢复。对数据库进行任何修改时,SQL Server 首先把这种修改记入日志,需要恢复时,系统通过 SYSLOGS 回滚到数据修改前的状态。

SQL Server 的检查点机制强制地把在高速缓冲(cache)中修改过的页面(无论是数据页还是日志页)写入磁盘,使 cache 和磁盘保持同步。SQL Server 支持两类检查点:一种是 SQL Server 按固定周期自动设置的检查点,这个周期取决于系统管理员(SA)设定的最大可恢复间隔;另一种是由数据库拥有者(DBO)或 SA 利用 Checkpoint 命令设置的检查点。一个检查点的操作包括:首先冻结所有对该数据库进行更新的事务,然后一次写入事务日志页及实际被修改的数据页并在事务日志中登记一个检查点操作,最后把已冻结的事务解冻。系统在执行 Commit 时,仅把 cache 中的日志页写盘,但在执行 Checkpoint 时,则把日志页及数据页都写入磁盘。

SQL Server 磁盘镜像是通过建立数据库镜像设备实现数据库设备的动态复制,即把所有写到主设备的内容也同时写到另一个独立的镜像设备上。对系统数据库 Master、用户数据库、用户数据库事务日志建立镜像,如果其中一个设备发生故障,另一个设备仍能正常工作,保证了数据库事务逻辑的完整性。

设有一个事务 T,要在某数据库中插入 3 行数据 A、B 和 C,则:

(1) Begin Transaction。

(2) Insert A。

(3) Insert B。

(4) Checkpoint。

(5) Insert C。

(6) Commit。

在上述的(4)中 Checkpoint 是系统自动产生的。当系统执行 Commit 后,磁盘上的 Database 和 Log 并不同步,这是因为 Log 上虽然已记下插入了 C,但由于尚未把数据页写回,故在 Database 中尚未增加 C 行。此时如果发生故障,系统会把 Checkpoint 与 Commit 之间的修改过程即 Insert C 全部写入数据库,这个过程就是前滚(Rollforword)。如果在 Commit 之前出现系统故障,则根据 Log 中自 Begin Transaction 到 Checkpoint 之间的修改过程即 Insert A 和 Insert B 全部从数据库中撤销,亦即回滚(Rollback)。

SQL Server 提供了自动恢复和人工恢复两种恢复机制。SQL Server 每次被重新启动时都自动开始执行系统恢复进程。该进程首先为每个数据库连接其事务日志(SYSLOGS 表),然后检查每个数据库的 SYSLOGS 以确定应对哪些事务进行回滚和前滚操作,并负责把所有未完成的事务回滚,把所有已提交的事务还未记入数据库的修改重做,最后在 SYSLOGS 中记下一个检查点登记项,保证数据的正确性。当数据库的物理存储介质发生故障,并且已经做了数据库及事务日志的后援副本时,要进行人工恢复。利用 Load

Database 和 Load Transaction 命令实现。

在实践中,应做好 Master 数据库和用户数据库的备份,利用 Dump Database 和 Dump Transaction 命令可以将数据库和事务日志转储,实现动态备份。当用户数据库发生介质故障时,利用数据库和事务日志的备份来重构该数据库,进行数据库恢复(Restore),具体利用 Load Database 命令来实现从备份设备恢复数据库。这一命令只允许 DBO 使用,执行此命令的全过程都作为一个事务对待。在数据库装入期间,任何未提交的事务都被回滚且不准任何用户对该数据库进行存取。当完成最后一次的数据库备份装入之后,就可以利用 Load Transaction 命令把事务日志的备份再添加到数据库上,使数据库恢复到事务转储时的状态。

Master 数据库是主数据库,它的恢复与用户数据库的恢复不同,当它的存储介质发生故障时,不能使用人工恢复的办法,它的崩溃将导致 Server 不能启动,因而无法使用 Load 命令,此时必须重建、重载 Master 数据库,利用 SQL Setup 安装程序进行恢复。首先启动 SQL Server Setup 使用程序,选择 Rebuild Master Database 复选框,创建新的 Master 数据库。此时创建的 Master 库与初装 SQL Server 时的 Master 库一样。然后以单用户方式启动 Server,并用 Load Database 装载 Master 库的备份。最后对每个数据库执行数据库一致性检查程序,进行一致性检查,待一切正常后,则可在多用户方式下重新启动 Server。

7.3 并发控制

数据库系统一个明显的特点是多个用户共享数据库资源,尤其是多个用户可以同时存取相同数据。并发控制指的是当多个用户同时更新行时,用于保护数据库完整性的各种技术。并发机制不正确可能导致脏读、幻读和不可重复读等此类问题。并发控制的目的是保证一个用户的工作不会对另一个用户的工作产生不合理的影响。在某些情况下,这些措施保证了当用户和其他用户一起操作时,所得的结果和它单独操作时的结果是一样的。在另一些情况下,这表示用户的工作按预定的方式受其他用户的影响。

7.3.1 并发控制概述

事务是并发控制的基本单位,保证事务 ACID 的特性是事务处理的重要任务,而并发操作有可能会破坏其 ACID 特性。

如果事务是顺序执行的,即一个事务完成之后,再开始另一个事务,这种执行方式称为串行执行或串行访问。如果 DBMS 可以同时接受多个事务,并且这些事务在时间上可以重叠执行,这种执行方式称为并发执行或并行访问。

DBMS 并发控制机制的责任:对并发操作进行正确调度,确保数据库的一致性。

以下的实例说明并发操作带来的数据不一致的问题,考虑订某一大酒店标准房的一个活动序列(同一时刻读取)。

(1)甲地点(甲事务)读取这一酒店剩余标准房数量为 A,$A=20$。

(2)乙地点(乙事务)读取这一酒店剩余标准房数量为 A,$A=20$。

(3)甲地点订出一间标准房,修改 $A=A-1$,即 $A=19$,写入数据库。

(4)乙地点订出一间标准房,修改 $A=A-1$,即 $A=19$,写入数据库。

(5)订出两间标准房,数据库中标准房的数量只减少1。

造成数据库的不一致性是由并发操作引起的。在并发操作情况下,对甲、乙事务的操作序列是随机的。若按上面的调度序列执行,甲事务的修改被丢失,因为步骤(4)中乙事务修改 A 并写回后覆盖了甲事务的修改。

如果没有锁定且多个用户同时访问一个数据库,则当他们的事务同时使用相同的数据时可能会发生问题。由于并发操作带来的数据不一致性包括:丢失数据修改、读"脏"数据(脏读)和不可重复读。

1. 丢失数据修改

当两个或多个事务选择同一行,然后基于最初选定的值更新该行时,会发生丢失更新问题。每个事务都不知道其他事务的存在,最后的更新将重写由其他事务所做的更新,这将导致数据丢失,如表 7-2 所示。

2. 读"脏"数据(脏读)

读"脏"数据指事务 T1 修改某一数据,并将其写回磁盘,事务 T2 读取同一数据后,T1 由于某种原因被撤销,而此时 T1 把已修改过的数据又恢复原值,T2 读到的数据与数据库的数据不一致,则 T2 读到的数据就为"脏"数据,即不正确的数据。如表 7-3 所示,T1 将 B 值修改为 400,T2 读到 B 为 400,而 T1 由于某种原因撤销,其修改作废,B 恢复原值 200,这时 T2 读到的 B 为 400,与数据库内容不一致就是"脏"数据。

表 7-2　丢失数据修改

T1	T2
① 读 A＝20	
②	读 A＝20
③ A＝A－1	
写回 A＝19	
④	A＝A－1
	写回 A＝19

表 7-3　读"脏"数据

T1	T2
① 读 B＝200	
B＝B＊2	
写回 B	
②	读 B＝400
③ Rollback	
B 恢复 200	

3. 不可重复读

指事务 T1 读取数据后,事务 T2 执行更新操作,使 T1 无法读取前一次结果。不可重复读包括如下 3 种情况:

(1) 事务 T1 读取某一数据后,T2 对其做了修改,当 T1 再次读该数据后,得到与前一不同的值。如表 7-4 所示,T1 读取 D＝100 进行运算,T2 读取同一数据 D,对其修改后将 D＝200 写回数据库。T1 为了对读取值校对重读 D,D 以为 200,与第 1 次读取值不一致。

(2) 事务 T1 按一定条件从数据库中读取了某些记录后,T2 删除其中部分记录,当 T1 再次按相同条件读取数据时,发现某些记录消失。

表 7-4　不可重复读

T1	T2
① 读 C＝50	
读 D＝100	
求和＝150	
	② 读 D＝100
	D＝D＊2
	写回 D＝200
③ 读 C＝50	
读 D＝200	
求和＝250	
(验算不对)	

（3）事务 T1 按一定条件从数据库中读取某些数据记录后，T2 插入一些记录，当 T1 再次按相同条件读取数据时，发现多了一些记录。

后两种不可重复读有时也称为产生幽灵数据。

事务的并发调度过程中所产生的上述 3 种问题都是因为并发操作调度不当，致使一个事务在运行过程中受到其他并发事务的干扰，破坏了事务的隔离性。下面要介绍的封锁方法就是 DBMS 采用的进行并发控制、保证并发事务正确执行的主要技术。例如，在订某一大酒店标准房例子中，甲事务要修改 A，若在读出 A 前先封锁住 A，其他事务就不能再读取和修改 A 了，直到甲修改并写回 A 后解除了对 A 的封锁为止，这样，就不会丢失甲的修改。

7.3.2　封锁协议

1. 封锁

所谓封锁指事务 T 在对某个数据对象如表、记录等操作之前，先向系统发出请求，对其加锁。加锁后 T 对数据对象有一定的控制（具体的控制由封锁类型决定），在事务 T 释放前，其他事务不能更新此数据对象。

按事务对数据对象的封锁程度来分，封锁有两种基本类型：排它锁（Exclusive Locks），简称 X 锁；共享锁（Share Locks），简称 S 锁。

排它锁又称为写锁。若事务 T 对数据对象 A 加上 X 锁，则只允许 T 读取和修改 A，其他任何事务不能对 A 加任何类型的锁，直到 T 释放 A 上的锁。从而保证其他事务在 T 释放 A 上的锁前不能再读取和修改 A。

共享锁又称为读锁。若事务 T 对数据对象 A 加上 S 锁，则 T 可以读 A 但不能修改 A，其他事务只能再对 A 加 S 锁，而不能加 X 锁，直到 T 释放 A 上的 S 锁。保证了在 T 对 A 加 S 锁过程中其他事务对 A 只能读，不能修改。

在给数据对象加排它锁或共享锁时应遵循锁相容矩阵，如表 7-5 所示。如果一个事务对某一个数据对象加上了共享锁，则其他任何事务只能对该数据对象加共享锁，而不能加排它锁，直到相应的锁被释放为止。如果一个事务对某一个数据加上了排它锁，则其他任何事务不能再对该数据对象加任何类型的锁，直到相应的锁被释放为止。

表 7-5　锁相容矩阵

T2 ＼ T1	S	X
S	True	False
X	False	False

2. 封锁协议

所谓封锁协议就是在数据对象加锁、持锁和放锁时所约定的一些规则。不同的封锁规则形成了不同的封锁协议，下面分别介绍三级封锁协议。

（1）一级封锁协议

事务 T 在修改数据 A 之前必须先对其加 X 锁，直到事务结束（即通过 commit 和 rollback 结束）才释放。

作用：防止丢失修改，保证事务 T 可恢复。图 7-3 所示为使用一级封锁协议防止丢失更新问题。

时刻	T1	T2
T1	XlockA	
T2	读A=20	
T3		XlockA
T4	A=A−1	Wait
T5	写回A=19	Wait
T6	Commit	Wait
T7	UnlockA	Wait
T8		XlockA
T9		读A=19
T10		A=A−1
T11		写回A=18
T12		Commit
T13		UnlockA

- T1读A,在修改之前先对A加X锁。
- 当T2再请求对A加X锁时被拒绝,T2等待T1释放A上的锁。
- T2获得对A加X锁,此时T2读到A是T1更新过的值。

图 7-3 使用一级封锁协议防止丢失更新问题

（2）二级封锁协议

二级封锁协议规定事务 T 在更新数据对象以前必须对数据对象加 X 锁,且直到事务 T 结束时才可以释放该锁。另外,规定事务 T 在读取数据对象以前必须先对其加 S 锁,读完后即可释放 S 锁。

作用：防止丢失修改及读"脏"数据。使用二级封锁协议防止丢失修改及读"脏"数据如图 7-4 所示。

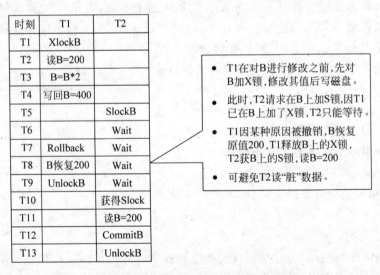

时刻	T1	T2
T1	XlockB	
T2	读B=200	
T3	B=B*2	
T4	写回B=400	
T5		SlockB
T6		Wait
T7	Rollback	Wait
T8	B恢复200	Wait
T9	UnlockB	Wait
T10		获得Slock
T11		读B=200
T12		CommitB
T13		UnlockB

- T1在对B进行修改之前,先对B加X锁,修改其值后写磁盘。
- 此时,T2请求在B上加S锁,因T1已在B上加了X锁,T2只能等待。
- T1因某种原因被撤销,B恢复原值200,T1释放B上的X锁,T2获B上的S锁,读B=200
- 可避免T2读"脏"数据。

图 7-4 使用二级封锁协议防止丢失修改及读"脏"数据

（3）三级封锁协议

三级封锁协议规定事务 T 在更新数据对象以前,必须对数据对象加 X 锁,且直到事务 T 结束时才可以释放该锁。另外,规定事务 T 在读取数据对象以前必须先对其加 S 锁,该 S 锁也必须在事务 T 结束时才可释放。

作用：防止丢失修改，防止读"脏"数据以及防止不可重复读。使用三级封锁协议防止丢失修改、防止读"脏"数据以及防止不可重复读，如图7-5所示。

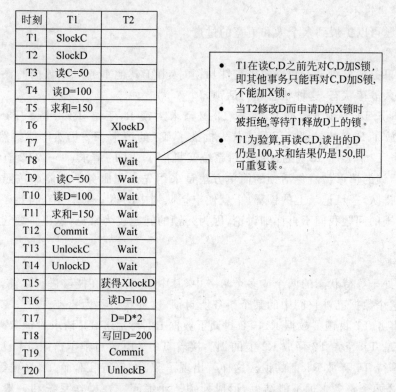

时刻	T1	T2
T1	SlockC	
T2	SlockD	
T3	读C=50	
T4	读D=100	
T5	求和=150	
T6		XlockD
T7		Wait
T8		Wait
T9	读C=50	Wait
T10	读D=100	Wait
T11	求和=150	Wait
T12	Commit	Wait
T13	UnlockC	Wait
T14	UnlockD	Wait
T15		获得XlockD
T16		读D=100
T17		D=D*2
T18		写回D=200
T19		Commit
T20		UnlockB

- T1在读C,D之前先对C,D加S锁，即其他事务只能再对C,D加S锁，不能加X锁。
- 当T2修改D而申请D的X锁时被拒绝，等待T1释放D上的锁。
- T1为验算，再读C,D,读出的D仍是100,求和结果仍是150,即可重复读。

图7-5 使用三级封锁协议防止丢失修改、防止读"脏"数据以及防止不可重复读

三个级别的封锁协议的主要区别在于什么操作需要申请封锁，以及何时释放锁（即封锁时间）。不同级别的封锁协议，如表7-6所示。

表7-6 不同级别的封锁协议

	X 锁		S 锁		一 致 性		
	操作结束释放	事务结束释放	操作结束释放	事务结束释放	不 丢 失修改	不读"脏"数据	可重复读
一级封锁协议		√			√		
二级封锁协议		√	√		√	√	
三级封锁协议		√		√	√	√	√

3. 活锁和死锁

和操作系统一样，封锁的方法可能引起活锁（Livelock）和死锁（Deadlock）。

封锁技术可有效解决并行操作的一致性问题，但也可产生新的问题，即活锁和死锁问题。活锁和死锁是并发应用程序经常发生的问题，也是多线程编程中的重要概念。下面举例对死锁和活锁进行形象的描述。

有一个过道，两个人宽，两侧迎面走来两个人 A 和 B。

活锁的情况：A 和 B 都是很讲礼貌的人，都主动给别人让路。A 往左移，同时 B 往右

移；A 往右移,同时 B 往左移。A 和 B 在移动的时候,同时挡住对方,导致谁也过不去。

死锁的情况：A 和 B 都不是讲礼貌的人,都不愿给别人让路,所以 A 和 B 都在等对方让路,导致谁也过不去。

同样问题可以扩展到多个人和更宽的过道。

（1）活锁

当某个事务请求对某一数据的排它性封锁时,由于其他事务对该数据的操作而使这个事务处于永久等待状态,这种状态称为活锁。

例如,事务 T1 封锁了数据 R,事务 T2 又请求封锁 R,于是 T2 等待。T3 也请求封锁 R,当 T1 释放了 R 上的封锁之后系统首先批准了 T3 的请求,T2 仍然等待。然后 T4 又请求封锁 R,当 T3 释放了 R 上的封锁之后系统又批准了 T4 的请求,……,T2 有可能永远等待,这就是活锁的情形。避免活锁的简单方法是采用先来先服务的策略。按照请求封锁的次序对事务排队,一旦记录上的锁释放,就使申请队列中的第一个事务获得锁。

有关活锁的问题我们不再详细讨论,因为死锁的问题较为常见,这里主要讨论有关死锁的问题。

（2）死锁

在同时处于等待状态的两个或多个事务中,其中的每一个在能够进行之前,都等待着某个数据、而这个数据已被它们中的某个事务所封锁,这种状态称为死锁。

例如,事务 T1 封锁了数据 R1,T2 封锁了数据 R2,然后 T1 又请求封锁 R2,因 T2 已封锁了 R2,于是 T1 等待 T2 释放 R2 上的锁。接着 T2 又申请封锁 R1,因 T1 已封锁了 R1,T2 也只能等待 T1 释放 R1 上的锁。这样就出现了 T1 在等待 T2,而 T2 又在等待 T1 的局面,T1 和 T2 两个事务永远不能结束,形成死锁。死锁问题在操作系统和一般并行处理中已做了深入研究,但数据库系统有其自己的特点,操作系统中解决死锁的方法并不一定合适数据库系统。

目前在数据库中解决死锁问题主要有两类方法：一类方法是采取一定措施预防死锁的发生；另一类方法是允许发生死锁,采用一定手段定期诊断系统中有无死锁,若有则解除之。

4. 死锁的预防

在数据库系统中,产生死锁的原因是两个或多个事务都已封锁了一些数据对象,然后又都请求对已为其他事务封锁的数据对象加锁,从而出现死锁等待。防止死锁的发生其实就是要破坏产生死锁的条件。预防死锁通常有两种方法。

（1）一次封锁法

一次封锁法要求每个事务必须一次将所有要使用的数据全部加锁,否则就不能继续执行。例如,在上图的例子中,如果事务 T1 将数据对象 A 和 B 一次加锁,T1 就可以执行下去,而 T2 等待。T1 执行完后释放 A,B 上的锁,T2 继续执行。这样就不会发生死锁。

一次封锁法虽然可以有效地防止死锁的发生,但也存在问题。首先,一次就将以后要用到的全部数据加锁,势必扩大了封锁的范围,从而降低了系统的并发度。其次,数据库中数据是不断变化的,原来不要求封锁的数据,在执行过程中可能会变成封锁对象,所以很难实现精确地确定每个事务所要封锁的数据对象,只能采取扩大封锁范围,将事务在执行过程中可能要封锁的数据对象全部加锁,这就进一步降低了并发度。

（2）顺序封锁法

顺序封锁法是预先对数据对象规定一个封锁顺序，所有事务都按这个顺序执行封锁。在上例中，规定封锁顺是 A，B，T1 和 T2 都按此顺序封锁，即 T2 也必须先封锁 A。当 T2 请求 A 的封锁时，由于 T1 已经封锁住 A，T2 就只能等待。T1 释放 A，B 上的锁后，T2 继续运行。这样就不会发生死锁。

顺序封锁法同样可以有效地防止死锁，但也同样存在问题。首先，数据库系统中可封锁的数据对象极其众多，并且随数据的插入、删除等操作而不断地变化，要维护这样极多而且变化的资源的封锁顺序非常困难，成本很高。其次，事务的封锁请求可以随着事务的执行而动态地决定，很难事先确定每一个事务要封锁哪些对象，因此也就很难按规定的顺序取施加封锁。例如，规定数据对象的封锁顺序为 A，B，C，D，E。事务 T3 起初要求封锁数据对象 B，C，E，但当它封锁 B，C 后，才发现还需要封锁 A，这样就破坏了封锁顺序。

可见，在操作系统中广为采用的预防死锁的策略并不很适合数据库的特点，因此 DBMS 在解决死锁的问题上更普遍采用的是诊断并解除死锁的方法。

5．死锁的诊断与解除

（1）超时法

如果一个事务的等待时间超过了规定的时限，就认为发生了死锁。超时法实现简单，但其不足也很明显。一是有可能误判死锁，事务因为其他原因使等待时间超过时限，系统会误认为发生了死锁；二是时限若设置得太长，死锁发生后不能及时发现。

（2）等待图法

事务等待图是一个有向图 $G=(T,U)$，T 为结点的集合，每个结点表示正运行的事务；U 为边的集合，每条边表示事务等待的情况。若 T1 等待 T2，则 T1、T2 之间画一条有向边，从 T1 指向 T2。事务等待图动态地反映了所有事务的等待情况。并发控制子系统周期性地（比如每隔 1 分钟）检测事务等待图，如果发现图中存在回路，则表示系统中出现了死锁。

DBMS 的并发控制子系统一旦检测到系统中存在死锁，就要设法解除。通常采用的方法是选择一个处理死锁代价最小的事务，将其撤销，释放此事务持有的所有的锁，使其他事务得以继续运行下去。当然，对撤销的事务所执行的数据修改操作必须加以恢复。

7.3.3　并发调度的可串行性

计算机系统对并发事务中并发操作的调度是随机的，不同的调度可能会产生不同的结果，那么哪个结果是正确的，哪个是不正确的呢？

如果一个事务运行过程中没有其他事务同时运行，也就是说它没有受到其他事务的干扰，那么就可以认为该事务的运行结果是正常的或预想的。因此将所有事务串行起来的调度策略一定是正确的调度策略。虽然以不同的顺序串行执行事务可能会产生不同的结果，但由于不会将数据库置于不一致状态，所以都是正确的。

并发调度的可串行性指多个事务的并发执行是正确的，当且仅当其结果与按某一次序串行地执行它们时的结果相同，称这种调度策略为可串行化（Serializable）的调度。

可串行性（Serializability）是并发事务正确性的准则。按这个准则规定，一个给定的并发调度，当且仅当它是可串行化的，才认为是正确调度。

下面给出串行执行、并发执行(不正确)以及并发执行可以串行化(正确)的例子。

以网上书店系统中银行转账为例,事务 T1 从账号 A(初值为 200 元)转 100 元到账号 B(初值为 200 元),事务 T2 从账号 A 转 10％的款项到账号 B,T1 和 T2 具体执行过程如下:

```
T1:                    T2:
Read(A)                Read(A)
A = A - 100            Temp = A * 0.1
Write(A)              A = A - Temp
Read(B)               Write(A)
B = B + 100           Read(B)
Write(B)             B = B + Temp
                      Write(B)
```

事务 T1 和事务 T2 串行化调度的方案,如表 7-7 所示。

表 7-7 可串行化调度

(a) 串行可执行之一

时刻	T1	T2
T1	Read(A)	
T2	A=A−100	
T3	Write(A)	
T4	Read(B)	
T5	B=B+100	
T6	Write(B)	
T7		Read(A)
T8		Temp=A*0.1
T9		A=A−Temp
T10		Write(A)
T11		Read(B)
T12		B=B+Temp
T13		Write(B)

(b) 串行可执行之二

时刻	T1	T2
T1	Read(A)	
T2	Temp=A*0.1	
T3	A=A−Temp	
T4	Write(A)	
T5	Read(B)	
T6	B=B+Temp	
T7	Write(B)	
T8		Read(A)
T9		A=A−100
T10		Write(A)
T11		Read(B)
T12		B=B+100
T13		Write(B)

(c) 并发执行(正确)

时刻	T1	T2
T1	Read(A)	
T2	A=A−100	
T3	Write(A)	
T4		Read(B)
T5		Temp=A*0.1
T6		A=A−Temp
T7		Write(A)
T8	Read(B)	
T9	B=B+100	
T10	Write(B)	
T11		Read(B)
T12		B=B+Temp
T13		Write(B)

(d) 并发执行(不正确)

时刻	T1	T2
T1	Read(A)	
T2	A=A−100	
T3		Read(A)
T4		Temp=A*0.1
T5		A=A−Temp
T6		Write(A)
T7		Read(B)
T8	Write(A)	
T9	Read(B)	
T10	B=B+100	
T11	Write(B)	
T12		B=B+Temp
T13		Write(B)

为了保证并发操作的正确性,DBMS 的并发控制机制必须提供一定的手段保证调度是可串行化的。

从理论上讲,在某一事务执行时禁止其他事务执行的调度策略一定是可串行化的调度,这也是最简单的调度策略,但这种方法实际上是不可取的,它使用户不能充分共享数据库资源。目前 DBMS 普遍采用封锁方法实现并发操作调度的可串行性,从而保证调度的正确性。

两段锁(Two-Phase Locking,2PL)协议就是保证并发调度可串行性的封锁协议。

除此之外还有其他一些方法,如时标方法、乐观方法等保证调度的正确性。

7.3.4 两段锁协议

所谓两段锁协议指所有事务必须分两个阶段对数据项加锁和解锁。

(1) 在对任何数据进行读、写操作之前,首先要申请并获得对该数据的封锁。

(2) 在释放一个封锁之后,事务不再申请和获得任何其他封锁。

所谓"两段"锁的含义是,事务分为两个阶段,第一阶段是获得封锁,也称为扩展阶段。在这阶段,事务可以申请获得任何数据项上的任何类型的锁,但是不能释放任何锁。第二阶段是释放封锁,也称为收缩阶段。在这个阶段,事务可以释放任何数据项上的任何类型的锁,但是不能再申请任何锁。

例如事务 T1 遵守两段锁协议,其封锁序列是:

SlockA　SlockB　XlockC　　　　　UnlockB　UnlockA　UnlockC
◄────── 扩展阶段──────►　　　　◄────── 收缩阶段──────►

又如事务 T2 不遵守两段锁协议,其封锁序列是:

Slock A ⋯ Unlock A ⋯ Slock B ⋯ Xlock C ⋯ Unlock C ⋯ Unlock B

可以证明,若并发执行的所有事务均遵守两段锁协议,则对这些事务的任何并发调度策略都是可串行化的。

如表 7-8 所示,表 7-8(a)和表 7-8(b)都是可串行化的调度,但表 7-8(a)中 T1 和 T2 都遵守两段锁协议,表 7-8(b)中 T1 和 T2 不遵守两段锁协议。

需要说明的是,事务遵循两段锁协议是可串行化调度的充分条件,而不是必要条件。也就是说,若并发事务都遵循两段锁协议,则对这些事务的任何并发调度策略都是可串行化的;若对并发事务的一个调度是可串行化的,不一定所有事务都符合两段锁协议。

7.3.5 SQL Server 的并发控制

上面介绍了并发控制的一般原则与方法,下面简单介绍 SQL Server 数据库系统中的并发控制机制。

1. 并发控制类型

SQL Server 提供了一套的安全保护机制,具有高的安全性、完整性以及并发控制和故障恢复的数据控制能力。SQL Server 支持广泛的并发控制机制,通过制定下列各项,用户可以指定并发控制类型:

表 7-8 可串行化调度

	(a) 遵循两段锁协议				(b) 不遵循两段锁协议	
时刻	T1	T2		时刻	T1	T2
T1	SlockA			T1	SlockA	
T2	读 A=5			T2	读 A=5	
T3	X=A			T3	X=A	
T4	XlockB			T4	UnlockA	
T5		SlockB		T5	XlockB	
T6		Wait		T6		SlockB
T7	B=X+1	Wait		T7		Wait
T8	写回 B=6	Wait		T8	B=X+1	Wait
T9	UnlockA	Wait		T9	写回 B=6	Wait
T10	UnlockB	Wait		T10	UnlockB	Wait
T11		SlockB		T11		SlockB
T12		读 B=6		T12		读 B=6
T13		Y=B		T13		Y=B
T14		XlockA		T14		UnlockB
T15		A=Y+1		T15		XlockA
T16		写回 A=7		T16		A=Y+1
T17		UnlockA		T17		写回 A=7
T18		UnlockB		T18		UnlockA

（1）用于连接的事务隔离级别。

（2）游标上的并发选项。

这些特性可以通过 Transact-SQL 语句或数据库 API（如 ADO、OLE DB 和 ODBC）的属性和特性定义。

2. 锁模式

SQL Server 的锁模式包括共享锁、更新锁、排它锁、意向锁和架构锁。锁模式表明连接与锁定对象所具有的相关性等级。SQL Server 控制锁模式的交互方式。例如，如果其他连接对资源具有共享锁，则不能获得排它锁。

SQL Server 锁保持的时间长度为保护所请求级别上的资源所需的时间长度。

（1）用于保护读取操作的共享锁的保持时间取决于事务隔离级别。采用 Read Committed 的默认事务隔离级别时，只在读取页的期间内控制共享锁。在扫描中，直到在扫描内的下一页上获取锁时才释放锁。如果指定 Holdlock 提示或将事务隔离级别设置为 Repeatable Read 或 Serializable，则直到事务结束才释放锁。

（2）根据为游标设置的并发控制，游标可以获取共享模式的滚动锁以保护提取。当需要滚动锁时，直到下一次提取或关闭游标（以先发生者为准）时才释放滚动锁。但是，如果指定 Holdlock，则直到事务结束才释放滚动锁。

（3）用于保护更新的排它锁将直到事务结束才释放。

3. 锁冲突

在 SQL Server 中,如果一个连接试图获取一个锁,而该锁与另一个连接所控制的锁冲突,则试图获取锁的连接将一直阻塞到:

(1) 将冲突锁释放而且连接获取了所请求的锁。

(2) 连接的超时间隔已到期。默认情况下没有超时间隔,但是一些应用程序设置超时间隔以防止无限期等待。

如果几个连接因在某个单独的资源上等待冲突的锁而被阻塞,那么在前面的连接释放锁时将按先来先服务的方式授予锁。

SQL Server 有一个算法可以检测死锁,即两个连接互相阻塞的情况。如果 SQL Server 实例检测到死锁,将终止一个事务,以使另一个事务继续。

7.4 安 全 性

7.4.1 安全性概述

数据库是一个共享的资源,其中存放了组织、企业和个人的各种信息,有的是比较一般的、可以公开的数据,而有的可能是非常关键的或机密的数据,如国家军事秘密、银行储蓄数据、证券投资信息、个人 Internet 账户信息等。如果对数据库控制不严,就有可能使重要的数据被泄露出去,甚至会受到不法分子的破坏。因此,必须严格控制用户对数据库的使用,这是由数据库的安全性控制完成的。

所谓数据库的安全性指保护数据,以防止不合法的使用所造成的数据泄露、更改或破坏。

随着计算机资源共享和网络技术的应用日益广泛和深入,特别是 Internet 技术的发展,计算机安全性问题越来越得到人们的重视。网络环境下数据库应用系统需要考虑的安全问题主要包括以下 5 个层面的问题:

(1) 硬件平台的安全问题。确保支持数据库系统运行的硬件设施的安全。

(2) 网络系统的安全问题。对于可以远程访问数据库的系统来说,网络软件内部的安全性也非常重要。

(3) 操作系统安全问题。安全的操作系统是安全的数据库的重要前提。操作系统应能保证数据库中的数据必须经由 DBMS 方可访问,不容许用户超越 DBMS 直接通过操作系统进入数据库。也就是说,数据库必须时刻处在 DBMS 监控之下,即使通过操作系统要访问数据库,也必须在 DBMS 中办理注册手续。这就是操作系统中安全性保护基本要点。

(4) 数据库系统的安全问题。进行用户标识和鉴定、数据库存取控制,只允许合法用户进入系统并进行合法的数据存取操作。

(5) 应用系统的安全问题。防止对应用系统的不合法使用所造成的数据泄密、更改或破坏。

在上述 5 层安全体系中,任何一个环节出现安全漏洞,都可能导致整个安全体系的崩溃。

7.4.2 安全性控制

在一般计算机安全系统中,安全措施是一级一级层层设置的。例如,数据库系统的安全,用户要求进入计算机系统时,系统首先根据输入的用户标识进行身份鉴定,只有合法的用户才获准进入计算机系统。对已进入系统的用户,DBMS 还要进行存取控制,只允许用户执行合法操作。操作系统一级也会有自己的保护措施。数据最后还可以以密码形式存储到数据库中。这里只讨论与数据库有关的用户标识鉴别、存取控制、数据库审计等安全技术。

1. 用户标识与鉴别

用户标识与鉴别是系统提供的最外层安全保护措施。其方法是由系统提供一定的方式让用户标识自己的名字和身份。每次用户要求进入系统时,由系统进行核对,通过鉴定后才提供机器使用权。

对于获得上机权的用户若要使用数据库时,DBMS 还要进行用户标识和鉴别。用户标识和鉴定的方法有很多种,而且在一个系统中一般是许多方法并存,以获得更强的安全性。用户标识和鉴别的方法很多,常用的方法如下:

(1) 身份认证

用户的身份,是系统管理员为用户定义的用户名(也称为用户标识、用户账号、用户 ID),并记录在计算机系统或 DBMS 中。身份认证,指系统对输入的用户名与合法用户名对照,鉴别此用户是否为合法用户。若是,则可以进入下一步的核实;否则,不能使用系统。例如,在网上书店系统的设计中,设置了用户的账户。

(2) 密码认证

用户的密码,是合法用户自己定义的密码。为保密起见,密码由合法用户自己定义并可以随时变更。密码认证是为了进一步对用户核实。通常系统要求用户输入密码,只有密码正确才能进入系统。例如,在网上书店系统的设计中,设置了用户的密码。

(3) 随机数运算认证

随机数认证实际上是非固定密码的认证,即用户的密码每次都是不同的。鉴别时系统提供一个随机数,用户根据预先约定的计算过程或计算函数进行计算,并将计算结果输送到计算机,系统根据用户计算结果判定用户是否合法。例如,算法为"密码=随机数平方的后 2 位",若出现的随机数是 32,则密码是 24。

2. 存取控制

作为共享资源的数据库有很多用户,其中有些人有权更新数据库的数据,有些人却只能查询数据,有些人仅有权操作数据中的某几个表或视图,而有些人却可以操作数据库中的全部数据。例如,在网上书店系统的设计中,有的用户只可以察看广告、留言或订货,同时用户还分为 VIP 用户和普通用户,不同身份的用户享受的图书价格不一样;员工根据需求有不同的权限,如送货的员工不能对数据库中的数据进行修改,他只可以查看等。因此,DBMS 必须提供一种有效的机制,以确保数据库中的数据仅被那些有权存取数据的用户存取。

（1）DBMS 的存取控制机制

DBMS 的存取控制包括 3 个方面的内容：

① DBMS 规定用户想要操作数据库中的数据，必须拥有相应的权限。

例如，为了建立数据库中的基本表，必须拥有 Create Table 的权限，该权限属于 DBA。如果数据库中的基本表有很多，为减轻工作强度，DBA 也可以将 Create Table 的权限授予普通用户，拥有此权限的普通用户就可以建立基本表。又如，为将数据插入到数据库则必须拥有对基本表的 Insert 权限，有时可能还需要其他权限。

考虑某个想执行下面语句的用户需要拥有哪些权限。

```
Insert Into 图书表(图书类型编码)
Select 图书类型编码
From 图书类型表
Where 图书类型名称 = "金融"
```

首先，因为要将数据插入到"图书表"中，所以需要拥有对"图书表"的 Insert 权限。其次，由于上面的 Insert 语句包含一个子查询，因此还需要拥有对"图书类型表"的 Select 权限。

在前面中讨论了 SQL 语言的安全性控制功能，即 SQL 的 Grant 语句和 Revoke 语句，这里简单回顾一下。例如，"用户表"的创建者自动获得对该表的 Select，Insert，Update 和 Delete 等权限，这些权限可以通过 Grant 语句转授给其他用户。例如：

```
Grant Select, Insert On Table 用户表
To 李林
With Grant Option;
```

就将"用户表"的 Select 和 Insert 权限授予了用户李林。后面的 With Grant Option 子句表示用户李林同时也获得了"授权"的权限，即可以把得到的权限继续授予其他用户。

当用户将某些权限授给其他用户后，他可以使用 Revoke 语句将权限收回，例如：

```
Revoke Insert On Table 用户表
From 李林
Cascade;
```

就将"用户表"的 Insert 权限从用户李林处收回。选项 Cascade 表示，如果用户李林将"用户表"的 Insert 权限又转授给了其他用户，那么这些权限也将从其他用户处收回。

使用这些语句，具有授权资格的 DBA 和数据库对象的所有者就可以定义用户的权限，但一个用户所拥有的权限不一定是永久的，因为如果授权者认为被授权者变得不可靠，或由于工作调动被授权者不再适合拥有相应的权限时，就可以将权限从被授权者处收回。

② DBMS 将授权结果存放于数据字典。

③ 当用户提出操作请求时，DBMS 会根据数据字典中保存的授权信息，判断用户是否有权对相应的对象进行操作，若无权则拒绝执行操作。

（2）DBMS 的存取控制方法

DBMS 的存取控制主要分为自主存取控制（Discretionary Access Control，DAC），强制存取控制（Mandatory Access Control，MAC）和基于角色的存取控制（Role Based Access

Control,RBAC)。

① 自主访问控制。

自主访问控制基于用户的身份和访问控制规则。首先检查用户的访问请求,若存在授权,则允许访问,否则拒绝。在自主访问控制方法中,用户对于不同的数据对象可以有不同的存取权限,不同的用户对同一数据对象的存取权限也可以各不相同,用户还可以将自己拥有的存取权限转授给其他用户。

用户自主访问控制的主要缺点是较难控制已被赋予的访问权限,这使得自主访问控制策略易遭受木马程序的恶意攻击。

② 强制访问控制。

强制型存取控制系统主要通过对主体和客体已分配的安全属性进行匹配判断,决定主体是否有权对客体进行进一步的访问操作。在强制存取控制方法中,每一个数据对象被标以一定的安全级别;每一个用户也被授予某一个级别的安全许可。对于任意一个对象,只有具有合法许可的用户才可以存取。而且一般情况下不能改变该授权状态,这也是强制型存取控制模型与自主型存取控制模型实质性的区别。为了保证数据库系统的安全性能,只要具有特定系统权限的管理员才能根据系统实际需要来修改系统的授权状态,而一般用户或程序不能修改。

③ 基于角色访问控制。

RBAC 是由美国 George Mason 大学 Ravi Sandhu 于 1994 年提出的,它解决了具有大量用户、数据库客体和各种访问权限的系统中的授权管理问题。其中主要涉及用户、角色、访问权限、会话等概念。角色是访问权的集合。当用户被赋予一个角色时,用户具有这个角色所包含的所有访问权。用户、角色、访问权限三者之间是多对多的关系。

数据库安全性的重点是 DBMS 的存取控制机制。数据库安全主要通过数据库系统的存取控制机制确保只授权有资格的用户访问数据库的权限,同时令所有未被授权的人员无法接近数据。

3. 数据库审计

审计功能是把用户对数据库的所有操作自动记录下来放入审计日志(Audit Log)中,一旦发生数据被非法存取,DBA 可以利用审计跟踪的信息,重现导致数据库现有状况的一系列事件,找出非法存取数据的人、时间和内容等。

由于任何系统的安全保护措施都不可能无懈可击,蓄意盗取、破坏数据的人总是想方设法打破控制,因此审计功能在维护数据安全、打击犯罪方面是非常有效的。审计通常是很费时间和空间的,因此 DBA 要根据应用对安全性的要求,灵活打开或关闭审计功能。审计功能一般主要用于安全性较高的部门。

4. 视图机制

进行存取权限控制时我们可以为不同的用户定义不同的视图,把数据对象限制在一定的范围内,也就是说,通过视图机制把要保密的数据对无权存取的用户隐藏起来,从而自动地对数据提供一定程度的安全保护。

视图机制间接地实现了支持存取谓词的用户权限定义。在不直接支持存取谓词的系统中,可以先建立视图,然后在视图上进一步定义存取权限。

5. 数据加密

对于高度敏感性数据,如财务数据、军事数据、国家机密,除以上安全性措施外,还可以采用数据加密技术。数据加密是防止数据库中数据在存储和传输中失密的有效手段。加密的基本思想是根据一定的算法将原始数据(术语为明文,Plain text)变换为不可直接识别的格式(术语为密文,Cipher text),从而使得不知道解密算法的人无法获知数据的内容。

加密方法主要有两种,一种是替换方法,该方法使用密钥(Encryption Key)将明文中的每一个字符转换为密文中的一个字符。另一种是置换方法,该方法仅将明文的字符按不同的顺序重新排列。单独使用这两种方法的任意一种都是不够安全的。但是将这两种方法结合起来就能提供相当高的安全程度。采用这种结合算法的例子是美国 1977 年制定的官方加密标准——数据加密标准(Data Encryption Standard,DES)。

有关 DES 密钥加密技术及密钥管理问题等,这里不再讨论。

7.4.3　统计数据库安全性

一般地,统计数据库允许用户查询聚集类型的信息(如合计、平均值等),但是不允许查询单个记录信息。例如,在高校管理系统中,查询"讲师的平均工资是多少?"是合法的,但是查询"讲师王兵的工资是多少?"就不允许。

在统计数据库中存在着特殊的安全性问题,即可能存在着隐蔽的信息通道,使得可以从合法的查询中推导出不合法的信息。例如,下面两个查询都是合法的:

本校共有多少女工程师?

本校女工程师的工资总额是多少?

如果第一个查询的结果是"1",那么第二个查询的结果显然就是这个女工程师的工资数。这样统计数据库的安全性机制就失效了。为了解决这个问题,规定任何查询至少要涉及 $N(N$ 足够大$)$ 个以上的记录。但是即使这样,还是存在另外的泄密途径,如下面的例子。

某个用户 X 想知道另一用户 Y 的工资数额,他可以通过下列两个合法查询途径获取:

用户 X 和其他 N 个工程师的工资总额是多少?

用户 Y 和其他 N 个工程师的工资总额是多少?

假设第一个查询的结果是 A,第二个查询的结果是 B,由于用户 X 知道自己的工资是 C,那么他可以计算出用户 Y 的工资$=B-(A-C)$。

无论采用什么安全性机制,都仍然会存在绕过这些机制的途径。好的安全性措施应该使得那些试图破坏安全的人所花费的代价远远超过他们所得到的利益,这也是整个数据库安全机制设计的目标。

7.4.4　SQL Server 的安全性管理

SQL Server 为一个网络数据库管理系统,具有完备的安全机制,能够确保数据库中的信息不被非法盗用或破坏。SQL Server 的安全机制可分为以下 3 个等级:

- SQL Server 的登录安全性；
- 数据库的访问安全性；
- 数据库对象的使用安全性。

这三个等级如同三道闸门,有效地抵御任何非法侵入,保卫着数据库中数据的安全。

SQL Server 的安全机制要比 Windows 系统复杂,这是因为服务器中的数据库多种多样,为了数据的安全,必须考虑对不同的用户分别给予不同的权限。例如,对于高校管理系统中的教学数据库而言,一般学生允许访问课程表和选课表,进行查询,但不得修改或删除这两个表中的数据,只有有关教学管理人员用户才有权添加、修改或删除数据,这样将保证数据库的正常有效使用。另外,如果在教师表中存有一些关于教师的私人信息(如工资、家庭住址等)时,一般学生也不应具备访问教师表的权限。

1. SQL Server 的身份验证模式

用户想操作 SQL Server 中某一数据库中的数据,必须满足以下 3 个条件:
- 首先,登录 SQL Server 服务器时必须通过身份验证;
- 其次,必须是该数据库的用户或者是某一数据库角色的成员;
- 最后,必须有执行该操作的权限。

从上面 3 个条件可以看出 SQL Server 数据库的安全性检查是通过登录名、用户、权限完成的。

（1）Windows 身份验证模式

当用户通过 Windows 用户账户进行连接时,SQL Server 通过回叫 Windows 以获得信息,重新验证账户名和密码,并在 syslogins 表中查找该账户,以确定该账户是否有权限登录。在这种方式下,用户不必提供密码或登录名让 SQL Server 验证。

（2）混合验证模式

混合模式使用户能够通过 Windows 身份验证或 SQL Server 身份验证与 SQL Server 实例连接。

在 SQL Server 验证模式下,SQL Server 在 syslogins 表中检测输入的登录名和密码。如果在 syslogins 表中存在该登录名,并且密码也是匹配的,那么该登录名可以登录到 SQL Server。否则,登录失败。在这种方式下,用户必须提供登录名和密码,让 SQL Server 验证。

（3）设置验证模式

可以使用 SQL Server 企业管理器设置或改变验证模式。

① 打开企业管理器,展开服务器组,右击需要修改验证模式的服务器,在弹出的快捷菜单中选择"属性"命令,打开"SQL Server 属性(配置)"对话框,如图 7-6 所示。

② 切换至"安全性"选项卡,如图 7-7 所示。

③ 如果要使用 Windows 身份验证,单击"仅 Windows"单选按钮;如果想使用混合认证模式,单击"SQL Server 和 Windows"单选按钮。SQL Server 默认的是"仅 Windows"即 Windows 身份验证,身份验证模式的修改后需要重新启动 SQL Server 服务才能生效。

④ 在"审核级别"选项区中选择在 SQL Server 错误日志中记录的用户访问 SQL Server 的级别。如果选择该选项,则必须停止并重新启动服务器审核才生效。

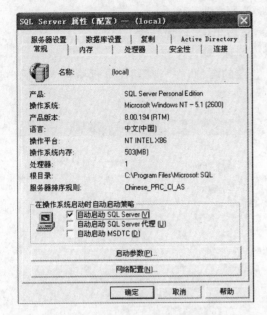

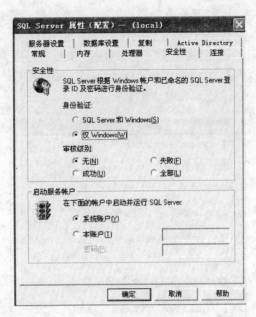

图 7-6　SQL Server 属性对话框

图 7-7　安全性选项卡

2．登录管理

（1）系统安装时创建的登录账户

SQL Server 安装后，系统会自动产生两个登录账户：本地管理员组，默认属于 sysadmin 角色中的成员，因此具有管理员权限；系统管理员，默认情况下，它指派给固定服务器角色 sysadmin，并不能进行更改。

（2）添加 Windows 登录

在 Windows 的用户或组可以访问数据库之前，必须给其授予连接到 SQL Server 实例的权限。

① 使用企业管理器添加 Windows 登录账户。

· 打开企业管理器，展开服务器组，然后展开服务器。

· 展开"安全性"文件夹，右击"登录"命令，然后单击"新建登录"选项。

· 在"名称"文本框中，输入要被授权访问 SQL Server 的 Windows 账户（以计算机名（域名）\用户名（组名）的形式），如图 7-8 所示。

· 在"身份验证"选项区中，单击"Windows 身份验证"单选按钮。

· 在"数据库"下拉列表框中，选择用户在登录到 SQL Server 实例后所连接的默认数据库。在"语言"下拉列表框中，选择显示给用户的信息所用的默认语言。

· 单击"确定"按钮。

② 使用系统存储过程 sp_grantlogin 添加 Windows 登录。

（3）添加 SQL Server 登录

如果用户没有 Windows 账号，SQL Server 配置为在混合模式下运行，或 SQL Server 实例正在 Windows XP 上运行，则可以创建 SQL Server 登录账户。

① 使用企业管理器添加 SQL Server 登录账户

- 打开企业管理器,展开服务器组,然后展开服务器。
- 展开"安全性"文件夹,右击"登录"命令,然后单击"新建登录"选项。
- 在"身份验证"下,单击"SQL Server 身份验证"单选按钮。
- 在"名称"文本框中,输入 SQL Server 登录的名称,在"密码"文本框中输入密码(可选),如图 7-9 所示。

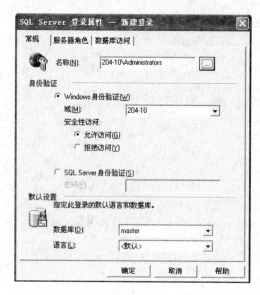

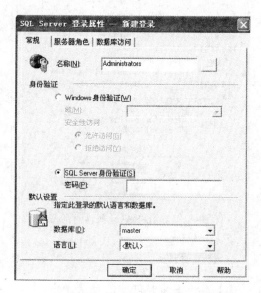

图 7-8　添加 Windows 登录对话框　　　　图 7-9　添加 SQL Server 登录对话框

② 用系统存储过程 sp_addlogion 添加 SQL Server 登录。

3. 数据库用户管理

(1) 默认数据库用户

① 数据库所有者(Database Owmer,DBO)。

- DBO 是数据库的拥有者,拥有数据库中的所有对象,每个数据库都有 DBO,sysadmin 服务器角色的成员自动映射成 DBO,无法删除 DBO 用户,且此用户始终出现在每个数据库中。
- 通常,登录名 sa 映射为库中的用户 DBO。另外,由固定服务器角色 sysadmin 的任何成员创建的任何对象都自动属于 DBO。

② Guest 用户。

- Guest 用户账户允许没有用户账户的登录访问数据库。
- 当登录名没有被映射到一个用户名上时,如果在数据库中存在 Guest 用户,登录名将自动映射成 Guest,并获得对应的数据库访问权限。
- Guest 用户可以和其他用户一样设置权限,以可以增加和删除,但 master 和 tempdb 数据库中的 Guest 不能被删除。
- 默认情况下,新建的数据库中没有 Guest 用户账户。

(2) 创建数据库用户

使用企业管理器添加数据库用户。

- 打开企业管理器,展开服务器组,然后展开服务器。
- 展开"数据库"文件夹,然后展开将授权用户或组访问的数据库。
- 右击"用户",在弹出的快捷菜单中选择"新建数据库用户"命令。打开"数据库用户属性-新建用户"对话框,如图 7-10 所示。
- 在"登录名"文本框中输入或选择将被授权访问数据库的 Windows 或 SQL Server 登录名。在"用户名"文本框中,输入在数据库中识别登录所用的用户名。在默认的情况下,将它设置为登录名。
- 单击"确定"按钮,完成数据库用户的创建。

4. 角色管理

角色是为了易于管理而按相似的工作属性对用户进行分组的一种方式。SQL Server 中组是通过角色实现的。

在 SQL Server 中角色分为服务器角色和数据库角色两种。服务器角色是服务器级的一个对象,只能包含登录名。数据库角色是数据库级的一个对象,只能包含数据库用户名。

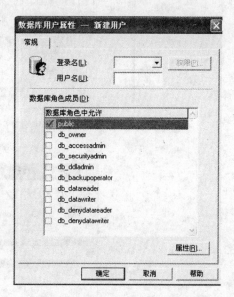

图 7-10 数据库用户属性对话框

(1)固定服务器角色

如表 7-9 固定服务器角色描述所示。

表 7-9 固定服务器角色描述

固定服务器角色	描 述
Sysadmin	在 SQL Server 中执行任何活动
Serveradmin	配置服务器范围的设置
Setupadmin	添加和删除链接服务器,并执行某些系统存储过程
Securityadmin	管理服务器登录
Processadmin	管理在 SQL Server 实例中运行的进程
Dbcreator	创建和改变数据库
Diskadmin	管理磁盘文件
Bulkadmin	执行 BULK INSERT(大容量插入)语句

① 使用企业管理器将登录账户添加到固定服务器角色。

- 打开企业管理器,展开服务器组,然后展开服务
- 展开"安全性"文件夹,然后单击"服务器角色"命令。如图 7-11 所示。
- 双击需要添加登录账户的服务器角色,弹出属性对话框,如图 7-12 所示。
- 在"常规"选项卡中单击"添加"按钮,然后单击要添加的登录。
- 单击"确定"按钮,完成操作。

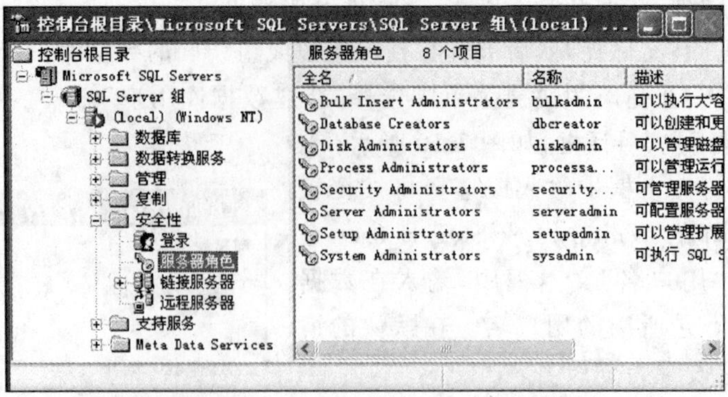

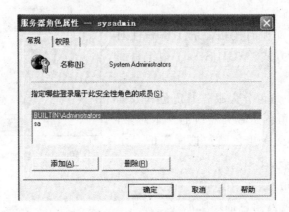

图 7-11　服务器角色对话框

图 7-12　服务器角色属性对话框

（2）固定数据库角色

固定数据库角色描述，如表 7-10 所示。

表 7-10　固定数据库角色描述

固定数据库角色	描　　　述
db_owner	数据库拥有者，可以执行所有数据库角色的活动，以及数据库中的其他维护和匹配活动
db_accessadmin	在数据库中添加或删除 Windows NT 4.0 或 Windows 2000 组和用户以及 SQL Server 用户
db_datareader	查看来自数据库中所有用户表的全部数据
db_datawriter	添加、更改或删除来自数据库中所有用户表的数据
db_ddladmin	添加、修改或除去数据库中的对象（运行所有 DDL）
db_securityadmin	管理 SQL Server 数据库角色的角色和成员，并管理数据库中的语句和对象权限
db_backupoperator	有备份数据库的权限
db_denydatareader	不允许查看数据库数据的权限
db_denydatawriter	不允许更改数据库数据的权限
Public	数据库中用户的所有用户权限

① 使用企业管理器将用户添加到固定数据库角色。

- 打开企业管理器,展开服务器组,然后展开服务器。
- 展开"数据库"文件夹,然后展开角色所在的数据库。
- 单击"角色"命令,如图 7-13 所示。
- 双击需要添加用户的数据库角色,弹出"属性"对话框,如图 7-14 所示。

图 7-13 数据库角色对话框

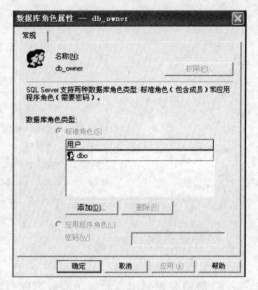

图 7-14 数据库角色属性对话框

- 在"常规"选项卡中单击"添加"按钮,然后单击要添加的用户。
- 单击"确定"按钮,完成操作。

(3) 自定义数据库角色

当一组用户需要在 SQL Server 中执行一组指定的活动时,为了方便管理,可以创建数据库角色。用户自定义数据库角色有两种:标准角色和应用程序角色。

① 使用企业管理器创建用户自定义数据库角色。

- 打开企业管理器,展开服务器组,然后展开服务器。
- 展开"数据库"文件夹,然后展开要在其中创建角色的数据库。
- 右击"角色"命令,单击"新建数据库角色"命令,弹出"数据库角色属性"对话框,如图 7-15 所示。
- 在"名称"文本框中输入新角色的名称,选择"标准角色"选项。单击"添加"按钮将成员添加到"标准角色"列表中,然后单击要添加的一个或多个用户。
- 单击"确定"按钮,完成操作。

② 应用程序角色

当要求对数据库的某些操作不允许用户用任何工具来进行操作,而只能用特定的应用程序来处理,这时就可以建立应用程序角色。应用程序角色不包含成员;默认情况下,应用程序角色是非活动的,需要用密码激活。在激活应用程序角色以后,当前用户的原来的所有权限会自动消失,而获得了该应用程序角色的权限。

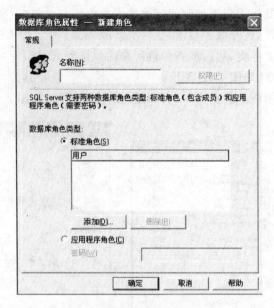

图 7-15　数据库角色属性对话框

5. 权限管理

（1）权限类型

权限用来控制用户如何访问数据库对象。一个用户可以直接分配到权限，也可以作为一个角色的成员间接地得到权限。一个用户可以同时属于具有不同权限的多个角色。权限分为对象权限、语句权限和暗示性权限。

① 对象权限。

对象权限指用户访问和操作数据库中表、视图、存储过程等对象的权限。有 5 个不同的权限：

- 查询（Select）；
- 插入（Insert）；
- 更新（Update）；
- 删除（Delete）；
- 执行（Execute）。

前 4 个权限用于表和视图，执行只用于存储过程。

② 语句权限。

语句权限是指用户创建数据库或在数据库中创建或修改对象、执行数据库或事务日志备份的权限。语句权限如下：

- Backup Database；
- Backup Log；
- Create Database；
- Default；
- Create Function；
- Create Procedure；

- Create Rule；
- Create Table；
- Create View。

③ 暗示性权限。

暗示性权限指系统预定义角色的成员或数据库对象所有者拥有的权限。例如，sysadmin 固定服务器角色成员自动继承在 SQL Server 安装中进行操作或查看的全部权限。数据库对象所有者还有暗示性权限，可以对所拥有的对象执行一切活动。

（2）权限管理操作

一个用户或角色的权限可以有 3 种存在的形式，分别如下：

授予（Granted）是赋予用户某权限。

拒绝（Denied）是禁止用户的某权限。

废除（Revoked）是撤销以前授予或拒绝的权限。

① 使用企业管理器管理权限。

对象权限可以从用户/角色的角度管理，即管理一个用户能对哪些对象执行哪些操作；也可以从对象的角度管理，即设置一个数据库对象能被哪些用户执行哪些操作。

② 用 Transact-SQL 语句管理权限。

- Grant 授予权限；
- Deny 拒绝权限；
- Revoke 废除权限。

语句权限：

```
Grant/Deny/Revoke
{All|statement[, … n]}
To security_account[, … n]
```

例如，给用户 user1 创建表的权限。

```
Use 用户表
Go
Grant Create Table
To user1
```

对象权限：

```
Grant/Deny/Revoke
{All[Privileges]|permission[, … n]}
{[(column[, … n])]On{table|view}
|On{table|view}[(column[ … n])]
|On{stored_procedure|extended_procedure}
```

例如，授予用户 user1 在用户表上的 Select、Update 和 Insert 权限。

```
Use 用户表
Go
Grant Select, Update, Insert
On 用户表
To user1
```

例如,把用户 user2 修改用户表用户编号的权限收回。

```
Use 用户表
Go
Revoke Update(用户编号)
On Table 用户表
From user2
```

7.5 完 整 性

数据库的完整性指保护数据库中数据的正确性、有效性和相容性,其主要目的是防止错误的数据进入数据库。正确性指数据的合法性。例如,数值型数据中只能含有数字而不能含有字母。有效性指数据是否属于所定义域的有效范围。例如,月份只能用 $1\sim12$ 之间的正整数表示。相容性是指表示同一事实的两个数据应当一致,不一致即是不相容。例如,一个人不能有两个学号。显然,维护数据库的完整性非常重要,数据库中的数据是否具备完整性关系到数据能否真实地反映现实世界。

数据库的完整性和安全性是数据库保护的两个不同的方面。前面刚刚讲到的数据库的安全性是指保护数据库以防止非法使用所造成数据的泄露、更改或破坏。安全性措施的防范对象是非法用户和非法操作,而数据库的完整性是指防止合法用户使用数据库时向数据库中加入不符合语义的数据。完整性措施的防范对象是不符合语义的数据。但从数据库的安全保护角度来讲,安全性和完整性又是密切相关的。

7.5.1　完整性约束条件

为维护数据库的完整性,DBMS 必须提供一种机制检查数据库中的数据,看其是否满足语义规定的条件。这些加在数据库数据之上的语义约束条件称为数据库完整性约束条件,也称为完整性规则。

数据库系统的整个完整性控制都是围绕着完整性约束条件进行的,从这个角度来看,完整性约束条件是完整性控制机制的核心。

完整性约束条件涉及 3 类作用对象:属性级、元组级和关系级。这 3 类对象的状态可以是静态的,也可以是动态的。静态约束指对数据库每一个确定状态所应满足的约束条件,是反映数据库状态合理性的约束,这是最重要的一类完整性约束。动态约束指数据库从一种状态转变为另一种状态时,新、旧值之间所应满足的约束条件,动态约束反映的是数据库状态变迁的约束。结合这两种状态,一般将这些约束条件分为下面 6 种类型。

1. 静态列级约束

静态列级约束是对一个列的取值域的说明,这是最常用也最容易实现的一类完整性约束,包括以下几个方面:

(1) 对数据类型的约束,包括数据的类型、长度、单位和精度等。例如,规定学生姓名的数据类型应为字符型,长度为 8。

(2) 对数据格式的约束。例如,规定出生日期的数据格式为 YY. MM. DD。

（3）对取值范围的约束。例如，月份的取值范围为 1～12，日期的取值范围为 1～31。

（4）对空值的约束。空值表示未定义或未知的值，它与零值和空格不同。有的列值允许空值，有的则不允许。例如，学号和课程号不可以为空值，但成绩可以为空值。

2．静态元组约束

一个元组是由若干个列值组成的，静态元组约束就是规定元组的各个列之间的约束关系。例如，在高校管理系统中，课程表中包含课程号、课程名等列，规定一个课程号对应一个课程名；又如教师基本信息表中包含职称、工资等列，规定讲师的工资不低于 2000 元。

3．静态关系约束

在一个关系的各个元组之间或者若干关系之间常常存在各种联系或约束。常见的静态关系约束如下：

（1）实体完整性约束：说明关系键的属性列必须唯一，其值不能为空或部分为空。

（2）参照完整性约束：说明不同关系的属性之间的约束条件，即外部键的值应能够在参照关系的主键值中找到或取空值。

（3）函数依赖约束：说明同一关系中不同属性之间应满足的约束条件。例如，2NF、3NF、BCNF 这些不同的范式应满足不同的约束条件。大部分函数依赖约束都是隐含在关系模式结构中的，特别是对于规范化程度较高的关系模式，都是由模式保持函数依赖。

（4）统计约束，规定某个属性值与一个关系多个元组的统计值之间必须满足某种约束条件。例如，在高校管理系统中，规定系主任的奖金不得高于该系的平均奖金的 40%，不得低于该系的平均奖金的 20%。这里该系平均奖金的值就是一个统计计算值。

其中，实体完整性约束和参照完整性约束是关系模型的两个极其重要的约束，被称为关系的两个不变性。统计约束实现起来开销很大。

4．动态列级约束

动态列级约束是修改列定义或列值时应满足的约束条件，包括下面两方面：

（1）修改列定义时的约束。例如，将允许空值的列改为不允许空值时，如果该列目前已存在空值，则拒绝这种修改。

（2）修改列值时的约束。修改列值有时需要参照其旧值，并且新旧值之间需要满足某种约束条件。例如，在高校管理系统中，教师工资调整不得低于其原来工资，学生年龄只能增长等。

5．动态元组约束

动态元组约束指修改元组的值时元组中各个字段间需要满足某种约束条件。例如，在高校管理系统中，教师工资调整时新工资不得低于原工资＋工龄×2 等。

6．动态关系约束

动态关系约束是加在关系变化前后状态上的限制条件。例如事务一致性、原子性等约束条件。

以上 6 类完整性约束条件的含义,如表 7-11 所示。

表 7-11　完整性约束条件

状态＼粒度	列　级	元　组　级	关　系　级
静态	列定义 • 类型 • 格式 • 值域 • 空值	元组值应满足的条件	实体完整性约束 参照完整性约束 函数依赖约束 统计约束
动态	改变列定义或列值	元组新旧值之间应满足的约束条件	关系新旧状态间应满足的约束条件

7.5.2　完整性控制

DBMS 的完整性控制机制应具有 3 个方面的功能:

* 定义功能,提供定义完整性约束条件的机制。
* 检查功能,检查用户发出的操作请求是否违背了完整性约束条件。
* 如果发现用户的操作请求使数据违背了完整性约束条件,则采取一定的动作保证数据的完整性。

在关系系统中,最重要的完整性约束是实体完整性和参照完整性,其他完整性约束条件则可以归入用户定义的完整性。

目前许多关系数据库管理系统都提供了定义和检查实体完整性、参照完整性和用户定义的完整性的功能。对于违反实体完整性和用户定义的完整性的操作一般都采用拒绝执行的方式处理。而对于违反参照完整性的操作,并不都是简单地拒绝执行,有时要根据应用语义执行一些附加的操作,以保证数据库的正确性。例如,在网上书店系统中,对“订单条目表(条目编号,图书数量,图书编号,订单编号)”来说,属性列“订单编号”是其外键,该外键对应了“订单表(订单编号,订单状态,订单金额,订单产生时间,用户编号)”的主键“订单编号”,则称“订单条目表”为参照关系,“订单表”为被参照关系。当用户对被参照关系“订单表”进行删除操作或修改其中主键“订单编号”的值时,就有可能对“订单条目表”产生影响,从而违背参照完整性。具体要求系统拒绝执行,还是采取一些补救措施保证参照完整性不被破坏,应根据应用环境而定。另外,是否允许外键为空值也应根据实际情况而定。下面详细讨论实施参照完整性时需要的问题:

1. 外键的空值问题

当实现参照完整性时,系统除了应该提供定义外键的机制,还应提供定义外键列是否允许空值的机制。在“订单条目表”中,“订单编号”是其外键,要求“订单编号”不允许为空,因此“订单条目表”的外键不允许为空。

2. 在参照关系中删除元组的问题

当删除被参照关系的某个元组时,如果参照关系中有若干个元组的外键值与被参照关系删除元组的主键值相同,则可以采用级联删除、受限删除和置空删除 3 种策略。

例如,在网上书店系统中,要删除"订单表"中"订单编号"为 081205002 的元组,而在"订单条目表"中也有一个"订单编号"为 081205002 的元组,这时就有 3 种策略可供选择:

(1) 级联方式(Cascades)

级联方式允许删除被参照关系的元组,但要将参照关系中所有外键值与被参照关系中要删除元组主键值相同的元组一起删除。即在删除"订单表"中元组的同时,将"订单条目表"中"订单编号"为 081205002 的元组也一起删除。如果参照关系同时又是另一个关系的被参照关系,则这种操作会继续级联下去。

(2) 受限方式(Restricted)

当参照关系中没有任何元组的外键值与被参照关系中要删除元组的主键值相同时,系统才进行删除操作,否则拒绝删除操作。因此,上面的"订单表"的删除操作将被拒绝。但如果一定要删除"订单表"中的元组,可以由用户先用 DELETE 语句将"订单条目表"中相应的元组删除,再删除"订单表"的元组。

(3) 置空方式(Set Null)

允许删除被参照关系的元组,但参照关系中相应元组的外键值应置为空。即在删除"订单表"中元组的同时,将"订单条目表"中"订单编号"为 081205002 的元组的"订单编号"置为空。

对上述 3 种策略,到底采用哪一种比较合适? 根据实际情况,对"订单表"中的"订单编号"删除操作来说,显然(1)和(2)方式都是可以采用的,但策略(3)是行不通的,因为"订单条目表"中的"订单编号"的值是不允许为空的。

3. 在参照关系中插入元组时的问题

例如,在网上书店系统中,向"订单条目表"中插入(条目编号,订单编号,图书数量,图书编号)的值为(09007,081205005,20,6787805130699)元组,而"订单表"中还没有订单编号＝081205005 的图书,一般地,当参照关系插入某个元组,而被参照关系不存在相应的元组,其主码值与参照关系插入元组的外码值相同,这时可以有以下策略:

(1) 受限插入

仅当被参照关系中存在相应的元组,其主码值与参照关系插入元组的外码值相同时,系统才执行插入操作,否则拒绝此操作。例如,对于上面的情况,系统将拒绝向"订单条目表"中插入(09007,081205005,20,6787805130699)元组。

(2) 递归插入

首先向被参照关系中插入相应的元组,其主码值等于参照关系插入元组的外码值,然后向参照关系插入元组。例如,对于上面的情况,系统将首先向"订单表"插入订单编号＝081205005 的元组,然后向"订单条目表"中插入(09007,081205005,20,6787805130699)元组。

4. 修改关系中主键值的问题

在有些关系数据库系统中,主键是不允许修改的,如果要修改主键值,只能先删除要修改主键的元组,然后再插入具有新主键值的元组。例如,为了将"订单表"中的某一元组"订单编号"的值从 081205002 改为 081205003,可以先用 DELETE 语句将"订单编号"为 081205002 的元组删除,再插入"订单编号"为 081205003 的元组。当删除元组时,可以采用前面介绍的策略保证参照完整性,而对被参照关系的插入操作则不会影响参照完整性。

有些关系数据库系统是允许修改主键的。对于修改被参照关系主键的操作,系统也可采用下列 3 种策略之一。

(1) 级联方式

级联方式允许修改被参照关系的主键,但需要参照关系中所有与被参照关系中要修改元组主键值相同的外键值一起修改为新值。即若要将"订单表"中主键"订单编号"为 081205002 的元组的"订单编号"改为 081205003,则需同时将"订单条目表"中外键"订单编号"为 081205002 的元组的"订单编号"也改为 081205003。

(2) 受限方式

当参照关系中没有任何元组的外键值与被参照关系中要修改元组的主键值相同时,系统才进行修改操作;否则拒绝修改操作。因此,对"订单表"的修改操作将被拒绝。

(3) 置空方式

允许修改被参照关系的元组,但参照关系中相应元组的外键值应置为空。即在修改"订单表"中元组的同时,将"订单条目表"中"订单编号"为 081205002 的元组的"订单编号"置为空。

可以看到,DBMS 在实现参照完整性时,除了要提供定义主键、外键的机制外,还需要提供不同的策略供用户选择。选择哪种策略,都要根据应用环境的要求确定。

7.5.3　SQL Server 的完整性策略

数据完整性控制策略包括触发器、规则、默认值、验证、约束等部分,下面分别介绍。

1. 默认约束

默认约束使用户能够定义一个值,当用户没有在某一列中输入值时,则将所定义的值提供给这一列。例如,在"订单表"中的"订单金额"这一列中,可以让数据库服务器在用户没有输入时填上某个值,如 1000 或随意指定其他的值。

在数据库关系图中,可以将默认约束定义为表的一个列属性。通过在标准视图下的表内指定默认值,为列定义这种类型的约束。一定要指定带有正确分隔符的约束。例如,字符串必须用单引号括起来。

默认约束可以在 Create Table 时使用 Default 选项建立,如建立一个订单表,设置"订单金额"的默认值为 1000。

```
Create Table 订单表(订单编号           Int,
                订单状态           Char (10),
                订单金额           Double Default 1000,
                订单生产时间        Datetime,
                用户编号           Int);
```

可以使用 Drop 语句删除默认值,此外,也可以使用企业管理器完成这些操作。

2．主键约束

主键约束确保在特定的列中不会输入重复的值，并且在这些列中也不允许输入 NULL 值。可以使用主键约束强制唯一性和引用完整性。例如，给"订单编号"建立主键约束，可以使用 Primary Key 指定。

```
Create Table 订单表(订单编号          Int,
                订单状态           Char (10),
                订单金额           Double Default 1000,
                订单生产时间         Datetime,
                用户编号           Int,
                Primary Key(订单编号));
```

也可以使用 Alter table 语句在已有的表中修改主键约束。

3．唯一约束

对于一个表中非主键列的指定列，唯一约束确保不会输入重复的值。但是，Unique 约束允许存在空值。创建唯一约束确保不参与主键特定列的值不重复。尽管唯一约束和主键都强制唯一性，但在下列情况下，应该为表附加唯一约束以取代主键约束：

（1）如果要对列或列的组合强制唯一性，可以为表附加多个唯一约束，而只能为表附加一个主键约束。

（2）如果要对允许空值的列强制唯一性。可以为允许空值的列附加唯一约束，而只能将主键约束附加到不允许空值的列。当将唯一约束附加到允许空值的列时，确保在约束列中最多有一行含有空值。例如，在"订单编号"中给"用户编号"建立唯一约束。

```
Create Table 订单表(订单编号          Int,
                订单状态           Char (10),
                订单金额           Double Default 1000,
                订单生产时间         Datetime,
                用户编号           Int,
                Primary Key(订单编号),
                Unique(用户编号));
```

4．Check 约束

Check 约束指定可由表中一列或多列接受的数据值或格式。可以为一个表定义许多 Check 约束，可以使用"表"属性页创建、修改或删除每一个 Check 约束。例如，在"订单编号"中给"订单金额"建立 Check 约束。

```
Create Table 订单表(订单编号          Int,
                订单状态           Char (10),
                订单金额           Double Default 1000,
                订单生产时间         Datetime,
                用户编号           Int,
                Primary Key(订单编号),
                Unique(用户编号),
                Check(订单金额 Between 100 And 10000));
```

5. 外键约束

外键约束与主键约束或唯一约束一起在指定表中强制引用完整性。已知作为外键的关系表称为被参照表，作为主键的关系表称为参照表。

外键也是由一列或多列构成的，用来建立和强制两个表间的关联。这种关联是通过将一个表中的组成主键的列或组合列加入到另一个表中形成的，这个列或组合列就成了第二个表中的外键。

外键定义基本形式为：

Foreign Key<列名序列>
References 表名<目标表名>|<列名序列>

"Foreign Key<列名序列>"中的"<列名序列>"是被参照表的外键。

"References 表名<目标表名>|<列名序列>"中的"<目标表名>"是参照表的名称，而"<列名序列>"是参照表的主键或候选键。

一个 Foreign Key 约束并不一定要求必须与另一个表上的 Primary Key 约束相关联，它还可以被定义为对另一个列中的 Unique 约束的一个引用。Foreign Key 约束可以允许空值，但是形成外键的列或组合列中出现空值时将跳过对 Foreign Key 约束的验证。当向表中添加新数据行或修改已有的数据行时，在外键中的定义的列或组合列必须在其他表的主键中存在或为空，否则将会出错。

注意：Foreign Key 约束可以对同一个数据库中的其他表上的列或组合列进行引用，也可以是对自身表中其他列或组合列的引用（自引用表）。

尽管外键的主要作用是用来限制可以输入到外键表中的数据，但是还可以限制对主键表中数据的修改。

Foreign Key 约束也可以被用作索引，这是因为：

- 对 Foreign Key 约束的修改或被在其他表中的 Foreign Key 约束所检查。
- 外键列或组合列也常常被用于查询中，对于在具有 Foreign Key 约束的表和其他有主键或唯一键的表间进行查询时，可以在连接准则中使用外键列或组合列。索引允许 SQL Server 在外键中进行快速查找。但是对这样索引的创建并不是必需的。

7.6　本章小结

本章介绍了数据库恢复技术、事务操作并发控制、数据库的安全性和完整性 4 大模块。

从数据库一致性要求角度考虑，在数据库实际运行当中，应当有一个在逻辑上不可再分的工作单位，这就是数据库中的事务概念，事务作为数据库的逻辑工作单元是数据库管理中的一个基本概念。如果数据库只包含成功事务提交的结果，就称数据库处于一致状态。保证数据的一致性是数据库的最基本要求。只要能够保证数据库系统一切事务的 ACID 性质，就可以保证数据库处于一致性状态。为了保证事务的隔离性和一致性，DBMS 需要对事务的并发操作进行控制；为了保证事务的原子性、持久性，DBMS 必须对事务故障、系统故障和介质故障进行恢复。事务既是并发控制的基本单位,也是数据库恢复的基本单位,因此数据库事务管理的主要内容就是事务操作的并发控制和数据库的故障恢复。

事务并发控制的出发点是处理并发操作中出现的 3 类基本问题:丢失修改、读"脏"数据和不可重复读,并发控制的基本技术是实行事务封锁。为了解决三类基本问题,需要采用"三级封锁协议";为了达到可串行化调度的要求需要采用"两段封锁协议"。

数据库恢复的基本原理是使用适当存储在其他地方的后备副本和日志文件中的"冗余"数据重建数据库,数据库恢复的最常用技术是数据库转储和登记日志文件。

随着计算机特别是计算机网络技术的发展,数据的共享性日益加强,数据的安全性问题也日益突出。DBMS 作为数据库系统的数据管理核心,自身必须具有一套完整而有效的安全机制。实现数据库安全性的技术和方法有多种,其中最重要的是存取控制技术和审计技术。

数据库的完整性是为了保证数据库中存储的数据是正确的,而"正确"的含义指符合现实世界语义。关于完整性的基本要点是 DBMS 关于完整性实现的机制,其中包括完整性约束机制、完整性检查机制以及违背完整性约束条件时 DBMS 应当采取的措施等。需要指出的是,完整性机制的实施会极大影响系统性能。随着计算机硬件性能和存储容量的提高以及数据库技术的发展,各种商品数据库系统对完整性支持越来越好。

在本章的学习中,一定要牢记数据库安全性和数据库完整性两个基本概念的联系与区别。

习 题 7

1. 什么是事务? 事务有哪些重要属性?
2. 什么是数据库的恢复? 数据库恢复的基本技术有哪些?
3. 什么是数据库的转储? 试比较各种转储方法。
4. 什么是日志文件? 登记日志文件必须遵循的两条原则是什么?
5. 并发操作可能会产生哪几类数据不一致?
6. 什么是封锁? 基本的封锁类型有几种? 简述它们的含义。
7. 什么是封锁协议? 封锁协议有哪几种? 为什么要引入封锁协议?
8. 什么是两段锁协议? 并发调度的可串行性指的是什么?
9. 什么是数据库的完整性约束条件? 可分为哪几类?
10. 假设有下面两个关系模式:

职工(职工号,姓名,年龄,工资,部门号),其中职工号为主键;

部门(部门号,名称,电话),其中部门号为主键;

用 SQL 语言定义这两个关系模式,要求在模式中完成以下完整性约束添加的定义:

(1) 定义每个模式的主键。

(2) 定义参照完整性。

(3) 定义职工年龄不得超过 60 岁。

案例7　数据库并发控制

1. 教学内容分析

在数据库并发控制概述这一节中介绍了事务并发操作所带来的3类数据不一致性问题：丢失修改、读"脏"数据和不可重复读，并分析了其产生的原因，同时给出了并发控制的技术：封锁。教材对这3类问题虽然进行了举例分析，但相对比较抽象，缺少现实感，不容易理解和接受。

2. 教学设计思想

事务并发操作能够提高系统的效率，但也容易产生问题，本节从生活中常见的事例入手，直观形象地类比3类问题的产生，同时分析原因，给出解决方案。

3. 教学目标分析

本课的教学目标有以下3方面：

（1）知识和技能：

① 掌握并发操作所带来的3类数据不一致性问题。

② 了解3类问题产生的主要原因。

（2）过程和方法：

通过案例，直观感受数据不一致性所带来的问题，了解其产生的原因。

（3）情感态度和价值观：

通过身边的事例，体会并发控制的必要性和重要性。

4. 教学组织

教师讲解，任务驱动，学生自主学习、讨论。

5. 教学过程设计

（1）学生自学，同时思考：并发控制容易产生哪3类数据不一致性问题？原因是什么？应如何解决？

（2）教学案例。

① 丢失修改。

例如，两个编辑人员制作了同一文档的电子复本。每个编辑人员独立地更改其复本，然后保存更改后的复本，这样就覆盖了原始文档。最后保存其更改复本的编辑人员覆盖了第一个编辑人员所做的更改。如果在第一个编辑人员完成之后第二个编辑人员才能进行更改，则可以避免该问题。

② 读"脏"数据。

例如，一个编辑人员正在更改电子文档。在更改过程中，另一个编辑人员复制了该文档（该复本包含到目前为止所做的全部更改）并将其分发给预期的用户。此后，第一个编辑人员认为目前所做的更改是错误的,于是删除了所做的编辑并保存了文档。分发给用户的文档包含不再存在的编辑内容,并且这些编辑内容应认为从未存在过。如果在第一个编辑人员确定最终更改前任何人都不能读取更改的文档,则可以避免该问题。

③ 不可重复读。

例如,一个编辑人员两次读取同一文档,但在两次读取之间,作者重写了该文档。当编辑人员第二次读取文档时,文档已更改。原始读取不可重复。如果只有在作者全部完成编写后编辑人员才可以读取文档,则可以避免该问题。

(3)请学生讨论并发操作所产生的问题,并分析其原因。

(4)针对上述具体事例和教材,教师给出 3 类数据不一致性问题的定义。

(5)解释产生问题的原因,提出并发控制的技术:封锁。

(6)总结。

第8章

数据库访问技术

本章主要内容

本章介绍 ODBC(Open Data Base Connectivity)、JDBC(Java Data Base Connectivity) 的概念和体系结构,以及它们对异构数据库进行统一访问和协作的原理及其应用。

本章学习目标

- 掌握 ODBC 体系结构;
- 掌握数据源的配置;
- 熟练掌握 ODBC 数据源中存取数据的基本流程;
- 掌握 JDBC API 和 JDBC Driver API 作用;
- 熟练掌握 JDBC 实现数据库访问。

8.1 数据库访问技术概述

目前许多关系数据库系统均支持 SQL 标准,但是不同数据库之间在硬件平台、操作系统或数据库管理系统等方面各有不同。异构数据库系统是相关的多个数据库系统的集合,每个数据库系统在加入异构数据库系统之前就已经存在,它们有自己的应用特性、完整性控制和安全性控制。

随着计算机网络的广泛应用,企业在发展过程中积累了大量分布的、异构的数据库系统。在网络环境下,实现基于异构系统平台的数据库应用,必须提供一个独立于特定数据库管理系统的统一编程界面和一个基于 SQL 通用的数据库访问方法。使用户对任何数据库的操作如同在本地执行,而不需要考虑数据库在平台、系统环境和内部数据格式等方面的异构性。

中间件是分布式环境中保证操作系统、通信协议和数据库等之间进行对话、互相操作的软件系统。通过中间件,开发人员无须关心特定环境的底层细节,有关代码不依赖于具体数据库及数据库所在平台。中间件保证了客户和服务器间的联系,使网络、数据库和操作系统对于应用软件的开发界面透明化,即隐藏网络部件的异构性。

本章介绍的 ODBC 技术和 JDBC 技术是当前数据库环境中应用较为广泛的中间件技术,ODBC 和 JDBC 提供了独立于特定数据库管理系统的统一方式,可以实现异构系统平台对异构数据库的访问、查询和修改,实现各异构数据库之间的互操作。

8.2　ODBC 中间件技术

ODBC 的基本思想是为开发人员提供简单、标准、透明和统一的应用程序编程接口（Application Programming Interface，API），允许在不同的应用程序中访问不同的数据库，共享多个数据资源。本节主要介绍如何使用 ODBC 来进行数据库应用程序的设计。

8.2.1　ODBC 概述

关系型数据库一经产生便很快成为数据库系统的主流产品，每个 DBMS 厂商都有自己的一套标准。在传统的关系数据库开发中，开发人员要熟悉多个 DBMS 及其 API，一旦 DBMS 端出现变动，往往导致用户端系统对源程序重新编译，甚至要修改源代码，这给系统的开发和维护工作带来了诸多不便。另外，随着计算机技术和计算机网络技术发展日益深入，对数据应用的要求也越来越高。不管应用程序使用的是主从连接、客户机/服务器模式或是分布式方式，都会涉及数据库的连接，针对不同的 DBMS，要实现系统的移植和数据的共享比较困难。Microsoft 公司提出的开放式数据库互连（Open Data Base Connectivity，ODBC）成为一个强有力的解决方案。

ODBC 是 Microsoft 公司开放服务体系（Windows Open Services Architecture，WOSA）中有关数据库的一个组成部分，它建立了一组规范，并提供了一组访问数据库的标准 API，采用 SQL 作为标准的查询语言。

作为一个工业标准，绝大多数数据库、应用软件和工具软件厂商都为自己的产品提供了 ODBC 接口或提供了 ODBC 支持，其中包括常用的 SQL Server、Oracle、DB2、Informix 等，当然也包括了 Visual FoxPro 和 Access。

在 ODBC 方式中，不管底层网络环境如何，也无论采用何种 DBMS，用户在程序中都使用同一套标准代码，无须逐个了解各 DBMS 及其 API 的特点，源程序不因底层的变化而重新编译或修改，从而减轻了系统开发、维护的工作量，缩短了开发周期。

8.2.2　ODBC 体系结构

ODBC 是依靠分层结构实现的，图 8-1 所示为 ODBC 的体系结构，共分为 4 个部分：应用程序（Application）、驱动程序管理器（Driver Manager）、驱动程序（Driver）和数据源（Data Source）。

1. 应用程序

应用程序提供用户界面、应用逻辑和事务逻辑。当使用 ODBC 开发数据库应用程序时，应用程序调用的是标准 ODBC 函数和 SQL 语句，应用层使用 ODBC API 调用接口与数据源进行数据交互。使用 ODBC API 的应用程序可以执行如下任务：

- 与数据源建立联系；
- 向数据源发出 SQL 请求；
- 为 SQL 语句执行结果分配存储空间，定义所读取的数据格式；
- 获取数据库操作结果，或处理发生的错误；

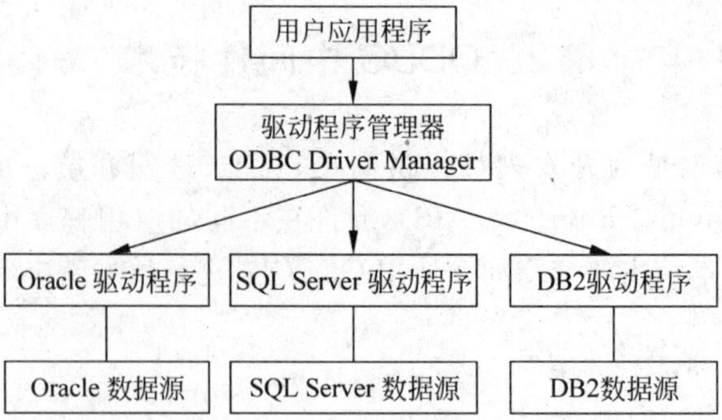

图 8-1 ODBC 体系结构

- 当需要时,将结果返回给用户;
- 控制事务的提交和回滚操作;
- 断开与数据源的连接。

2．驱动程序管理器

驱动程序管理器主要任务是管理应用程序和驱动程序之间的通信,是 ODBC 中最重要的部件。

驱动程序管理器由 Microsoft 公司提供,在 Windows 中是一个动态链接库即 ODBC32. DLL,它对用户是透明的,主要功能如下:

- 为应用程序加载 DBMS 驱动程序;
- 处理各种 ODBC 的初始化调用;
- 为每个驱动程序提供 ODBC 函数入口点;
- 为 ODBC 提供参数和顺序的合法检验。

3．驱动程序

ODBC 通过驱动程序提供应用系统与数据库平台的独立性。

ODBC 应用程序不能直接访问数据库,驱动程序管理器负责将应用程序对 ODBC API 的调用传递给驱动程序,驱动程序在执行完相应的操作后,将结果通过驱动程序管理器返回给应用程序。驱动程序可完成的任务如下:

- 建立应用程序与数据库的连接;
- 向数据库提交用户请求执行的 SQL 语句;
- 根据应用程序的需要进行数据格式的转换;
- 返回结果给应用程序;
- 当产生错误时,将错误格式化标准代码返回给应用程序;
- 在需要的情况下处理游标。

每个支持 ODBC 的 DBMS 需要不同的驱动程序。当需要改变驱动程序时,应用程序不需要重新编译或重新链接,只是动态加载新的驱动程序,并调用其中的函数即可。如果要同时访问多个 DBMS 系统,应用程序可加载多个驱动程序。

ODBC 驱动程序从结构上分为单束式和多束式两类。

（1）单束式驱动程序

单束式驱动程序介于应用程序和数据库之间，像中介驱动程序一样，提供一个统一的数据访问方式。当用户数据库进行操作时，应用程序传递一个 ODBC 函数调用给驱动程序管理器，由 ODBC API 判断该调用是由它直接处理并将结果返回给应用程序，还是送交驱动程序执行并将结果返回。

（2）多束式驱动程序

多束式驱动程序负责在数据库引擎和客户应用程序之间传送命令和数据，它本身并不执行数据处理操作，只是作为网络通信协议的一个界面。多束式驱动程序将 SQL 语句传递给数据库，由 DBMS 解释执行 SQL 语句，实现用户的各种操作请求。

基于单束式驱动程序的应用程序把存放数据库的服务器作为文件服务器使用，在网络中传输的是整个数据库文件，所以网络的数据通信量很大；基于多束式驱动程序的应用程序在数据库服务器上实现对数据库的各种操作，在网络中传输的只是用户请求和数据库处理的结果，从而使网络通信量大大减少。这不仅减轻了网络的负担，而且还均衡了服务器和客户机的负载，从而提高了应用程序的运行效率。

4. ODBC 数据源管理

数据源是最终用户需要访问的数据，数据源对最终用户是透明的。ODBC 给每个被访问的数据源指定唯一的数据源名（Data Source Name，DSN），在连接中，用数据源名来代表用户名、服务器名和所连接的数据库名等，可以将数据源名看成是与一个具体数据库建立的连接。在 Windows 中，DSN 允许用适当的权限通过网络连接指定的数据库。

例如，假设在网上书店系统中有两个数据库：图书销售数据库和进货数据库，该应用系统要从这两个数据库中存取数据。可以利用 ODBC 驱动程序管理器调用 SQL Server 驱动程序与这两个数据库通信。为了方便与这两个数据库连接，为商品销售数据库创建一个数据源名 SALES，SALES 就是一个 DSN。同样，为进货数据库创建一个名为 STOCK 的数据源。以后要访问每个数据库的时候，只要与 SALES 和 STOCK 连接即可，而不需要记住使用的驱动程序、服务器名称及数据库名等。

8.2.3　数据源

ODBC 通过数据源来建立应用程序与数据库间的通信，数据源不是数据库系统，而是用于表达一个 ODBC 驱动程序和 DBMS 特殊连接的命名。在 ODBC 中可以创建 3 种数据源（DSN）：文件数据源（File DSN）、用户数据源（User DSN）和系统数据源（System DSN）。

为了连接到 SQL Server 数据库服务器，必须在 ODBC 中配置 SQL Server 数据源。在 Windows 的"控制面板"窗口中，双击"管理工具"项，启动"数据源（ODBC）"管理程序。运行界面如图 8-2 所示。"ODBC 数据源管理器"对

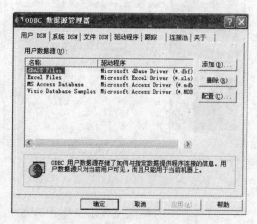

图 8-2　ODBC 数据源管理器

话框中有 7 个选项卡,前 3 个是配置 3 种类型的数据源,后 4 个是对整个系统的配置。

(1) 用户 DSN。用户 DSN 会把相应的配置信息保存在系统注册表中,这是为计算机本地用户创建的 DSN,只允许创建该 DSN 的登录用户使用。

(2) 系统 DSN。系统 DSN 同样将有关的配置信息保存在系统注册表中,与用户 DSN 不同的是系统 DSN 允许所有登录服务器的用户使用。

(3) 文件 DSN。文件 DSN 把具体的配置信息保存在硬盘上的某个具体文件中。文件 DSN 允许所有登录服务器的用户使用,而且即使在没有任何用户登录的情况下,也可以提供对数据库 DSN 的访问支持。此外,因为文件 DSN 被保存在硬盘文件里,所以可以方便地复制到其他计算机中。这样,用户可以不对系统注册表进行任何改动就可直接使用在其他计算机上创建的 DSN。

(4) 驱动程序。用于显示用户系统中已安装的所有数据库驱动程序,可以根据其中的信息检查是否有用户需要的驱动程序。

(5) 跟踪。用于控制 ODBC 跟踪行为,该特性对调试和性能检测很有用。

(6) 连接池。可以根据用户端应用程序与数据源的连接情况,重用数据连接,从而节省系统资源。

根据 DSN 的类型选择对应添加的数据源后,单击"添加"按钮,开始添加一个新的数据源,在打开如图 8-3 所示的"创建新数据源"对话框的驱动程序列表中选择 SQL Server 项,表明将建立一个访问 SQL 数据库服务器的连接。单击"完成"按钮后,在弹出如图 8-4 所示的"创建到 SQL Server 的新数据源"对话框内填入相应的新数据源的名称,以后的应用程序要访问数据库时会使用该名称;在"服务器"下拉列表框中选择要连接的 SQL 数据库服务器。然后单击"下一步"按钮,在图 8-5 所示的对话框中进行验证登录 ID 设置,用户可以根据需要,选择使用 Windows NT 验证还是使用 SQL Server 验证。当选择 SQL Server 验证时,可以进行连接到 SQL Server 数据库服务器上的用户名和密码设置;当指定的服务器或是网络出现问题时,会有相关的错误提示,并且不能进行下一步操作。单击"客户端配置"按钮可以配置客户端连接服务器使用的通信协议和端口。

图 8-3 选择 SQL Server 驱动程序

图 8-4 输入数据源信息

如果前面的操作没有出错将出现如图 8-6 所示的对话框,如果客户端应用程序想从当前连接的 SQL Server 数据库服务器中选择一个数据库作为默认数据库,则选中"更改默认的数据库为"复选框。单击"下一步"按钮,在出现的对话框内单击"完成"按钮,则完成对新数据源的连接,图 8-7 所示为该数据源的描述,如果该数据源能成功地连接到 SQL Server 数据库,单击"测试数据源"按钮后,会出现"SQL Server ODBC 数据源测试"对话框,如图 8-8 所示。

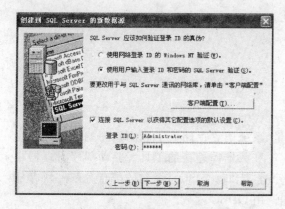

图 8-5 输入登录 ID 和密码

图 8-6 更改默认数据库

图 8-7 数据源配置信息

图 8-8 数据源测试成功

ODBC 数据源配置完成后,就可以与客户端程序进行连接。在客户端程序中要访问数据库,必须先创建与数据库的连接,然后打开连接,该数据库才真正可用。

8.2.4 ODBC API 操作

ODBC API 是 ODBC 运用数据通信方法、数据传输协议和 DBMS 等多种技术定义的一个标准接口。开发人员可以使用 ODBC 中定义的相同 SQL 语法操作不同的数据源。

应用程序存取数据源中数据的基本流程分为 3 部分:初始化、SQL 处理和终止。其中,初始化包括句柄的分配和数据库的连接;终止部分包括句柄的释放和数据库的断开。应用程序存取数据源中数据的完整步骤如下:

- 分配环境句柄;

- 分配连接句柄；
- 连接数据源；
- 分配语句句柄；
- 执行 SQL 命令返回结果集；
- 释放语句句柄；
- 断开数据源连接；
- 释放连接句柄；
- 释放环境句柄。

1. ODBC API 句柄

ODBC 句柄(Handle)是一个应用程序变量，系统用它存储关于应用程序的上下文信息和应用程序所用到的一些对象，句柄是应用程序和数据源连接的工具。驱动程序管理器根据应用程序的请求，为有关的 ODBC 环境、每个连接和每个 SQL 语句的信息分配一块存储空间，应用程序根据返回代表存储空间的句柄调用 ODBC 函数。

ODBC 使用 3 类句柄：环境句柄、连接句柄和语句句柄，它们之间的关系如图 8-9 所示。

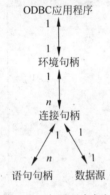

图 8-9　应用程序句柄
之间的关系

对于每个 ODBC 应用程序来说，第一步工作是装载驱动程序管理器，然后初始化 ODBC 环境，分配一个环境句柄，存取数据的全局性背景如环境状态、当前在环境上分配的连接句柄等。一个环境句柄可以建立多个连接句柄，每一个连接句柄只与一个环境句柄相连。每一个语句句柄与一个连接句柄相连，一个连接句柄可以建立多个语句句柄。

在连接数据库时要分配句柄，与服务器断开时要释放句柄，对应到 ODBC 中两个函数分别为分配句柄函数和释放句柄函数。执行分配句柄函数时，首先分配内存，然后定义所需的数据结构，并对指定数据结构的句柄赋值。分配了句柄后，应用系统就可以将句柄传递给使用的接口函数，指出该函数所作用的环境、连接或语句。若函数返回空值则表示操作失败，无法为数据结构分配内存空间。同样，执行释放句柄函数时，释放各种句柄和每个句柄所占的内存空间。

1) 环境句柄

环境句柄是 ODBC 中整个上下文的句柄，在每个应用程序中只能创建一个，使用 ODBC 的每个程序从创建环境句柄开始，以释放环境句柄结束。

(1) 初始化环境句柄

① 分配环境句柄函数。

```
SQLAllocHandle ( SQL_HANDLE_ENV , SQL_NULL_HANDLE , &m_henv )
```

函数中参数 m_henv 是要分配的环境句柄。当应用程序调用该函数时，ODBC 驱动程序将为所声明的句柄类型分配一个结构，该结构中存放环境信息，然后返回对应于该环境的环境句柄。函数返回值是 SQL_SUCCESS，表示环境句柄分配成功，应用系统可以使用已分配的句柄分配连接,完成各种事务;若返回值是 SQL_SUCCESS_WITH_INFO 表示句柄分配成功,但带回非致命错误或警告;返回值是 SQL_ERROR 则代表函数调用失败。

② 设置环境属性。

应用程序在完成环境的分配后,接着调用函数 SQLSetEnvAttr 进行环境属性设置,注册 ODBC 的版本号。格式如下:

```
SQLSetEnvAttr(m_henv , SQL_ATTR_ODBC_VERSION ,(void * )SQL_OV_ODBC3, SQL_IS_INTEGER)
```

其中参数 m_henv 是环境句柄。

(2) 释放环境句柄函数

完成数据访问任务时,调用函数释放前面分配的环境。环境句柄释放成功后,将不能再使用这个句柄。释放环境句柄函数如下:

```
SQLFreeHandle(SQL_HANDLE_ENV , m_henv)
```

其中参数 m_henv 是环境句柄。

2) 连接句柄

连接句柄表示应用系统与数据源之间的连接。分配环境句柄后,在建立数据源的连接之前,必须分配一个连接句柄,每一个与数据源的连接对应一个连接句柄。

(1) 分配连接句柄函数

```
SQLAllocHandle(SQL_HANDLE_DBC , m_henv , &m_hdbc)
```

参数 m_henv 是环境句柄,m_hdbc 是要分配的连接句柄。

(2) 释放连接句柄函数

```
SQLFreeHandle(SQL_HANDLE_DBC , m_hdbc)
```

参数 m_hdbc 是连接句柄。

3) 语句句柄

语句句柄代表一个存储某 SQL 语句信息的存储区。在应用程序可以执行语句之前,必须先为 SQL 分配内存,然后利用语句句柄引用 SQL 语句。这里的 SQL 语句不只是一个 SQL 语句,还包括 SQL 语句产生的结果集及相关的信息等。

(1) 分配语句句柄函数

```
SQLAllocHandle(SQL_HANDLE_STMT , m_hdbc , &m_hstmt)
```

其中,参数 m_hdbc 为一个有效的、已与一个数据源连接的连接句柄,参数 m_hstmt 是语句句柄。

(2) 释放语句句柄函数

```
SQLFreeHandle(SQL_HANDLE_STMT , m_hstmt)
```

参数 m_hstmt 是语句句柄。

2. 数据源的连接与断开

分配环境句柄和连接句柄后,就可以用不同的函数建立连接数据源。当完成对数据库的操作,要释放语句句柄,关闭与指定连接句柄相关的数据源。

（1）连接数据源

对于不同的程序和用户接口，可以用不同的函数建立数据源的连接：SQLConnect、SQLDriverConnect、SQLBrowseConnect。

① SQLConnect：该函数只要提供数据源名称、用户 ID 和口令，就可以进行连接。

② SQLDriverConnect：该函数用一个连接字符串建立数据源的连接，让用户输入必要的连接信息后可以使用系统中还没定义的数据源。

③ SQLBrowseConnect：该函数支持以一种迭代方式获取到数据源的连接，直到建立。它基于客户机/服务器体系结构，因此本地数据库不支持该函数。

其中，SQLConnect 提供了最为直接、有效的程序控制方式，其格式如下：

```
SQLConnect(hdbc , ServerName , NameLength1 , UserName , NameLength2 , Authen , NameLength3)
```

参数 hdbc 为一个已分配的连接句柄；ServerName、UserName 和 Authen 分别表示系统所要连接的数据源名称、用户标识和用户口令，NameLength1、NameLength2 和 NameLength3 则分别表示其对应的长度。

（2）断开数据源的函数

SQLDisconnect(m_hdbc)，参数 m_hdbc 为要断开的连接句柄。

3. 执行 SQL 语句

应用程序的大部分数据库访问工作都是通过执行 SQL 语句完成的，在获得语句句柄后，可以执行 SQL 语句。ODBC 提供两种不同的执行方法：

（1）直接执行 SQL 语句

对于只执行一次的 SQL 语句来说，该函数是执行最快的方法。格式如下：

```
SQLExecDirect(hstmt , stmtText , textLength)
```

参数 hstmt 为有效的语句句柄；stmtText 为要执行的 SQL 语句；textLength 是 SQL 语句的长度，当要执行的 SQL 语句结尾的字符串为 NULL 时，通常用 SQL_NTS 表示字符串的长度。

（2）预处理执行 SQL 语句

如果 SQL 语句需要多次执行几次或在执行前需要有关的结果集合准备信息，可先调用 SQLPrepare 函数准备 SQL 语句的执行。准备好的 SQL 语句用 SQLExecute 函数执行。

① SQLPrepare 函数。

```
SQLPrepare(hstmt , stmtText , textLength)
```

参数 hstmt 为有效的语句句柄；stmtText 为要执行的 SQL 语句；textLength 是 SQL 语句的长度。

② SQLExecute 函数。

SQLExecute(hstmt)，参数 hstmt 为有效的语句句柄。

4. 获取记录集

执行 SQL 语句后可以从数据源中取回记录集。查询记录集是数据源上满足一定条件的数据记录的集合,若没有满足条件的记录,则记录集为空。

从数据源中取回的数据存放在应用程序的变量中。首先必须分配与记录集中字段相对应的变量,然后通过函数将记录字段同程序变量绑定在一起。

绑定字段可以根据自己的需要全部绑定,也可以绑定其中的某几个字段。

(1) 绑定列函数

```
SQLBindCol(hstmt , columnNum , dataType , dataPtr , bufferLength , strLen)
```

其中,参数 hstmt 为有效语句句柄;columnNum 标识要绑定的列号;dataType 为数据类型;dataPtr 和 bufferLength 分别为绑定到数据字段的缓冲区地址和缓冲区长度;strLen 为指向绑定数据列使用的长度的指针。

通过调用函数 SQLBindCol 将变量地址值赋为 NULL,可以结束对一个记录字段的绑定,释放句柄后结束所有记录字段的绑定。

对于每一个存储在一个临时存储区里的结果集合,系统都自动产生一个光标,当结果集合刚产生时,光标指向第一行数据之前。

(2) 移动光标函数 SQLFetch

```
SQLFetch (hstmt)
```

参数 hstmt 为有效语句句柄。该函数用于将记录集的下一行变成当前行,并把所有捆绑过的数据字段的数据复制到相应的缓冲区。

例 8-1 试写出读取网上书店数据库中表 Book 相关数据的 ODBC 工作流程。

解:

```
# include  < stdlib. h >
# include  < windows. h >
# include  < stdio. h >
# include  < sql. h >
# include  < sqlext. h >
# include  < sqltypes. h >

# define   ISBN_LEN         10
# define   NAME_LEN         50
# define   AUTHOR_LEN       20

int main ()
{
    / * (1)定义句柄和变量 * /
    SQLHENV   henv;              //环境句柄
    SQLHDBC   hdbc;              //连接句柄
    SQLHSTMT  hstmt;             //语句句柄
    SQLWCHAR  sISBN [ISBN _LEN], sName[NAME_LEN], sAuthor[AUTHOR_LEN];
    SQLLEN    cbID = 0 , cbName = 0 , cbAuthor = 0 ;
    SQLRETURN  ret;
    / * (2)初始化环境 * /
    SQLAllocHandle(SQL_HANDLE_ENV,SQL_NULL_HANDLE,&henv);
    SQLSetEnvAttr(henv , SQL_ATTR_ODBC_VERSION,
                        (void * )SQL_OV_ODBC3 , SQL_IS_INTEGER) ;
```

```
    /* (3)建立连接 */
    SQLAllocHandle(SQL_HANDLE_DBC , henv , &hdbc ) ;
    SQLConnect(hdbc , L" " , SQL_NTS , L" sa " , SQL_NTS , L" sa " , SQL_NTS ) ;
    /* (4)初始化语句句柄 */
    SQLAllocHandle(SQL_HANDLE_STMT , hdbc , &hstmt ) ;
    /* (5)执行 SQL 语句 */
    ret = SQLExecDirect(hstmt , L" SELECT  *  FROM  Book ", SQL_NTS) ;
    if(ret = = SQL_SUCCESS|| ret = = SQL_SUCCESS_WITH_INFO)
    {
        ret = SQLBindCol(hstmt, 1, SQL_C_ULONG , &sISBN , ID_LEN , &cbID) ;
        ret = SQLBindCol(hstmt, 2, SQL_C_CHAR , sName , NAME_LEN , &cbName);
        ret = SQLBindCol(hstmt,3,SQL_C_CHAR,sAuthor,AUTHOR_LEN, &cbAuthor);
    }
    /* (6)处理结果集并执行预编译后的语句 */
    while((ret = SQLFetch(hstmt))! = SQL_NO_DATA_FOUND)
    {
        if(ret = = SQL_SUCCESS)
            printf(" %5d %s%s", sISBN , sName , sAuthor) ;
        else
{
            printf("Fetch error\n");
            exit (0);
        }
    }
    /* (7)中止处理,注意关闭的顺序 */
    SQLFreeHandle(SQL_HANDLE_STMT , hstmt);
    SQLDisconnect(hdbc);
    SQLFreeHandle(SQL_HANDLE_DBC ,  hdbc) ;
    SQLFreeHandle(SQL_HANDLE_ENV ,  henv) ;
}
```

以上步骤是使用 ODBC 的标准步骤,但在真正的应用中,不一定完全按照以上步骤进行,具体情况要根据特定的应用环境决定。

8.3　JDBC 中间件技术

JDBC 是基于 ODBC 的 SQL Java 接口,与 ODBC 一样,JDBC 也支持在应用程序中同时建立多个数据库的连接,更适合于 Internet 上异构环境的数据库应用。

本节主要介绍 JDBC 的特点、结构及如何使用 JDBC API 建立与数据库的连接。

8.3.1　JDBC 基本概念

JDBC 保留 ODBC 的基本设计功能,在 Web 和 Internet 应用程序中的作用与 ODBC 在 Windows 系列平台应用程序中的作用类似,而且还具有对硬件平台、操作系统异构性的支持。

JDBC 并不是一个缩写字而是个商标名。JDBC 是用于执行 SQL 语句的 Java API,由一组用 Java 语言编写的类和接口组成。

目前,Microsoft 公司的 ODBC API 可能是使用最广泛,用于访问关系数据库的编程接口,在 Java 中可以使用 ODBC API 访问数据库。引入 JDBC 主要有如下原因:

(1) ODBC 用 C 语言实现,如果在 Java 中直接调用 C 语言代码,将带来移植性、安全性和稳定性等方面问题。

(2) 不能把 ODBC C API 直接翻译成 Java API。如 ODBC 中广泛使用了容易出错和造成安全问题的指针,而 Java 中已经取消了指针。

(3) 相对将简单和高级功能混合在一起 ODBC 而言,JDBC 保证了简单功能的简便性,同时在必要时允许使用高级功能。

(4) ODBC 驱动程序管理器和驱动程序必须在每台客户机上分别安装、配置,而 JDBC 内置驱动程序管理器,驱动程序本身也可以通过 Web 浏览器自动下载,无须安装、配置。

JDBC 向应用程序开发者提供独立于数据库、统一的 API,用 JDBC API 写的程序能够自动将 SQL 语句传送给对应的 DBMS,并且使用 Java 编写的应用程序可以在任何支持 Java 的平台上运行,不必在不同的平台上编写不同的应用程序。Java 和 JDBC 的结合可以让开发人员在开发数据库应用时真正实现"一次性写入,随处运行"。

8.3.2 JDBC 结构

JDBC 与 ODBC 都是基于 X/Open SQL CLI(调用级接口)这一模型,通过定义一组 API 对象和方法以用于同数据库进行交互。JDBC 总体结构类似于 ODBC,如图 8-10 所示。JDBC 由 4 部分组成:应用程序、驱动程序管理器、驱动程序和数据源。

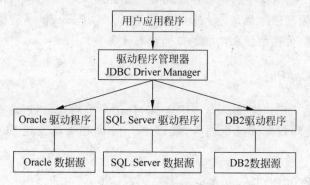

图 8-10　JDBC 的体系结构

可以看出,JDBC 应用程序负责用户与用户接口之间的交互操作。驱动程序管理器为应用程序加载和调用数据库驱动程序。数据库驱动程序执行 JDBC 对象方法的调用,发送 SQL 请求给指定的数据源,并将结果返回给应用程序。驱动程序也负责与任何访问数据源的必要软件层进行交互。

根据访问的技术不同,JDBC 驱动程序主要有 4 种类型,它们分别如下:

1. JDBC-ODBC 桥加 ODBC 驱动程序(JDBC-ODBC Bridge Plus ODBC Driver)

利用 ODBC 驱动程序提供 JDBC 访问。由于 JDBC-ODBC 先调用 ODBC 再由 ODBC 去调用本地数据库接口访问数据库,所以执行效率比较低,对于大数据量存取的应用是不适合的。这种类型的驱动程序最适合于企业网或用 Java 编写的应用程序服务器代码。

2. 本地 API,部分 Java 驱动程序(Native-API Partly-Java Driver)

驱动程序把客户机 API 上的 JDBC 调用转换为 DBMS 的调用。这种驱动程序类型的执行效率较高。适合需要大数据量操作的本地开发的应用程序。

3. JDBC 网络纯 Java 驱动程序(JDBC-Net Pure Java Driver)

将 JDBC 转换为与 DBMS 无关的网络访问协议,然后由服务器端的中间件转换为具体数据库服务器可以接收的 DBMS 协议。因为不需要先把 JDBC 的调用传给 ODBC 或本地数据库接口或者中间层服务器,所以执行效率非常高。在客户端或服务器端不用安装其他软件或驱动,并且能访问多种数据库。另外,由于这类驱动程序是完全用 Java 语言编写,它的移植性好,实现了平台独立性。适合组建三层的应用模型和需要同时连接多个不同种类的数据库、且对并发连接要求高的应用,是最为灵活的 JDBC 驱动程序。

4. 本地协议纯 Java 驱动程序(Native-protocol Pure Java Driver)

将 JDBC 调用直接转换为 DBMS 所使用的网络访问协议。JDBC 把对数据库的访问请求传递给网络上的中间件服务器,中间件服务器把请求翻译为符合数据库规范的调用后传给数据库服务器。由于这种驱动是基于服务器的,所以无须在客户端加载驱动程序,允许从客户机上直接调用 DBMS 服务器。适合连接单一数据库的工作组应用。

第 1、2 类 JDBC 驱动程序都要求客户端必须安装 ODBC 驱动,不利于 Java 数据库程序的兼容性。第 3、4 驱动程序都是纯 Java 的驱动程序,具有 Java 的所有优点,对于 Java 开发者来说,它们在性能、可移植性和功能等方面都有优势。

8.3.3 JDBC API

JDBC 的核心是为用户提供 Java API 类库,让用户能够创建数据库连接、执行 SQL 语句、检索结果集和访问数据库元数据等,能够使 Java 编程人员发送 SQL 语句和处理返回结果。

1. JDBC API 和 JDBC Driver API

JDBC 有两种接口组成:一是面向应用程序设计人员的 JDBC API;二是面向底层的 JDBC Driver API(JDBC 驱动程序接口)。它们的功能如图 8-11 所示。

可以看出,用 JDBC 实现数据库访问时,即 JDBC API 所关心的只是 Java 调用 SQL 的抽象接口,Java 应用程序通过 JDBC API 界面访问 JDBC 管理器,具体的数据库调用由 JDBC 管理器通过 JDBC Driver API 访问不同的 JDBC 驱动程序完成。也就是说,只要提供了 JDBC Driver API,JDBC API 就可以访问任意一种数据库,无论该数据库位于本地还是远程服务器。为在 Java 中访问任意类型的数据库提供技术支持。

(1) JDBC API

JDBC API 的作用就是屏蔽不同的数据库驱动程序之间的差别,为应用程序设计人员提供一个标准的、纯 Java 的数据库程序设计接口,进行数据库连接、调用 SQL 语句访问支

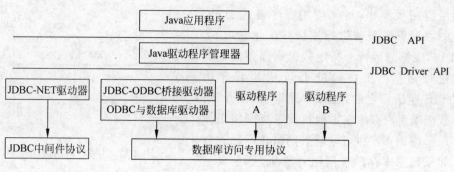

图 8-11　JDBC API 结构

持 JDBC 的数据库,得到返回结果。主要包括以下几类:

① java. sql. Connection。用于建立与某一指定数据库的连接,建立连接后便可以执行 SQL 语句并获得检索结果。

② java. sql. DriveManager。用来处理装载驱动程序并建立新的数据库连接。

③ java. sql. Statement。在一个给定的连接中作为 SQL 语句执行声明的容器,以实现对数据库的操作。它包含有两个重要的子类型:

- java. sql. PreparedStatement。创建一个可以编译的 SQL 语句对象,该对象可以被多次运行,以提高执行的效率。
- java. sql. CallableStatement。用于执行数据库中存储过程的调用。

④ java. sql. ResultSet。用于创建表示 SQL 语句检索结果的结果集,用户通过结果集完成对数据库的访问。

（2）JDBC Drive API

JDBC Drive API 是面向驱动程序开发商的编程接口,由各个商业数据库厂商提供。各个商业数据库厂商的 JDBC 驱动程序是由 JDBC 驱动程序管理器自动和统一管理,对于没有提供 JDBC 驱动器的 DBMS,JavaSoft 提供了一种特殊的驱动程序——JDBC-ODBC 桥,它支持 JDBC 通过现有的 ODBC 驱动器来访问 DBMS。

如果需要创建一个数据库驱动程序,只须实现 JDBC API 提供的抽象类,即每个驱动程序都必须提供对于 java. sql. Connection、java. sql. PreparedStatement、java. sql. CallableStatement、java. sql. ResultSet 等主要接口的实现方法,从而最终保证应用程序通过 JDBC 实现对不同数据库的操作。

另外,当 java. sql. DriverManager 需要为一个指定的数据库 URL 装载驱动程序时,每个驱动程序需要提供一个能实现 java. sql. Driver 的类。java. sql. Driver 是定义一个数据库驱动程序的接口。

2．JDBC 数据库应用模型

JDBC API 支持两种应用方式:Java 应用程序和 Java 小应用程序,这两种方式分别在两层应用模型和三层应用模型中实现。

（1）Java 应用程序

Java 应用程序模型如图 8-12 所示。

两层应用模型中,Java 应用程序通过 JDBC 与特定的数据库服务器进行连接。在此方式下,要求 JDBC 能够与运行于特定数据库服务器上的 DBMS 进行通信。用户通过 Java 应用程序将 SQL 语句传递给特定的数据库,并将结果返回给用户。数据库可以存放在本地机或者是网络服务器上。Java 应用程序也可以通过网络访问远程数据库。如果数据库存放于网络计算机,则是典型的客户机/服务器模型应用。Java 应用程序最广泛的应用领域就是 Intranet。

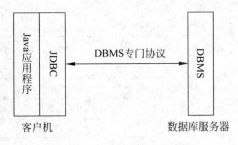

图 8-12 JDBC 两层应用模型

(2) Java 小应用程序

Java 小应用程序模型如图 8-13 所示。

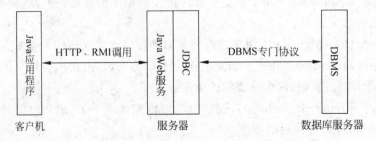

图 8-13 JDBC 三层应用模型

通过 JDBC 与特定数据库服务器上的数据库进行连接,由数据库服务器处理该 SQL 语句,然后将结果返回给 Web 服务器,最后由服务器将结果发送给用户。用户在浏览器中阅读获得的结果。

三层模型为用户提供了方便,用户可以使用易用的高级 API,然后由中间层将其转换为低级调用,而不用关心低级调用的复杂细节问题。在 Internet 上访问数据库通常采用三层模式。

8.3.4　JDBC 连接数据库操作

访问数据库是从数据库中提取数据或向数据库中保存数据,JDBC 抽象了数据库进行交互的过程。首先,在 Java 程序中要用 import java. sql. * 语句导入 java. sql 包。当 Java 程序需要使用 JDBC 时,登记一个 driver 类,然后创建一个 java. sql. connection 对象指向数据库。其次,要创建一个最基本的类是 java. sql. statement,用于执行数据库操作。

用 JDBC 来实现访问数据库具体操作步骤如下:

1. 建立数据源

当使用 JDBC-ODBC 桥建立连接时,必须先建立 ODBC 数据源。在 ODBC 部分对建立数据源的配置已经做了详细的介绍。

2. 加载连接数据库的驱动程序

在与指定数据库建立连接前,JDBC 都会加载相应的驱动程序,每一种数据库的驱动程序完成 java. sql. Driver 接口。加载驱动程序的一种最简单有效的方法是使用 Class. forName()方法显示加载一个驱动程序,由驱动程序负责向 DriverManager 登记注册并在与数据库相连接时,DriverManager 将使用此驱动程序。如:

```
Class.forName ( " sun . jdbc . odbc . JdbcOdbcDriver " );
```

注意:该语句将加载 Sun 公司为用户提供的 JDBC-ODBC 桥接驱动器。若装载 Microsoft SQLServer 驱动程序则语句为:

```
Class.forName ( "com . microsoft . jdbc . sqlserver . SQLServerDriver " );
```

3. 建立连接

采用 DriverManager 类中的 getConnection 方法实现与 url 所指定的数据源建立连接并返回一个 Connection 类的对象,以后对这个数据源的操作都是基于该 Connection 类对象;

```
String url = " jdbc:odbc:DatabaseDSN ";// DatabaseDSN 为 ODBC 数据源名
若连接的数据库为 MicroSoft SQLServer,则
String url = " jdbc:microsoft:sqlserver: // localhost:1433;DatabaseName = pubs";// 其中
pubs 为 ODBC 数据库名
Connection con = DriverManager.getConnection(url, " Login " , " Password " );
```

4. 查询数据库

对于需要返回结果集的 SELECT 语句,使用 executeQuery()方法,该方法只有一个字符串参数,用来存放 SELECT 语句,查询成功则以 Resultset 对象的形式返回查询结果。JDBC 中查询语句的执行方法可以分为 3 类,分别为 Statement,PreparedStatement,CallableStatement 对象。

(1) Statement
① 创建 Statement 对象。

```
Statement stmt = con.createStatement( );
```

② 执行 SQL 语句。

```
String sql =" SELECT * FROM Book ";
ResultSet rs = stmt.executeQuery (sql);
```

如果对数据库系统发送 INSERT、UPDATE 和 DELETE 不需返回查询结果的 SQL 语句,则采用 executeUpdate()方法。executeUpdate()方法接受 String 类型的 SQL 语句为参数,返回类型为 int,表示数据库表受到 INSERT、UPDATE、DELETE 语句影响的数据行数。如果返回值为 0,表示 SQL 语句不返回任何数据。

```
String sql = "DELETE FROM shop_user WHERE username = 'abc'";
int ret = stmt.executeUpdate (sql);
```

(2) PreparedStatement
Statement 对象在每次执行 SQL 语句时都将语句传给数据库,在多次执行同一语句时,

这样做效率较低。这时可以使用 PreparedStatement 对象,PreparedStatement 是 Statement 类派生的子类,所以可以使用 Statement 类中的方法。它可以将 SQL 语句传给数据库作预编译,以后每次执行这个语句时,可以提高速度。

① 创建 PreparedStatement 对象。

```
PreparedStatement pstmt = con.preparedStatement(" SELECT * FROM Book ");
PreparedStatement pstmt = con.preparedStatement("SELECT * FROM shop_user WHERE username = ?") ;
```

问号表示不确定部分,在运行时用 PreparedStatement 对象的 Set 方法设定。

② 执行 SQL 语句。

```
ResultSet rs = pstmt.executeQuery( );
```

由于创建 PreparedStatement 对象时,已经给出了要执行的 SQL 语句,并进行了预编译,所以执行时函数不需要参数。

(3) CallableStatement

CallableStatement 对象用于执行数据库中的存储过程,CallableStatement 类是 PreparedStatement 类派生的子类,因此它可以使用 PreparedStatemen 类和 Statement 类中的方法。

① 创建 CallableStatement 对象。

```
CallableStatement cstmt = con.preparedCall(" { call procedurename } ");
```

其中,procedurename 是存储过程的名称。

② 执行存储过程。

```
ResultSet rs = cstmt.executeQuery( );
```

5. 处理结果集

对 ResultSet 对象进行处理后,可以将查询结果显示给用户。ResultSet 对象包括一个包含所有查询结果的表。最初,游标位于结果集的第一行的前面,可以用 ResultSet.next 方法使指针下移一行对结果逐行处理。并用 ResultSet 类的 get 方法将数据库各个字段名类型转换为 Java 类型。

6. 关闭查询语句及与数据库的连接

在 Statement、PreparedStatement、CallableStatement 对象和 Connection 对象使用完毕后应依次关闭。

例 8-2 试写出读取网上书店数据库中表 Book 相关数据的 JDBC 工作流程。

```
import          java.sql.*;
public class    JDBCBook
{
    public static void main ( String argv[ ] ) throws ClassNotFoundException,
SQLException
    {
        /* (1)加载驱动程序 */
```

```
Class.forName ( " sun. jdbc. odbc. JdbcOdbcDriver " ) ;
/* (2)建立数据库的连接 */
 Connection con = DriverManager. getConnection ( " jdbc: odbc: Book ", " Login ",
" Password ");//Book 为 ODBC 数据源名
/* (3)创建 Statement 对象 */
Statement stmt = con.createStatement ( ) ;
/* (4)执行查询语句并显示结果 */
ResultSet rs = stmt.executeQuery ( " SELECT  *  FROM  Book " ) ;
while ( rs.next ( ))
{
    System. out. println(rs.getInt(" id ") + " " + rs.getString (" Name ") + " "
                                    + rs.getFloat ( " price " ));
}
/* (5)关闭对象(注意关闭的顺序,先开的后关,后开的先关) */
rs.close();
stmt.close();
con.close();
}
}
```

简单地说,JDBC 主要完成下列 3 项任务:与数据库建立连接,向数据库发送 SQL 语句,处理数据库返回结果。

8.4 本章小结

目前,Microsoft 的 ODBC API 是使用最广泛,用于访问关系数据库的编程接口之一。ODBC 的标准化的查询方法、标准化的错误代码集、连接和注册到 DBMS 的标准方法以及标准化的数据类型,都给用户开发应用程序带来了很大的方便,节省了用户的精力和时间。

JDBC 是基于 ODBC 的 SQL Java 接口,JDBC 在 Web 和 Internet 应用程序中的作用与ODBC 在 Windows 系列平台应用程序中的作用类似,而且还具有对硬件平台、操作系统异构性的支持。

ODBC 和 JDBC 具有数据库独立性甚至平台无关性,对异构数据库的访问提供了很好的支持。

习 题 8

1. 什么是中间件? 有什么作用?
2. 什么是 ODBC 数据源? 有哪 3 类?
3. 简述 ODBC 应用程序的基本流程。
4. 什么是 ODBC 句柄? 有哪几种? 它们之间有什么联系?
5. JAVA 应用有哪两种形式? JDBC API 数据库设计方法有哪两种方式?
6. JDBC 驱动程序有哪几类? 应用方面有什么不同?
7. 简述使用 JDBC 来连接数据库的一般步骤。

参 考 文 献

[1]　王珊,萨师煊. 数据库系统概论. 第 4 版. 北京：高等教育出版社,2006.

[2]　施伯乐,丁宝康. 数据库技术. 北京：科学出版社,2002.

[3]　周志逵,郭贵锁. 数据库系统原理. 北京：清华大学出版社,2008.

[4]　张水平. 数据库原理及 SQL Server 应用. 西安：西安交通大学出版社,2008.

[5]　李春葆,曾慧. 数据库原理. 北京：清华大学出版社,2006.

[6]　王知强. 管理信息系统入门与提高. 北京：清华大学出版社,2005.

[7]　陈志泊. 数据库原理及应用教程. 第 2 版. 北京：人民邮电出版社,2008.

[8]　尹为民,金银秋. 数据库原理与技术. 武汉：武汉大学出版社,2007.

[9]　李建中. 数据库系统原理. 北京：电子工业出版社,2002.

[10]　胡孔法. 数据库原理及应用. 北京：机械工业出版社,2008.

[11]　王知强,陈本士. 基于 Web 的电子商务网络购物系统的研究与实现,图书情报工作,2010(6).

[12]　姚普选. 数据库原理及应用. 第 2 版. 北京：清华大学出版社,2008.

[13]　肖慎勇. SQL Server 数据库管理与开发. 北京：清华大学出版社,2006.

[14]　叶小平,汤庸,汤娜,左亚尧,刘海. 数据库基础教程. 北京：清华大学出版社,2007.

[15]　闪四清. 数据库系统原理与应用教程. 第 3 版. 北京：清华大学出版社,2008.

[16]　王知强,陈本士,鲁彦彬. 基于 UML 的动态电子商务系统建模研究,图书情报工作,2010(14).

[17]　钱雪忠. 数据库与 SQL Server 2005 教程. 北京：清华大学出版社,2007.

[18]　文龙,张自辉,胡开胜. SQL Server 2005 入门与提高. 北京：清华大学出版社,2007.

[19]　牛丽平,郭新志,宋强,杨继萍. UML 面向对象设计与分析基础教程. 北京：清华大学出版社,2007.

[20]　李红. 数据库原理与应用. 第 2 版. 北京：高等教育出版社,2007.

[21]　陶宏才. 数据库原理及设计. 第 2 版. 北京：清华大学出版社,2007.

[22]　王知强,于海华,王宇. 基于 JSP 的电子商务网上书店管理系统的研究,哈尔滨商业大学学报(自然科学版),2009(1).

[23]　冯建华,周立柱,郝晓龙. 数据库系统设计与原理. 第 2 版. 北京：清华大学出版社,2007.

[24]　杨毅. 数据库系统原理及应用. 北京：科学出版社,2004.